CONCEPTOS AVANZADOS DEL DISEÑO ESTRUCTURAL CON MADERA

PARTE II

CLT, MODELACIÓN NUMÉRICA, DISEÑO ANTI-INCENDIOS Y AYUDAS AL CÁLCULO

EDICIONES UNIVERSIDAD CATÓLICA DE CHILE
Vicerrectoría de Comunicaciones
Av. Libertador Bernardo O'Higgins 390, Santiago, Chile

editorialedicionesuc@uc.cl
www.ediciones.uc.cl

**CONCEPTOS AVANZADOS DEL DISEÑO ESTRUCTURAL
CON MADERA**
**Parte II: CLT, Modelación Numérica, Diseño Anti-incendios
y Ayudas al Cálculo**
Pablo Guindos B.

© Inscripción N° 309.675
Derechos reservados
Octubre 2019
ISBN N° 978-956-14-2462-3

Dibujos: Francisca Evans Zaldívar y Marcela Pasten Espinosa
Diseño de portada: Francisco López Urquieta
Fotografía de portada: Edificio Mjøstårnet de 18 pisos en Noruega,
cortesía de Moelven

Diseño: Francisca Galilea
Impresor: Imprenta Salesianos S.A.

CIP-Pontificia Universidad Católica de Chile
Guindos Bretones, Pablo, autor.
Conceptos avanzados del diseño estructural con madera / Pablo
Guindos; ilustraciones de Francisca Evans y Marcela Pasten.
Contenido: Volumen 1. Uniones, refuerzos, elementos compuestos y
diseño antisísmico – Volumen 2. CLT, modelación numérica, diseño
anti-incendios y ayudas al cálculo.
1.   Construcciones de madera – Chile.
2.   Ingeniería estructural.
3.   Estructuras de madera.
4.   Propiedades de la madera.
I.   t.
II.   Evans, Francisca, ilustrador.
III.   Pasten Espinosa, Marcela Eleonora, ilustrador.
2019 721.04470983 DCC23 RDA

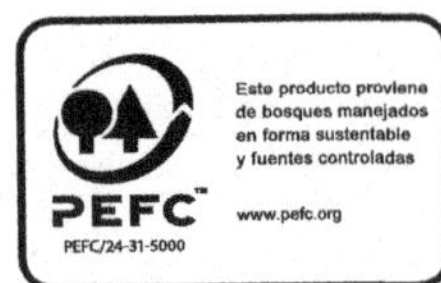

CONCEPTOS AVANZADOS DEL DISEÑO ESTRUCTURAL CON MADERA

PARTE II

CLT, MODELACIÓN NUMÉRICA, DISEÑO ANTI-INCENDIOS Y AYUDAS AL CÁLCULO

PABLO GUINDOS

EDICIONES UC

Dedicado a Minia

CONTENIDO

PRÓLOGO

La construcción de mejores ciudades conlleva a la necesidad constante de buscar nuevos elementos y materiales que contribuyan a mejorar la calidad de vida de las personas. Así es como desde hace unos años el uso de la madera se alzó como una alternativa en la construcción de viviendas sociales, con variados atributos que las hacen soluciones más sustentables e innovadoras.

La relación entre Chile y el desarrollo en el uso de la madera está viviendo una época atractiva que invita a hacerle seguimiento para potenciar su inclusión en la industria. Somos uno de los diez países productores más importantes a nivel internacional y se trata del segundo sector exportador a nivel nacional y el primero basado en fuentes renovables.

Claro que para trazarse nuevos desafíos lo primero es avanzar en productividad, industrialización e innovación y así cumplir con un compromiso tan clave como necesario: duplicar su uso en la construcción de viviendas al año 2035.

En el Ministerio de Vivienda y Urbanismo hemos avanzado en hacer alianzas colaborativas con representantes del mundo académico, sectorial e interinstitucional, que nos han permitido impulsar varias iniciativas para que la madera se convierta en una alternativa competitiva en el mercado, potenciando su versatilidad para generar soluciones sustentables, innovadoras, y con alto nivel de prefabricación, apuntando a la productividad y al potencial de crecimiento del sector.

Por cierto, para garantizar el éxito y potenciar el uso avanzado de la madera en la construcción en Chile, es indispensable el esfuerzo conjunto y coordinado de todos los actores, a través de una cooperación público-privada. Lo logrado hasta ahora es fruto de un trabajo del Estado con el sector privado, con las entidades gremiales, los académicos y profesionales del área, para avanzar sostenidamente y garantizar impactos positivos en la calidad de vida de las familias, en términos del estándar y la durabilidad de las construcciones que habitan.

Estamos conscientes de que aún queda camino por recorrer frente a este tema, pero nos motiva hacer de Chile un referente a nivel mundial. Por eso, valoro el significativo aporte de esta publicación, que establece una base tecnológica sólida que permite abordar las construcciones en madera con mayor eficiencia, calidad y modernidad.

- 18 -

Cristián Monckeberg Bruner
Ministro de Vivienda y Urbanismo

PREFACIO

Este libro supone la tercera y última parte de una trilogía de libros destinada a introducir el diseño y la construcción con madera y profundizar en el cálculo estructural de estructuras de madera. Partiendo de la base del primer libro introductorio *"Fundamentos del diseño y la construcción con madera"*, este tomo consiste en un volumen avanzado que abarca el diseño estructural con CLT, la modelación numérica de componentes y estructuras, la protección frente a incendios y un compendio de anexos con tablas de ayuda y otras herramientas que facilitarán el diseño estructural con madera. El segundo libro titulado *"Conceptos avanzados del diseño estructural con madera. Parte I"*, puede considerarse complementario al presente volumen, ya que en él se cubrieron temas tales como el diseño y cálculo de uniones, refuerzos, elementos compuestos, pórticos y edificios construidos con el sistema liviano de marco-plataforma con énfasis en su diseño anti-sísmico.

El objetivo de este libro, junto con el volumen anterior, es servir como un manual de diseño y cálculo para ingenieros, diseñadores, investigadores y desarrolladores con el fin de facilitar el diseño estructural con madera y aproximarlo, en la medida de lo posible, al diseño estructural con hormigón armado y acero. Amerita destacar cierto carácter diferenciador de este tomo respecto del segundo. El segundo volumen abarcó, no exclusivamente pero sí en su mayoría, materias que tradicionalmente han sido el foco de la ingeniería estructural con madera tradicional. Esto sin lugar a dudas, resulta crucial para que los diseñadores se familiaricen no sólo con los contenidos específicos de cada tema, sino también con la filosofía general del diseño estructural con madera, su ingeniería de detalle, sus retos, etc. En líneas generales este tercer tomo, sin embargo, podría entenderse como un texto más dirigido hacia el futuro y las posibles tendencias venideras. Ejemplo de ello lo constituye el estructural con CLT, que a día de hoy sigue generando constantes inclusiones y avances en la normativa, como también la modelación numérica —cada día más empleada en oficinas y academia— y la protección frente a incendios —cada vez más relevante en la forma que diseñamos. Adicionalmente, este volumen incluye una compilación de tablas, metodologías simplificadas y otras herramientas que deberían facilitar considerablemente la canalización de una buena parte de los conceptos discutidos en el segundo y tercer volumen.

La necesidad de aglutinar y armonizar los contenidos de este ultimo tomo pueden considerarse mayores que las de los tomos precedentes. Esto debido a que existen realmente pocos textos a nivel internacional que expongan con la perspectiva global los temas que aquí se discuten, los cuales en su gran mayoría no han sido reportados en la literatura castellana. Por supuesto, tal como se argumentó en el segundo volumen, este libro también trata de remediar la carencia evidente de material didáctico en la profesión, que limita fuertemente las aplicaciones estructurales en las cuales la madera es empleada frecuentemente en Ibero-Latinoamérica.

La motivación común para haber editado esta trilogía se sustenta en la firme convicción de que construir una parte razonable de obras e infraestructura con madera ofrece múltiples ventajas que no deberían obviarse en estos tiempos. Principalmente construir con madera genera, en mi opinión, un entorno más sostenible desde el punto de vista ecológico, pero también la posibilidad de lograr un beneficio socioeconómico que se destaque por repercutir en un espectro muy amplio de la sociedad, llegando hasta las poblaciones rurales. Dichos potenciales beneficios deberían ser especialmente relevantes en Ibero-Latinoamérica, debido no solo a sus tendencias de poblaciones urbanas y su moderada/baja tasa de construcción con madera, sino también debido al carácter forestal de muchos de sus países, los cuales por cierto tienen una capacidad de renovación forestal envidiable en comparación a otros lugares del mundo.

En el recorrido que ha supuesto la edición de estos libros, quisiera agradecer primeramente a los autores que han colaborado conmigo en la escritura de multitud de capítulos y anexos, lo que incluye a Vanesa Baño, Laura Moya, Juan Carlos Píter, Rocío Ramos, Minia Rodríguez, Mauricio González, Peter Dechent, Jairo Montaño y Sebastián Berwart, como también mis estudiantes Raúl Araya, Felipe Arriagada y Sebastián Zisis. En esta labor quisiera también destacar el enorme trabajo de excelente calidad, y la interminable paciencia de las arquitectas y dibujantes Francisca Evans, Francisca González y Marcela Pasten. Sin todos estos profesionales esta obra no hubiese sido posible en extensión, ni mucho menos en calidad y rigurosidad. También quisiera agradecer el trabajo de los autores precedentes en la materia por su invaluable conocimiento e inspiración. Por supuesto agradezco a mi familia, Minia, Björn, Gael, mis hermanos y mis padres por su comprensión, ánimo y cariño. También quisiera agradecer el apoyo y disposición de Juan José Ugarte, Mario Ubilla, Alexander Opazo y José Luis Almazán, y por supuesto la inmejorable labor en la revisión y mejora por parte de Gonzalo Hernández, Mario Wagner, Felipe Victorero, José Luis Salvatierra, Jairo Montaño, Hernán Santa María y Franco Benedetti. Quisiera expresar especial agradecimiento en esta labor de revisión a Minia Rodríguez e Ignacio González quienes con su enorme generosidad revisaron una gran parte de los contenidos de la extensa trilogía. Finalmente quisiera agradecer a la Escuela de Ingeniería UC y a Ediciones UC por su excepcional apoyo en la publicación simultánea de esta trilogía, y muy especialmente al Centro de Innovación en Madera CIM-UC CORMA y su Directorio por su contagiosa motivación y apoyo continuado.

¿CÓMO LEER ESTE LIBRO?

Aunque en ciertos aspectos este tercer tomo pudiese ser considerado como independiente del segundo libro titulado *"Conceptos avanzados del diseño estructural con madera. Parte I"*, se recomienda haber consultado inicialmente el volumen anterior ya que en él se introducen temas transversales muy importantes para el diseño estructural con madera, tales como ingeniería de detalle, tratamiento de interfaces semirrígidas, ect. Asimismo, enfáticamente se recomienda a todos aquellos autores no familiarizados con la materia, que hayan consolidado los contenidos del primer libro *"Fundamentos del diseño y la construcción con madera"* antes se introducirse en este texto. En especial la parte relativa al cálculo y los sistemas constructivos y estructurales lo que comprende desde el Capítulo 6 al Capítulo 11 del libro primero, así como el Capítulo 13 relativo a la protección frente al fuego. El lector debe prestar atención a que en este libro se referencia muy a menudo la normativa europea y norteamericana. Así es que, aunque toda la base de cálculo del primer libro es necesaria, la asimilación del Capítulo 7 del primer libro —en donde se presentan las principales características del método de cálculo en Chile, Europa y Norteamérica— es absolutamente imprescindible.

La estructura global de este libro es la siguiente: en el Capítulo 1 se incluye todo lo relativo al diseño estructural con CLT. Esto incluye los modelos de cálculo analíticos y numéricos, las verificaciones de las normativas internacionales, el diseño de uniones, y las principales consideraciones para el diseño de edificios. En materia de madera contralaminada se ha optado por aglomerar todos los contenidos juntos, debido a que el diseño con este material presenta múltiples diferencias respecto del diseño con madera convencional. En el Capítulo 2 se presenta la modelación numérica con la madera, lo que incluye principalmente la modelación del material madera y sus productos, la modelación de las uniones, y la modelación de ensambles tales como muros o losas. El Capítulo 3 aborda conceptos avanzados de la ingeniería de protección frente a incendios, lo que requiere haber consolidado anteriormente la introducción a la protección frente a fuego presentada en el Capítulo 13 del libro primero. Posteriormente se incluyen tres anexos cuya finalidad es facilitar el diseño estructural. En el Anexo A se presenta un ejemplo de cálculo de edificio de 6 pisos construido con el sistema marco plataforma. El ejemlo se focaliza en la parte que pudiese ser más complicada del diseño, lo que incluye el diseño antisísmico mediante análisis modal espectral. El Anexo C detalla un método de prediseño simplificado para edificios de madera regulares, construidos con el sistema de marco plataforma. Fiinalmente, el Anexo C se compilan una serie de tablas y ayudas en lo relativo al diseño de uniones, factores de moficiación, tensiones admisibles para madera laminada encolada y valores seccionales para tableros de CLT.

DISEÑO ESTRUCTURAL CON CLT

I.I INTRODUCCIÓN Y BASE MECÁNICA DIFERENCIADORA

El diseño estructural con CLT difiere en muchos aspectos respecto del diseño estructural con madera aserrada, MLE, LVL, terciado, OSB y LSL entre otros; es por ello que el diseño estructural con CLT amerita un capítulo aparte. Este capítulo está organizado de la siguiente manera:

- En la primera parte que se presenta dentro de esta Sección 1.1, se introducen las principales singularidades estructurales del CLT, es decir la base mecánica diferenciadora.

- En la segunda parte, Sección 1.2 se presentan diversos modelos analíticos para modelar el CLT con elementos tipo viga.

- En la tercera parte, Sección 1.3, se detallan los modelos empleados para modelar el CLT como un elemento tipo placa, como también los principales procedimientos empleados para la verificación de estos elementos.

- En la cuarta parte, Sección 1.4, se resumen los procedimientos de verificación analítica de CLT.

- En la quinta parte, Sección 1.5, se presenta el diseño de uniones.

- En la sexta y última parte, Sección 1.6, se detallan diversas consideraciones para el diseño de edificios de CLT. Principalmente se presenta en este apartado la modelación y verificación de muros y losas, y la modelación y verificación de líneas de unión.

I.I.I *Placa ortótropa gruesa*

Desde el punto de vista mecánico, el CLT es tratado casi siempre como un elemento tipo *placa ortótropa gruesa* (*thick plate*); es decir, es un elemento tipo plato en el cual la contribución del cortante en la deformación no es nada despreciable a diferencia de las placas delgadas (*thin plate*), en donde la flexión suele dominar. En un tablero de terciado y OSB, habitualmente la relación luz/grosor es del orden de 600 mm (separación entre pies derechos, envigado, etc.) / 11-18 mm = 33-54; sin embargo, es relativamente frecuente que dicha relación en el CLT sea del orden de 2500 mm (muros) - 5000 mm (losas) / 120 - 220 mm ≈ 20, o incluso relaciones menores. En la práctica habitual de la modelación estructural, suele asumirse que

$$placa\ delgada\ si\ es\ que\ \frac{l}{t} > 20$$

$$placa\ gruesa\ si\ es\ que\ \frac{l}{t} \approx 10 - 20$$

$$elemento\ sólido\ si\ es\ que\ \frac{l}{t} < 10$$

Por lo tanto, con la salvedad de que la pieza a analizar sea muy esbelta (y por tanto pueda modelarse despreciando la contribución del corte), o bien muy poco esbelta (y por tanto debe modelarse en 3D); casi siempre debe considerarse el CLT como un plato grueso considerando la contribución del cortante.

Nótese que las placas ortrótropas laminadas y delgadas han sido muy frecuentes en la madera, como por ejemplo el terciado, y de hecho existen teorías para calcular estas piezas como por ejemplo el *método k* (ver secciones posteriores), sin embargo, estos materiales habitualmente no se comportan como un plato grueso. Sí el CLT.

1.1.2 *Capas perpendiculares sin contribución axial efectiva*

El primer rasgo diferenciador que debe destacarse en este sentido, es que, si bien otros tableros de ingeniería de madera tales como el OSB y el terciado pueden exhibir un comportamiento de placa ortótropa tal como el CLT, los grandes espesores de la madera contralaminada hacen que este producto sea también empleando para resistir cargas axiales dentro del plano. Este rasgo por sí solo procvoca que la forma de diseñar sea diferente. Así, desde el punto de vista analítico, el empleo de tableros delgados como el OSB o el terciado se aborda en la mayoría de casos, en la práctica, mediante el uso de tablas tal como se describió en el Capítulo 5 del libro *"Conceptos avanzados del diseño estructural con madera. Parte I"*. Sin embargo, el hecho de que el CLT se emplee también para resistir cargas axiales en el plano, obliga a que el cálculo mecanicista (sin emplear tablas) sea inevitable.

Desde el punto de vista del comportamiento axial, tanto en lo relativo a solicitaciones originadas por axiles, como a solicitaciones originadas por momentos flectores, habitualmente se asume que *las capas perpendiculares* del CLT *no tienen ninguna rigidez*, esto es $E_\perp = E_{90} = 0$, ya que por lo habitual $E_{//} \approx 15\text{-}16\,E_\perp$ para coníferas. Es quiere decir, que axialmente todo el panel tiene la misma deformación longitudinal, pero las capas perpendiculares no son efectivas, por lo que el comportamiento se asemeja al de un sistema de resortes en paralelo correspondiente a las capas longitudinales, cuya rigidez viene dada por su módulo elástico (especie maderera) y espesor. Véase dicha idealización del módulo perpendicular y la correspondiente distribución de tensiones para una losa biaxial en la Figura 1.1.2.1.

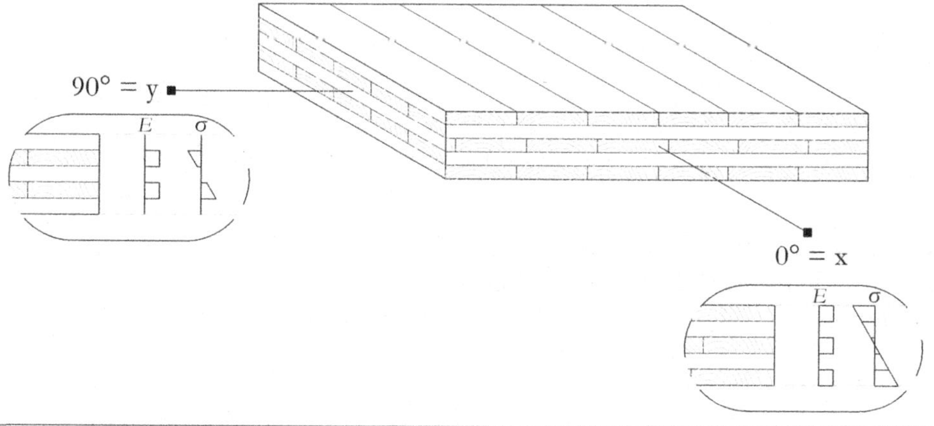

FIGURA I.1.2.I La omisión del módulo elástico perpendicular conduce a una distribución de tensiones netamente soportada por las capas longitudinales al esfuerzo axial.

Pese a lo anterior, sí se asume que las capas perpendiculares *tienen la rigidez suficiente como para mantener la distancia* entre las capas longitudinales, después de entrar en un estado de deformación.

Nótese, por lo tanto, que se asume que las capas longitudinales tienen la rigidez media longitudinal de la especie correspondiente. Obtener dicha rigidez es únicamente posible si es que los tablones son continuos en toda la longitud del CLT, o bien se efectúan uniones longitudinales con suficiente resistencia, como es el caso de la MLE. De hecho, las normas para la fabricación de uniones finger joint son parecidas a las de la MLE. De esta forma, por ejemplo, en la Figura 1.1.2.2 se muestra, de acuerdo a diversas normativas europeas, cuál es la resistencia mínima que debe tener una unión de finger joint en relación a la propia resistencia de las tablas que se emplean. Por ende, es obvio que el CLT, al igual que la MLE, el LVL y otros productos laminados, debe ser siempre empleado únicamente en las condiciones de humedad y temperatura que establezca el fabricante.

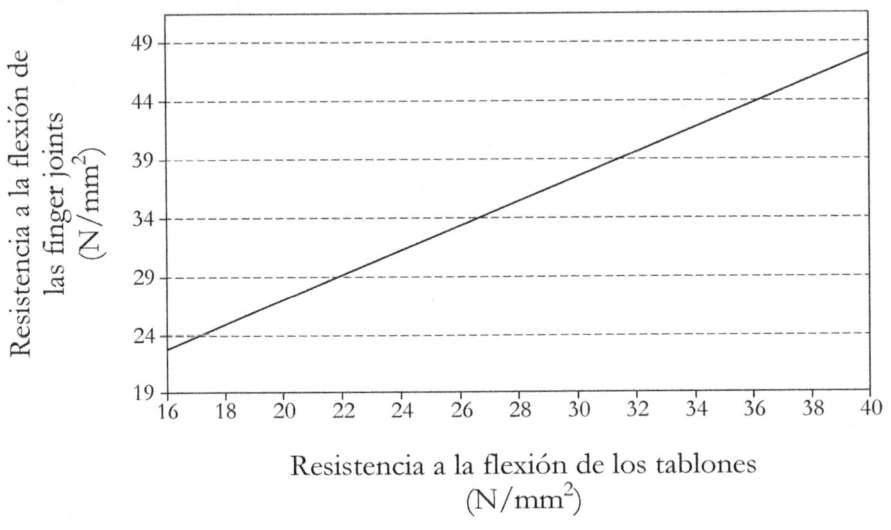

FIGURA 6.1.2.2 Ejemplificación de la sobrerresistencia de uniones finger joint, en relación a la resistencia de los tablones que unen longitudinalmente para la fabricación del CLT, de acuerdo a diversas normas europeas (basado en Schickhofer et al. 2009).

1.1.3 *Solicitaciones de rodadura en capas perpendiculares*

Lógicamente, cualquier fuerza transversal al panel de CLT produce un cortante transversal y longitudinal en aquellas capas paralelas al esfuerzo axial de flexión. Sin embargo, en las capas perpendiculares al esfuerzo axial, dichos cortantes se transforman en un *cortante de rodadura* para el CLT. Tal como se introdujo en el libro *"Fundamentos del Diseño y la Construcción con Madera"*, la rigidez y resistencia a dicho corte es claramente inferior a las propiedades de corte longitudinal y transversal. En este punto, es recomendable recordar las relaciones de nomenclatura empleadas en Chile, EE.UU. y Europa, ver Tabla 1.1.3.

TABLA 1.1.3 Nomenclatura habitual empleada en Chile, EE.UU. y Europa para referirse a los valores esenciales de resistencias y rigideces empleadas en el cálculo.

Propiedad	Nomenclatura		
	Chile	EE.UU.	Europa
Módulo elástico longitudinal	E, E_L, E_f	E	E, MOE
Módulo elástico perpendicular	-	-	E_{90}
Módulo de cortante longitudinal	G	-	G
Módulo de cortante en rodadura	-	-	$G_r = G_{roll}$ *
Resistencia a la flexión	F_f	F_b	f_m, MOR
Resistencia a la compresión paralela	F_{cp}	F_c	$f_{c,0}$
Resistencia a la compresión perpendicular	F_{cn}	$F_{c\perp}$	$f_{c,90}$
Resistencia a la tracción paralela	F_{tp}	F_t	$f_{t,0}$
Resistencia a la tracción perpendicular	F_{tn}	F_{rt}	$f_{t,90}$
Resistencia al cortante paralelo	F_{cz}	F_v	$f_{v,0}$
Resistencia al cortante de rodadura	-	F_s	$f_r = f_{roll}$ *

* Es posible encontrar una nomenclatura diferente en diversas fuentes.

La relación y resistencia a la rodadura en comparación al cortante longitudinal de la madera aserrada es del orden de

$$F_{rod} \approx \frac{F_{cz}}{4}$$

$$G_{rod} \approx \frac{G}{10}$$

Se asume que, como máximo, las láminas perpendiculares pueden alcanzar la resistencia y rigidez a la rodadura propia de la madera aserrada. Sin embargo, para secciones transversales esbeltas, dichas propiedades pueden decrecer significativamente. De hecho, cuanto mayor es la relación entre el grosor de una lámina, t, y el ancho de las tablas que conforman una lámina, $w1$ (o bien los espaciamientos entre ranuras para facilitar encolado si las hay), menor es la resistencia y la rigidez del tablero a la rodadura.

Actualmente, en Europa, se está por tanto proponiendo que en caso de que $w1/t \geq 4$, es posible emplear la resistencia y rigidez a la rodadura de la madera aserrada. Sin embargo, para relaciones menores es necesario aplicar una minoración; dicha minoración resulta

$$f_{r,k} = \min \left(0{,}2 + 0{,}3\frac{w_1}{t}, 1{,}4\ MPa\right) \quad (ELU)$$

Teniendo en cuenta que la tensión admisible a la rodadura para las especies coníferas es del orden de 0,45 MPa (ver Capítulo 3), mientras que el valor característico para las coníferas según ELU es del orden de 1,4 MPa, se recomendaría aplicar la siguiente ecuación para ASD:

$$F_{rod} = \min \left(0{,}2 + 0{,}0625\frac{w_1}{t}, 0{,}45\ MPa\right) \quad (ASD)$$

De forma similar, la penalización del módulo elástico a rodadura por esbeltez de los tablones en Europa es

$$G_{r,med} = \min \left(30 + 17{,}5\frac{w_1}{t}, 100\ MPa\right) \quad (ELU)$$

Por analogía con la propuesta europea, y de forma más general para las especies latinoamericanas, hasta que se tenga mejor información de este parámetro, el autor recomienda aplicar

$$G_{r,med} = \min \left(\frac{G}{15} + 17{,}5\frac{w_1}{t}, \frac{G}{10}\ MPa\right) \quad (ASD)$$

Donde diversas investigaciones han demostrado que, más allá de la especie, la orientación de los anillos es clave en el valor de G_r. Cuanto más próxima está la médula al centro de la sección transversal de los tablones mayor es G_r, sin embargo, para piezas perimetrales del árbol la rigidez de rodadura disminuye.

Es importante notar, que es relativamente frecuente que los tablones de CLT tengan ranuras (grooves) para facilitar el encolado y evitar grietas de secado. Estas ranuras incrementan la esbeltez de los tablones y deben ser consideradas en la determinación de w1. De hecho, la esbeltez puede ser bastante elevada, lo que incrementa notablemente el riesgo de fallo por rodadura, ver Figura 1.1.3.1.

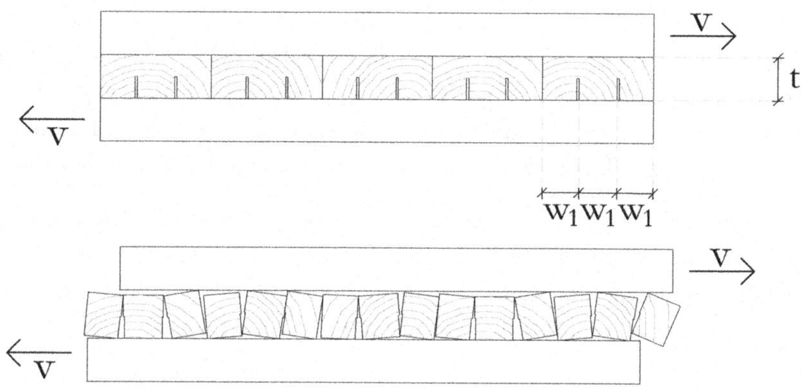

FIGURA I.I.3.I El riesgo de fallo de rodadura puede incrementarse mucho con la implementación de ranuras para evitar grietas de secado (después de Schickhofer et al. 2009).

Una posible estrategia para evitar relaciones $w1/t < 4$, consiste en encolar los tablones lateralmente en cada una de las láminas hasta alcanzar cuanto menos dicha relación.

El encolado lateral de los tablones es por lo general muy positivo desde el punto de vista físico (mayor estanqueidad) y mecánico (medio continuo para la fijación de conectores), sin embargo, en climas muy secos y con relaciones $w1/t$ elevadas, el hecho de restringir completamente el movimiento lateral de los tablones puede provocar grietas de secado (por tracción perpendicular en las láminas), ver Figura 1.1.3.2.

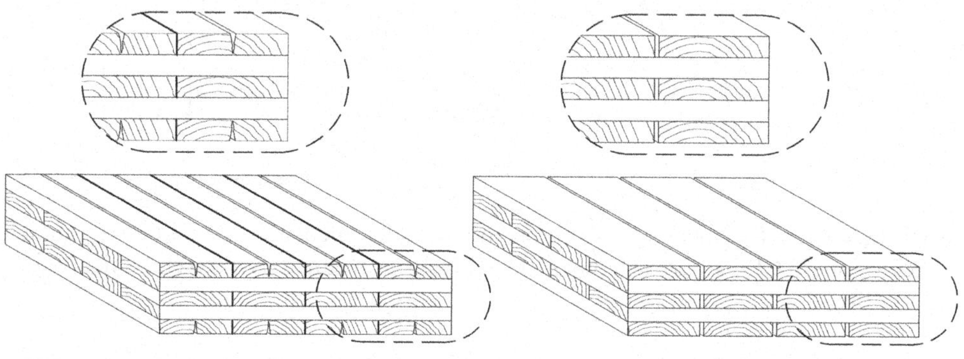

FIGURA I.I.3.2 El encolado lateral de los tableros puede provocar grietas de secado en climas muy secos (después de Schickhofer et al. 2009).

Nótese que, a diferencia del encolado entre láminas (en las caras de las tablas), cuya resistencia sí se considera en el cálculo (por ejemplo, para traspasar el corte en flexión o el corte en tableros solicitados a corte dentro del plano), la resistencia del encolado lateral de tablones (en los bordes) por lo general se desprecia. Esta omisión se debe a que muchos productores no encolan lateralmente, y también a que, aun cuando todos los tablones se hayan encolado lateralmente, es bastante complicado evitar grietas de secado, por lo cual ese encolado se desprecia en el cálculo. Desde el punto de vista estructural, únicamente se considera el encolado lateral a efectos de asegurar la relación lateral $w1/t \geq 4$ para así evitar fallos por rodadura.

El encolado lateral tampoco está exento de requisitos estructurales, los cuales se describen en la norma europea EN 13986. Una forma relativamente habitual para producir láminas de CLT en Centroeuropa consiste en producir láminas de CLT a partir de recortes trnasversales de vigas de MLE, tal como se muestra en la Figura 1.1.3.3.

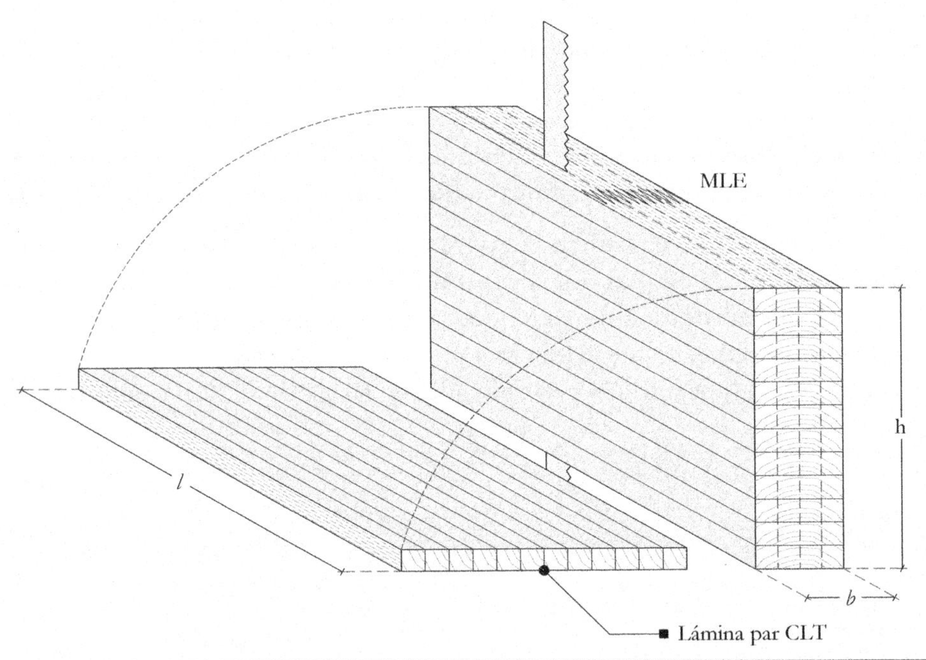

FIGURA 1.1.3.3 Producción de láminas individuales encoladas lateralmente para la producción de CLT a partir de vigas de MLE de gran canto (basado en Schickhofer et al. 2009).

1.2 MODELOS DE CÁLCULO TIPO VIGA

De acuerdo a los apartados anteriores, se puede por tanto concluir, que cuando el CLT se flexiona fuera del plano, se comporta por lo general como un *elemento tipo placa otótropa gruesa* cuyas láminas efectivas están separadas a una distancia constante, pero se conectan entre sí mediante unas *láminas transversales que son muy flexibles al corte*, así es que finalmente la contribución de la deformación al corte en una flexión puede llegar a ser del orden del 20% o mayor. En los últimos años, se han propuesto numerosos modelos de cálculo para poder aproximar esta situación en placas solicitadas a flexión uniaxial mediante modelos de vigas con modificación de la rigidez de corte. Los modelos varían significativamente en cuanto a dificultad y grado de detalle. En la práctica profesional, suelen emplearse modelos *tipo viga* para placas con condiciones de carga y apoyos relativamente sencillos, sometidos a una flexión uniaxial predominante.

Por otra parte, para placas biaxiales, o bien cuando los esfuerzos y condiciones de contorno son relativamente complejas, suele aplicarse directamente una teoría de placas, así es que el CLT deja de simplificarse como un elemento 1D para constituir un elemento 2D.

A continuación, se resumen las características de los modelos de vigas en flexión que más se han popularizado en los códigos de diseño estructural y la práctica profesional, pero antes se resume brevemente el cálculo de los valores seccionales característicos. En el Anexo C5 se proporcionan diversos valores seccionales y mecánicos típicos, para facilitar el cálculo del CLT como elementos tipo viga.

1.2.1 *Valores seccionales*

Centro de gravedad de la sección

Normalmente el CLT es simétrico en espesor y rigidez de láminas, por lo que el c.d.g coincide con el centro de simetría. Sin embargo, en caso de que no fuese simétrico, o bien en caso de exposición al fuego en alguna de sus caras, el c.d.g puede variar su posición. En estos casos, el c.d.g. puede determinarse mediante el siguiente procedimiento:

1)   Determinar el módulo elástico de referencia, E_r.

2)   Determinar la posición del c.d.g. de cada una de las láminas longitudinales respecto de la cara superior, o_i, ver Figura 1.2.1.1.

3)   Determinar la posición del centro de gravedad respecto de la cara superior, z_s.

$$z_s = \frac{\sum_{i=1}^{n} \frac{E_i}{E_r} \cdot b_i \cdot t_i \cdot o_i}{\sum_{i=1}^{n} \frac{E_i}{E_r} \cdot b \cdot t_i}$$

4) Determinar la distancia de los c.d.g. de cada lámina respecto del c.d.g. de la placa, a_i.

$$a_i = o_i - z_s$$

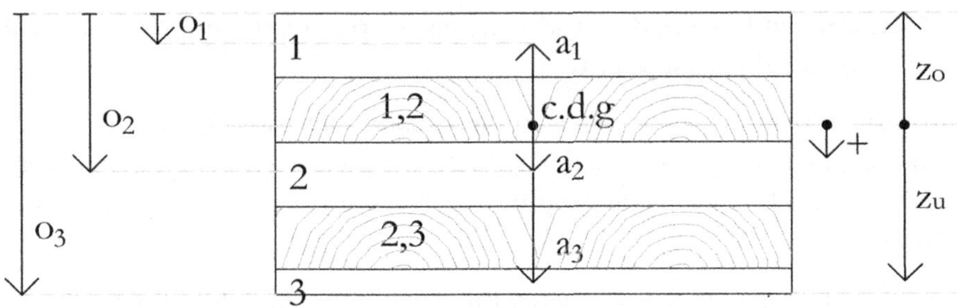

FIGURA I.2.I.I Nomenclatura en la sección para la determinación del c.d.g. de la placa (basado en Wallner-Novak et al. 2013).

Nótese que lógicamente las capas perpendiculares se desprecian dado que habitualmente $E_\perp = E_{90} = 0$.

Área neta

$$A_{0,net} = \sum_{i=1}^{n} \frac{E_i}{E_r} \cdot b \cdot t_i$$

Momento resistente

$$W_{0,net} = \frac{I_{0,net}}{max\{|z_o|; |z_u|\}}$$

Donde la inercia de la sección neta

$$I_{0,net} = \sum_{i=1}^{n} \frac{E_i}{E_r} \cdot \frac{b \cdot t_i^3}{12} + \sum_{i=1}^{n} \frac{E_i}{E_r} \cdot b \cdot t_i \cdot a_1^2$$

Siendo

$$Z_o = Z_s$$

$$z_u = t_{clt} - |z_s|$$

Así, la tensión flexional en cada lámina puede escalarse como

$$\sigma_{m,d} = \frac{E_i}{E_r} \cdot \frac{M_{y,d}}{W_{0,net}}$$

Momento estático

Cuando se aplica un cortante transversal sobre el CLT, es posible que las láminas perpendiculares a la flexión fallen por rodadura, o bien que las láminas paralelas fallen por corte longitudinal. Lo más común, es que las láminas externas se orienten con el eje de la flexión, en cuyo caso, el momento estático para la verificación a rodadura, es el momento estático de la lámina más externa hasta la lámina inmediatamente anterior a la lámina intermedia (recordemos que la distribución de corte en las láminas de rodadura es constante). Así es que el momento estático para las láminas de rodadura resulta

$$S_{rod,0,net} = \sum_{i=1}^{\frac{n}{2}-1} \frac{E_i}{E_r} \cdot b \cdot t_i \cdot a_i$$

Donde *n/2-1* representa que el cálculo del momento estático se lleva a cabo desde la lámina superior (o inferior), hasta la lámina inmediatamente anterior a la lámina central. Por otra parte, para la verificación de corte longitudinal, el corte máximo suele producirse en la lámina media que suele estar orientada longitudinalmente, así es que el momento estático correspondiente se calcula como la contribución de todas las láminas superiores o inferiores más la mitad de la lámina intermedia:

$$S_{ciz,0,net} = \sum_{i=1}^{\frac{n}{2}-1} \frac{E_i}{E_r} \cdot b \cdot t_i \cdot a_l + \frac{E_i}{E_r} \cdot b \cdot \frac{t_i}{2} \cdot \frac{t_i}{4} = \sum_{i=1}^{\frac{n}{2}-1} \frac{E_i}{E_r} \cdot b \cdot t_i \cdot a_i + \frac{E_i}{E_r} \cdot b \cdot \frac{t_i^2}{8}$$

Si es que la lámina central no fuese longitudinal, el momento estático para el cizalle resultaría en el caso más común

$$S_{ciz,0,net} = \sum_{i=1}^{\frac{n}{2}-1} \frac{E_i}{E_r} \cdot b \cdot t_i \cdot a_i$$

Radio de giro

Para algunas verificaciones de inestabilidad es necesario calcular el radio de giro. Habitualmente este valor se determina empleando el área neta y la inercia efectiva (que habitualmente se determina mediante el *método gamma*, tal como se describe en la Sección 1.2.3), tal que

$$i_{y,ef} = \sqrt{\frac{I_{0,ef}}{A_{0,net}}}$$

Las verificaciones de inestabilidad, son casi siempre realizadas considerando únicamente la posibilidad de pandeo fuera del plano de la placa (eje y). Las verificaciones de pandeo respecto del eje z (pandeo en el plano de la placa) solo se consideran cuando el ancho de la placa (h)

$$h \leq 3{,}50 \cdot i_{y,ef}$$

Módulo resistente de torsión e inercia torsional de la sección transversal

Según Silly (2010), para secciones rectangulares y homogéneas (láminas de idéntica calidad) puede estimarse como

$$W_T = \frac{c_1}{c_2} \cdot \frac{t^2 \cdot h}{3}$$

Con

$$c_1 = 1 - 0{,}63 \cdot \frac{t}{h} + 0{,}052 \cdot \left(\frac{t}{h}\right)^5$$

$$c_2 = 1 - \frac{0{,}65 \cdot \left(\frac{t}{h}\right)^3}{1 + \left(\frac{t}{h}\right)^3}$$

En el caso de emplear vigas de CLT esbeltas solicitadas en el canto, puede emplearse la siguiente estimación de la inercia torsional para la verificación de vuelco lateral torsional

$$I_{T,CLT} \approx 0{,}65 \cdot I_T = 0{,}65 \cdot c_1 \cdot \frac{t^3 \cdot h}{3}$$

$$c_1 = 1 - 0{,}63 \cdot \frac{t}{h} + 0{,}052 \cdot \left(\frac{t}{h}\right)^5$$

Módulo resistente polar y momento polar de inercia del área encolada entre tablones

Tal como se detalla en secciones sucesivas, un posible mecanismo de fallo por corte, es la torsión interlaminar en las proximidades del encolado entre láminas. En la mayoría de ocasiones, las láminas emplean tablones del mismo ancho a por lo que la superficie interlaminar sometida a torsión tiene una forma cuadrada. Además, se suele asumir que las tensiones cortantes se distribuyen linealmente. Bajo estas circunstancias, el módulo resistente polar se puede estimar como

$$W_p = \frac{a^3}{3}$$

Y el momento de inercia polar resulta

$$I_p = \frac{a^4}{6}$$

En caso de que la superficie no sea cuadrada sino rectangular, de área $a_1 \cdot a_2$ (siendo este último el lado más corto) el módulo polar puede estimarse como

$$W_p = \frac{a_1 \cdot a_2^2}{3 + 1{,}8 \cdot \dfrac{a_2}{a_1}}$$

Mientras que la inercia polar resulta

$$I_p = \frac{a_1 \cdot a_2^3}{12} + \frac{a_1^3 \cdot a_2}{12}$$

1.2.2 *Modelo de viga flexible de Timoshenko*

El modelo de viga flexible de Timoshenko es un método analítico relativamente sencillo que permite predecir las tensiones y deformaciones de losas uniaxiales, y en general cualquier elemento tipo placa que esté principalmente solicitado en una dirección de flexión fuera del plano. Este método consiste en idealizar la tensión y deformación de la losa como una viga flexible. Se construye asumiendo las siguientes suposiciones:

1) La sección no es perpendicular a la deformada elástica, pero permanece plana.

2) Pese a que contradiga lo anterior, se asume que la sección adquiere curvatura debido al corte. Esto se logra aplicando un factor de corrección por corte K, lo que permite calcular más adecuadamente la rigidez, tensión y deformación por corte.

3) La tensión por corte se obtiene del equilibrio local de corte y momentos de una rebanada de la viga.

Formulación básica

Asumiendo x como dirección longitudinal, y z como la dirección vertical de la sección de la viga, puede relacionarse la tensión axial con el momento flector como

$$M_y = \int_A \sigma_x \cdot z \cdot dA = E(z) \cdot \int_A z^2 \cdot dA \cdot \beta'(x) = K_{clt} \cdot \beta'(x)$$

Donde β' es la derivada del giro sobre x. Así es que la rigidez flexional del CLT, K_{CLT}, se podría estimar en la teoría de Timoshenko, multiplicando el momento de inercia de cada una de las láminas por su correspondiente módulo elástico.

Por otra parte, la deducción del cortante, resultaría análogamente

$$Q_z = \int_A \tau_{xz} \cdot dA = G(z) \int_A dA \cdot (\beta(x) + w'(x))$$

Donde w' es la flecha de la viga. Aunque en principio según la teoría de la viga flexible de Timoshenko se puedan incorporar diferentes módulos de cortante, uno para cada lámina, las secciones siguen permaneciendo planas, por lo que la deformación de corte se infravalora. Por este motivo, es necesario corregir la deformación por corte mediante un factor K que en la práctica divide la rigidez de corte por factores entre 3 y 6, incrementando substancialmente así la deformación

$$Q_z = \int_A \tau_{xz} \cdot dA \equiv S_{clt} \cdot \left(\beta(x) + w'^{(x)}\right)$$

$$S_{clt} = \frac{\sum(G_i \cdot b \cdot t_i)}{\kappa} = \frac{\sum(G_i \cdot A_i)}{\kappa}$$

Donde K es el factor de ajuste de la rigidez cortante por tener láminas de rodadura.

Deducción de rigideces

La rigidez flexional se obtiene por simple teorema de Steiner a partir de la rigidez flexional de cada lámina como

$$K_{clt} = \sum(E_i \cdot I_i) + \sum\left(E_i \cdot A_i \cdot e_{s,i}^2\right)$$

Donde lógicamente, E_i es el módulo elástico de cada lámina (nulo para láminas perpendiculares), A_i e I_i son las inercias de cada una de las láminas longitudinales y $e_{s,i}$ es la distancia del centro de gravedad de cada láminas longitudinales no centrales a la fibra neutra. Nótese, por lo tanto, que se asume un $E_{90} = 0$, así es que en realidad K_{CLT} se obtiene únicamente aplicando el teorema de Steiner con las láminas longitudinales no centrales, y la suma de la inercia flexional de la lámina central.

La rigidez al cortante se obtiene deduciendo directamente la deformación por corte mediante el principio de fuerzas virtuales. La expresión resultante es relativamente compleja, por lo que se suele trabajar con tablas o gráficos. Así, por ejemplo, para el caso de que los espesores de las láminas sean todos idénticos, se puede determinar K mediante la siguiente expresión para cualquier relación entre la rigidez del cortante longitudinal y la de rodadura

$$\kappa_{(G_\parallel/G_R)} \approx \kappa_{10} + \frac{\kappa_{14.4} - \kappa_{10}}{4,4} \cdot \left(\frac{G_\parallel}{G_R} - 10\right)$$

Donde los factores de corrección más típicos, para relaciones entre G/G_{rod} de 10, 14.4 y 13.8, que además se requieren para determinar K para cualquier relación según la ecuación anterior, se detallan en la Tabla 1.2.2.

TABLA 1.2.2 Valores de corrección de rigidez de corte por no planicie de secciones debido a la flexibilidad de la rodadura, K, en la aplicación de la teoría de viga flexible de Timoshenko para el CLT. Los valores se presentan para diferentes relaciones de la rigidez cortante G/G_{rod} (relaciones de 10, 13.8 y 14.4, para otras relaciones es necesario aplicar la ecuación antrerior) y para diferente número de laminaciones del CLT (basado en de Bogensperger et al. 2012).

Número de laminaciones	Relación rigidez de cortante G/G_{rod}		
	K_{10}	$K_{13.8}$	$K_{14.4}$
3	4,854	6,468	6,723
5	4,107	5,441	5,652
7	3,873	5,116	5,313

Por otra parte, en caso de que las láminas transversales y longitudinales del CLT no todas las laminaciones tengan el mismo espesor, es necesario aplicar un factor de corrección al propio K. Este factor depende principalmente de la relación entre el espesor medio de las láminas longitudinales (t_L), y el espesor medio de las láminas perpendiculares (t_Q)

$$\frac{t_L}{t_Q} \approx \frac{t_{L,medio}}{t_{Q,medio}}$$

En el caso de que el espesor sea constante, i.e. $t_L/t_Q = 1$, el factor de corrección por espesor de lámina es 1, es decir la rigidez es mínima, mientras que para cuando la relación de espesores es dispar, entre 0,5 y 2, la rigidez de corte se incrementa (K disminuye). La variación del factor de corrección por espesor de lámina para diferentes relaciones de t_L/t_Q en el caso de CLT de 5 láminas, se muestra en la Figura 1.2.2.1. Asimismo, valores típicos del factor K para diferentes configuraciones se proporcionan en el Anexo C5.

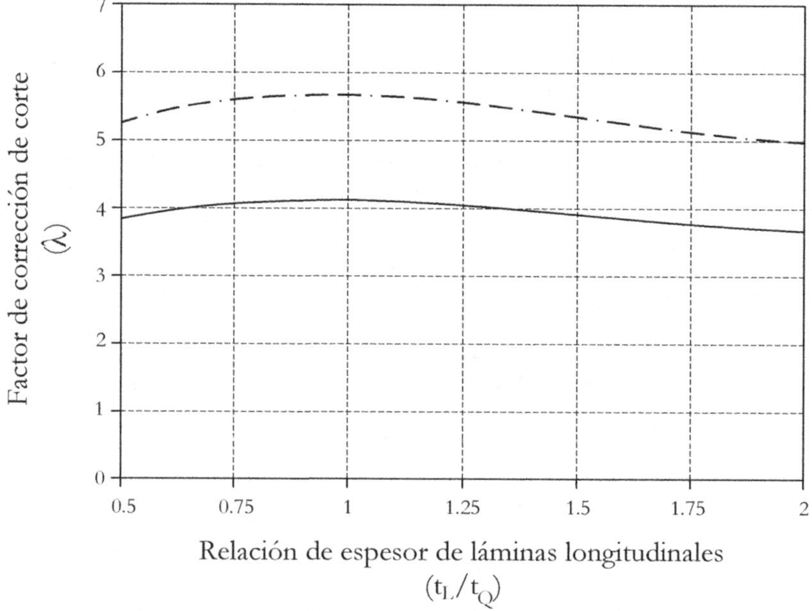

FIGURA 1.2.2.1 Efecto de la relación de espesor de láminas longitduinales y perpendiculares, t_L/t_Q , en el valor del factor de corrección de rigidez por no planicie de secciones K (basado en Bogensperger et al. 2012).

Finalmente, una vez determinado el factor K, se determina la rigidez efectiva de corte como

$$S_{clt} = \frac{\Sigma(G_i \cdot b \cdot t_i)}{\kappa} = \frac{\Sigma(G_i \cdot A_i)}{\kappa}$$

Nótese que, a diferencia de la rigidez flexional, la rigidez al corte de las láminas perpendiculares, G_{rod}, no se desprecia y sí tributa en la fórmula anterior.

Para el caso especial de que todas las láminas se fabriquen con el mismo material y tengan el mismo espesor, pueden emplearse las siguientes fórmulas simplificadas para el cálculo de la rigidez flexional y cortante

3Láminas

$$K_{clt} = \sum (I_i \cdot E_i) + \sum (A_i \cdot E_i \cdot e_{s,i}^2) = \frac{13}{6} \cdot E_{\parallel} \cdot b \cdot t_i^3$$

$$S_{clt} = \frac{\Sigma(G_i \cdot b \cdot t_i)}{\kappa_{3s}} = \frac{b \cdot t_i \cdot (2 \cdot G_{\parallel} + G_R)}{\kappa_{3s}}$$

$$5\text{Láminas}$$

$$K_{clt} = \sum (I_i \cdot E_i) + \sum \left(A_i \cdot E_i \cdot e_{s,i}^2\right) = \frac{33}{4} \cdot E_{\|} \cdot b \cdot t_i^3$$

$$S_{clt} = \frac{\sum (G_i \cdot b \cdot t_i)}{\kappa_{5s}} = \frac{b \cdot t_i \cdot (3 \cdot G_{\|} + 2 \cdot G_R)}{\kappa_{5s}}$$

$$7\text{Láminas}$$

$$K_{clt} = \sum (I_i \cdot E_i) + \sum \left(A_i \cdot E_i \cdot e_{s,i}^2\right) = \frac{61}{3} \cdot E_{\|} \cdot b \cdot t_i^3$$

$$S_{clt} = \frac{\sum (G_i \cdot b \cdot t_i)}{\kappa_{7s}} = \frac{b \cdot t_i \cdot (4 \cdot G_{\|} + 3 \cdot G_R)}{\kappa_{7s}}$$

Determinación de las tensiones

La típica distribución de tensiones de este modelo, se ilustra en la Figura 1.2.2.2. Dado que la rigidez axial de las capas perpendiculares se asume nula, no existen tensiones en las láminas perpendiculares, lo cual se aproxima a lo que sucede en la realidad, ya que las tensiones axiales en las láminas perpendiculares son ínfimas. Obviamente, bajo estas circunstancias la tensión axial de flexión en cualquier punto de la sección, y la tensión máxima se puede calcular como

$$\sigma(x,z) = \frac{M_y(x)}{K_{clt}} \cdot z \cdot E(z)$$

$$\sigma_{max} = \frac{M_{max}}{K_{clt}} \cdot \frac{t_{clt}}{2} \cdot E$$

Por otra parte, en el caso de las tensiones cortantes, la contribución del primer momento estático de área de cada una de las láminas se escala de acuerdo a la relación de rigidez E_i/K_{CLT}, así es que las láminas perpendiculares no tienen ninguna contribución en el incremento de las tensiones tangenciales. Sin embargo, a diferencia de las tensiones normales, el momento estático de las láminas longitudinales más alejadas de la fibra neutra "sigue contribuyendo", o dicho de otra forma, la diferencia del momento flector en las láminas longitudinales sigue produciendo la misma tensión cortante en las láminas perpendiculares, así es que las tensiones cortantes de rodadura en las láminas perpendiculares se corresponden con la tensión de cortante longitudinal adyacente en las láminas longitudinales vecinas (y puede calcularse como tal), ver Figura 1.2.2.2.

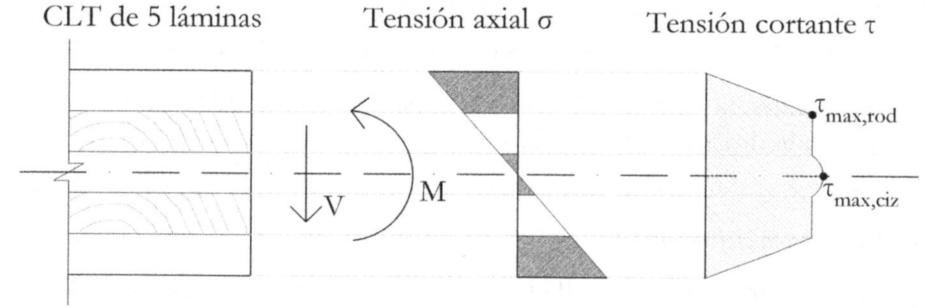

FIGURA I.2.2.2 Típica distribución de tensiones axiales y cortantes en un panel de CLT bajo el modelo de viga flexible de Timoshenko.

De este modo, la tensión de corte puede calcularse en cualquier punto de la sección como

$$\tau(z) = \frac{V_z(x) \cdot \int_{-t_{clt/2}}^{z} (E(z^*) \cdot z^* \cdot b \cdot dz^*)}{K_{clt} \cdot b}$$

Donde z se refiere a la distancia vertical desde la fibra neutra hasta el punto considerado, y z^* se refiere a la distancia vertical entre el inicio de la lámina correspondiente y el punto considerado. Por otra parte la tensión máxima sucede igualmente en el centro de las láminas ($z = 0$) y se puede determinar como

$$\tau_{max} = \frac{V_{max} \cdot \sum(S \cdot E_i)}{K_{clt} \cdot b} = \frac{V_{max} \cdot \sum(E_i \cdot A_i \cdot e_{s,i})}{K_{clt} \cdot b}$$

Donde lógicamente $e_{s,i}$ es en este caso la distancia del centro de gravedad de cada una de las láminas (o semi-lámina en el caso de la lámina central, si es que esta es longitudinal) a la fibra neutra. Para el cálculo de las tensiones de rodadura en las láminas perpendiculares, basta con calcular cual es la tensión cortante en cada una de las láminas longitudinales. Por ejemplo, para el caso de CLT con 5 láminas, con láminas externas dispuestas siguiendo el esfuerzo axial según se indica en la Figura 1.2.2.2, podría calcularse la tensión cortante máxima en las láminas externas únicamente considerando el módulo elástico y estático correspondiente a la última lámina, lo que permitiría calcular la tensión de rodadura en la lámina perpendicular inmediatamente adyacente.

Ventajas y desventajas del método

- Ventajas: permite el cálculo analítico manual, pero además el modelo suele estar disponible en la mayoría de software computacionales, pudiendo extenderse a 2D, pudiéndose aplicar bajo cualquier tipo de carga y condiciones de contorno; las predicciones de flecha suelen ser aceptables.

- Desventajas: la predicción de tensiones para el caso de vigas continuas, puede dar resultados bastante alejados de la realidad.

1.2.3 Aplicación del método γ

El método gamma fue ya detallado en profundidad en el Capítulo 3 del libro *"Conceptos avanzados del diseño estructural con madera. Parte II"*, pues este método se aplica habitualmente en el cálculo de rigideces efectivas y tensiones de elementos compuestos por elementos que están unidos longitudinalmente de forma continua, pero por una interfaz semi-rígida, como suele ser el caso de los conectores mecánicos. La clave del método consiste en, minorar las contribuciones de inercia de Steiner por el factor γ el cual toma valores cercanos a 0 cuando la interfaz es muy flexible, y 1 cuando la interfaz es muy rígida. El método más estandarizado presenta fuertes limitaciones en cuanto a su aplicación; por ejemplo, tan sólo puede ser empleado para cargas sinusoidales (o uniformes), y para piezas compuestas de 3 capas (2 interfaces), aunque el método fue modificado y extendido por múltiples autores para tener una mayor aplicabilidad. En la práctica, este método se aplica para la mayoría de situaciones en vigas y columnas compuestas.

En el caso del CLT, las interfaces entre láminas son obviamente rígidas (encoladas), sin embargo, es posible aplicar este método para piezas de 3 y 5 láminas asumiendo que las láminas intermedias son en realidad interfaces flexibles. En algunos textos, el lector puede identificar este método como método "γ modificado" aunque dicha denominación no parece muy adecuada ya que en la literatura existen multitud de modificaciones del método, antes incluso de la aparición del CLT. A continuación, se presentan los principales aspectos a tomar en consideración para la aplicación del método γ en la modelación de la flexión del CLT de 3 y 5 láminas fuera del plano. Es imprescindible que el lector se haya familiarizado con la presentación del método (incluyendo sus hipótesis y limitaciones de partida) en el Capítulo 3 de la primera parte de este libro.

En la parte final de esta sección, se presenta brevemente *la modificación de Schelling del método gamma*, quien mediante un procedimiento matricial permitió extender el método para más de 2 interfaces, lo que posteriormente sirvió para aplicar el método a CLT de 7 láminas o más y otros tipos de componentes con más de 2 interfaces.

Transformación de la sección transversal del CLT a un "elemento compuesto" equivalente

Recordemos que el factor γ se calcula a partir de la rigidez al flujo de corte (k), el cual para el caso de vigas conectadas mecánicamente puede estimarse como la relación entre el módulo de corrimiento del conector y la separación entre conectores ($k=K/s$)

$$\gamma_{sup/inf} = \cfrac{1}{1 + \cfrac{\pi^2}{l^2} \cdot \cfrac{E \cdot A}{k}} = \cfrac{1}{1 + \cfrac{\pi^2}{l^2} \cdot \cfrac{E \cdot A \cdot s}{K}}$$

En el caso del CLT, la deformación horizontal puede asumirse, para ángulos pequeños como el producto de la deformación angular por la altura, así es que

$$u \approx def.\,angular \cdot t = \frac{\tau}{G} \cdot t \approx \frac{flujo\ de\ corte}{b \cdot G} \cdot t$$

Por tanto, la rigidez al flujo de corte k provista por una lámina perpendicular solicitada a rodadura, puede estimarse como

$$k_{perp} = \frac{flujo\ de\ corte}{u} = \frac{G_{rod} \cdot b}{t_{perp}}$$

Donde el subíndice *perp* en la fórmula anterior, simplemente se añade para notar que, la rigidez y el espesor se refiere únicamente al de las láminas perpendiculares, pues son éstas las que producen la interfaz flexible. Así es que el factor gamma correspondiente a la lámina superior o inferior en contacto con una lámina perpendicular flexible de CLT, puede estimarse como

$$\gamma_{sup/inf} = \cfrac{1}{1 + \cfrac{\pi^2}{l^2} \cdot \cfrac{E \cdot A \cdot t_{perp}}{G_{rod} \cdot b}} = \cfrac{1}{1 + \cfrac{\pi^2}{l^2} \cdot \cfrac{E_{sup/inf} \cdot t_{sup/inf} \cdot t_{perp}}{G_{rod}}}$$

De este modo, las placas de CLT de 3 láminas podrían concebirse como una pieza compuesta de 2 materiales los cuales son unidos por una interfaz semirígida (p. ej. una viga en T) y las placas de CLT de 3 láminas podrían asociarse a una viga compuesta con 3 capas rígidas y 2 interfaces semi-rígidas (p.ej. una viga en I), ver Figura 1.2.3.

Vigas compuestas

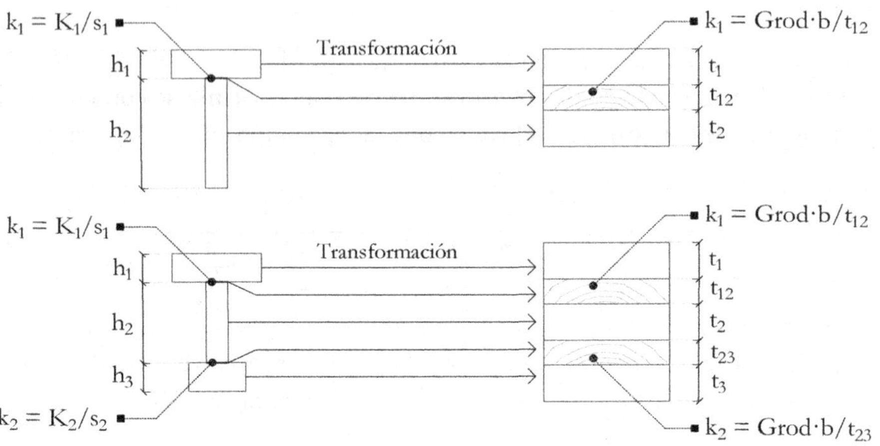

FIGURA 1.2.3 Idealización de placas de CLT de 3 y 5 láminas como vigas compuestas con interfaces semirígidas mediante el método γ (modificado de Bogensperger et al. 2012).

Cálculo de rigideces y tensiones

La rigidez flexional efectiva se calcula igual que para piezas compuestas, esto quiere decir que, se considera que la inercia efectiva viene únicamente dada por las capas longitudinales considerando la flexibilidad de la interfaz de acuerdo a la siguiente expresión

$$I_{EF} = \sum_{i=1}^{n=capas\ long} I_i + \gamma_i \cdot A_i \cdot a_i^2$$

Es decir, para CLT de 3 capas, únicamente las 2 capas externas aportan inercia flexional

$$I_{EF} = \sum_{i=1}^{2} I_i + \gamma_i \cdot A_i \cdot a_i^2$$

Y para CLT de 5 capas, la capa central, y las capas 2 externas aportan inercia

$$I_{EF} = \sum_{i=1}^{3} I_i + \gamma_i \cdot A_i \cdot a_i^2$$

Para que posteriormente

$$E \cdot I_{EF} = E_r \cdot I_{EF}$$

Para el cálculo de las tensiones axiales máximas, y de forma análoga a las vigas compuestas, se considera que la tensión viene dada como la suma de las tracciones/compresiones axiales en el cdg de las láminas externas y la máxima tensión de flexión

$$\sigma_{i,z,ext} = \sigma_{i,z,\frac{t}{c},cdg} \pm \sigma_{i,z,f,ext}$$

Con

$$\sigma_{i,z,f,ext} = \frac{M \cdot 0{,}5 \cdot h_i \cdot E_i}{EI_{EF}}$$

$$\sigma_{i,z,\frac{t}{c},cdg} = \frac{M \cdot \gamma_i \cdot a_i \cdot E_i}{EI_{EF}}$$

Por otra parte, las tensiones cortantes pueden obtenerse como

$$\tau_{max} = \frac{Q \cdot S_{EF} \cdot E_i}{EI_{EF} \cdot b}$$

En el caso de CLT con 3 láminas, la capa del medio no contribuye en el módulo estático para verificar la rodadura, por lo que simplemente puede aplicarse

$$\tau_{max} = \frac{Q \cdot \gamma_1 \cdot S_{1,y,ef} \cdot E_1}{EI_{EF} \cdot b} = \frac{Q \cdot \gamma_1 \cdot A_1 \cdot a_1 \cdot E_1}{EI_{EF} \cdot b}$$

De modo que la tensión máxima de corte longitudinal en las capas externas, coincide con la tensión de corte por rodadura en la capa interna.

$$\tau_{max} = \tau_{max,rod}$$

En el caso de CLT con 5 láminas, el cortante máximo se produce en la lámina interna longitudinal, el cual puede estimarse como

$$\tau_{max} = \frac{Q \cdot (\gamma_3 \cdot A_3 \cdot a_3 \cdot E_3 + 0,5 \cdot b_2 \cdot \frac{t_2^2}{4} \cdot E_2)}{EI_{EF} \cdot b}$$

Al igual que se comentó con en el método anterior, la solicitación de rodadura máxima que se produce de forma constante en las 2 capas perpendiculares de una placa de 4 láminas, es idéntica al cortante máximo longitudinal en las láminas externas, es decir, que puede calcularse como

$$\tau_{max,rod} = \frac{Q \cdot \gamma_3 \cdot A_3 \cdot a_3 \cdot E_3}{EI_{EF} \cdot b}$$

Nótese que en el caso de CLT con 5 capas, las "alas" las constituyen las láminas externas longitudinales, mientras que el "alma" sería la lámina central longitudinal; así los distanciamientos del c.d.g. de cada lámina al eje neutro, pueden calcularse de forma análoga a las vigas en I. En caso de que todas las capas tengan el mismo espesor, t, y estén hechas del mismo material, pueden emplearse las siguientes fórmulas simplificadas para el cálculo de los factores γ, y distanciamientos de los cdg al eje neutro

$$\gamma_1 = \gamma_3 = \frac{1}{1 + \dfrac{\pi^2 \cdot E_0 \cdot t^2}{G_{90} \cdot l^2}}$$

$$\gamma_2 = 1$$

$$a_2 = \frac{\gamma_1 \cdot E_1 \cdot A_1 \cdot \left(\dfrac{t_1 + t_2}{2} + t_{s12}\right) - \gamma_3 \cdot E_3 \cdot A_3 \cdot \left(\dfrac{t_2 + t_3}{2} + t_{s23}\right)}{\sum_{i=1}^{3} \gamma_i \cdot E_i \cdot A_i}$$

$$a_1 = a_3 = \frac{t_1}{2} + h_{s12} + \frac{t_2}{2} - a_2 = 2 \cdot t$$

Sin embargo, en el caso de CLT con 3 capas la situación es un poco diferente a las vigas en T, ya que ninguno de los 2 componentes (capas longitudinales) suele pasar por el eje neutro. Teniendo en cuenta ese detalle, en el caso de que los espesores y rigideces de las 3 capas sean idénticos el cálculo de los factores γ y distanciamientos a_i puede obtenerse con las siguientes fórmulas simplificadas

$$t_1 = t_2 = t_3 = t$$

$$t_{s12} = t_{s23} = t$$

$$\gamma_1 = \frac{1}{1 + \dfrac{\pi^2 \cdot E_0 \cdot t^2}{G_{90} \cdot l^2}}$$

$$\gamma_2 = 1$$

$$a_2 = \frac{\gamma_1 \cdot E_1 \cdot A_1 \cdot \left(\dfrac{t_1 + t_2}{2} + t_{s12}\right)}{\sum_{i=1}^{2} \gamma_i \cdot E_i \cdot A_i}$$

$$a_1 = \frac{t_1}{2} + t_{s12} + \frac{t_2}{2} - a_2 = 2t - a_2$$

Ventajas y desventajas del método

- Ventajas: dado que el método gamma está tremendamente extendido y normalizado en la madera, este método se ha prescrito en las guías de cálculo de numerosas aprobaciones técnicas de productos comerciales (*ETAs*, i.e. *European Technical Assesments*) antes incluso de que el cálculo con CLT se haya normalizado en los códigos de construcción.

- Desventajas: aunque se puede calcular manualmente, su aplicación es más tediosa que el método anterior y solo permite el cálculo de CLT de 3 y 5 láminas (a no ser que se extienda mediante la modificación de Schelling que a continuación se presenta). Además, los resultados en vigas continuas y vigas en voladizo (aun modificando las luces artificialmente como se comenta en el Capítulo 3 de libro *"Conceptos avanzados del diseño estructural con madera. Parte I"*) pueden generar resultados poco satisfactorios.

Extensión de Schelling

Basado en el método anterior, Schelling propuso una modificación para poder extender el método para cualquier número de interfaces semirrígidas. El planteamiento del problema consiste en resolver el siguiente problema matricial:

$$\begin{pmatrix} v_{1,1} & v_{1,2} & 0 & 0 & 0 \\ v_{2,1} & v_{2,2} & v_{2,3} & 0 & 0 \\ 0 & v_{3,2} & v_{3,3} & v_{3,4} & 0 \\ 0 & 0 & ... & ... & ... \\ 0 & 0 & 0 & v_{n,n-1} & v_{n,n} \end{pmatrix} \cdot \begin{pmatrix} \gamma_1 \\ \gamma_2 \\ \gamma_3 \\ ... \\ \gamma_n \end{pmatrix} = \begin{pmatrix} s_1 \\ s_2 \\ s_3 \\ ... \\ s_n \end{pmatrix}$$

Con

$$v_{i,i-1} = -k_{i-1,i} \cdot a_{i-1}$$

$$v_{i,i} = \left(k_{i-1,i} + k_{i,i+1} + d_i\right) \cdot a_i$$

$$v_{i,i+1} = -k_{i,i+1} \cdot a_{i+1}$$

$$s_i = -k_{i,i+1} \cdot (a_{i+1} - a_i) + k_{i-1,i} \cdot (a_i - a_{i-1})$$

y

$$k_{j,k} = \frac{G_{rod,j,k} \cdot b_{j,k}}{t_{j,k}}$$

$$d_i = \frac{\pi^2 \cdot E_i \cdot b_i \cdot t_i}{l^2}$$

Donde el subíndice n indica el número total de láminas longitudinales, i representa el número lámina longitduinal, partiendo desde la cara superior, y $k_{j,k}$ representa la rigidez al flujo de corte de cada una de las capas transversales. Así por ejemplo para un CLT de 7 capas tendríamos 4 capas longitudinales (subíndices $i=1$, 2, 3 y 4), sobre las que deberíamos calcular las propiedades $a_1,\ldots,a_4$, $d_1,\ldots,d_4$ y 3 capas transversales o interfaces (subíndices $j,k=1$-2, 2-3 y 3-4) sobre las que deberíamos calcular $k_{j,k}$. Una vez determinados todos los coeficientes, se puede resolver el valor del factor gamma de cada interfaz sin más que invertir la matriz

$$\boldsymbol{\gamma} = \boldsymbol{v}^{-1} \cdot \boldsymbol{s}$$

Una vez determinados todos los valores gamma, el procedimiento se aplica de forma completamente análoga. Así, por ejemplo, la inercia efectiva resulta

$$I_{EF} = \sum_{i=1}^{n=capas\ long} I_i + \gamma_i \cdot A_i \cdot a_i^2$$

Donde n ahora ya no está limitado a un máximo de 3 capas longitudinales. Téngase en cuenta que este método no es exclusivamente aplicable al CLT, sino que en el caso de capas unidas por conectores mecánicos de rigidez K y separación s, simplemente deberíamos considerar que

$$k_{j,k} = \frac{K_{j,k}}{s_{j,k}}$$

1.2.4 *Modelo de la analogía de corte (shear analogy)*

El modelo consiste en idealizar el CLT como una viga ficticia y homogénea, compuesta por 2 cordones separados a una determinada distancia, los cuales están acoplados en cuanto a la deflexión (tienen la misma flecha en cada sección), en concreto:

- El cordón superior (*cordón A*), posé una inercia flexional correspondiente a la suma de inercias de las láminas longitudinales respecto de su centro de gravedad (B_A). Además, el cordón superior es completamente rígido al corte, por lo que se puede asumir que $S_A = \infty$.

- El cordón inferior (*cordón B*), tiene una rigidez flexional que se corresponde con la contribución de Steiner de las láminas longitudinales (B_B), mientras que su rigidez al corte se corresponde con la rigidez al corte de las láminas longitudinales y las láminas perpendiculares (S_B), ver una ilustración en la Figura 1.2.4.1.

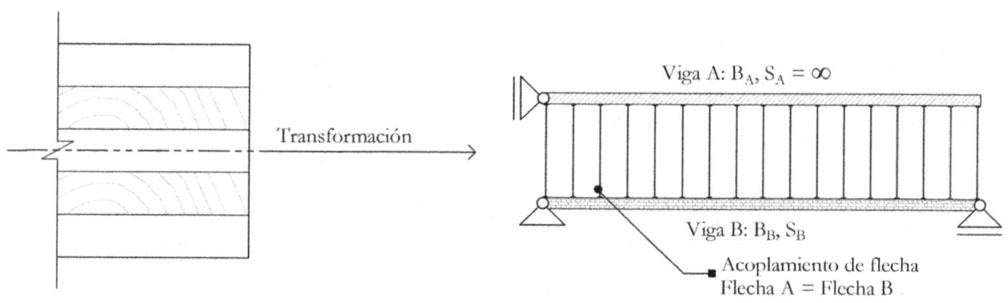

FIGURA I.2.4.1 Principio básico de idealización del CLT mediante el método de la analogía de corte (después de Bogensperger et al. 2012).

En realidad, lo que se busca con esta idealización es poder separar adecuadamente los siguientes comportamientos:

A. Las tensiones axiales y cortantes *originadas por los momentos flectores* a los que se sometería cada lámina individual, si es que todas las láminas experimentasen la misma curva de deformación elástica, la fuerza se distribuyese en las distintas capas, pero estas no estuviesen unidas. Esto es lo que se logra representar mediante el *cordón A*, que agrupa la misma deflexión para todas las láminas, y las secciones permanecen planas (no hay ningún efecto de acentuación de deformaciones porque la viga es infinitamente rígida al corte).

B. Las tensiones axiales y cortantes adicionales *originadas por el hecho de que las láminas se encuentran a diferentes alturas respecto del eje neutro y al mismo tiempo pueden traspasar la tensión de flujo de corte a las láminas longitudinales adyacentes de acuerdo a la flexibilidad de las láminas perpendiculares*. Es decir, la parte de Steiner, la cual tiene en cuenta que cada una de las láminas, tendrá una solicitación axial constante adicional por el hecho de estar alejadas del eje neutro, siempre y cuando sea posible transmitir el corte. La diferencia entre los axiles medios (nótese que son medios porque se toma el centroide de cada lámina en la contribución de Steiner) de cada lámina, genera a su vez un cortante adicional. Esto se logra representar mediante el *cordón B*, que además permite considerar la acentuación de la deflexión por el efecto de la flexibilidad de corte (tanto por las láminas longitudinales como las perpendiculares).

De este modo, es posible aproximar las tensiones en el CLT con la sumatoria de las tensiones A y B, ver una ilustración en la Figura 1.2.4.2.

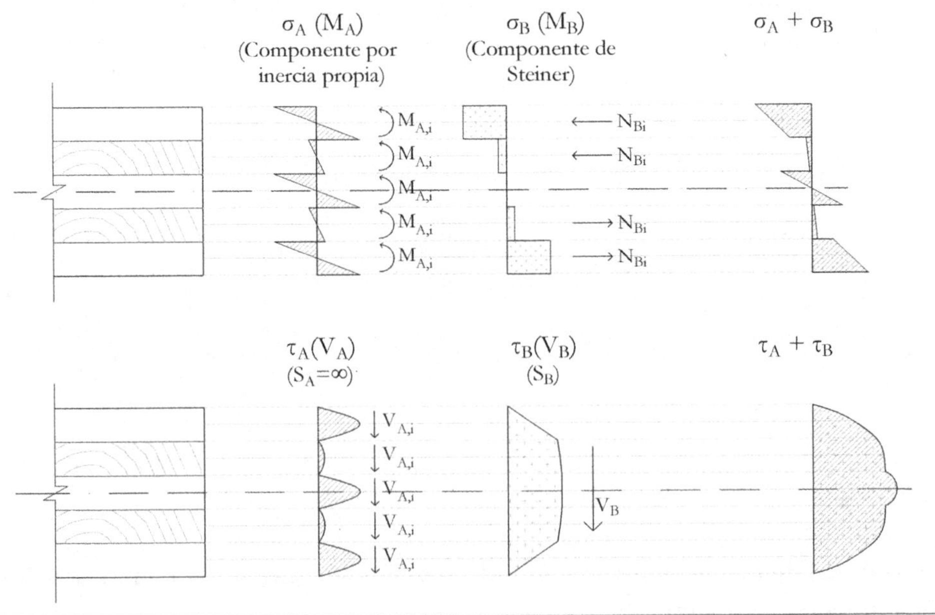

FIGURA 1.2.4.2 Sumatoria de las contribuciones de tensiones por momento flector sin acción compuesta, cordón A, y contribuciones por transmisión de flujo de corte a través de interfaz flexible, cordón B, como base para el cálculo de solicitaciones del CLT según el método de analogía de corte (basado en Bogensperger et al. 2012).

Debe notarse que el fundamento anterior es similar al pilar fundamental del razonamiento teórico del método γ. En el método γ, se asume que la semirrigidez de la unión únicamente afecta a las tensiones derivadas de la inercia adicional de la contribución de Steiner. En el método de la analogía del cort,e también se separa la componente de Steiner y únicamente allí se considera la transmisión del corte. La diferencia principal de este último método es que en lugar de considerar la semirrigidez de corte de la unión (representada por γ), se considera la flexibilidad (semirrigidez) de corte de las capas transversales por el efecto de la rodadura. Es por ello que este método se ha denominado "analogía" de corte, respecto de la semirrigidez de una unión en el método γ. Dicho efecto de flexibilidad, se considera en su totalidad en el cordón B, lo que permite modelar paneles de CLT con cualquier número de láminas y tipos de carga.

La estrategia para resolver el sistema anterior, consiste en acoplar el campo de las deflexiones de ambos cordones, y resolver la deformación por corte del cordón B. Aunque existen soluciones analíticas para lo anterior, lo habitual es aplicar programas computacionales de cálculo en el contexto de este modelo. En concreto, los paneles de CLT se suelen modelar como vigas acopladas, atribuyendo las rigideces que a continuación se detallan. Una vez calculadas los esfuerzos de corte y momentos de los cordones, se procede a determinar las tensiones internas reales aplicando una regla de transformación que a continuación se detalla. El método también es apropiado para modelar losas biaxiales.

Cálculo de rigideces y tensiones

La rigidez flexional del cordón A, es lógicamente la suma (en paralelo) de las rigideces individuales de las láminas, y la rigidez al corte se asume infinita

$$B_A = \sum E_i \cdot I_i = \sum E_i \cdot \frac{b \cdot t_i^3}{12}$$

$$S_A = \infty$$

Nota: E_i suele despreciarse igualmente para las láminas perpendiculares, aunque al ser calculado mediante software en ocasiones se considera. Para la rigidez al corte en la práctica se le atribuye un valor muy elevado.

Respecto del cordón B, la rigidez flexional es la suma (en paralelo) de las componentes de Steiner, y la rigidez al corte es la suma (en serie) de las rigideces a corte de las láminas longitudinales y perpendiculares

$$B_B = \sum E_i \cdot A_i \cdot e_{s,i}^2 = \sum E_i \cdot b \cdot t_i \cdot e_{s,i}^2$$

$$S_B = \frac{a^2}{\frac{1}{b} \cdot \left(\frac{t_1}{2 \cdot G_1} + \sum_{i=2}^{n-1} \frac{t_i}{G_i} + \frac{t_n}{2 \cdot G_n} \right)}$$

Nótese que de igual modo la rigidez de las láminas perpendiculares no se suele contabilizar en la rigidez flexional. Respecto de la rigidez al corte, se considera, al igual que en el método γ, que la rigidez al flujo de corte de cada lámina es

$$k = \frac{G_i \cdot b}{t_i}$$

Dado que las láminas se deforman en serie, ver Figura 1.2.4.3, y que las mitades exteriores de las láminas externas no se deforman (y por tanto su rigidez a corte no contribuye), la rigidez equivalente al flujo de corte resulta

$$\frac{1}{k_{CLT}} = \sum \frac{1}{k_{lam}} = \sum_{lam\ int} \frac{1}{\frac{G_i \cdot b}{t_i}} + \sum_{lam\ ext} \frac{1}{2} \cdot \frac{1}{\frac{G_i \cdot b}{t_i}}$$

$$k_{CLT} = \frac{1}{\frac{1}{b} \left(\sum_{lam\ int} \frac{t_i}{G_i} + \sum_{lam\ ext} \frac{t_i}{2 \cdot G_i} \right)}$$

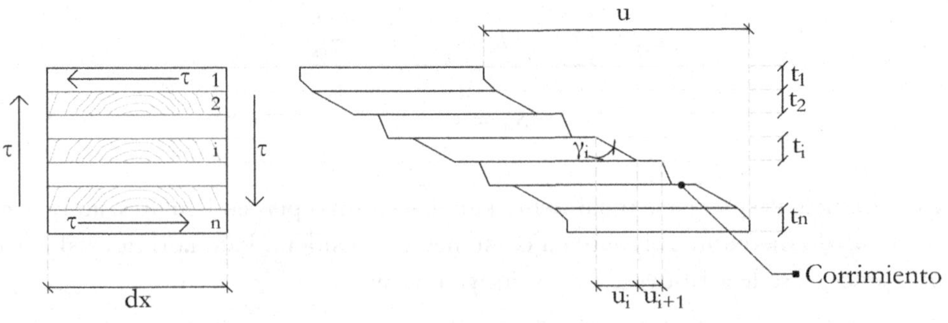

FIGURA 1.2.4.3 Deformación en serie al cortante de las láminas de CLT (readaptado para el CLT a partir de consideraciones en DIN1052 2010).

Considerando que solo se produce deformación por corte entre los centros de gravedad de las láminas externas del CLT (distanciadas a una distancia a), la rigidez al corte del cordón B, que a su vez representa la rigidez al corte de la "viga" de CLT puede estimarse como

$$S_b = G_{aparente} \cdot A$$

Tal que

$$S_b = \frac{\tau}{def.\,angular} \cdot A = \frac{\tau}{\frac{u}{a}} \cdot A = \frac{flujo\ de\ corte}{\frac{u}{a} \cdot b} \cdot A$$

Dado que

$$k = \frac{flujo\ de\ corte}{u}$$

Se obtiene

$$S_b = \frac{k}{\frac{b}{a}} \cdot A = \frac{k}{\frac{b}{a}} \cdot ab = k \cdot a^2$$

Así es que

$$S_b = k_{CLT} \cdot a^2 = \frac{a^2}{\frac{1}{b}\left(\Sigma_{lam\ int}\frac{t_i}{G_i} + \Sigma_{lam\ ext}\frac{t_i}{2 \cdot G_i}\right)}$$

Una vez calculados los esfuerzos en el programa computacional de acuerdo a las rigideces anteriormente comentadas, se pueden estimar el reparto de momentos y axiles en cada una de las láminas sin más que relativizar las rigideces flexionales y axiales respectivamente

$$M_{A,i} = M_A \cdot \frac{E_i \cdot I_i}{B_A}$$

$$N_{B,i} = \pm M_B \cdot \frac{E_i \cdot A_i \cdot e_{s,i}}{B_B}$$

Los que permiten estimar las tensiones flexionales en cada punto de la sección vertical (z)

$$\sigma_{A,i} = \pm \frac{M_{A,i}}{I_i} \cdot z_i = \pm \frac{M_A}{B_A} \cdot E_i \cdot z_i$$

Por supuesto las tensiones axiales se pueden estimar de acuerdo a la posición del cdg de cada lámina ($e_{s,i}$)

$$\sigma_{B,i} = \pm \frac{N_{B,i}}{A_i} = \pm \frac{M_B}{B_B} \cdot E_i \cdot e_{s,i}$$

Y naturalmente, la tensión axial real en cualquier punto de la sección se aproxima como

$$\sigma_{CLT,i} = \sigma_{A,i} + \sigma_{B,i}$$

Por otra parte, el cortante A se reparte en las láminas según rigidez flexional

$$V_{A,i} = V_A \cdot \frac{E_i \cdot I_i}{B_A}$$

Y el cortante B no requiere transformación porque ya considera la rigidez al corte del CLT. Finalmente, las tensiones de corte se pueden aproximar como

$$\tau_{A,i} = -V_A \cdot \frac{E_i}{B_A} \cdot \left(\frac{z_i^2}{2} - \frac{t_i^2}{8} \right)$$

$$\tau_{B,i} = \frac{-V_B \cdot E_i \cdot \left(z_i - \frac{t_i}{2} \right) \cdot e_{s,i}}{B_B}$$

De modo que

$$\tau_{CLT,i} = \tau_{A,i} + \tau_{B,i}$$

Ventajas y desventajas del método

- Ventajas: puede modelar cualquier cantidad de láminas y tipo de cargas con gran exactitud. Sin duda, es capaz de aproximar la solución de vigas continuas de forma mucho más exacta que los otros 2 métodos. Estas ventajas han hecho que el método de la analogía de corte esté siendo el método mayormente adoptado en la normativa actual.

- Desventajas: su implementación requiere bastante esfuerzo, y requiere un mayor grado de discretización que los métodos anteriores. Las tensiones de corte no se aproximan bien en áreas cercanas a cargas puntuales y apoyos intermedios en vigas continuas.

I.2.5 *Teoría de componentes (k-method)*

La teoría de componentes, también denominada como *método k*, fue propuesta en algunos textos iniciales para calcular el CLT debido a que este método ya fue propuesto hace varias décadas por Blass y Fellmoser para el cálculo del terciado. La ventaja central del método, es que permite reducir el problema a la determinación de factores de modificación de rigidez y resistencia lo cual hace su aplicación muy sencilla en el cálculo. Lo anterior no solo concierne a la flexión fuera del plano, sino en realidad muchos de los principales esfuerzos, por lo que en esta sección se presenta no solo el modelo de flexión sino el modelo estructural para diferentes esfuerzos. El método se puede aplicar además para CLT de múltiples láminas. Sin embargo, la teoría de componentes tiene una limitación tremendamente restrictiva para el CLT, y es que no considera la deformación por corte. Esto se debe a que naturalmente el método fue ideado para calcular terciado donde las razones L/t suelen ser ≥ 30. Así es que la aplicación práctica en el CLT es muy reducida. No obstante, a continuación, ser resume de forma muy concisa las suposiciones y los fundamentos de este método:

- Hipótesis de Bernouilli sobre planicie de secciones deformadas. No existe deformación cortante porque la relación $L/t \geq 30$.

- La rigidez perpendicular no es 0 sino $E_{\perp} = E_{90} = E_{//}/30 = E_0/30$.

- La rigidez efectiva del CLT para diferentes estados de carga, puede calcularse como el producto de la rigidez E_0 multiplicada por el coeficiente de modificación de rigidez, k_i, correspondiente, ver Tablas 1.2.5-6.

- La resistencia efectiva (tensiones admisibles) del CLT para diferentes estados de carga, también pueden calcularse considerando el producto de la resistencia (tensión admisible) multiplicada por el coeficiente de modificación correspondiente, k_i, ver Tabla 1.2.6.

- Una vez modificadas las rigideces efectivas, las rigideces flexionales y las solicitaciones pueden calcularse empleando inercias, áreas y módulos resistentes brutos sin considerar el efecto de la ortotropía de las capas. Por ejemplo, el cálculo de la rigidez flexional resulta

$$EI_{eff,CLT} = E_{b,0,eff} \cdot I_{bruta} = E_{b,0,eff} \cdot \frac{b_{CLT} \cdot h_{CLT}^{3}}{12}$$

y

$$F_{eff,CLT} = \frac{M}{W} = \frac{M}{\dfrac{b_{CLT} \cdot h_{CLT}^{2}}{6}} \leq F_{f,dis} = F_{f,bas} \cdot k_1 \cdot K_H \cdot K_D \cdot K_T \cdot K_Q$$

TABLA 1.2.5 Determinación de los coeficientes de modificación k_i según el estado de carga para la aplicación del *método k* (modificado de Gagnon y Popovski 2011).

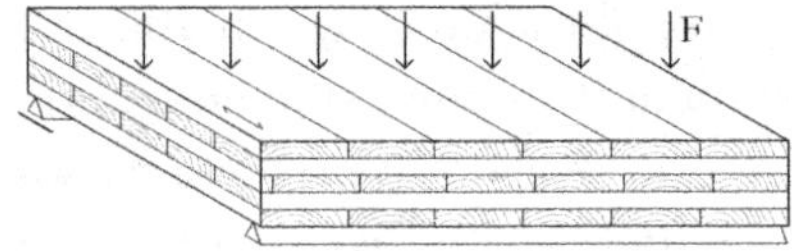

$$k_1 = 1 - \left(1 - \frac{E_{90}}{E_0}\right) \cdot \frac{a_{m-2}^3 - a_{m-4}^3 + \cdots \pm a_1^3}{a_m^3}$$

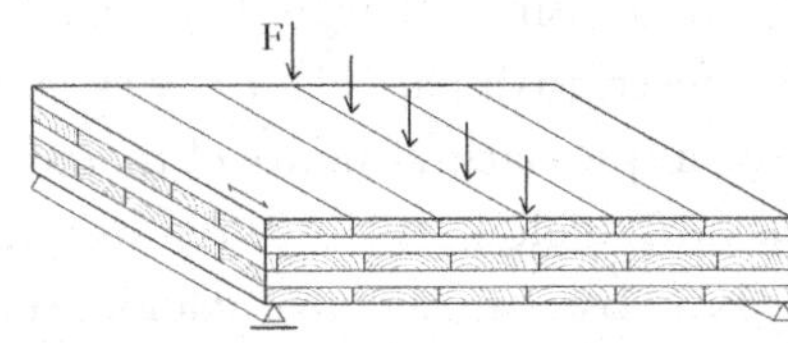

$$k_2 = \frac{E_{90}}{E_0} + \left(1 - \frac{E_{90}}{E_0}\right) \cdot \frac{a_{m-2}^3 - a_{m-4}^3 + \cdots \pm a_1^3}{a_m^3}$$

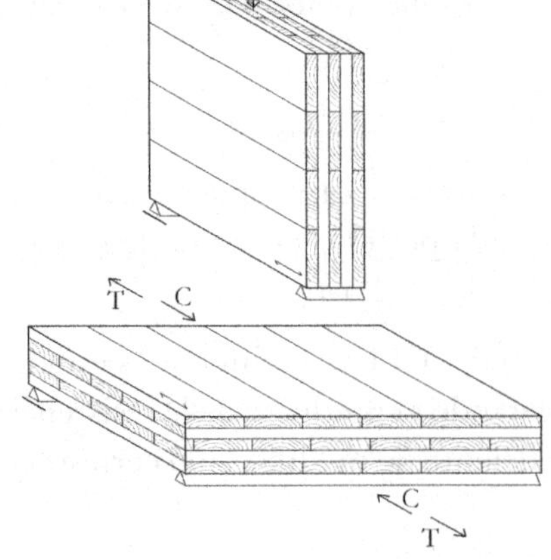

$$k_3 = 1 - \left(1 - \frac{E_{90}}{E_0}\right) \cdot \frac{a_{m-2} - a_{m-4} + \cdots \pm a_1}{a_m}$$

TABLA I.2.5 (CONTINUACIÓN)

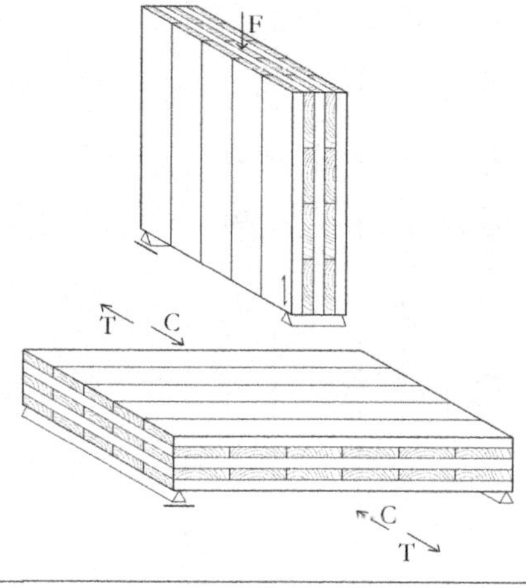

$$k_4 = \frac{E_{90}}{E_0} + \left(1 - \frac{E_{90}}{E_0}\right) \cdot \frac{a_{m-2} - a_{m-4} + \cdots \pm a_1}{a_m}$$

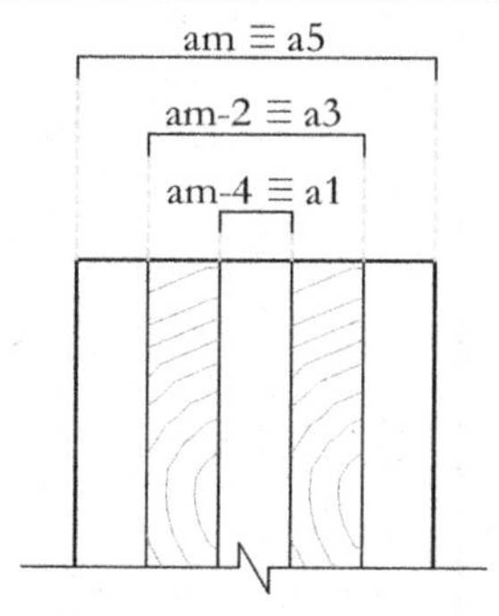

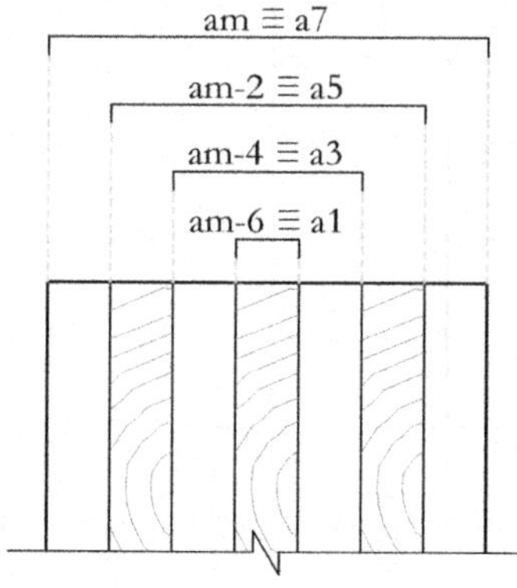

TABLA 1.2.6 Aplicación de los coeficientes de moficidación k_i para el cálculo de tensiones admisibles y rigideces efectivas del CLT según el *método k* (después de Gagnon y Popovski 2011).

Solicitación	Orientación fibra externa respect solicitación	Resistencia efectiva	Rigidez efectiva
Fuerzas fuera del plano			
Flexión	Paralela	$f_{b,0,eff} = f_{b,0} \cdot k_1$	$E_{b,0,eff} = E_0 \cdot k_1$
	Perpendicular	$f_{b,90,eff} = f_{b,0} \cdot k_2 \cdot a_m / a_{m-2}$	$E_{b,90beff} = E_0 \cdot k_2$
Fuerzas en el plano			
Flexión	Paralela	$f_{b,0,eff} = f_{b,0} \cdot k_3$	$E_{b,0,eff} = E_0 \cdot k_3$
	Perpendicular	$f_{b,90,eff} = f_{b,0} \cdot k_4$	$E_{b,90,eff} = E_0 \cdot k_4$
Tracción	Paralela	$f_{t,0,eff} = f_{t,0} \cdot k_3$	$E_{t,0,eff} = E_0 \cdot k_3$
	Perpendicular	$f_{t,90,eff} = f_{t,0} \cdot k_4$	$E_{t,90,eff} = E_0 \cdot k_4$
Compresión	Paralela	$f_{c,0,eff} = f_{c,0} \cdot k_3$	$E_{c,0,eff} = E_0 \cdot k_3$
	Perpendicular	$f_{c,90,eff} = f_{c,0} \cdot k_4$	$E_{c,90,eff} = E_0 \cdot k_4$

I.3 MODELO DE CÁLCULO TIPO PLACA; TEORÍA DE PLACAS CON CONTRIBUCIÓN DE CORTE DE PRIMER ORDEN

A pesar de que varios de los modelos de vigas anteriores pueden extenderse con mayor o menor dificultad para constituir elementos tipo placa (2D) y poder modelar así flexiones biaxiales, así como otras situaciones de carga y condiciones de vínculo más complejas, sin duda la forma más extendida para modelar este tipo de elementos, especialmente cuando las condiciones de carga, vínculo y geometrías son complejas, consiste en emplear directamente un modelo de placa, referido habitualmente como *plate* (sin esfuerzos de membrana) *shell*, (con esfuerzos de flexión y membrana) en contextos de modelos computacionales. Estos modelos no sólo se aplican para predecir la flexión fuera del plano, sino que en general se usan para explicar prácticamente todo el comportamiento mecánico del CLT.

Pese a que existen soluciones analíticas, especialmente para situaciones de carga y vínculo relativamente sencillas, claramente la resolución de problemas con elementos 2D suele realizarse mediante métodos numéricos de aproximación. En particular, es muy común emplear el modelo de los elementos finitos (MEF) para aproximar soluciones, y es por ello, que en la práctica profesional el uso del término *plate* o *shell* suele relacionarse con el MEF. La precisión de estos modelos es sin duda muy superior a los modelos analíticos (o eventualmente computacionales como, por ejemplo, la analogía de corte) anteriormente descritos. De hecho, a menudo el "error" de los modelos de flexión uniaxial presentados anteriormente, se determina en función de cuan bien pueden estos emular los resultados del modelo que a continuación se describe.

Sin duda la teoría de placas es extensísima entre otras cosas porque permite predecir la rigidez, deformación y tensiones internas de elementos tipo placa compuestos por capas laminadas reduciéndolos de 3D a 2D. Cada una de las láminas puede ser isótropa, transversalmente isótropa u ortótropa. Esto es particularmente importante para la industria aeroespacial, que convencionalmente fabrica las cáscaras o "shells" de naves con placas compuestas laminadas. Por supuesto el análisis de la teoría de shells no es el objeto de este libro, por lo que a continuación se describe únicamente lo esencial en relación a la modelación del CLT.

Principalmente existen 2 teorías para simplificar el comportamiento global de placas compuestas laminadas, tales como el CLT a elementos 2D, y afortunadamente, muchos de los softwares comerciales mayormente empleados permiten implementar ambos modelos:

1) *Teoría clásica de placas laminadas* o teoría de laminados basada en la teoría de placas de Kirchhoff (teoría clásica de laminación). Usualmente empleada para predecir el comportamiento de placas delgadas, asume que el *plano intermedio*

en el plano de la placa es el plano neutro (similar a fibra neutra en la teoría de vigas), por lo que no existen ni deformaciones ni tensiones. Tampoco considera que pueda existir tensión y deformación en la dirección del grueso de la placa. Finalmente asume que las secciones de la placa son planas y perpendiculares al plano intermedio, es decir, que no existe deformación por corte.

2) *Teoría de placas laminadas con contribución de corte* o teoría de laminados basada en la teoría de placas de Mindlin (teoría de cortante de primer orden). Es similar a la teoría clásica de Kirchhoff, pero sí considera la deformación por corte lo que la hace mucho más conveniente para predecir el comportamiento de placas gruesas tales como el CLT en su morfología más habitual.

Por lo anterior, a continuación, se resumen las particularidades del modelo de laminado basado en la teoría de placas de Mindlin para aplicación en el CLT y, se explican los modelos actuales de cálculo empleados para determinar las diferentes rigideces.

1.3.1 *Suposiciones fundamentales de la teoría de placas de Mindlin*

Al igual que en la teoría de Kirchhoff, el plano intermedio se asume como el plano neutro, y también se considera que no existe deformación en el grueso de la placa $\varepsilon_z=0$, es decir se asume la hipótesis de tensión plana. Esto se adapta bastante bien a la realidad, si es que la geometría no se acerca a la de un sólido ($l/t<10$).

Además, tal y como fue introducido con anterioridad, la sección perpendicular de la placa permanece plana y de espesor constante, pero no necesariamente perpendicular a la deformada. Dicho de otro modo, se permite que haya deformación por corte transversal, tal que las normales a la placa no resultan perpendiculares al plano intermedio, ver Figura 1.3.1. Así pues, la deformación de corte se asume constante en toda la placa, lo que obliga a emplear factores de corrección de deformación por corte transversal, K. Además de ello, tal como se detalla en apartado sucesivos, también se suele requerir la aplicación de factores de corrección por torsión y corte longitudinal, k.

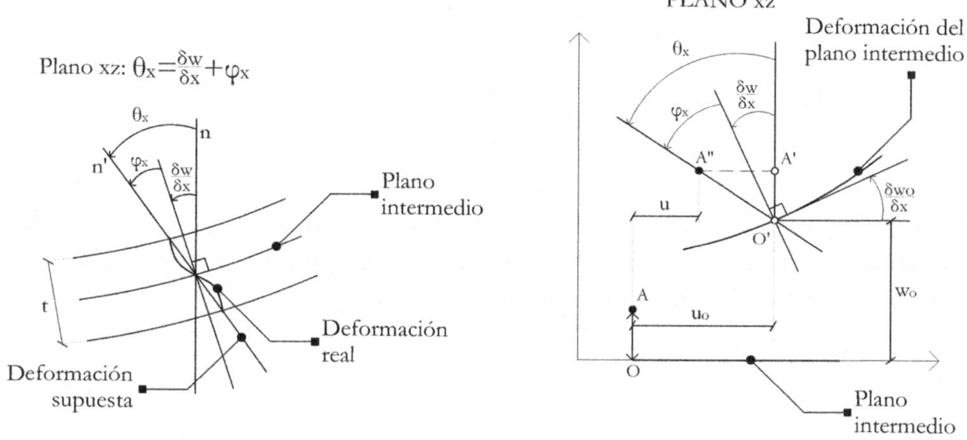

FIGURA 1.3.1 Deformación básica y desplazamientos en la teoría de placas de Mindlin: (izquierda) el giro de la sección plana se asume como la suma del giro debido a la deformada más la contribución del corte, lo que contrasta frente a la sección no plana real; (derecha) los desplazamientos horizontales se asumen como la sumatoria del desplazamiento de la deformada en el plano intermedio más la contribución por giro (basado en Oñate 2013).

1.3.2 *Formulación de desplazamientos en la teoría de Mindlin*

El desplazamiento horizontal de cualquier punto de la placa se asume como una composición del desplazamiento de la lámina intermedia (u_0 y v_0, medidos en $z=0$), menos el desplazamiento horizontal correspondiente al giro (sobre ejes x e y) multiplicado por el ángulo de giro (θ). Nótese que, como se asumen pequeños desplazamientos, y las secciones permanecen rectas, el desplazamiento horizontal debido al giro puede calcularse como el producto de la coordenada z (radio) multiplicado por el ángulo de giro θ, ver Figura 6.1.4.5.1.

$$u = u_0 - z \cdot \theta_x$$

$$v = v_0 - z \cdot \theta_y$$

A su vez, tal como se muestra en la Figura 6.1.4.5.1, el giro sobre cualquiera de los dos ejes se asume como la suma del giro provocado por la rotación de la normal en estado deformado, más la rotación debido al corte:

$$\theta_x = \frac{\partial w_0}{\partial x} + \phi_x$$

$$\theta_y = \frac{\partial w_0}{\partial y} + \phi_y$$

Finalmente, se asume que la sección no se deforma en su espesor, por lo que el desplazamiento vertical de cualquier punto de la sección transversal se asume idéntico al desplazamiento del plano intermedio

$$w = w_0$$

1.3.3 *Deformaciones*

Dado que la matriz de rigidez del elemento de CLT con capas simétricas es casi diagonal, puede establecerse una relación bastante directa entre los esfuerzos y las deformaciones, así como los dos acoplamientos anteriormente mencionados:

- Los momentos m_x, m_y y m_{xy} son, respectivamente, los principales causantes de las curvaturas (giros por unidad de longitud) de K_x, K_y y K_{xy}.

- Los cortantes transversales v_x e v_y provocan distorsiones verticales en cada uno de los planos ortogonales de la placa, γ_{xz}, γ_{yz}.

- Los axiles y el cortante en la placa n_x, n_y y n_{xy} son, respectivamente, los principales causantes de las tensiones y distorsión angular en la membrana ε_x, ε_y, γ_{xy}.

El vector traspuesto de deformación global de la placa puede escribirse como

$$\varepsilon_{placa}^T = \left(\kappa_x, \kappa_y, \kappa_{xy}, \gamma_{xz}, \gamma_{yz}, \varepsilon_x, \varepsilon_y, \gamma_{xy}\right)$$

O lo que es lo mismo

$$\varepsilon_{placa}^T = \left(\frac{\partial \theta_y}{\partial x}, -\frac{\partial \theta_x}{\partial y}, \frac{\partial \theta_y}{\partial y} - \frac{\partial \theta_x}{\partial x}, \frac{\partial w}{\partial x} + \theta_y, \frac{\partial w}{\partial y} - \theta_x, \frac{\partial u}{\partial x}, \frac{\partial v}{\partial y}, \frac{\partial u}{\partial y} + \frac{\partial v}{\partial x}\right)$$

De modo que, análogamente a la formulación de desplazamientos, la deformación individual en cada coordenada vertical z de cada lámina suele calcularse a partir de las deformaciones globales de la placa como

$$\varepsilon_{lámina}(z) = \begin{pmatrix} \varepsilon_{x,lámina} \\ \varepsilon_{y,lámina} \\ \gamma_{xy,lámina} \end{pmatrix} = \begin{pmatrix} \dfrac{\partial u}{\partial x} \\ \dfrac{\partial v}{\partial y} \\ \dfrac{\partial u}{\partial y} + \dfrac{\partial v}{\partial x} \end{pmatrix} + z \begin{pmatrix} \dfrac{\partial \theta_y}{\partial x} \\ -\dfrac{\partial \theta_x}{\partial y} \\ \dfrac{\partial \theta_y}{\partial y} - \dfrac{\partial \theta_x}{\partial x} \end{pmatrix}$$

Nótese que en esta última ecuación no se considera explícitamente la contribución de la deformación por corte transversal en la lámina. Esto se debe a que, si bien dicha contribución si se toma en cuenta en la deformación de la placa para las verificaciones de servicio, no se suele incorporar en la deformación de las láminas individuales porque las tensiones cortantes perpendiculares suelen considerarse independientemente, es decir, no se calculan a partir de las deformaciones de las láminas individuales, ver Sección 1.3.11.

1.3.4 *Esfuerzos y tensiones en la placa*

Los esfuerzos internos, i.e. axiles, cortantes y momentos, a los que la placa está sometida se asumen esfuerzos por metro de ancho (kN/m y kNm/m, respectivamente) por lo que la denominación suele ser con letras minúsculas. La dirección del largo, x, se toma como la dirección de la fibra en el exterior de la placa, y el ancho, y, es la dirección perpendicular al largo en el plano de la placa. La convención de signos y direcciones de los esfuerzos internos es similar a la que se emplea en el hormigón, ver Figura 6.1.5.3; el primer subíndice hace referencia al eje normal al plano en el que actúa el esfuerzo, el segundo subíndice hace referencia a la dirección donde se producen las tensiones. En caso de que los dos subíndices se repitan, se elimina uno de los subíndices. Por ejemplo, el axil por metro de ancho n_x representa un esfuerzo que actúa en el plano cuya normal es el eje x y produce tensiones de dirección x. El esfuerzo n_{xy} es el esfuerzo que actúa en el plano cuya normal es el eje x, pero produce tensiones de dirección y. En total, la placa puede estar sometida a los siguientes esfuerzos:

1) Fuerzas axiales por unidad de longitud en las 2 direcciones horizontales, n_x y n_y, que generan tensiones axiales σ_x, σ_y en la membrana, esto es en el plano de la placa, ver Figura 1.3.4.

2) Momentos flectores por unidad de longitud respecto de ambos ejes, m_x y m_y, que generan tensiones σ_x, σ_y en la membrana.

3) Momento torsor (*twisting*) por unidad de longitud. El momento actúa en el plano cuya normal es x y produce tensiones cortantes en el eje y por lo que la

designación es m_{xy} y τ_{xy}. Por supuesto se genera un momento idéntico en el plano con normal y que produce esfuerzos tangenciales en x.

4) Cortante por unidad de longitud en el plano de la placa, n_{xy}, que generan tensiones cortantes en el plano de la placa τ_{xy}.

5) Cortantes por unidad de longitud perpendiculares al plano de la placa, en los planos xz e yz, v_x y v_y, que generan tensiones cortantes en ambos planos perpendiculares a la placa τ_{xz}, τ_{yz}.

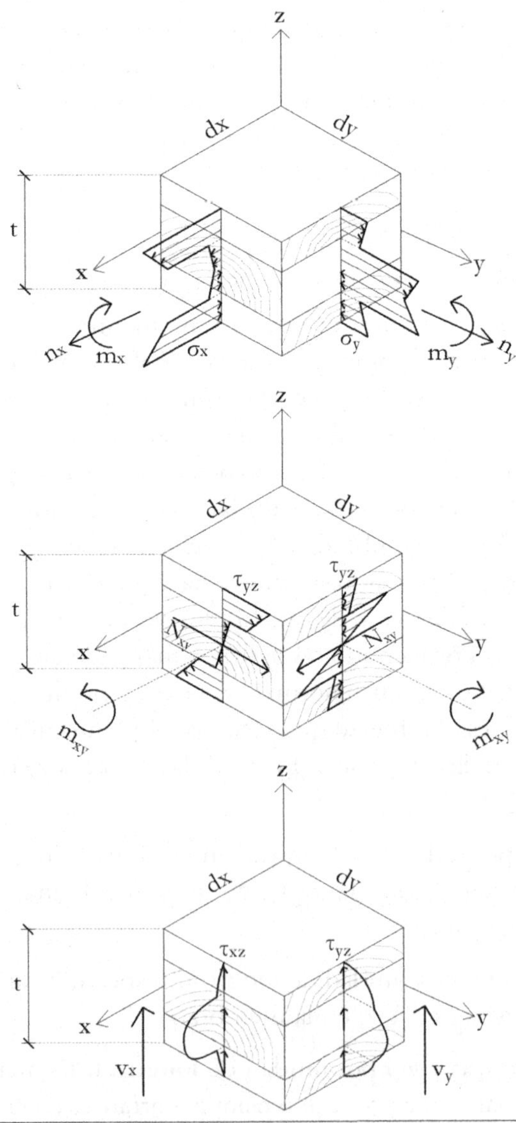

FIGURA I.3.4 Esfuerzos y tensiones en la placa.

1.3.5 *Matriz de rigidez del elemento*

La matriz de rigidez de la placa puede definirse como

$$
\begin{pmatrix} m_x \\ m_y \\ m_{xy} \\ v_x \\ v_y \\ n_x \\ n_y \\ n_{xy} \end{pmatrix}
=
\begin{pmatrix}
D_{11} & D_{12} & D_{12} & 0 & 0 & D_{16} & D_{17} & D_{18} \\
 & D_{22} & D_{23} & 0 & 0 & D_{17} & D_{27} & D_{28} \\
 & & D_{33} & 0 & 0 & D_{18} & D_{28} & D_{38} \\
 & & & D_{44} & D_{45} & 0 & 0 & 0 \\
 & & & & D_{55} & 0 & 0 & 0 \\
 & & \text{sim.} & & & D_{66} & D_{67} & D_{68} \\
 & & & & & & D_{77} & D_{78} \\
 & & & & & & & D_{88}
\end{pmatrix}
\begin{pmatrix} \kappa_x \\ \kappa_y \\ \kappa_{xy} \\ \gamma_{xz} \\ \gamma_{yz} \\ \varepsilon_x \\ \varepsilon_y \\ \gamma_{xy} \end{pmatrix}
$$

Y en el caso de que las láminas estén orientadas en múltiplos de 90° como en el CLT, la matriz de rigidez se simplifica a

$$
\begin{pmatrix} m_x \\ m_y \\ m_{xy} \\ v_x \\ v_y \\ n_x \\ n_y \\ n_{xy} \end{pmatrix}
=
\begin{pmatrix}
D_{11} & D_{12} & 0 & 0 & 0 & D_{16} & D_{17} & 0 \\
 & D_{22} & 0 & 0 & 0 & D_{17} & D_{27} & 0 \\
 & & D_{33} & 0 & 0 & 0 & 0 & D_{38} \\
 & & & D_{44} & 0 & 0 & 0 & 0 \\
 & & & & D_{55} & 0 & 0 & 0 \\
 & & \text{sim.} & & & D_{66} & D_{67} & 0 \\
 & & & & & & D_{77} & 0 \\
 & & & & & & & D_{88}
\end{pmatrix}
\begin{pmatrix} \kappa_x \\ \kappa_y \\ \kappa_{xy} \\ \gamma_{xz} \\ \gamma_{yz} \\ \varepsilon_x \\ \varepsilon_y \\ \gamma_{xy} \end{pmatrix}
$$

Donde los términos en color verde engloban la rigidez a la flexión y torsión, los términos azules engloban el cortante transversal, los términos rojos la rigidez de la membrana y los términos naranjas son comúnmente referidos como *excentricidades* que acoplan las respuestas de membrana con las flexionales y torsionales. Dicho efecto de acoplamiento es muy poco aconsejable, porque provoca que los momentos provoquen no solo curvatura sino también deformaciones y distorsiones en la membrana. Asimismo, los esfuerzos puros de membrana también provocan curvaturas y torsiones. Por ello, no solo en el CLT, sino en la mayoría de compuestos laminados trata de evitarse la asimetría y el desbalanceado de los laminados; es muy recomendable que la configuración de láminas (geometría y rigideces) sea simétrica, y además cada lámina en la parte superior del plano de simetría tenga su contraparte (ángulo de orientación de fibras) en la parte inferior. No obstante, es importante notar que es posible evitar las excentricidades empleando ciertas configuraciones asimétricas también.

$$
\begin{pmatrix} m_x \\ m_y \\ m_{xy} \\ v_x \\ v_y \\ n_x \\ n_y \\ n_{xy} \end{pmatrix} =
\begin{pmatrix}
D_{11} & D_{12} & 0 & 0 & 0 & 0 & 0 & 0 \\
 & D_{22} & 0 & 0 & 0 & 0 & 0 & 0 \\
 & & D_{33} & 0 & 0 & 0 & 0 & 0 \\
 & & & D_{44} & 0 & 0 & 0 & 0 \\
 & & & & D_{55} & 0 & 0 & 0 \\
 & & sim. & & & D_{66} & D_{67} & 0 \\
 & & & & & & D_{77} & 0 \\
 & & & & & & & D_{88}
\end{pmatrix}
\begin{pmatrix} \kappa_x \\ \kappa_y \\ \kappa_{xy} \\ \gamma_{xz} \\ \gamma_{yz} \\ \varepsilon_x \\ \varepsilon_y \\ \gamma_{xy} \end{pmatrix}
$$

Observamos entonces que los únicos términos de acoplamiento remanentes resultan D_{12} y D_{67}, los cuales acoplan las curvaturas y deformaciones de membrana, respectivamente, en los ejes x e y. En muchas ocasiones, se desprecian las interacciones de momentos flectores y axiles de modo que la matriz puede venir definida como

$$
\begin{pmatrix} m_x \\ m_y \\ m_{xy} \\ v_x \\ v_y \\ n_x \\ n_y \\ n_{xy} \end{pmatrix} =
\begin{pmatrix}
D_{11} & 0 & 0 & 0 & 0 & 0 & 0 & 0 \\
 & D_{22} & 0 & 0 & 0 & 0 & 0 & 0 \\
 & & D_{33} & 0 & 0 & 0 & 0 & 0 \\
 & & & D_{44} & 0 & 0 & 0 & 0 \\
 & & & & D_{55} & 0 & 0 & 0 \\
 & & sim. & & & D_{66} & 0 & 0 \\
 & & & & & & D_{77} & 0 \\
 & & & & & & & D_{88}
\end{pmatrix}
\begin{pmatrix} \kappa_x \\ \kappa_y \\ \kappa_{xy} \\ \gamma_{xz} \\ \gamma_{yz} \\ \varepsilon_x \\ \varepsilon_y \\ \gamma_{xy} \end{pmatrix}
$$

Las componentes de rigidez, lógicamente hacen referencia a las rigideces flexionales, torsionales, cortantes y axiales de la placa por lo que habitualmente

$$
\begin{pmatrix} m_x \\ m_y \\ m_{xy} \\ v_x \\ v_y \\ n_x \\ n_y \\ n_{xy} \end{pmatrix} =
\begin{pmatrix}
EI_x & 0 & 0 & 0 & 0 & 0 & 0 & 0 \\
 & EI_y & 0 & 0 & 0 & 0 & 0 & 0 \\
 & & GI_T & 0 & 0 & 0 & 0 & 0 \\
 & & & GA_x & 0 & 0 & 0 & 0 \\
 & & & & GA_y & 0 & 0 & 0 \\
 & & sim. & & & EA_x & 0 & 0 \\
 & & & & & & EA_y & 0 \\
 & & & & & & & GA_{bruta}
\end{pmatrix}
\begin{pmatrix} \kappa_x \\ \kappa_y \\ \kappa_{xy} \\ \gamma_{xz} \\ \gamma_{yz} \\ \varepsilon_x \\ \varepsilon_y \\ \gamma_{xy} \end{pmatrix}
$$

Nota: las componentes de rigidez indicadas en realidad deben partirse por unidad de ancho (ver definiciones en apartados sucesivos), pero en este libro se indican así para mejorar la comprensión.

Tal y como se introdujo con anterioridad, en la práctica es habitual emplear factores de modificación por corte transversal K, ya que en realidad las secciones no son planas, sino que experimentan deformaciones por corte tal como se ilustró en la Figura 1.3.1. También, tal como se detalla posteriormente, la rigidez torsional disminuye por el hecho de que los tablones no estén encolados en los bordes o bien puedan presentar grietas, por lo que se suele aplicar un factor de minoración k_T. Finalmente, la rigidez de corte longitudinal en el plano también se reduce por la discontinuidad de los tablones en la lámina y el mecanismo de transmisión del esfuerzo de corte k_V, así es que la matriz de rigidez incluyendo los factores de modificación resultaría

$$
\begin{pmatrix} m_x \\ m_y \\ m_{xy} \\ v_x \\ v_y \\ n_x \\ n_y \\ n_{xy} \end{pmatrix} = \begin{pmatrix} EI_x & 0 & 0 & 0 & 0 & 0 & 0 & 0 \\ & EI_y & 0 & 0 & 0 & 0 & 0 & 0 \\ & & k_T GI_T & 0 & 0 & 0 & 0 & 0 \\ & & & \kappa_x GA_x & 0 & 0 & 0 & 0 \\ & & & & \kappa_y GA_y & 0 & 0 & 0 \\ & & \text{sim.} & & & EA_x & 0 & 0 \\ & & & & & & EA_y & 0 \\ & & & & & & & k_V GA_{bruta} \end{pmatrix} \begin{pmatrix} \kappa_x \\ \kappa_y \\ \kappa_{xy} \\ \gamma_{xz} \\ \gamma_{yz} \\ \varepsilon_x \\ \varepsilon_y \\ \gamma_{xy} \end{pmatrix}
$$

1.3.6 *Rigidez de la membrana*

Las componentes de rigidez axial y cortante longitudinal de la membrana suelen calcularse como la contribución en paralelo de cada lámina i

$$D_{66} = \sum_{i=1}^{n} t_i \cdot d_{11,i}$$

$$D_{67} = \sum_{i=1}^{n} t_i \cdot d_{12,i}$$

$$D_{77} = \sum_{i=1}^{n} t_i \cdot d_{22,i}$$

$$D_{88} = \sum_{i=1}^{n} t_i \cdot d_{33,i}$$

Donde las componentes de rigidez de cada una de las láminas i, lógicamente se obtienen de la matriz de rigidez de tensión plana para materiales transversalmente isótropos

$$\boldsymbol{d}'_i = \begin{pmatrix} d'_{11,i} & d'_{12,i} & 0 \\ & d'_{22,i} & 0 \\ sim. & & d'_{33,i} \end{pmatrix} = \begin{pmatrix} \dfrac{E_{x,i}}{1 - v_{xy,i}^2 \dfrac{E_{y,i}}{E_{x,i}}} & \dfrac{v_{xy,i} E_{y,i}}{1 - v_{xy,i}^2 \dfrac{E_{y,i}}{E_{x,i}}} & 0 \\ & \dfrac{E_{y,i}}{1 - v_{xy,i}^2 \dfrac{E_{y,i}}{E_{x,i}}} & 0 \\ sim. & & G_{xy,i} \end{pmatrix}$$

La cual debe ser pre multiplicado por la matriz traspuesta de transformación, y pos multiplicado por la matriz de transformación de acuerdo al ángulo de la lámina (β_i, definido como el ángulo entre el eje x del modelo y la dirección de la fibra en la lámina i)

$$\boldsymbol{d}_i = \begin{pmatrix} d_{11,i} & d_{12,i} & d_{13,i} \\ & d_{22,i} & d_{23,i} \\ sim. & & d_{33,i} \end{pmatrix} = \boldsymbol{T}_{3\cdot3,i}^T \boldsymbol{d}'_i \boldsymbol{T}_{3\cdot3,i}$$

con

$$\boldsymbol{T}_{3\cdot3} = \begin{pmatrix} c^2 & s^2 & cs \\ s^2 & c^2 & -cs \\ -2cs & 2cs & c^2 - s^2 \end{pmatrix}$$

Donde $c = cos(\beta_i)$ y $s = sen(\beta_i)$, siendo β_i el ángulo entre la dirección x y la dirección de la fibra de la lámina considerada.

1.3.7 *Modelo de Schickhofer para reducción de rigidez de corte en el plano*

Tal como se comentó anteriormente, podría pensarse que, dado que la rigidez a cortante longitudinal G_{xy} es transversalmente isótropa ($=G_{yx}$), en cada una de las láminas del CLT, la rigidez a cortante en el plano de la placa sería simplemente

$$D_{88} = GA_{bruta} = G \cdot t \cdot b = G \cdot t \cdot 1m = \sum_{i=1}^{n} G_i \cdot t_i$$

Sin embargo, los tablones de madera que conforman cada lámina no siempre están encolados en los bordes o pueden tener grietas de secado, así que por seguridad siempre se asume que no hay continuidad en cada lámina, por lo que la rigidez al corte es significativamente menor a la que se obtendría si es que toda la madera mostrase una continuidad perfecta.

La deducción de la rigidez "efectiva" a corte en el plano de la placa del CLT, suele atribuirse al modelo presentado por Schickhofer (2009). El objetivo de este modelo consiste en determinar un factor de reducción de la rigidez por corte en la membrana, k_V, que pueda emular con mayor precisión la rigidez del CLT tal que

$$D_{88} = G_{ef}A_{bruta} = k_V G A_{bruta} = k_V \cdot G \cdot t \cdot b$$

$$= k_V \cdot G \cdot t \cdot 1m = k_V \cdot \sum_{i=1}^{n} G_i \cdot t_i$$

El modelo de Schickhofer, consiste en realizar una homogeneización del comportamiento a corte del CLT de modo que el $G_{efectivo}$, y por tanto el factor k_V, pueda ser determinado. Para ello, primeramente, se *discretiza* un tablero de CLT solicitado al corte a una serie de *volumenes de elemento representativo (representative volume element, RVE)* los cuales, de forma individual, pueden representar adecuadamente la rigidez de cualquier tablero de CLT independientemente de sus dimensiones, ver Figura 6.1.5.7.1. La característica fundamental del RVE es que tiene un ancho a, que corresponde con el ancho de los tablones o separación entre ranuras (*w1*).

Posteriormente, y solo de forma imaginaria, se asume que el tablero de CLT no está compuesto por 3, 5 o 7 sino por un número infinito de láminas, lo que permite transformar el RVE a un *sub-volumen de elemento representativo (representative volume sub-element RVSE)*, ver Figura 1.3.7.1. Esta segunda transformación se hace con el fin de independizar el problema del número de láminas y reducirlo a estudiar tan sólo la mitad del espesor de 2 láminas contiguas, ya que, si el panel fuese infinito en cuanto a número de láminas y estuviese sometido al corte en el plano, la distribución de tensiones sería simétrica en cada RVSE. Posteriormente se realiza un ajuste para el número real de láminas.

Una vez definido el RVSE, la transmisión real del esfuerzo de corte puede entenderse como la composición aditiva de dos mecanismos. Imaginemos por un lado que todos los RVSE en los que puede ser discretizado y transformado un tablero de CLT están perfectamente encolados en los bordes en cada una de las 2 láminas, y no existiese ninguna otra discontinuidad como grietas de secado, y etc. Bajo esta situación, la transmisión de corte se debería únicamente al corte puro en cada una de las láminas, lo cual es referido como el *mecanismo de transmisión I*. Es decir, que, si un tablero de CLT lo discretizásemos y transformásemos a una serie de RVSE, en cada uno de los RVSE observaríamos la deformación que se ilustra en la Figura 1.3.7.1 izquierda.

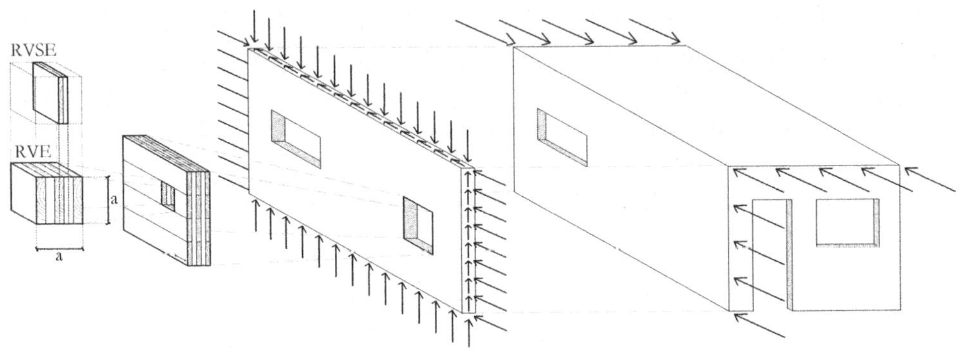

FIGURA 1.3.7.1 Ilustración de la solicitación de corte de un tablero específico de CLT, y proceso de discretización del RVE y transformación a RVSE como unidad geométrica fundamental para la teoría de Schickhofer (basado en Schickhofer et al. 2009).

Imaginemos ahora en nuestra discretización del tablero en RVSE, que las tablas no están encoladas en los bordes. Bajo estas circunstancias, *no existe transmisión de corte longitudinal en los bordes en cada una de las láminas*, por lo que al solicitar a corte una de las 2 láminas que conforman un RVSE, la transmisión del corte únicamente sería efectiva por la torsión con la otra lámina, lo que es referido como *mecanismo de transmisión II*. Así, la deformación torsional que se produciría se ilustra en la Figura 1.3.7.2 derecha.

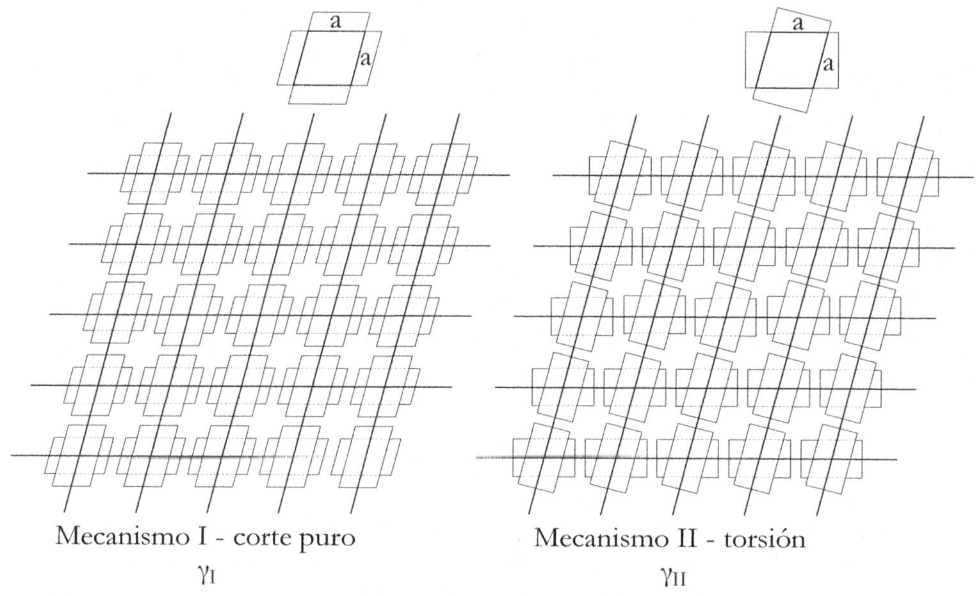

FIGURA 1.3.7.2 Descomposición del comportamiento a corte del RVSE como mecanismos de corte puro, mecanismo I, y torsión pura, mecanismo II (basado en Schickhofer et al. 2009).

En la realidad, lo que ocurre no es ni el mecanismo I ni el mecanismo II. Lo que ocurre realmente, es que los tablones de una lámina son únicamente efectivos al par de corte transversal a los tablones, pero no al par longitudinal de corte, y el equilibrio interno únicamente es proporcionado por los momentos torsores entre láminas. El mérito de la teoría de Schickhofer fue en gran medida, descubrir que el mecanismo real de corte del CLT puede verse como la suma aditiva de los mecanismos I y II, ya que bajo esas circunstancias los tableros únicamente transmiten el corte según par transversal, ver Figura 1.3.7.3.

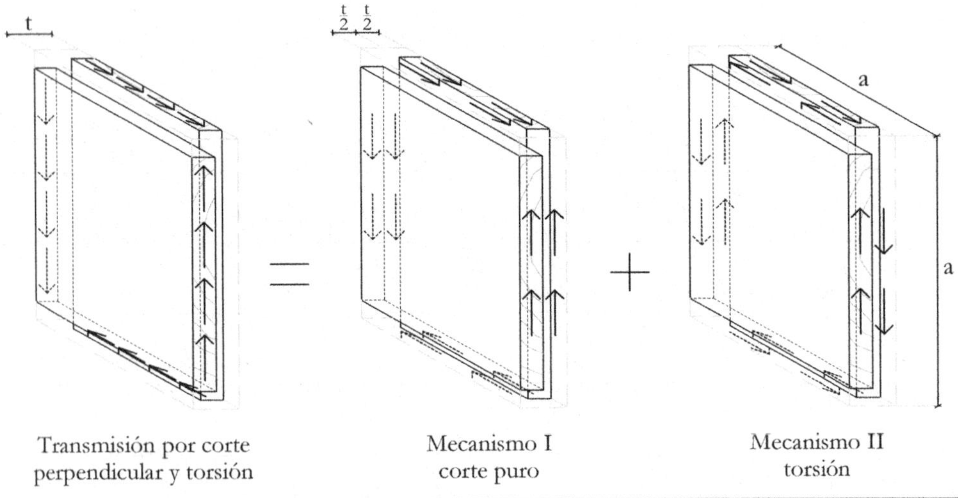

FIGURA 1.3.7.3 Deducción de la transmisión real de corte del CLT consistente en transmisión de par transversal entre láminas como composición aditiva de los mecanismos I y II (basado en Schickhofer et al. 2009).

Así, el mecanismo I puede verse como la dupla de fuerzas transversales a los tablones en cada una de las láminas, mientras que el mecanismo II representa el momento torsor que se produce en cada una de las láminas como consecuencia de la dupla de cortantes transversales, ver Figura 1.3.7.4. Si es que se producen los 2 mecanismos de forma conjunta al solicitar una placa al corte cabe preguntarse cuál es el mecanismo más limitante. De nuevo, esta pregunta puede contestarse con la relación t/a tal como se muestra en la Figura 1.3.7.5, pues la solicitación a la torsión de la madera está íntimamente ligada a esta relación. Básicamente, para relaciones t/a por debajo de 0,15 la solicitación de torsión es siempre inferior al valor de resistencia de la madera a la torsión en la zona próxima al adhesivo entre láminas (aprox. 2,5 MPa en tensiones últimas), así es que la rotura siempre sucede por el mecanismo I, de corte. Sin embargo, para relaciones mayores (tablones más esbeltos), la solicitación puede rebasar la resistencia a la torsión (representada como una línea horizontal en la Figura 1.3.7.5) así es que en esas situaciones la rotura se producirá por torsión según el mecanismo II.

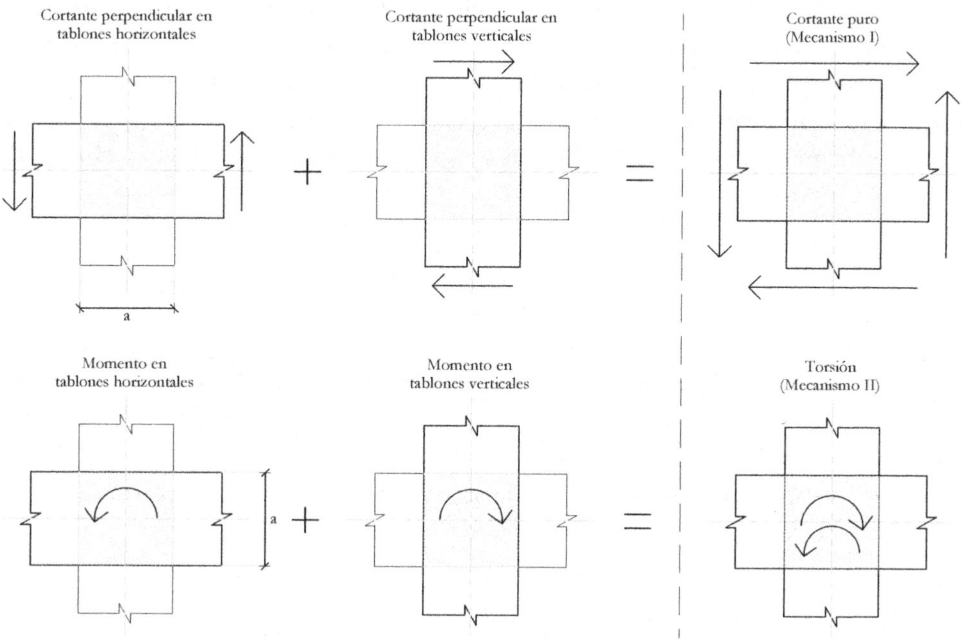

FIGURA 1.3.7.4 Esfuerzos internos producidos en los mecanismos I y II en cada una de las tablas del RSVE (basado en Schickhofer et al. 2009).

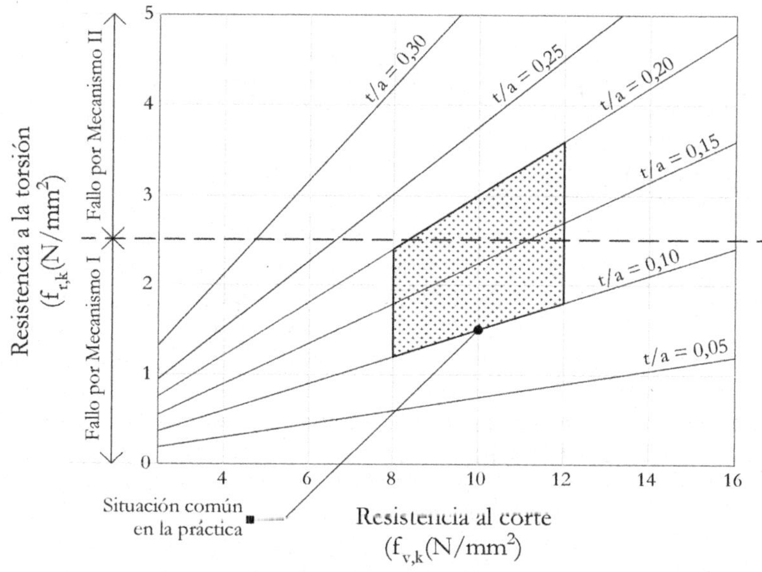

FIGURA 1.3.7.5 Típica determinación del mecanismo de fallo al corte de acuerdo a la relación *t/a* de las láminas de CLT. El fallo a torsión según el mecanismo II, únicamente se produce para valores superiores a la horizontal de resistencia torsional (basado en Schickhofer et al. 2009).

La deducción analítica del factor de corrección ahora es bien sencilla. La deformación por corte es, lógicamente, la composición de deformaciones en serie. La deformación angular debida al mecanismo I se puede estimar muy precisamente como la relación entre la tensión cortante compuesta (que es la mitad de la que ocurre en la realidad, ya que sabemos que la dupla de fuerzas longitudinales no se produce) y el módulo de corte longitudinal

$$\gamma_I = \frac{\tau_0}{G}$$

Por otra parte, la deformación angular debida al mecanismo II no puede estimarse de forma tan precisa. Normalmente se asume que el módulo a torsión G_T es la mitad del módulo a corte longitudinal, así es que, para el caso de que todas las láminas tengan el mismo espesor t y la sección sea rectangular, la fórmula puede simplificarse como

$$\gamma_{II} = \frac{M_T}{G_T \cdot J_P} \cdot \frac{t}{2} = \frac{\tau_0 \cdot t \cdot a^2}{G_T \cdot \dfrac{a^4}{6}} \cdot \frac{t}{2} \approx \frac{6 \cdot \tau_0}{G} \cdot \left(\frac{t}{a}\right)^2$$

Así es que la deformación total

$$\gamma = \gamma_I + \gamma_{II} = \frac{\tau_0}{G} + \frac{6 \cdot \tau_0}{G} \cdot \left(\frac{t}{a}\right)^2$$

Y por tanto la rigidez

$$G_{ef} = k_V G = \frac{\tau_0}{\gamma} = \frac{G}{1 + 6 \cdot \left(\frac{t}{a}\right)^2}$$

Por lo que el factor de corrección se puede estimar únicamente a partir de la esbeltez de la sección transversal de los tablones

$$k_V = \frac{1}{1 + 6 \cdot \left(\frac{t}{a}\right)^2}$$

La estimación anterior sin embargo toma en cuenta el caso de que el número de láminas sea infinito. Silly realizó múltiples modelos de MEF para calcular de forma más exacta el coeficiente k_V considerando diferentes números de láminas, llegando a una expresión más precisa que incluía 2 coeficientes de ajuste que dependen del número de láminas, ver valores en Tabla 1.3.7.

$$k_V = \frac{1}{1 + 6 \cdot p_s \left(\frac{t}{a}\right)^{q_s}}$$

TABLA I.3.7 Coeficientes p_s y q_s para ajuste del factor de corrección de rigidez de corte en el plano según el número de láminas del CLT según el anexo nacional austriaco del Eurocódigo 5.

Parámetros de ajuste	Número de laminaciones	
	3s	5s,7s y más
p_s	0,53	0,43
q_s	1,21	

Así es que finalmente, según el modelo de corte en el plano de Schickhofer, podemos estimar la componente de rigidez de corte de un tablero homogéneo y con espesor de láminas constante como

$$D_{88} = G_{ef}A_{bruta} = k_V G A_{bruta} = k_V \cdot G \cdot t \cdot 1m = k_V \cdot \sum_{i=1}^{n} G_i \cdot t_i \cdot 1m$$

$$= \frac{1}{1 + 6 \cdot p_s \left(\frac{t}{a}\right)^{q_s}} \cdot G \cdot t_{CLT}$$

En la práctica la relación t/a suele ser entre 0,1 y 0,25 aproximadamente, por lo que, habitualmente el factor de corrección es del orden de 0,6-0,8, ver Figura 1.3.7.6.

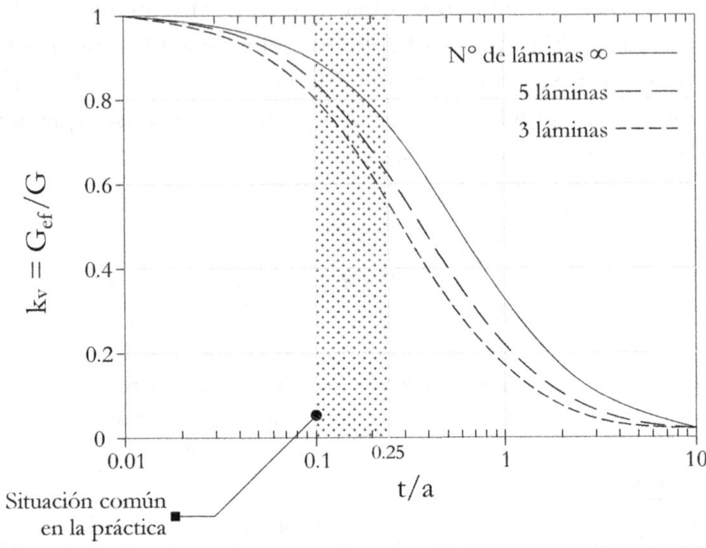

FIGURA I.3.7.6 Valores del factor de corrección k_V en la práctica para las relaciones t/a más habituales (basado en Schickhofer et al. 2009).

I.3.8 *Componentes de rigidez flexional y torsional*

Se suele establecer un sistema de coordenadas z tal que $z=0$ en el plano intermedio, designando una z_{min} y z_{max} para cada una de las láminas tal como se muestra en la Figura 1.3.8.

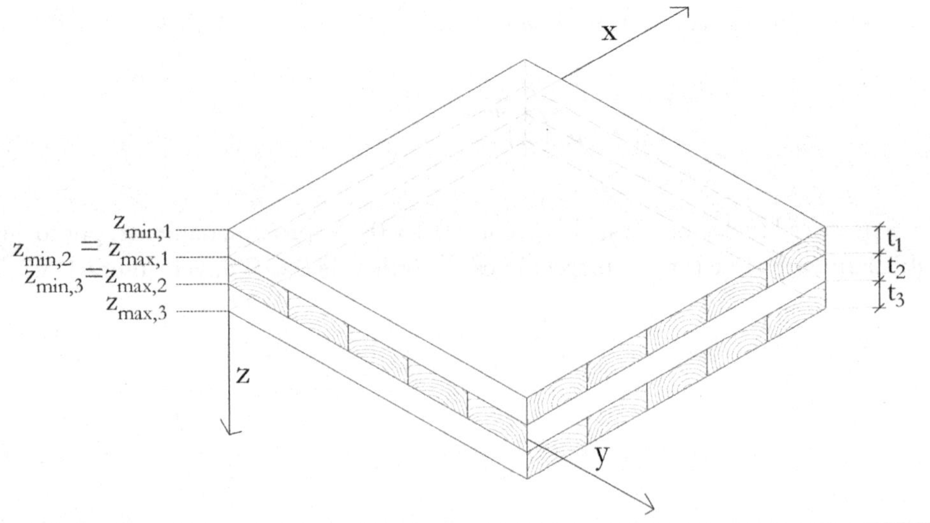

FIGURA I.3.8 Típica designación de la coordenada z de cada lámina según el plano intermedio.

De modo que las rigideces flexionales y torsionales de cada lámina pueden obtenerse escalando las rigideces de membrana según la coordenada z tal que

$$D_{11} = \sum_{i=1}^{n} \frac{z_{max,i}^{3} - z_{min,i}^{3}}{3} \cdot d_{11,i}$$

$$D_{12} = \sum_{i=1}^{n} \frac{z_{max,i}^{3} - z_{min,i}^{3}}{3} \cdot d_{12,i}$$

$$D_{22} = \sum_{i=1}^{n} \frac{z_{max,i}^{3} - z_{min,i}^{3}}{3} \cdot d_{22,i}$$

$$D_{33} = \sum_{i=1}^{n} \frac{z_{max,i}^{3} - z_{min,i}^{3}}{3} \cdot d_{33,i}$$

1.3.9 *Factor de reducción de rigidez torsional*

La última ecuación para el cálculo de la rigidez torsional D_{33}, implica que la rigidez torsional es proporcional al módulo elástico G_{xy}, es decir el módulo de corte en el plano de la placa $= G_{longit} = G_0$. Tal como se mostró para la rigidez de cortante en la membrana esto no es cierto, ya que no podemos asumir que los tablones están encolados en los bordes sin ninguna grieta. Como ya se comentó, asegurar esto es imposible por lo que generalmente se aplica un factor de corrección de la rigidez de torsión k_T, lo que permite adecuar la flexibilidad que se observa en la práctica, ver una ilustración de la típica deformación torsional en la Figura 1.3.9.

$$D_{33} = k_T \sum_{i=1}^{n} \frac{z_{max,i}^{3} - z_{min,i}^{3}}{3} \cdot d_{33,i}$$

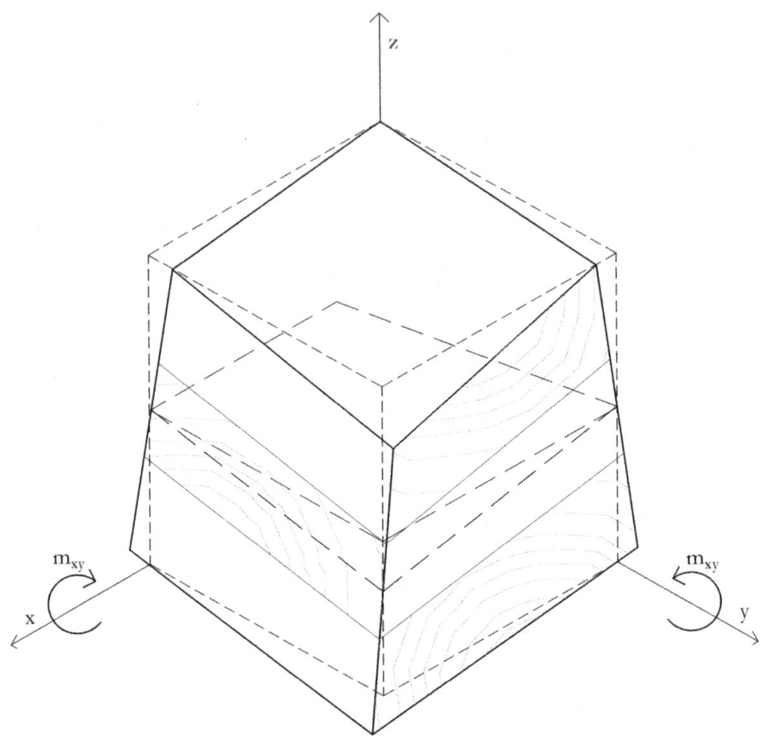

FIGURA 1.3.9 Típica flexibilidad torsional derivada de la falta de continuidad de los tableros en los bordes (basado en Silly 2010).

De hecho, Silly (2010) demostró que es posible ajustar la rigidez torsional de forma prácticamente idéntica a la rigidez de cortante en la membrana, con la diferencia de que los parámetros de ajuste eran diferentes, ver valores de ajuste según el número de láminas en la Tabla 6.1.5.9.

$$k_T = \frac{1}{1 + 6 \cdot p_T \left(\dfrac{t}{a}\right)^{q_T}}$$

TABLA 6.1.5.9 Coeficientes p_T y q_T para ajuste del factor de corrección de rigidez de torsión según el número de láminas del CLT de acuerdo al anexo nacional austriaco del Eurocódigo 5.

Parámetros de ajuste	Número de laminaciones		
	3s	5s	7s y más
p_t	0,89	0,67	0,55
q_t	1,33	1,26	1,23

1.3.10 *Componentes de rigidez de cortante transversal*

El cálculo de este parámetro es relativamente complejo debido a que es bastante habitual corregir la rigidez de corte debido a que en realidad la sección no permanece plana; es decir, se asume que existe una tensión de corte constante cuando es conocido que en realidad esto no es así. Para el caso de vigas rectangulares homogéneas (con una sola capa), es conocido que la relación entre la energía elástica derivada de una distribución constante y la energía de una distribución parabólica (como realmente sucede en 3D) es 5/6. Sin embargo, en el caso de un compuesto laminado tal como el CLT, la derivación de los factores de corrección no es tan sencilla y depende de los espesores y rigidez de las láminas. Por lo general, para un laminado con láminas transversalmente isótropas puede asumirse que las componentes de rigidez son

$$D_{44} = \kappa_x \int_{-t/2}^{t/2} G_{xz} dz = \kappa_x \cdot \sum_i^n \int_{z_{min}}^{z_{max}} G_{xz} dz = \kappa_x \cdot \sum_i^n G_{xz} \cdot (z_{max} - z_{min})$$

$$D_{55} = \kappa_y \int_{-t/2}^{t/2} G_{yz} dz = \kappa_y \cdot \sum_i^n \int_{z_{min}}^{z_{max}} G_{yz} dz = \kappa_y \cdot \sum_i^n G_{yz} \cdot (z_{max} - z_{min})$$

Actualmente no existe pleno consenso de cómo determinar los factores de corrección K_x y K_y para el caso de platos 2D. Algunos autores, proponen emplear directamente la inversa de los factores de modificación de rigidez cortante de Timoshenko de la viga flexible, presentados en la Sección 1.2.2 correspondientes a cada una de las direcciones del plano tal que

$$\kappa_x = \frac{1}{\kappa}$$

$$\kappa_y = \frac{1}{\kappa}$$

Por otra parte, la metodología propuesta en el software RFEM Laminate, (quizá el software mayormente usado para el cálculo de elementos 2D de CLT) se describe a continuación. Las componentes de rigidez se determinan como el máximo de los siguientes 2 valores

$$D_{44} = max\left(D_{44,calc}, D_{44,min}\right)$$

$$D_{55} = max\left(D_{55,calc}, D_{55,min}\right)$$

donde

$$D_{44,calc} = \frac{\int_{-t/2}^{t/2} E_x(\bar{z}) \cdot \bar{z}d\bar{z}}{\int_{-t/2}^{t/2} E_x(\bar{z})d\bar{z}}$$

$$D_{55,calc} = \frac{\int_{-t/2}^{t/2} E_y(\bar{z}) \cdot \bar{z}d\bar{z}}{\int_{-t/2}^{t/2} E_y(\bar{z})d\bar{z}}$$

siendo E_x e E_y los módulos elásticos longitudinales de cada una de las capas en las direcciones x e y. Por otra parte, los factores $D_{44,,min}$ e $D_{55.min}$ se calculan como

$$D_{44,min} = \frac{48}{5l^2} \frac{1}{\dfrac{1}{\sum_{i=1}^{n} E_{x,i} \cdot \dfrac{t_i^3}{12}} - \dfrac{1}{\sum_{i=1}^{n} E_{x,i} \cdot \dfrac{z_{max,i}^3 - z_{min,i}^3}{3}}}$$

$$D_{55,min} = \frac{48}{5l^2} \frac{1}{\dfrac{1}{\sum_{i=1}^{n} E_{y,i} \cdot \dfrac{t_i^3}{12}} - \dfrac{1}{\sum_{i=1}^{n} E_{y,i} \cdot \dfrac{z_{max,i}^3 - z_{min,i}^3}{3}}}$$

Donde l es el ancho medio del contorno rectangular que encierra la placa de CLT considerada. Los valores $D_{44,,min}$ y $D_{55.min}$ permiten incrementar la rigidez en el caso de que la placa de CLT sea muy estrecha (ya que el D_{min} se incrementa notablemente al disminuir l). Este incremento de la rigidez puede ser necesario en secciones del CLT donde el ancho de la placa sea muy reducido, ya que en esos casos la tensión de corte transversal puede ser muy elevada. Además de esta corrección, el software permite aplicar un coeficiente adicional de corrección de corte.

1.3.11 *Cálculo de tensiones en cada lámina*

Una vez definida la matriz de rigidez y relación de vectores de deformación, el cálculo de tensiones en cada una de las láminas es sencillo. Tal como ya se introdujo en la Sección 6.1.5.5, las deformaciones globales de la placa se obtienen a partir de los esfuerzos y la matriz global de rigidez (en los casos desacoplados) como

$$
\begin{pmatrix} m_x \\ m_y \\ m_{xy} \\ v_x \\ v_y \\ n_x \\ n_y \\ n_{xy} \end{pmatrix} = \begin{pmatrix} EI_x & 0 & 0 & 0 & 0 & 0 & 0 & 0 \\ & EI_y & 0 & 0 & 0 & 0 & 0 & 0 \\ & & k_T GI_T & 0 & 0 & 0 & 0 & 0 \\ & & & \kappa_x GA_x & 0 & 0 & 0 & 0 \\ & & & & \kappa_y GA_y & 0 & 0 & 0 \\ & & sim. & & & EA_x & 0 & 0 \\ & & & & & & EA_y & 0 \\ & & & & & & & k_V GA_{bruta} \end{pmatrix} \begin{pmatrix} \kappa_x \\ \kappa_y \\ \kappa_{xy} \\ \gamma_{xz} \\ \gamma_{yz} \\ \varepsilon_x \\ \varepsilon_y \\ \gamma_{xy} \end{pmatrix}
$$

En forma compacta

$$
\boldsymbol{f}_{placa} = \boldsymbol{D}_{placa} \cdot \boldsymbol{\varepsilon}_{placa}
$$

Y tal como se presentó en la Sección 1.3.3, ε_{placa} permite determinar $\varepsilon_{lámina}$ sin más que considerar la analogía por desplazamientos

$$
\boldsymbol{\varepsilon}_{lámina} = \boldsymbol{\varepsilon}_{membrana,placa} + z \cdot \boldsymbol{\varepsilon}_{flexional,placa}
$$

De tal modo, las tensiones en el interior de cada lámina se obtienen lógicamente considerando las deformaciones de la lámina y la rigidez de la misma

$$
\boldsymbol{\sigma}_{lámina} = \boldsymbol{d}_{lámina} \cdot \boldsymbol{\varepsilon}_{lámina}
$$

con

$$
\boldsymbol{d}_i = \begin{pmatrix} \dfrac{E_{x,i}}{1 - v_{xy,i}^2 \dfrac{E_{y,i}}{E_{x,i}}} & \dfrac{v_{xy,i} E_{y,i}}{1 - v_{xy,i}^2 \dfrac{E_{y,i}}{E_{x,i}}} & 0 \\ & \dfrac{E_{y,i}}{1 - v_{xy,i}^2 \dfrac{E_{y,i}}{E_{x,i}}} & 0 \\ sim. & & G_{xy,i} \end{pmatrix}
$$

Lo que permite determinar las componentes tensionales membranales en cada lámina

$$
\boldsymbol{\sigma}_{lámina} = \begin{pmatrix} \sigma_x \\ \sigma_y \\ \tau_{xy} \end{pmatrix}
$$

Por otro lado, las tensiones debidas al cortante transversal suelen considerarse aparte; es decir, no se calculan a partir de las deformaciones globales de la placa. En este punto es bastante habitual aproximar la tensión máxima asumiendo distribución parabólica a partir del corte unitario como

$$\tau_{xz,max} = \frac{3}{2}\frac{v_x}{t_{CLT}}$$

$$\tau_{yz,max} = \frac{3}{2}\frac{v_y}{t_{CLT}}$$

Alternativamente, pueden aplicarse procedimientos analíticos tal como los que se describieron en apartados anteriores, o procedimientos numéricos más sofisticados.

1.3.12 *Verificaciones en cada lámina*

Una vez determinadas las componentes de tensión membranal y corte transversal de cada lámina, es posible determinar las tensiones relevantes para las verificaciones a partir del ángulo β entre la dirección x considerada y la orientación de la fibra de cada lámina, según lo indicado en la Tabla 1.3.12.1.

TABLA I.3.12.1 Determinación de las tensiones relevantes para las verificaciones en cada lámina, una vez determinadas las componentes de tensión membranal y de corte transversal.

Tensión	Nomencl.	Expresión
Tensión paralela a la fibra total (engloba efectos de flexión y axiles)	$\sigma_{b+t/c,0}$	$\sigma_x \cdot \cos^2\beta + \tau_{xy} \cdot \mathrm{sen}\,2\beta + \sigma_y \cdot \mathrm{sen}^2\beta$
Tensión perpendicular a la fibra total (engloba efectos de flexión y axiles)	$\sigma_{b+t/c,90}$	$\sigma_x \cdot \mathrm{sen}^2\beta - \tau_{xy} \cdot \mathrm{sen}\,2\beta + \sigma_y \cdot \cos^2\beta$
Componente tracción/compresión media paralela*	$\sigma_{t/c,0}$	$\dfrac{\sigma_{b+t/c,0}(sup.) + \sigma_{b+t/c,0}(inf.) + \sigma_{b+t/c,0}(int.)}{3}$
Componente tracción/ compresión media perpendicular*	$\sigma_{t/c,90}$	$\dfrac{\sigma_{b+t/c,90}(sup.) + \sigma_{b+t/c,90}(inf.) + \sigma_{b+t/c,90}(int.)}{3}$
Componente de flexión paralela únicamente	$\sigma_{b,0}$	$\sigma_{b+t/c,0} - \sigma_{t/c,0}$
Componente de flexión perpendicular únicamente	$\sigma_{b,90}$	$\sigma_{b+t/c,90} - \sigma_{t/c,90}$
Tensión de rodadura en la sección transversal perpendicular a los tablones de la lámina	τ_r	$-\tau_{xz} \cdot \mathrm{sen}\,\beta + \tau_{yx} \cdot \cos\beta$
Tensión de corte longitudinal en la sección transversal paralela a los tablones de la lámina	τ_v	$\tau_{xz} \cdot \cos\beta + \tau_{yx} \cdot \mathrm{sen}\,\beta$
Tensión de corte en el plano de la lámina	τ_d	$-\sigma_x \cdot \cos\beta \cdot \mathrm{sen}\,\beta + \sigma_y \cdot \cos\beta \cdot \mathrm{sen}\,\beta$ $+\tau_{xz}(\cos^2\beta - \mathrm{sen}^2\beta)$

* sup., inf. e int. designan, respectivamente las tensiones en la parte superior, intermedia e inferior de la lámina considerada, respectivamente. Es decir, la tensión axial media se considera como la media de las tensiones totales en cada uno de esos puntos.

Esto permite realizar las verificaciones correspondientes, según se indica en la Tabla 1.3.12.2. Como se observa en la tabla, muchas de las típicas verificaciones se comparan directamente con la resistencia correspondiente; sin embargo, algunas tensiones interaccionan por la que se pueden emplear criterios de combinación lineales o cuadráticos.

TABLA 1.3.12.2 Típicas verificaciones en cada lámina del CLT a partir de las tensiones laminares estimadas en modelos tipo placa.

Riesgo	Típica verificación
Tensión axial de flexión paralela a las fibras	$\sigma_{b,0}/f_{b,0,dis} \leq 1$
Tensión axial de flexión perpendicular a las fibras	$\sigma_{b,90}/f_{b,90,dis} \leq 1$
Tracción/compresión paralela	$\sigma_{t/c,0}/f_{t/c,0,dis} \leq 1$
Tracción/compresión perpendicular	$\sigma_{t/c,90}/f_{t/c,90,dis} \leq 1$
Flexo-tracción/compresión paralela a la fibra	$\sigma_{b,0}/f_{b,0,dis} + \sigma_{t/c,0}/f_{t/c,0,dis} \leq 1$
Flexo-tracción/compresión perpendicular a la fibra	$\sigma_{b,90}/f_{b,90,dis} + \sigma_{t/c,90}/f_{t/c,90,dis} \leq 1$
Corte interlaminar	$\tau_d/f_{xy,dis} \leq 1$
Interacción corte interlaminar + corte longitudinal en sección transversal paralela a tablones	$\left(\tau_v/f_{v,dis}\right)^2 + \left(\tau_d/f_{xy,dis}\right)^2 \leq 1$
Interacción corte de rodadura + tracción/compresión perpendicular	$\sigma_{t/c,90}/f_{t/c,90,dis} + \tau_r/f_{r,dis} \leq 1$

1.4 VERIFICACIONES ANALÍTICAS DE ELEMENTOS ESTRUCTURALES

Independientemente del modelo de cálculo empleado para determinar las tensiones, es necesario realizar las verificaciones correspondientes a cada solicitación. Es importante notar, que aún a día de hoy, las verificaciones se están consensuando en muchos países por lo que algunas de ellas no se encuentran normalizadas, mientras que en algunos casos no existe consenso o/y valores experimentales de referencia. Aún con todo, el cálculo detallado es en general factible. En la práctica profesional suceden principalmente dos situaciones:

Modelación con elementos bidimensionales

Cuando los paneles de CLT tienen geometrías o/y solicitaciones complejas, los modelos de cálculo casi siempre se basan en modelos bidimensionales (plate o shell según se requiera o no considerar las rigideces de membrana) implementados en programas computacionales, principalmente de elementos finitos. De este modo, las verificaciones se realizan de acuerdo a lo recién indicado en la sección 6.3.12, es decir, las verificaciones se basan más bien en *criterios de fallo* de combinación de tensiones internas en cada una de las láminas. Este tipo de cálculos es mucho más preciso, porque permiten capturar mucho mejor todas las rigideces de los paneles y sus uniones, consideran los efectos biaxiales, permiten incorporar fácilmente las aperturas, y capturan mejor las concentraciones y distribución de tensiones.

Modelación con elementos tipo viga

En el resto de situaciones, es decir para los casos más sencillos, se realizan verificaciones —que pueden ser analíticas, aunque también computacionales— basadas en modelos tipo viga tal como se resume en esta sección. La simplificación a elementos tipo viga resulta especialmente conveniente para analizar fácilmente el efecto de cargas fuera del plano (rigidez flexional), o cargas axiales y de corte que sean repetitivas, y en las que no se estime que pueda haber algún tipo de fenómeno de inestabilidad. Y aún en el caso de que pudiera haber problemas de estabilidad, pueden realizarse modificaciones para poder seguir abordando el cálculo analizando únicamente *tiras de CLT*. En efecto, habitualmente las vigas representan *tiras de 1m de ancho*, así es que no es extraño que los esfuerzos vengan dados como fuerzas y momentos por unidad de ancho. Por supuesto, el ancho estándar de 1 metro no es obligatorio, aunque sí conveniente para comparar resultados, ya que algunos fabricantes pueden facilitar directamente los esfuerzos máximos por unidad de ancho (dependientes de la geometría) que pueden resistir sus productos en lugar de las tensiones/resistencias (independientes de la geometría). En muchas ocasiones, los modelos empleados como base para la derivación de las verificaciones se basan en simplificaciones del modelo de analogía de corte, aunque también se emplean otros modelos como por ejemplo el modelo la extensión del método gamma, el modelo de corte de Schickhofer u otros de los modelos detallados como base teórica de este capítulo. El lector puede revisar los fundamentos de los diferentes modelos de cálculo en las secciones anteriores.

1.4.1 *Tracción paralela a la placa*

Como se ha introducido en secciones anteriores, se desprecia la rigidez de las capas perpendiculares, y las capas longitudinales se pueden asimilar a un sistema de resortes en paralelo en el cual la fuerza se reparte según rigidez axial, EA. De este modo, la verificación propuesta en la NDS para tracción simple, es análoga a la verificación para madera aserrada, con la excepción de que tan sólo se considera el área neta de las capas paralelas a la tracción, las cuales constituyen el *área paralela neta* ($A_{0,net}$), y que tampoco se emplea el factor de minoración por altura (K_{hf}). De este modo, la verificación natural en Chile según el criterio ASD resultaría

$$f_{tp} = \frac{P}{A_{0,net}} \leq F_{tp,dis} = F_{tp} \cdot K_H \cdot K_D \cdot K_T \cdot K_Q \cdot K_{ct}$$

O en caso de esfuerzos por unidad de ancho, y tomando el área correspondiente a 1 metro de ancho

$$f_{tp} = \frac{P}{b \cdot t_{0,net}} = \frac{n_x}{1 \cdot t_{0,net}} = \frac{n_x}{A_{0,net,1m}} \leq F_{tp,dis}$$

$$= F_{tp} \cdot K_H \cdot K_D \cdot K_T \cdot K_Q \cdot K_{ct}$$

En ocasiones algunos productores pueden facilitar directamente el esfuerzo máximo admisible $n_{x,adm}$ para cada uno de sus productos; en tal caso bastaría con verificar

$$n_x \leq n_{x,t,dis} = n_{x,t,adm} \cdot K_H \cdot K_D \cdot K_T \cdot K_Q \cdot K_{ct}$$

En caso de que la tracción sea en el eje y del panel lógicamente se aplicaría

$$f_{tp} = \frac{P}{A_{y,0,net}} \leq F_{tp,dis} = F_{tp} \cdot K_H \cdot K_D \cdot K_T \cdot K_Q \cdot K_{ct}$$

$$f_{tp} = \frac{n_y}{A_{y,0,net,1m}} \leq F_{tp,dis} = F_{tp} \cdot K_H \cdot K_D \cdot K_T \cdot K_Q \cdot K_{ct}$$

$$n_y \leq n_{y,t,dis} = n_{y,t,adm} \cdot K_H \cdot K_D \cdot K_T \cdot K_Q \cdot K_{ct}$$

Por supuesto, el paso de ASD a LRFD es también muy sencillo. En concreto la NDS 2015 propone el uso de los mismos factores de conversión (K_F), resistencia (ϕ) y duración de la carga (λ) que se emplean en la MLE, ver detalles en el Anexo C3.

Recuérdese que lógicamente el área neta está ponderada por el módulo elástico, lo que permite contemplar la situación en la que no todas las láminas tienen la misma rigidez

$$A_{0,net} = \sum_{i=1}^{n} \frac{E_i}{E_r} \cdot b \cdot t_i$$

Esto también es aplicable para el sumatorio de espesores efectivos

$$t_{0,net} = \sum_{i=1}^{n} \frac{E_i}{E_r} \cdot t_i$$

De forma análoga, para las tracciones perpendiculares al eje y, deberíamos considerar únicamente las láminas longitudinales respecto de y

$$A_{y,0,net} = \sum_{i=1}^{n} \frac{E_i}{E_r} \cdot h \cdot t_i$$

$$t_{y,0,net} = \sum_{i=1}^{n} \frac{E_i}{E_r} \cdot t_i$$

En general, en Europa se emplea como referencia el tamaño de la sección que se muestra en la Figura 1.4.1.1 para efectos de ensayos mecánicos de flexión fuera del plano, y tracción y compresión axial. Esta sección resulta ser similar a las secciones que se emplean para caracterizar la MLE, lo que se emplea como argumento para poder aplicar coeficientes en el CLT que son similares a la MLE. En concreto, se tienden a empelar los mismos valores de k_{mod} (humedad, temperatura y tiempo), γ_M (seguridad del material) y k_{sys} (colaboración en grupo) que la MLE. En cuanto al factor de altura europeo (k_h, similar a K_{hf}), actualmente se recomienda no emplearlo, ya que es relativamente infrecuente que las laminaciones tengan una altura muy superior a la sección de referencia —recordar que en la MLE h puede llegar a ser más de 2 metros.

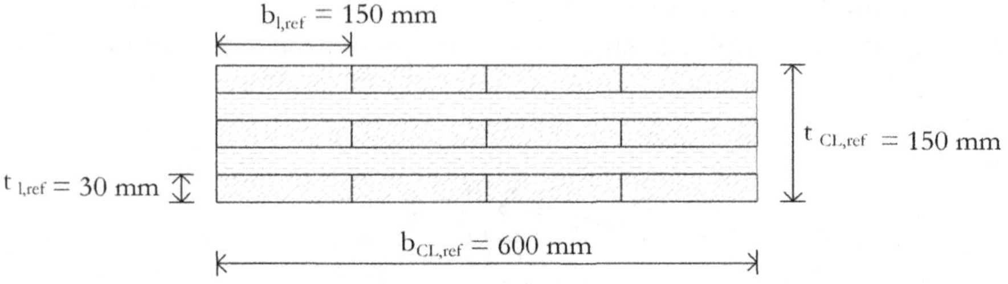

FIGURA 1.4.1.1 Sección de referencia empleada en Europa, para determinar propiedades de flexión fuera del plano y tracción y compresión en el plano.

La determinación de la resistencia a la tracción axial sin embargo sí es diferente según el método europeo. En Europa se asume que por lo general un elemento de CLT suele tener alrededor de 12 tablones trabajando en paralelo al ser sometido a una carga axial, así es que se aplica un factor de carga compartida (k_{sys}, similar a K_c en Chile) lo que permite considerar el hecho de que los tablones de mayor calidad suelen absorber mayor carga por tener mayor rigidez. De esta forma, en la determinación del valor característico de tracción paralela según el método ELU para ambas direcciones ($f_{t,x,k}$ y $f_{t,y,k}$), se suele considerar que es un 20% superior a la resistencia paralela de un único tablón ($f_{t,0,l,k}$)

$$f_{t,x,k} = 1{,}2 \cdot f_{t,0,l,k}$$

En la ecuación anterior se asume que $f_{t,0,l,k}$ tiene una covarianza de aproximadamente el 25%; en caso de que la covarianza fuese superior, la mayoración de carga compartida se incrementaría aún más. Para una madera de calidad C24, $f_{t,x,k} \approx 16$ N/mm².

Tracción paralela a las láminas externas

Ver una ilustración de esta solicitación y la idealización de tensiones únicamente en $A_{0,net}$ en la Figura 1.4.1.2.

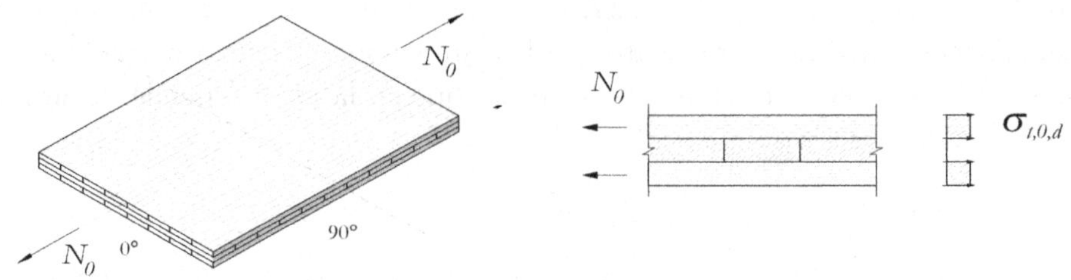

FIGURA 1.4.1.2 Tracción paralela a las láminas externas e idealización de las tensiones axiales únicamente en $A_{0,net}$ (después de Wallner-Novak et al. 2013).

Tracción perpendicular a las láminas externas

Ver la solicitación e idealización de tensiones en la Figura 1.4.1.3.

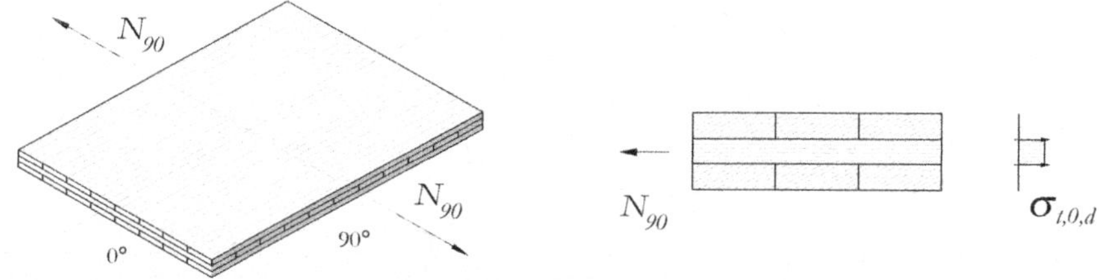

FIGURA 1.4.1.3 Tracción perpendicular a las láminas externas e idealización de las tensiones axiales únicamente en $A_{0,net}$ (después de Wallner-Novak et al. 2013).

1.4.2 Tracción perpendicular a la placa

Tanto la normativa NDS como la europea consideran que esta resistencia es similar a la MLE; de hecho, en Europa se propone el mismo ensayo para su caracterización. En efecto, la resistencia a la tracción perpendicular debería de ser similar a la MLE, ya que independientemente de la orientación de las fibras en el plano, la tracción perpendicular provoca el modo I de apertura, así es que se aconseja considerar igualmente

$$F_{ftn,dis} = \begin{cases} 0.094 \; pino \; radiata \\ Tabla \; B1/4,1 \end{cases}$$

En el caso de verificaciones según el EC5, se propone para la especie C24 utilizar

$$f_{t,z,k} = f_{t,90,k} = 0{,}5 \; N/mm^2$$

Con respecto al área resistente a la solicitación, esta debería analizarse en cada caso por separado. Para bastantes situaciones en las que debe transferirse una tracción perpendicular, la propia resistencia a la extracción de tornillos autoperforantes suele ser suficiente (se detalla en la Sección 1.5.8); sin embargo, para transferir grandes cargas, se aconseja emplear un conector pasante que pueda transformar la solicitación en una compresión (y cortante) puntual - ver una ilustración en la Figura 1.4.2, y detalles de la verificación de compresión perpendicular en la Sección 1.4.4 y del cortante provocado por una carga puntual en la Sección 1.6.2.3. El lector debe notar que igualmente, en la actualidad, se están desarrollando diferentes propuestas para el análisis de vigas curvas o/y canto variable de CLT por lo que en principio muchas de las expresiones para el cálculo de distribución de tensiones y verificaciones de la MLE/LVL, no son directamente aplicables al CLT en la actualidad. En concreto se está verificando hasta qué punto las ecuaciones de vigas curvas de MLE y LVL son aplicables a vigas curvas de CLT.

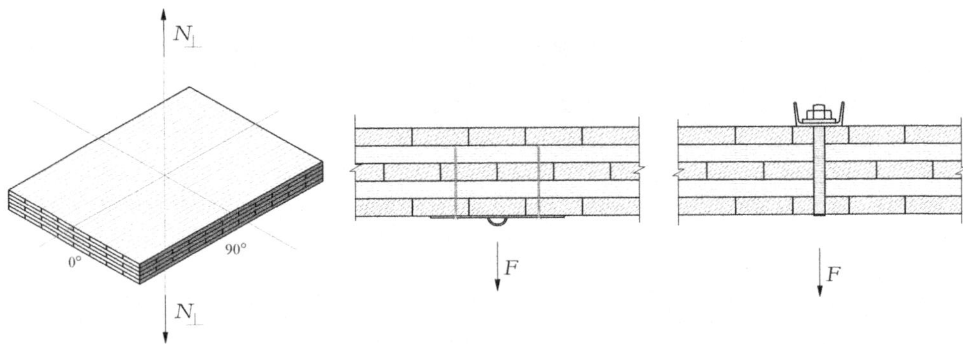

FIGURA 1.4.2 Tracción perpendicular a la placa. Para cargas bajas, la carga puede transferirse al panel mediante la resistencia a la extracción directa de tornillos, para cargas elevadas, se aconseja emplear un conector pasante que pueda transformar la carga en una fuerza de compresión y corte puntual (después de Wallner-Novak et al. 2013).

1.4.3 *Compresión paralela a la placa*

Al igual que con la tracción, con la compresión se considera que únicamente $A_{0,net}$ es efectiva. Sin embargo, en este caso es posible que el panel no apoye completamente en todo su ancho b, sino que únicamente reposa sobre un apoyo (A_{apoy}). Típicamente se considera pues, que el área efectiva es únicamente aquella que está en contacto con el apoyo (al igual que en la verificación clásica de compresión normal), y cuyas fibras son paralelas al sentido de la fuerza, es decir $A_{apoy,0,net}$, ver Figuras 1.4.3.1-2.

$$f_{cp} = \frac{P}{A_{apoyo,0,net}} \leq F_{cp,dis} = F_{cp} \cdot K_H \cdot K_D \cdot K_T \cdot K_Q$$

O en el caso de que apoye completamente, podríamos también aplicar directamente

$$f_{cp} = \frac{n_x}{t_{0,net}} \leq F_{cp,dis} = F_{cp} \cdot K_H \cdot K_D \cdot K_T \cdot K_Q$$

O si es que el productor proporciona el esfuerzo admisible para el producto en cuestión

$$n_{x,c,dis} \leq n_{x,c,dis} = n_{x,c,adm} \cdot F_{cp} \cdot K_H \cdot K_D \cdot K_T \cdot K_Q$$

Y por supuesto, la verificación de compresión en y sería análoga a la de tracción paralela. Por lo demás, la verificación según ASD similar a la verificación de una columna de madera aserrada o MLE. Con respecto a la resistencia a la compresión paralela, tanto en el método europeo como el norteamericano, se considera que la resistencia es similar a la de las láminas que lo componen, por lo que se recomienda emplear los mismos valores que la MLE.

También se considera que existe riesgo de inestabilidad por pandeo, en el caso de que la esbeltez de inestabilidad por pandeo $\lambda \geq 10$. En caso de que el panel apoye en todo su ancho, la verificación resulta simplemente

$$f_{cp} = \frac{P}{A_{0,net}} = \frac{n_y}{t_{0,net}} \leq F_{cp,dis,\lambda} = F_{cp} \cdot K_H \cdot K_D \cdot K_T \cdot K_Q \cdot K_\lambda$$

En caso de que el panel no apoye en toda la base, sino en superficies de apoyo discretas, entonces debemos verificar que

$$f_{cp} = \frac{n_{y,mod}}{t_{0,net}} \leq F_{cp,dis,\lambda} = F_{cp} \cdot K_H \cdot K_D \cdot K_T \cdot K_Q \cdot K_\lambda$$

Donde, en este caso el axil de compresión por unidad de ancho, se ha modificado artificialmente para poder considerar el efecto de la distribución de tensiones que se muestra en la Figura 1.4.3.1. En efecto, en general las tensiones de compresión paralela se distribuyen en un ancho superior al propio ancho del apoyo, el cual puede estimarse como

$$b_{y,mod} = 2 \cdot \frac{h}{4} \cdot \tan 30^o = 0{,}288 \cdot h$$

Para apoyos internos del panel, y

$$b_{y,mod} = \frac{h}{4} \cdot \tan 30^o = 0{,}144 \cdot h$$

Para apoyos exteriores. De este modo podemos estimar el esfuerzo reducido por incrementarse el área de distribución por simple relación lineal

$$n_{y,mod} = n_y \cdot \frac{1m}{b_{y,mod}}$$

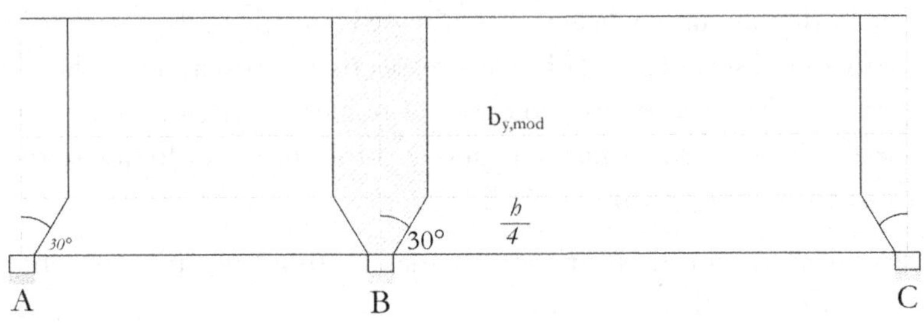

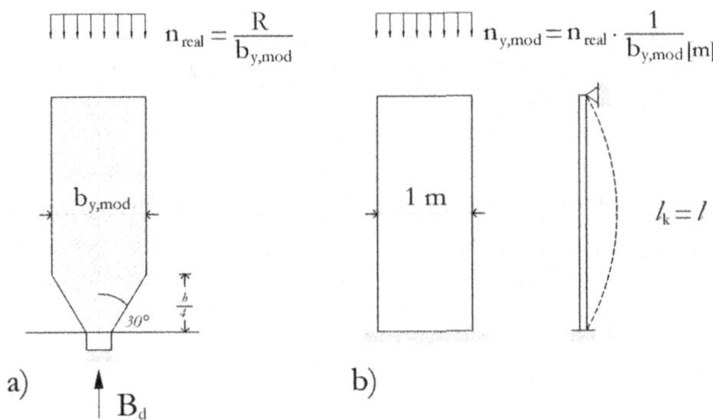

FIGURA 1.4.3.1 Incremento del ancho de distribución de tensiones al apoyar un panel de CLT sobre apoyos discretos en bordes o interiores, y posterior modificación artificial del esfuerzo por metro de ancho para considerar esta situación (modificado de Wallner-Novak et al. 2013).

Con respecto al coeficiente de modificación por pandeo, se recomienda aplicar el método del CLT Handbook USA

$$K_\lambda = A - \sqrt{A^2 - B}$$

Con

$$A = \frac{\dfrac{P_{cE}}{P_{cp,dis}} \cdot \left(1 + \dfrac{\lambda}{200}\right) + 1}{2 * c}$$

$$B = \frac{P_{cE}}{c \cdot P_{cp,dis}}$$

Con c=coeficiente de proporcionalidad del CLT$=0,9$, y la capacidad de compresión de la 'columna' sin considerar el pandeo resulta

$$P_{cp,dis} = F_{cp} \cdot A_{paral} \cdot K_H \cdot K_D \cdot K_T \cdot K_Q$$

Mientras que la capacidad crítica de la columna, considerando el pandeo se obtiene a partir de un valor conservador (mínimo) de la rigidez flexional aparente de diseño

$$P_{cE} = \frac{\pi^2 \cdot EI_{ap,min,dis}}{l_p^2} = \frac{\pi^2 \cdot 0,5184 \cdot EI_{ap,dis}}{l_p^2}$$

Siendo la longitud efectiva de pandeo l_p determinada al igual que en el caso de una columna, y donde la rigidez aparente de diseño se obtiene minorando de acuerdo a la humedad y temperatura

$$EI_{ap,dis} = EI_{ap} \cdot K_H \cdot K_T$$

Y la rigidez aparente se obtiene, amplificando la rigidez flexional efectiva debido a la amplificación de la deformación por corte de las capas transversales al esfuerzo axial (lo que incrementa el riesgo de inestabilidad):

$$EI_{ap} = \frac{EI_{ef}}{1 + \dfrac{K_s \cdot EI_{ef}}{GA_{ef} \cdot l_p^2}}$$

Donde las rigideces flexionales y al corte efectivas se estiman de acuerdo al método de analogía de corte

$$EI_{ef} = B_A + B_B = \sum_i^n E_i \cdot b_i \cdot \frac{t_i^3}{12} + \sum_i^n E_i \cdot b_i \cdot t_i \cdot e_{s,i}^2$$

$$GA_{ef} = S_b = \frac{a^2}{\dfrac{1}{b}\left(\Sigma_{lam\ int}\dfrac{t_i}{G_i} + \Sigma_{lam\ ext}\dfrac{t_i}{2 \cdot G_i}\right)}$$

Siendo K_s un factor que reduce la rigidez flexional aparente según el tipo de carga y apoyos, ver valores en Tabla 1.4.3.

TABLA 1.4.3 Valores del factor K_s para reducción de rigidez flexional aparente (CLT Handbook EE.UU).

Carga	Vínculo	K_s
Uniforme	Articulada	11,5
	Empotrada	57,6
Concentrada en el centro	Articulada	14,4
	Empotrada	57,6
Concentrada en cuartos extremos	Articulada	10,5
Momento constante	Articulada	11,8
Uniforme	En voladizo	4,8
Concentrada en extremo libre	En voladizo	3,6

Pandeo en el plano para CLT estrechos

En caso de que el panel sea muy estrecho, puede producirse pandeo en el plano. Se recomienda verificar únicamente en caso de que el ancho de la columna sea inferior a 3,5 veces el radio de giro correspondiente al pandeo fuera del plano, i.e. $I_{ef}/A_{0,net}$ en cuyo caso la verificación se realizaría de forma análoga pero con la inercia y momento estático respecto del eje transversal al panel.

Compresión paralela con láminas externas paralelas

Ver una ilustración de $A_{apoy,0,net}$ y las tensiones efectivas en la Figura 1.4.3.2.

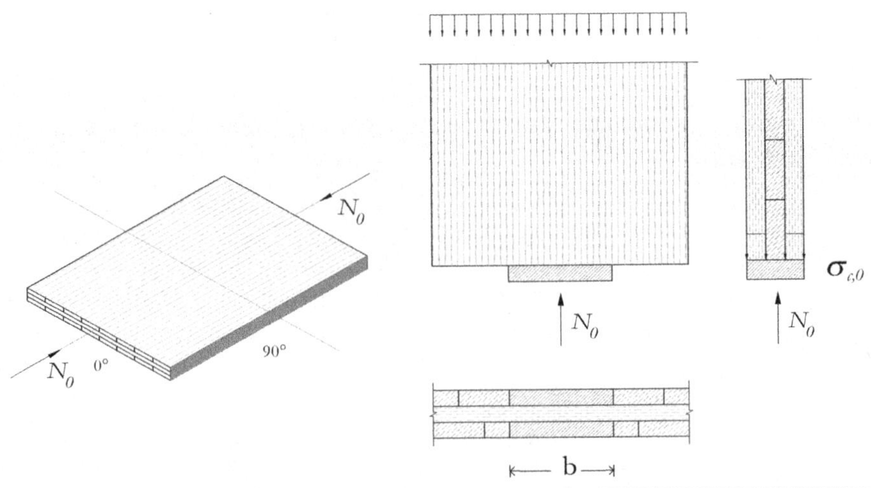

FIGURA 1.4.3.2 Compresión paralela a las láminas externas. Nótese el área efectiva, $A_{apoy,0,net}$, donde se supone que se generan las tensiones axiales efectivas (después de Wallner-Novak et al. 2013).

Compresión paralela con láminas externas perpendiculares

La verificación en este caso es completamente análoga al anterior, con la diferencia de que las láminas efectivas son lógicamente aquellas que son perpendiculares respecto de la vertical, ver una ilustración en la Figura 1.4.3.3.

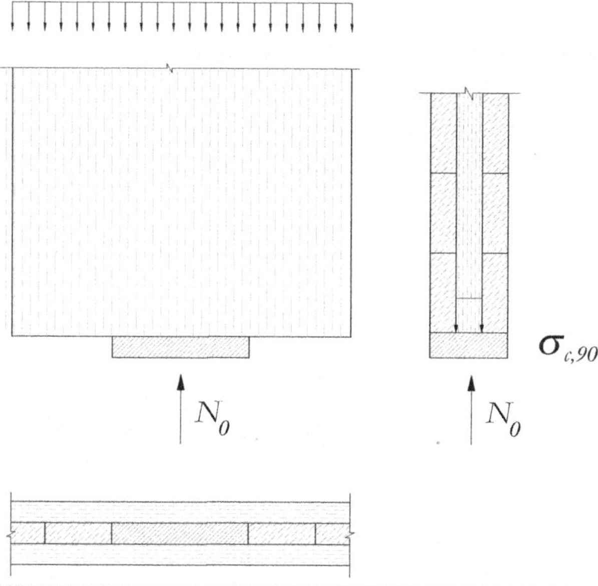

FIGURA 1.4.3.3 Compresión paralela con láminas externas perpendiculares. Nótese el área efectiva en este caso es únicamente aquella con las láminas perpendiculares en la zona del apoyo (después de Wallner-Novak et al. 2013).

1.4.4 *Compresión perpendicular a la placa*

La deformación que se produce es similar a los apoyos de vigas y pilares, por lo cual la verificación también es parecida. Generalmente se considera un factor "favorable" que incrementa la tensión admisible (caso NDS, K_{cn}), o disminuye la solicitación (caso E5, $k_{c,90}$) y que fundamentalmente depende de la capacidad de la pieza para redistribuir la tensión. Así, en el CLT, al igual que los elementos tipo barra, se asume que, si la carga perpendicular está alejada de los bordes del tablero, tiene una mayor capacidad de redistribución. En la normativa americana NDS, la verificación es idéntica a la de los elementos tipo viga, así que la adaptación natural a la NCh1198 resulta

$$f_{cn} = \frac{R}{A_{apoyo}} \leq F_{cn,dis} = F_{cn} \cdot K_H \cdot K_T \cdot K_Q \cdot K_{cn}$$

En la normativa europea, sin embargo, esta verificación sí ha sido refinada para el CLT. El factor de modificación se estima como *1,4* para el caso de que el panel apoye en el borde, *1,8* para el caso de que el apoyo sea interior, y *1,2* en caso de que apoye en una esquina, ver Figura 6.4.5. Con respecto al apoyo de muros sobre losa, se considera igualmente *1,8* y *1,5*, respectivamente, si es que el muro apoya en el interior o exterior del panel. Asimismo, tal como se introdujo en temas anteriores, en la normativa europea se considera una sobredistancia debido a que, por lo general, si es que el espacio está disponible, una pieza se deforma alrededor de 3 cm en torno al apoyo. Esto también se permite considerar en el CLT, pero teniendo en cuenta que dicha deformación tan sólo ocurre paralela a la fibra, así es que el área del apoyo podría definirse según la normativa europea como

$$A_{apoyo} = l_{apoyo} \cdot b_{apoyo} + A_{sobredist,paralela}$$

Ver una ilustración del valor de la sobredistancia paralela en la Figura 1.4.4.

Con respecto a la resistencia a la compresión perpendicular, tanto en la normativa europea como la norteamericana se considera que la resistencia es similar a la de la MLE. Sin embargo, respecto de la rigidez al aplastamiento, diversas investigaciones han demostrado que el CLT es más rígido que la MLE, por lo que actualmente se propone en Europa emplear una rigidez 50% superior a la rigidez perpendicular de la MLE.

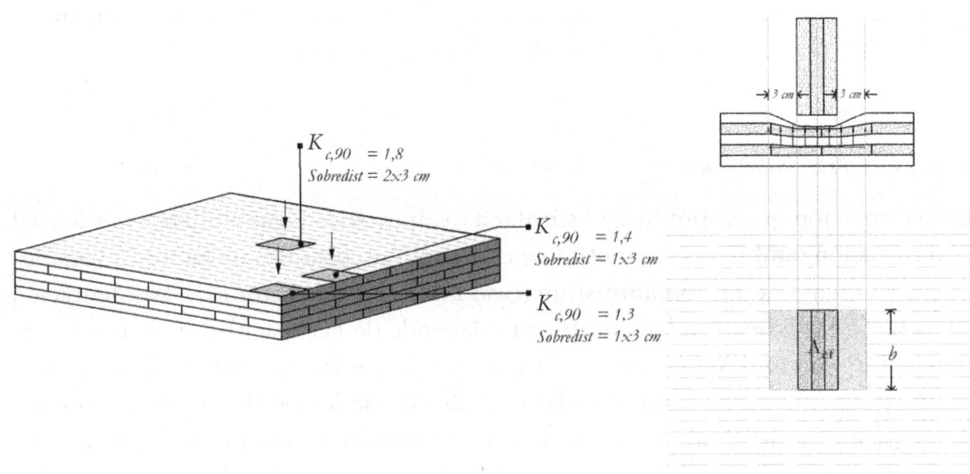

FIGURA 1.4.4 Coeficiente de modificación por redistribución de tensiones en la compresión perpendicular según el método europeo y sobredistancia paralela que incrementa la resistencia al aplastamiento (modificado de Wallner-Novak et al. 2013).

I.4.5 *Flexión fuera del plano*

El método norteamericano, propone un método simplificado de verificación basado en emplear la rigidez flexional efectiva calculada de acuerdo al método de la analogía de corte (de forma análoga a la verificación de pandeo)

$$EI_{ef} = B_A + B_B = \sum_i^n E_i \cdot b_i \cdot \frac{t_i^3}{12} + \sum_i^n E_i \cdot b_i \cdot t_i \cdot e_{s,i}^2$$

Para calcular el módulo resistente efectivo de la sección (E_1 es la rigidez axial de la capa más externa efectiva a la flexión)

$$W_{ef} = \frac{2EI_{ef}}{E_1 \cdot h}$$

De tal modo la verificación es análoga a la de una viga de MLE en el borde flexo-traccionado, con la excepción de que no se aplica ningún coeficiente de modificación por volumen

$$f_f = \frac{M}{W_{ef}} \leq F_{ft,dis} = F_f \cdot K_H \cdot K_D \cdot K_T \cdot K_Q$$

O calculando el módulo resistente por metro de ancho

$$f_f = \frac{m_x}{W_{ef,1m}} \leq F_{ft,dis} = F_f \cdot K_H \cdot K_D \cdot K_T \cdot K_Q$$

El fallo en el borde flexocomprimido es muy poco frecuente, por lo que no se suele verificar. El método europeo es similar en el cálculo de la solicitación (empleando directamente $W_{0,net}$) pero, de forma similar a la tracción paralela, se suele aplicar un factor de carga compartida por trabajo en grupo. El valor de la resistencia es por lo general muy similar al de la madera aserrada.

Con respecto a la verificación de flecha, la NDS permite emplear cualquier método contrastado, por lo que se recomienda alguno de los métodos definidos en la sección 6.2, prestando especial atención a la precisión de los mismos en relación a vigas continuas y cargas puntuales. En caso de que la viga sea biapoyada con carga uniforme, puede aplicarse una metodología simplificada que se detalla en la NDS donde principalmente se aplica el mismo método de cálculo de deflexiones de vigas, pero empleando la rigidez flexional aparente, EI_{ap}, definida en la Sección 1.4.3.

Los factores de creep que se están proponiendo para el CLT son en esencia similares a la MLE, y en algunos casos similares también al terciado. En vista del estado del arte internacional, se sugiere emplear los mismos valores que la madera o bien incrementar estos valores un 10%, debido a que por lo general el efecto del creep es bastante mayor en piezas solicitadas a cortante de rodadura.

1.4.6 *Flexión en el plano*

Especialmente en Europa, algunos autores han estado proponiendo el uso de vigas de CLT para flectar en su propio plano, especialmente en consideración del efecto de "refuerzo" que las láminas perpendiculares tienen frente a la ocurrencia típica de tensiones perpendiculares propias de vigas curvas o/y canto variable. También es posible encontrar paneles de CLT que, debido a sus condiciones de carga y apoyo, estén sometidos a flexiones en el plano. Dichas aplicaciones requieren todavía cierta investigación, pero por el momento se sugiere aplicar un criterio de verificación similar a la flexión fuera del plano tal que

$$f_f = \frac{M}{W_{ef}} \leq F_{f,dis} = F_f \cdot K_H \cdot K_D \cdot K_T \cdot K_Q \cdot K_{\lambda V}$$

Donde únicamente las láminas paralelas contribuyen efectivamente, ver Figura 1.4.6.

$$W_{ef} = \frac{\sum t_{i,0} \cdot h}{6}$$

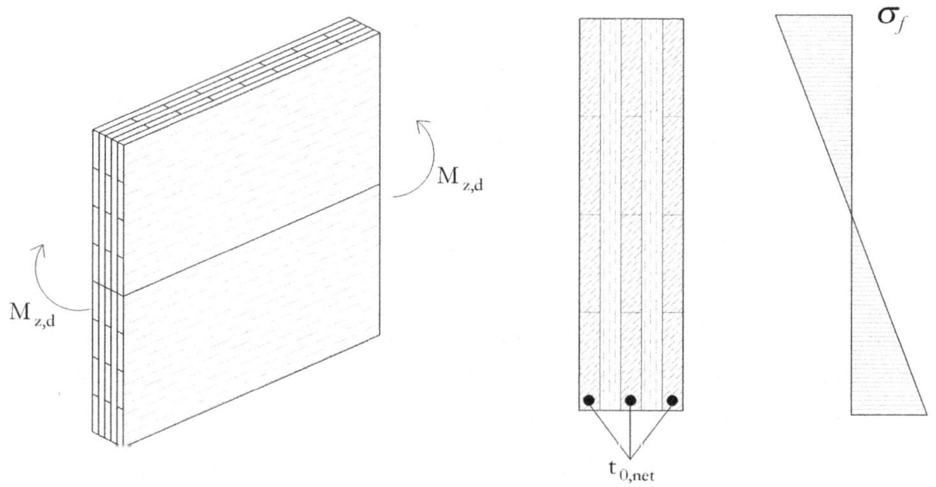

FIGURA 1.4.6 En la aplicación del CLT como elementos tipo viga para flectar en el plano, únicamente las láminas paralelas contribuyen; sin embargo, se tiene la ventaja de reforzar la dirección perpendicular a la fibra, lo que puede ser importante en diversas situaciones tales como vigas curvas o/y canto variable (después de Wallner-Novak et al. 2013).

Nótese que en este caso la aplicación del factor de inestabilidad por vuelco lateral-torsional sí es mucho más probable. La determinación de este factor de acuerdo a la NDS, es completamente similar al de elementos tipo viga; sin embargo, es importante que el lector tenga en cuenta ciertos parámetros durante esta verificación. En concreto, es importante mencionar que, para la derivación de la tensión crítica de vuelco lateral-torsional, sencillamente se considera (implícitamente en la verificación analítica de las normativas) la rigidez torsional de la sección transversal ($G_T I_T$). Tal como se introdujo en la Sección 1.2.1 (momento de inercia torsional de la sección transversal) y Sección 1.3.9, tanto el momento de inercia torsional como el módulo de rigidez torsional son inferiores a los valores esperados en vigas rectangulares equivalentes. Por lo anterior, la verificación debe realizarse con cautela mientras no se afine en la prescripción de las ecuaciones correspondientes. Por otra parte, Wallner-Novak et al. 2013, sugieren ecuaciones aproximativas que permiten estimar el momento torsor necesario para restringir lateralmente una viga de CLT en sus extremos, como una determinada fracción del momento máximo de la viga, M_{max}

$$T \approx \frac{M_{max}}{80}$$

En el caso de restringir puntualmente el vuelco lateral torsional de un panel de CLT con n puntales espaciados regularmente en el borde flexo-comprimido de una viga de altura h y longitud l, la fuerza axial uniforme que debe ser empleada de forma adicional a la fuerza horizontal correspondiente (p.ej. por viento) de los puntales puede estimarse aproximadamente como

$$q \approx \frac{M_{max}}{40 \cdot h \cdot l} \cdot n$$

La ecuación anterior no es especial para el CLT, sino que se deriva de las típicas ecuaciones de dimensionado de elementos de arriostramiento de madera (ver detalles en el Capítulo 5 del libro *"Conceptos avanzados del diseño estructural con madera. Parte I"*.

Respecto de la resistencia a flexión en el plano, cabe mencionar que, si bien la normativa norteamericana permite emplear el mismo valor resistente que una viga normal, en Europa por seguridad se propone reducir la resistencia en un 15% para esta verificación, mientras no se tengan más datos experimentales.

1.4.7 *Cortante perpendicular a la placa*

De forma similar a la flexión, tanto la normativa norteamericana como el método europeo proponen un método simplificado. La solicitación cortante se calcula como de costumbre con la inercia y el momento estático efectivos

$$f_{cz} = \frac{Q \cdot S_{ef}}{I_{ef} \cdot b} \leq F_{cz,dis} = F_{cz} \cdot K_H \cdot K_D \cdot K_T \cdot K_Q \cdot K_r$$

donde recordemos que

$$I_{ef} = \sum_i^n \frac{E_i}{E_r} \cdot b_i \cdot \frac{t_i^3}{12} + \sum_i^n \frac{E_i}{E_r} \cdot b_i \cdot t_i \cdot e_{s,i}^2$$

Y el momento estático efectivo se refiere al correspondiente para el cizalle

$$S_{ef} = S_{ciz,0,net} = \sum_{i=1}^{\frac{n}{2}-1} \frac{E_i}{E_r} \cdot b \cdot t_i \cdot a_i + \frac{E_i}{E_r} \cdot b \cdot \frac{t_i^2}{8}$$

O si se da el caso de que la lámina intermedia no fuese longitudinal

$$S_{ef} = S_{ciz,0,net} = \sum_{i=1}^{\frac{n}{2}-1} \frac{E_i}{E_r} \cdot b \cdot t_i \cdot a_i$$

En el caso de calcular con el cortante transversal correspondiente a una tira de 1 metro de ancho

$$f_{cz} = \frac{v_x \cdot S_{ef,1m}}{I_{ef,1m}} \leq F_{cz,dis} = F_{cz} \cdot K_H \cdot K_D \cdot K_T \cdot K_Q \cdot K_r$$

Además del cizalle, debe de verificarse el posible fallo de rodadura en las láminas transversales al eje de la flexión, de modo que la verificación resulta

$$f_{rod} = \frac{Q \cdot S_{ef}}{I_{ef} \cdot b} \leq F_{rod,dis} = F_{rod} \cdot K_H \cdot K_D \cdot K_T \cdot K_Q \cdot K_r$$

donde en este caso

$$S_{ef} = S_{rod,0,net} = \sum_{i=1}^{\frac{n}{2}-1} \frac{E_i}{E_r} \cdot b \cdot t_i \cdot a_i$$

o por supuesto

$$f_{rod} = \frac{v_x \cdot S_{ef,1m}}{I_{ef,1m}} \leq F_{rod,dis} = F_{rod} \cdot K_H \cdot K_D \cdot K_T \cdot K_Q \cdot K_r$$

Lo más habitual es que domine la rodadura, por lo que en muchos textos aparece únicamente la verificación por rodadura. Véase una discusión detallada de los valores resistentes del cortante de rodadura según ASD y ELU en la sección 6.1.3.

Con respecto al factor de reducción por rebaje, K_r, actualmente la normativa norteamericana propone emplear el mismo factor que para vigas, y lo mismo sucede en Europa mientras no haya más evidencias de un diferente comportamiento. En caso de que el cortante no verifique al emplear K_r (aunque sí sin considerar ese factor), debe aplicarse un refuerzo tal como se indica en el libro "*Conceptos avanzados del diseño estructural con madera. Parte I"*, Capítulo 2, Sección 2.1.3, donde la fuerza de tracción que debe resistir el refuerzo es una fracción del corte de diseño y se repite aquí por conveniencia:

$$F_{t,90,d} = 1{,}3 \cdot V_d \cdot (3 \cdot (1 - \alpha)^2 - 2 \cdot (1 - \alpha)^3)$$

1.4.8 *Cortante en el plano*

Tal como se detalló en la sección 1.3.7. suceden de forma simultánea 2 mecanismos de falla que deben ser verificados: el cortante transversal de los tablones y la torsión en torno al encolado entre láminas. Es importante notar que las verificaciones de ambos fenómenos, se encuentran mayormente en discusión, por lo que diversas fórmulas son propuestas a la fecha. Con respecto a la verificación del *mecanismo I* (corte transversal de las láminas) se recomienda aplicar

$$f_{cz,I} = \frac{3}{2} \cdot \frac{Q}{b} \cdot \frac{1}{t_{min}} = \frac{3}{2} \cdot \frac{n_{xy}}{t_{min}} \leq F_{cz,I,dis} = F_{cz,I} \cdot K_H \cdot K_D \cdot K_T \cdot K_Q$$

Donde t_{min} es el valor mínimo entre la suma de espesores de láminas orientadas en dirección vertical, y suma de espesores de láminas orientadas en dirección horizontal, i.e. espesor total de madera que resiste el corte transversal.

Con respecto a la solicitación de corte debida al momento torsor (*mecanismo II*), esta puede ser determinada como la relación entre el momento torsor, el radio respecto del centro de torsión y el momento polar de inercia, lo que para el caso de en que los tablones tengan el mismo ancho (*a*), resulta (ver valores para el caso de que los tablones no tengan el mismo ancho en la Sección 1.2.1.):

$$f_{ciz,II} = \frac{M_{tor}}{I_p} \cdot r = \frac{M_{tor}}{a^4/6} \cdot \frac{a}{2}$$

Dado que la torsión se reparte en paralelo por cada superficie de encolado (n_k), la tensión de cizalle por torsión se reduce a

$$f_{ciz,II} = \frac{M_{tor}}{n_k \cdot a^4/6} \cdot \frac{a}{2}$$

y dado que el momento torsor en el área de cada tablón puede estimarse como $n_{xy} \cdot a \cdot a$

$$f_{ciz,II} = \frac{n_{xy} \cdot a \cdot a}{n_k \cdot a^4 / 6} \cdot \frac{a}{2} = \frac{3 \cdot n_{xy}}{n_k \cdot a}$$

Para el caso de que un panel de CLT sea rectangular ($h \cdot b$), y esté sometido a un corte horizontal constante V, la solicitación de torsión puede calcularse directamente a partir de la fuerza cortante como

$$f_{ciz,II} = \frac{V \cdot h}{n_{tot} \cdot a^4 / 6} \cdot \frac{a}{2} = \frac{3 \cdot V \cdot h}{n_{tot} \cdot a^3}$$

Con n_{tot} = número de "cuadrados" áreas de torsión por solape de tablones en el panel, i.e. $n_{tot} = n_k \cdot n_h \cdot n_v$, con $n_h = b/a$ y $n_v = h/a$.

Ya sea que el panel está sometido a un corte uniforme (V), o bien un flujo de corte unitario no uniforme (n_{xy}), la verificación que debe satisfacerse es

$$f_{cz,II} \leq F_{cz,II,dis} = F_{cz,II} \cdot K_H \cdot K_D \cdot K_T \cdot K_Q$$

Es importante notar que, si bien en muchas ocasiones el mecanismo II produce una rotura por corte de la madera cercana al adhesivo entre láminas, también es posible que el esfuerzo torsor produzca un fallo por rodadura en los tablones, por lo que algunos autores han propuesto ecuaciones más sofisticadas para la verificación correspondiente al mecanismo II. Por otro lado, debe notarse que aún a día de hoy existen pocos datos experimentales acerca de los valores resistentes, $F_{cz,I}$ y $F_{cz,II}$, especialmente en la literatura norteamericana. Por el momento se recomienda tomar como referencia el caso europeo, donde diversos autores proponen aproximadamente

$$F_{cz,I} \approx 1{,}57 \cdot F_{cz}$$

$$F_{cz,II} \approx 0{,}71 \cdot F_{cz}$$

Recuérdese que tal como se detalló en la Sección 1.3.7 la rigidez de corte en el plano se reduce mediante el factor k_v, que en la mayoría de ocasiones adopta valores entre $0{,}6$-$0{,}8$.

I.4.9 *Combinación de esfuerzos*

La mayoría de las interacciones de tensiones no se encuentran normalizadas en el CLT, y en la actualidad se asume casi siempre cuál es el tipo de interacción de cada combinación de tensiones basándose en la experiencia con MLE, mientras no se tengan mayores evidencias experimentales. A continuación, se resumen las interacciones que mayormente se consideran en el cálculo analítico. El lector debe notar que las combinaciones tensionales analíticas se encuentran considerablemente menos desarrolladas que las combinaciones típicamente consideradas en los modelos computacionales, por lo que se recomienda consultar primeramente la Sección 1.3.12.

Flexión en el plano y compresión

En Norteamérica se propuso una modificación de la combinación de flexión y compresión amplificada por efectos de segundo orden de vigas-columnas para el caso del CLT

$$
\left(\frac{P}{F_{cp,dis,\lambda} \cdot A_{apoyo,0,net}} \right)^2 + \frac{M + P \cdot e \cdot \left(1 + 0{,}234 \cdot \frac{P}{P_{ce}} \right)}{F_{ft,dis} \cdot W_{ef} \left(1 - \frac{P}{P_{ce}} \right)} \leq 1
$$

Donde P es el axil de excentricidad e, P_{ce} es la capacidad crítica de pandeo, $F_{cp,dis,\lambda}$ es la tensión de diseño considerando pandeo, $A_{apoyo,0,net}$ es el área resistente a la compresión (ver Sección 1.4.3), $F_{ft,dis}$ es la tensión de diseño en flexión y W_{ef} es el módulo resistente a la flexión efectivo (ver Sección 1.4.5).

Para otras combinaciones de flexión y fuerzas axiales, se recomienda consultar la Sección 1.3.12. La aplicación de principios de vigas compuestas en lo referente a la combinación de esfuerzos axiales y flexionales se detalla en apartados sucesivos.

Flexión biaxial

Cuando un panel está sometido a acciones biaxiales, por ejemplo, cuando un panel soporta acciones gravitacionales y se apoya en 3 o 4 de sus bordes, el cálculo suele hacerse con modelos computacionales de placas tal como se presentó en la Sección 1.3. No obstante, para geometrías y condiciones de apoyo sencillas, el cálculo analítico es factible. En efecto, se considera que la flexión biaxial produce tensiones axiales en diferentes láminas del CLT, ver Figura 1.4.9, por lo que las verificaciones se suelen hacer por separado. Así, si $h/b>2$, el panel suele calcularse únicamente en la dirección dominante, mientras que si $h/b\leq2$ se calculan las 2 direcciones por separado.

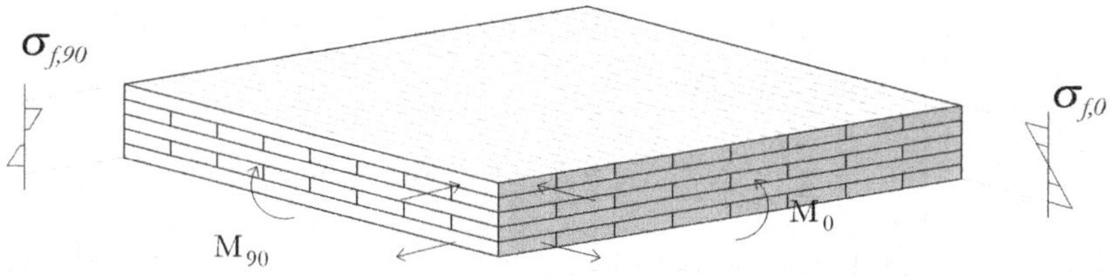

FIGURA 1.4.9 Se asume que la separación de tensiones biaxiales en diferentes láminas permite analizar cada dirección por separado (después de Wallner-Novak et al. 2013).

Flexión esviada

Este tipo de flexión sí produce tensiones en las mismas láminas, por lo que se combina linealmente tal como si fuese en MLE, aunque por el momento no se propone ningún factor de minoración de la combinación por el hecho de que las tensiones pico se produzcan en una región muy reducida (tal como k_m minora la combinación en MLE), así es que la verificación resultaría

$$f_f = \frac{M_x}{W_{ef,x}} + \frac{M_y}{W_{ef,y}} \leq F_{ft,dis} = F_f \cdot K_H \cdot K_D \cdot K_T \cdot K_Q$$

Combinación de cortantes

En determinadas situaciones, como por ejemplo en vigas de CLT solicitadas a flexión en su plano se producen interacciones de tensiones tales como el corte longitudinal (debido al corte transversal aplicado por la carga) más el corte torsional (debido a la tendencia a rotar en torno al adhesivo interlaminar de tablones). Por lo general en la actualidad, se asume que la combinación de cortantes es lineal. Se recomienda consultar la Sección 1.3.12 para más detalles.

1.4.10 *Resumen de verificaciones analíticas en miembros de CLT*

El resumen de las verificaciones analíticas se presenta en la Tabla 1.4.10. La posible adaptación de la norma NDS con el resumen de factores para conversión de ASD a LRFD se muestra en el Anexo C3.

TABLA 6.4.10 Resumen de verificaciones analíticas en miembros de CLT.

Verificación	Expresión o detalle
Tracción paralela	$$f_{tp} = \frac{P}{A_{0,net}} \leq F_{tp,dis} = F_{tp} \cdot K_H \cdot K_D \cdot K_T \cdot K_Q \cdot K_{ct},$$ en Europa se permite $$f_{t,x,k} = 1{,}2 \cdot f_{t,0,l,k}$$
Tracción perpendicular	Similar a MLE, $$F_{ftn,dis} = \begin{cases} 0.094 \ pino \ radiata \\ \quad Tabla \ B1/4{,}1 \end{cases}$$ Extracción directa solo en cargas bajas, sino transformar a compresión normal y verificar también carga puntual
Compresión paralela	$$f_{cp} = \frac{P}{A_{apoyo,0,net}} \leq F_{cp,dis,\lambda} = F_{cp} \cdot K_H \cdot K_D \cdot K_T \cdot K_Q \cdot K_\lambda$$ con factor por pandeo empleando rigideces efectivas. Si hay apoyo usar ancho efectivo. El pandeo en el plano para paneles estrechos puede ser requerido.
Compresión perpendicular	$$f_{cn} = \frac{R}{A_{apoyo}} \leq F_{cn,dis} = F_{cn} \cdot K_H \cdot K_T \cdot K_Q \cdot K_{cn}$$ habiendo especificaciones especiales para K_{cn} y A_{apoyo}.
Flexión fuera del plano	$$f_f = \frac{M}{W_{ef}} \leq F_{ft,dis} = F_f \cdot K_H \cdot K_D \cdot K_T \cdot K_Q$$ y flecha con rigidez aparente o método contrastado, con o sin incrementar el factor de creep.
Flexión en el plano	$$f_f = \frac{M}{W_{ef}} \leq F_{f,dis} = F_f \cdot K_H \cdot K_D \cdot K_T \cdot K_Q \cdot K_{\lambda V},$$ con precaución de reducción de rigidez torsional en el factor de vuelco lateral torsional. La combinación de corte longitudinal + rodadura se asume lineal pero no está normalizada.
Cortante transversal	$$f_{cz} = \frac{Q \cdot S_{ef}}{I_{ef} \cdot b} \leq F_{cz,dis} = F_{cz} \cdot K_H \cdot K_D \cdot K_T \cdot K_Q \cdot K_r$$ $$f_{rod} = \frac{Q \cdot S_{ef}}{I_{ef} \cdot b} \leq F_{rod,dis} = F_{rod} \cdot K_H \cdot K_D \cdot K_T \cdot K_Q \cdot K_r$$ recomendando aplicar K_r convencional y refuerzos donde sea necesario y considerando3 $$F_{rod} = \min\left(0{,}2 + 0{,}0625\frac{w_1}{t}, 0{,}45 \ MPa\right) \quad (ASD)$$

TABLA 6.4.10 (CONTINUACIÓN)

Cortante en el plano	$f_{cz,I} = \dfrac{3}{2} \cdot \dfrac{Q}{b} \cdot \dfrac{1}{t_{min}} = \dfrac{3}{2} \cdot \dfrac{n_{xy}}{t_{min}} \leq F_{cz,I,dis} = F_{cz,I} \cdot K_H \cdot K_D \cdot K_T \cdot K_Q$ $f_{cz,II} = \dfrac{n_{xy} \cdot a \cdot a}{n_k \cdot a^4 / 6} \cdot \dfrac{a}{2} = \dfrac{3 \cdot n_{xy}}{n_k \cdot a} \leq F_{cz,II,dis} = F_{cz,II} \cdot K_H \cdot K_D \cdot K_T \cdot K_Q$
Combinación de esfuerzos	Interacción flexión-compresión axial amplificada. Flexión biaxial separada si es que h/b≤2. Flexión esviada con combinación lineal sin reducción. Combinación de corte se asume lineal.
Algunos desarrollos en curso	Determinación de verificaciones para torsión. Afinado de fórmulas de combinación de cortantes. Combinación esfuerzos axiales en elementos compuestos. Adaptación fórmulas para elementos curvos.

1.5 Diseño de uniones

1.5.1 *Tipos de uniones*

La gran mayoría de uniones empleadas en el CLT, se corresponden a uniones mecánicas que emplean conectores rígidos cilíndricos solicitados a esfuerzos laterales o/y axiales, es decir, principalmente se emplean los mismos tipos de conectores que en el resto de construcciones con madera. De hecho, a día de hoy la mayoría de conectores empleados en el CLT se pueden ver como una especie de 'adaptación' de los conectores empleados en el entramado ligero. Sin embargo, la relevancia de las uniones en el comportamiento global del CLT es si cabe mayor que en el entramado ligero, principalmente debido a que el material base (CLT) es mucho más rígido y menos redundante en lo relativo al número de componentes y zonas de unión, así es que la ductilidad y flexibilidad definitivamente están (aún más) condicionadas por las uniones. Diversos autores han criticado que a día de hoy las uniones deben ser perfeccionadas en el sistema de CLT, más allá de adaptar las soluciones existentes en ingeniería de la madera, ya que especialmente para el diseño en países sísmicos, el CLT presenta por lo general una baja ductilidad, y experimenta grandes aceleraciones en caso de sismo, lo que casi siempre incrementa notablemente los costos del diseño estructural. Estos aspectos se abordan más detalladamente en apartados sucesivos.

Principalmente existen 6 tipos de uniones en las construcciones con CLT unión cubierta muro (UCM), muro-fundación (UMF), muro-losa-muro (UMLM), unión losa-losa (ULL) y unión muro-muro (UMM), ver Figura 1.5.1, y más detalles en secciones posteriores. El lector puede obtener mayor información acerca de detalles constructivos en el libro *"Fundamentos del diseño y la construcción con madera"* y tipologías más específicas en la edición canadiense o estadounidense del CLT-Handbook (2013).

Más allá de las disposiciones constructivas de las uniones, esta sección se centra en el diseño estructural, y en especial en aquellas consideraciones diferenciadoras respecto del diseño general de uniones detallado en el Capítulo 1, lo que es presentado a continuación y se detallado numéricamente en las próximas secciones. Es importante que el lector note que, si bien recientemente se han dispuesto consideraciones al diseño de uniones del CLT en la norma NDS, en Europa el diseño de uniones (al igual que el resto de aspectos relativos al CLT) está sustancialmente más desarrollado, por lo que en esta sección se presentan los avances y propuestas europeas.

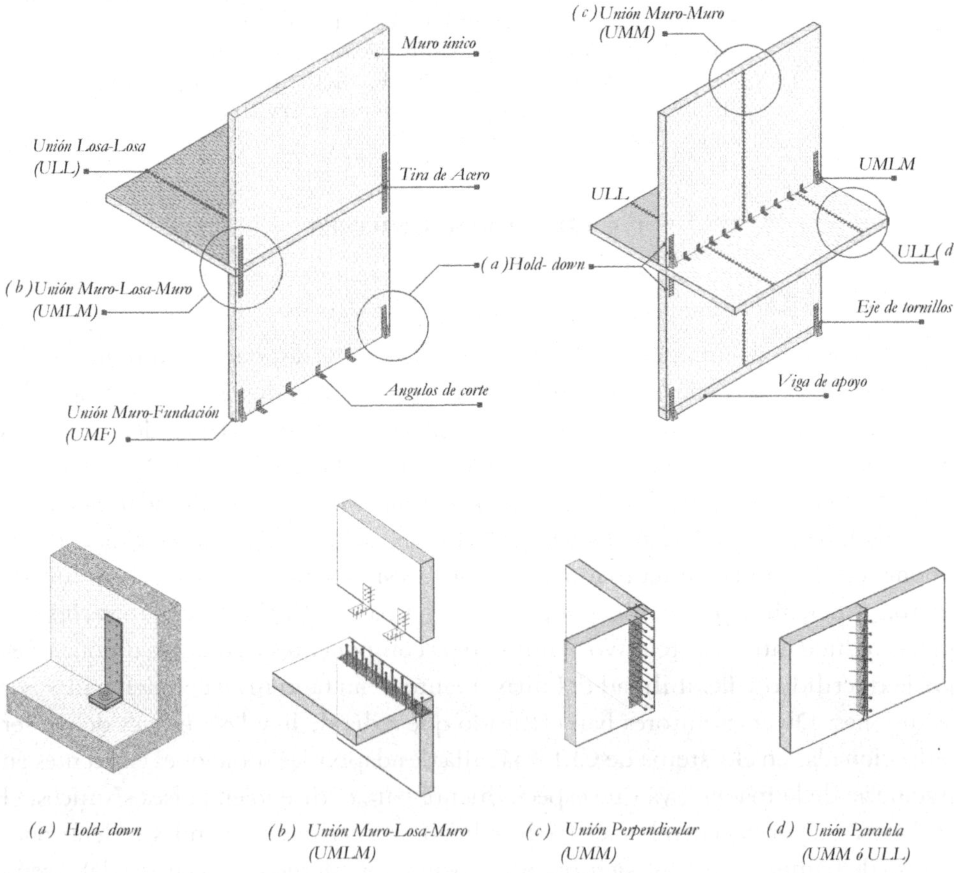

FIGURA 1.5.1 Típicas uniones empleadas en CLT, con muros monolíticos (arriba izquierda) y muros segmentados (arriba derecha), incluyendo detalle unión muro-fundación (a), unión muro-losa-muro (b), y diversos tipos de uniones muro-muro (c y d) (modificado de Follesa 2018).

En relación a la tipología de muros con UMM verticales, cabe mencionar que, en Europa, si es que la debilidad entre uniones verticales está asegurada, esta es considerada como una clase de alta ductilidad. De hecho, en cuanto a la construcción con CLT, la única diferencia entre la *clase de ductilidad alta* y la *clase de ductilidad baja* radica en la existencia o no de las UMM disipativas, ver Tabla 1.5.1.1. Por otro lado, y pese a la menor redundancia respecto del sistema marco plataforma, en Europa recomiendan aplicar la misma sobrerresistencia para el CLT que para el marco plataforma: $\gamma = 1,3$, a diferencia de poste-viga y la mayoría de pórticos de momento, en donde se aconseja una sobrerresistencia en miembros sobredimensionados de $\gamma = 1,6$, ver Tabla 1.5.1.2.

TABLA 1.5.1.1 Clases de ductilidad en edificios de CLT según recomendaciones europeas, incluyendo elementos que deben ser sobredimensionados y elementos que deben garantizar disipación de energía.

Clase de ductilidad media (DCM)		Clase de ductilidad alta (DCH)	
Componentes frágiles, uniones elásticas	Uniones dúctiles	Componentes frágiles, uniones elásticas	Uniones dúctiles
Tableros de CLT ULL UMLM (excepto línea superior) **UMM (muros desacoplados)**	UMLM (solo la línea superior) UMF	Tableros de CLT ULL UMLM (excepto línea superior)	UMLM (solo la línea superior) UMF **UMM (unión línea vertical)**

TABLA 1.5.1.2 Factores de sobrerresistencia recomendados en Europa para el sobredimensionamiento de elementos que deben permanecer en régimen elástico para diversos tipos de construcciones con madera.

Edificios de CLT plataforma, entramado ligero de plataforma, viviendas de baja altura con rollizos, pórticos resistentes a momento con uniones de alta ductilidad, estructuras de entramado de madera y rellenos de mampostería.	$\gamma_0 = 1,3$
Pórticos resistentes al momento comunes, edificios de poste viga, edificios de CLT balloon, muros de MLE balloon	$\gamma_0 = 1,6$

En los sucesivos apartados se presentarán algunos de los principales aspectos diferenciadores de las uniones del CLT, para posteriormente presentar el procedimiento de diseño.

1.5.2 *Concepción de uniones lineales (líneas de unión)*

Tal como se detalla en apartados posteriores de este capítulo, las uniones de CLT están principalmente diseñadas para resistir cargas de membrana, y también cortes transversales y tracciones perpendiculares al panel. Las compresiones normales de un panel a otro, como por ejemplo en UCM, UMF, y UMLM normalmente se asume que se transmiten directamente la carga mediante el contacto de los paneles. Pese a que existen uniones que permiten transferir el momento generado por fuerzas fuera del plano, por lo general se asume los paneles están articulados en cuanto a la rotación fuera del plano.

Bajo estas circunstancias la filosofía de diseño, salvando las circunstancias que en secciones posteriores de este capítulo se presentan, es bastante similar a las uniones convencionales con la excepción de que, por lo general se emplean esfuerzos por unidad de ancho para el dimensionado de líneas de unión, tal que la verificación de la capacidad adopta formas del tipo

$$\frac{n_{dis}}{n_{conect} \cdot R_{dis}} \leq 1$$

Esto quiere decir, que el número de conectores requeridos se obtiene como la relación del esfuerzo lineal y la resistencia unitaria de cada conector

$$n_{conect} \geq \frac{n_{dis}}{R_{dis}}$$

Por lo que la separación requerida entre los conectores de un panel resulta

$$s_{conect} = \frac{100}{n_{conect}}$$

Por supuesto, el esfuerzo lineal puede no ser constante dentro de un panel. Pese a ello, por razones constructivas (al igual que el sistema de marco plataforma) es bastante habitual emplear el esfuerzo más desfavorable como condicionante del diseño, y disponer el mismo tipo de conectores y espaciamientos a lo largo de cada panel. Naturalmente hay excepciones a lo anterior.

Lo importante de este apartado es notar pues, que la filosofía de diseño en términos generales es similar a uniones convencionales, con la salvedad de que los conectores suelen disponerse en líneas, y que también los valores resistentes de capacidad lateral y axial se calculan de forma diferente, tal como se detallará en apartados sucesivos.

1.5.3 *Influencia de los huecos (gaps) y ranuras de los tablones*

Tal y como se ha introducido en la Sección 1.1.3, es habitual que existan huecos entre los tablones de CLT que conforman una lámina, y también es común que haya ranuras en los propios tablones para evitar agrietamiento durante el proceso de fabricación. En caso de que un conector coincida total o parcialmente con uno de esos huecos, la rigidez y capacidad del mismo podría verse perjudicada en mayor o menor grado. Por este motivo se restringe de forma muy estricta el tamaño de huecos y ranuras del CLT, que por ejemplo en Europa tienen restricciones de 4 (6 para láminas intermedias) y 2,5 mm, respectivamente.

Otra medida común para mitigar el efecto de los huecos, consiste en insertar los conectores con cierta inclinación, especialmente cuando los conectores se instalan en los boredes del panel. En efecto, es una práctica muy habitual que las líneas de conectores adquieran cierta angulación para evitar solicitaciones puramente axiales. Del Capítulo 1 del libro *"Conceptos avanzados del diseño estructural con madera. Parte I"* debe recordarse, que, si bien esta práctica puede incrementar en cierto grado la capacidad y de forma muy notable la rigidez, tiende a reducir considerablemente la ductilidad.

En función de la disposición geométrica de los conectores respecto del CLT, podemos distinguir 2 situaciones bien diferentes en cuanto a la influencia de los huecos:

- En el caso de conectores dispuestos en las caras del CLT y solicitados lateralmente, las propiedades mecánicas pueden verse no muy afectadas por la presencia de huecos. Igualmente, para conectores en caras del CLT solicitados axialmente, la capacidad podría no verse muy afectada si es que el conector tiene una longitud mínima; por lo general se recomienda que conectores en caras solicitados axialmente atraviesen al menos 3 capas del CLT para minimizar la probabilidad de pérdida de anclaje por huecos, especialmente para conectores de pequeños diámetros.

- En el caso de conectores dispuestos en los bordes del CLT y solicitados lateral y axialmente, la capacidad podría verse seriamente perjudicada, especialmente en conectores de pequeño diámetro, si es que coinciden con un hueco o ranura e inserciones axiales en la fibra. Tal como se detalla posteriormente, en estas situaciones principalmente se emplean tornillos autoperforantes dispuestos con cierta angulación respecto de la fibra.

1.5.4 *Concepción de desangulaciones 3D y simplificaciones en conectores inclinados*

En un contexto en el que los conectores pueden disponerse de forma inclinada en bordes y caras de elementos tipo panel, que además pueden estar sometidos a fuerzas con cualquier angulación, resulta más que conveniente establecer un sistema más completo de definición de inclinaciones y fuerza. En concreto debemos diferenciar claramente *3 angulaciones* (ver Figura 1.5.4.1) y *1 disposición:*

I.   Ángulo de inserción del conector (α, ángulo fibra-conector en el plano del conector).

II.   *Desangulación fuerza-fibra de la capa más externa* del CLT (β, fuerza-fibra externa en el plano perpendicular al plano del conector)

III.   Ángulo de la resultante de fuerzas en el plano del conector respecto de la *fibra* (γ, fuerza-fibra en plano de conector).

IV.   Conector *dispuesto en caras* (plano del CLT) o *en bordes* (grueso del CLT).

Tras esta definición, es evidente que podemos disponer conectores inclinados a una angulación α, sometidos a una fuerza que forma un ángulo β respecto del plano de los conectores, y donde a su vez la fuerza puede presentar cierta desangulación γ con la fibra en el plano de conectores. Asimismo, estos conectores pueden estar dispuestos en las caras o en los bordes, ver Figura 1.5.4.1. Afortunadamente para el diseñador, bajo esta complejidad, es habitual tomar en consideración diversas simplificaciones (ver los fundamentos de dichas simplificaciones de forma más detallada en el Capítulo 1 del libro *"Conceptos avanzados del diseño estructural con madera. Parte I"*):

- Normalmente se asume que la compresión se transfiere por contacto de panel a panel.

- La fuerza fuera del plano en donde el conector forma su inclinación, se asume que es absorbida principalmente por la capacidad lateral del conector. La capacidad lateral se calcula de acuerdo a Johansen, pero tomando como longitud la longitud inclinada del tornillo.

- Si la fuerza resultante en el plano del tornillo tiene una componente de tracción (separación) respecto del plano de corte, se asume igualmente que ésta es principalmente resistida por su capacidad axial, ya que la rigidez axial es muy superior a la rigidez lateral. La capacidad axial es aquella correspondiente a la mínima capacidad de los modos de falla posibles (similares a los de las uniones convencionales).

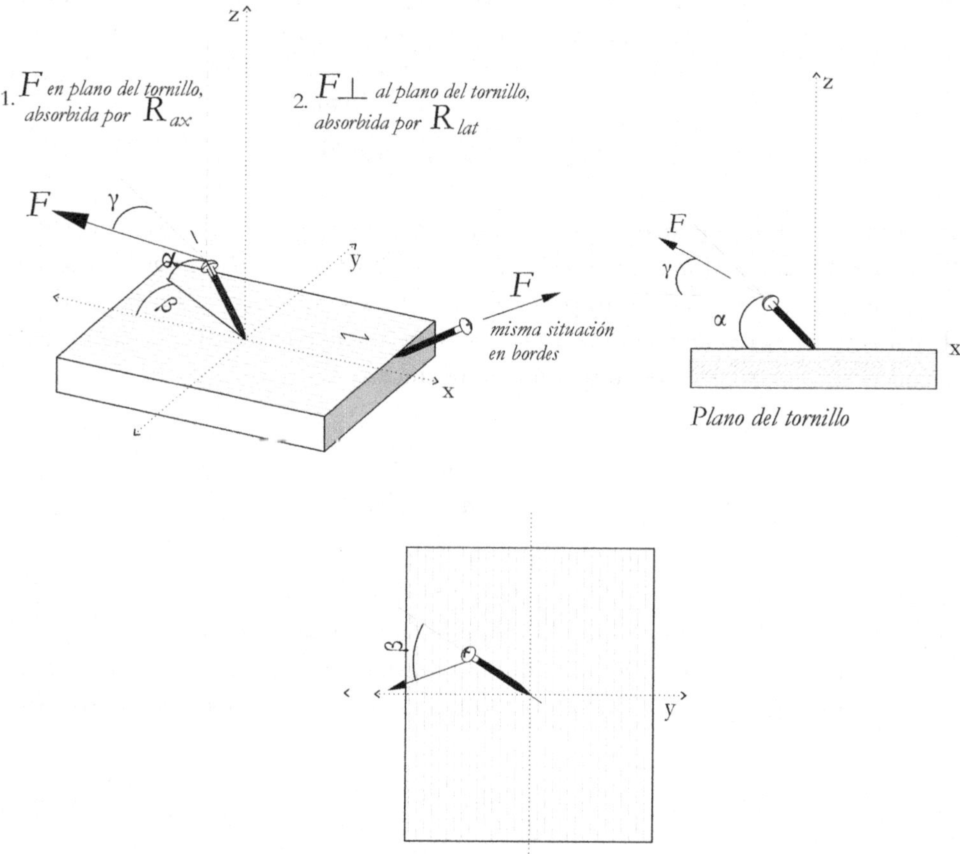

FIGURA I.5.4.I Estandarización de la complejidad angular en conectores inclinados de CLT. El conector puede estar dispuesto en caras o bordes con una inclinación α. La fuerza a la que está sometido (en el plano de corte en la realidad, en la figura representada sobre la cabeza del tornillo para facilitar la visualización) puede tener una componente perpendicular al plano del tornillo (β), y además tener una componente de tracción en el propio plano del tornillo (γ). Suele asumirse que la capacidad lateral resiste la fuerza perpendicular al plano del tornillo, mientras que la capacidad axial resiste la fuerza (con o sin tracción respecto del plano de corte) en el plano del tornillo.

De esta forma, por ejemplo, para un tornillo con un ángulo α sometido a un corte simple en el plano del tornillo ($\gamma = 0$), se asume que la fuerza se resiste principalmente por extracción, así es que la verificación se obtiene por simple equilibrio trigonométrico de fuerzas

$$R_{ax,dis,\alpha} = R_{ax,dis} \cdot cos\alpha$$

Si además de lo anterior, existe una fuerza de separación respecto del plano de corte ($\gamma \neq 0$), podemos estimar análogamente la capacidad como

$$R_{ax,dis,\alpha,\gamma} = R_{ax,dis} \cdot \frac{cos\alpha}{cos\gamma}$$

Por otra parte, la componente β se verificaría directamente por la capacidad al corte lateral del tornillo. Afortunadamente, tal como se mostrará en apartados sucesivos, la desangulación β no es tan importante en el CLT como en el resto de productos de madera. En el caso general de un tornillo inclinado con una fuerza desangulada (es decir α, β, $\gamma \neq 0$), la verificación se simplificaría a

$$\left(\frac{v_{x,dis}}{n \cdot R_{lat,dis}}\right)^2 + \left(\frac{\sqrt{n_{x,dis}^2 + n_{xy,dis}^2}}{n \cdot R_{ax,dis,\alpha,\gamma}}\right)^2 \leq 1$$

donde en la fórmula anterior, v_x se refiere a la solicitación de corte fuera del plano por metro de ancho, n_x se refiere a la solicitación vertical de levantamiento, y n_{xy} se refiere al corte en el plano de los tornillos, ver Figura 1.5.3.2 para una ilustración de la típica configuración de tornillos y fuerzas en elementos estructurales convencionales.

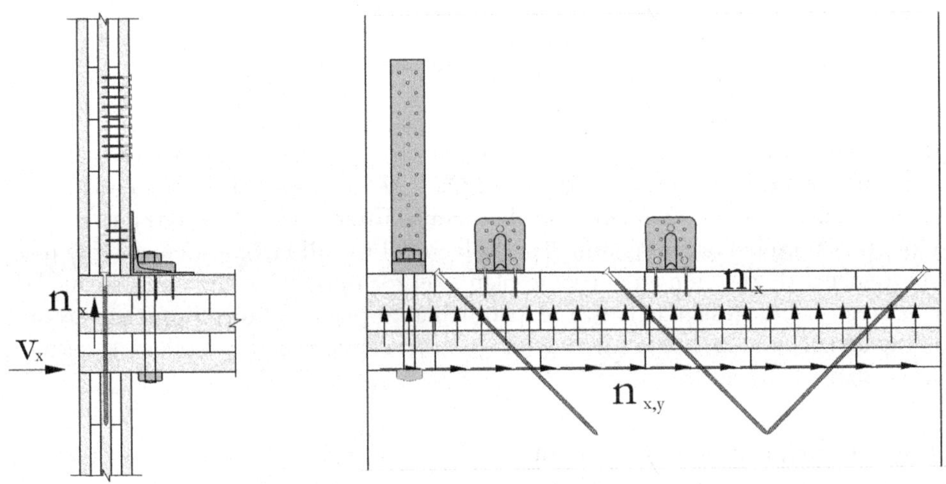

FIGURA 1.5.3.2 Típica simplificación en la verificación de líneas de tornillos inclinadas solicitadas a cargas desanguladas en el CLT. Se asume que la totalidad de la carga fuera del plano de los tornillos, v_x debe ser resistida por la capacidad lateral, mientras que las fuerzas axiales de extracción n_{xy} el corte en el plano nxy deben ser resistidos enteramente por la capacidad axial desangulada de los mismos (basado en Ringhofer 2010).

En caso particular de que la resultante de la fuerza en el plano de los tornillos no tenga ninguna componente de tracción ($\gamma \geq 90$), y el corte esté efectivamente generando una tracción del tornillo, algunos autores sugieren incluir el efecto cuerda (en caso de haberlo) en el cálculo de la capacidad oblicua tal que

$$R_{ax,dis,\alpha} = R_{ax,dis} \cdot cos\alpha + \mu \cdot R_{ax,dis} \cdot sen\alpha$$

lo que tiene que ser capaz de resistir la acción de corte en el plano

$$\left(\frac{v_{x,dis}}{n \cdot R_{lat,dis}}\right)^2 + \left(\frac{n_{xy,dis}}{n \cdot R_{ax,dis,\alpha}}\right)^2 \leq 1$$

No obstante, es importante notar que la consideración del efecto cuerda tan sólo se lleva a cabo en uniones en las que en estado deformado esté asgurado que no habrá levantamiento. Típicamente esto sucede en las uniones muro-techo, si es que la succión de viento no es elevada, pero no en las uniones muro-losa muro (estas sufren momento por vuelco). En apartados sucesivos se aclararán más aspectos en relación a la verificación de líneas de unión.

Finalmente, en el caso de tornillos en cruz dispuestos a $45°$, la capacidad lateral, necesaria para resistir la fuerza fuera del plano de los tornillos se asume como el doble de la capacidad de un solo tornillo

$$R_{lat,X} = 2 \cdot R_{lat,dis}$$

Por otro lado, en el plano de la cruz conformada por los tornillos, se asume que la resistencia para soportar la tracción pura de la cruz ($\gamma = 0$) es similar a la resistencia para resistir el corte puro en el plano ($\gamma \geq 90$) e igual a la resultante de resistencia axial obtenida por el teorema de Pitágoras, considerando la resistencia axial de un único tornillo; es decir

$$R_{ax,T} = R_{ax,V} = \sqrt{2}R_{ax,dis}$$

De modo que en este caso la verificación

$$\left(\frac{v_{x,dis}}{n \cdot 2 \cdot R_{lat,dis}}\right)^2 + \left(\frac{n_{x,dis} + n_{xy,dis}}{n \cdot \sqrt{2} \cdot R_{ax,dis}}\right)^2 \leq 1$$

En la Sección 1.6.3 se ejemplifican todas estas verificaciones para las típicas uniones encontradas en un edificio de CLT.

1.5.5 *Efecto refuerzo de lámina perpendicular e incremento de ductilidad local en conectores laterales insertados en caras*

Una característica muy positiva del CLT frente a la MLE, madera maciza y otros productos es que, más allá de que la ductilidad global sea inferior por disminuir significativamente la redundancia de las uniones y elementos estructurales, la ductilidad local aportada por un solo conector lateral insertado en las caras del CLT es por lo general superior, especialmente en conectores gruesos y asociados a modos de falla frágiles. Esto se debe a que las capas transversales actúan como un refuerzo generando un *efecto de refuerzo por lámina perpendicular* y evitando modos de falla frágiles. Recuérdese que para la mayoría de conectores (a excepción de clavos delgados y conectores similares); la desangulación carga-fibra tiene una influencia notable en la resistencia al aplastamiento y la posibilidad de fallo frágil (individual o en grupo), por lo tanto, la posibilidad de fallo frágil puede minimizarse si es que existe una capa transversal, lo que se traduce en varios casos en un incremento notable de la ductilidad local, ver Figura 1.5.5.

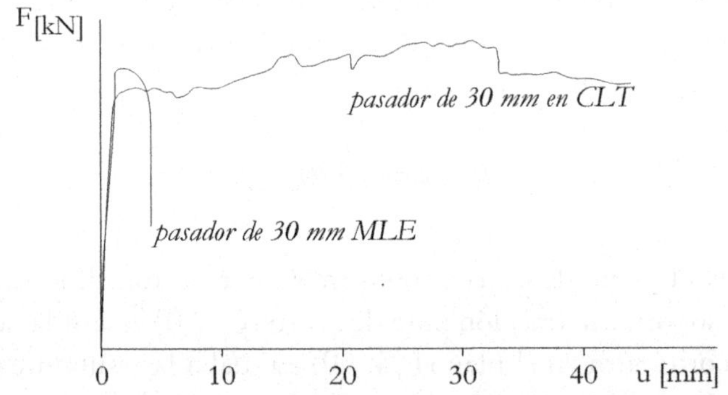

FIGURA 1.5.5 Incremento de ductilidad local de un pasador de 30 mm, por efecto del refuerzo transversal de las capas de CLT (basado en Schickhofer et al. 2009).

Este efecto, se considera habitualmente en el cálculo según ELU, para conectores insertados en las caras y solicitados lateralmente mediante la no disminución del número efectivo de conectores si es que se respetan los espaciamientos ($n_{ef}=n$), lo que análogamente resultaría en un factor hilera $K_u=1$ según ASD. Esta regla no aplica en conectores insertados en los bordes del CLT, pues en esa situación no existe el efecto de refuerzo por capas ortogonales a lo largo de la longitud del conector.

1.5.6 *Posibilidad de fallo por tracción perpendicular de conectores laterales en bordes solicitados fuera del plano*

Los conectores situados en los bordes pueden estar cargados por una fuerza lateral que es paralela al plano del CLT, o bien perpendicular al mismo. En este último caso, existe la posibilidad de fallo frágil por tracción perpendicular, lo que puede disminuir bastante la capacidad de la unión. Por el momento esto se controla principalmente empleando un mínimo espesor de láminas del CLT. No obstante, diversos autores recomiendan evitar esta disposición para determinados conectores.

1.5.7 *Recomendaciones generales sobre el uso de conectores en el CLT según su disposición y el tipo de carga*

En vista a los aspectos mencionados anteriormente, las recomendaciones generales respecto del uso de conectores en el CLT se muestran en la Tabla 1.5.7.

TABLA 1.5.7 Recomendaciones del uso de conectores respecto su disposición en el CLT y el tipo de carga (basado en Schickhofer et al. 2009).

	En caras del CLT, recomendado para		En los bordes del CLT, recomendado para	
	F_{lat}	F_{ax}	F_{lat}	F_{ax}
Clavos corrugados	✓	✓	✗	✗
Pasadores y pernos	✓	✗	✗	✗
Tornillos autoperforantes	✓	✓	✓	✓

1.5.8 *Procedimiento de diseño*

En términos generales, el procedimiento para diseñar uniones en CLT es el mismo que en las uniones mecánicas convencionales. Pese a que algunos autores han propuesto ecuaciones específicas que permiten afinar la descripción del comportamiento de las uniones, programas experimentales tremendamente exhaustivos desarrollados en Europa han validado la aplicación de las ecuaciones de Johansen para CLT-CLT y CLT-metal en simple y doble cortadura. Además, y con la salvedad de lo expuesto posteriormente, los modos de falla de extracción axial y oblicua son los mismos que para el resto de productos de madera. Principalmente, son 2 las diferencias al diseñar uniones de CLT respecto de uniones convencionales:

I.   La capacidad de extracción axial y aplastamiento lateral difieren —en diferente magnitud según disposición del conector y dirección de la carga— respecto de los valores de madera maciza, MLE y LVL. Por lo anterior, por lo general se requiere la aplicación de ecuaciones específicas para calcular dichas capacidades, lo que se detalla en los apartados sucesivos.

II. Una vez determinadas las capacidades de aplastamiento y extracción axial con las ecuaciones específicas del CLT, las predicciones de Johansen para carga lateral, los modos de falla axiales, y las combinaciones correspondientes para uniones oblicuas resumidas anteriormente, son aplicables en el CLT, pudiendo predecir la capacidad con precisión y conservadurismo. No obstante, la ocurrencia de modos de falla en grupo son diferentes, en especial bajo la acción de cargas de extracción axial, por lo que se requieren diferentes espaciamientos para permitir la redistribución de tensiones. Los espaciamientos necesarios y otros detalles geométricos se detallan en la Tabla 1.5.8 e ilustran en la Figura 1.5.8. Finalmente, la consideración del efecto hilera (n_{ef} en EC5, K_u en NCh1198) difiere sensiblemente de la determinación en madera maciza o MLE:

a) Para conectores dispuestos en caras, y solicitados lateralmente $n = n_{ef}$ ($K_u = 1$) por el efecto del refuerzo de las capas perpendiculares del CLT.

b) Para conectores dispuestos en los bordes y solicitados lateralmente, no existe efecto refuerzo perpendicular y se recomienda calcular n_{ef} y K_u de acuerdo a las especificaciones para madera maciza y MLE.

c) Para grupos de conectores dispuestos en caras o bordes y solicitados axialmente, se observa frecuentemente fallo en grupo por tracción perpendicular y corte, por lo que se recomienda minorar la capacidad del conjunto según la siguiente ecuación

$$F_{ax,n} = 0,9 \cdot \sum_{i=1}^{R} F_{ax,ref,i} \cdot n_i$$

donde R es el número de configuraciones en lo relativo al ángulo de inserción tornillo-fibra (α), $F_{ax,ref,i}$ es la capacidad a la extracción calculada para cada conector individual y n_i es el número de conectores que existen para cada configuración de ángulo α.

TABLA 1.5.8 Espaciamientos y restricciones geométricas en uniones de CLT.

a) Espaciamientos básicos según disposición en cara o borde y tipo de conector (ver geometría en Figura 1.5.8)

Conector	Disposición	a_1	a_2	$a_{3,t}$	$a_{3,c}$	$a_{4,t}$	$a_{4,c}$
Tornillos autoperforantes	Caras	$4\,d$	$2.5\,d$	$6\,d$	$6\,d$	$6\,d$	$2.5\,d$
	Bordes	$10\,d$	$3\,d$	$12\,d$	$7\,d$	-	$5\,d$
Clavos corrugados	Caras	$(3+3\cos\beta)\,d$	$3\,d$	$(7+3\cos\beta)\,d$	$6\,d$	$(3+4\sin\beta)\,d$	$3\,d$
Pasadores	Caras	$(3+2\cos\beta)\,d$	$3\,d$	$5\,d$	$4\,d\sin\beta$ (min $3\,d$)	$3\,d$	$3\,d$
	Bordes	$4\,d$	$3\,d$	$5\,d$	$3\,d$	-	$3\,d$

b) Ajuste de espaciamiento longitudinal y transversal según ángulo fibra-conector (α)

α	a_1	a_2
0°	$2.5\,d$	
45°	$5\,d$	
90°	$7\,d$	$5\,d$ o $2.5\,d$ *
0° | 90°	$5\,d$	
45° | 45°	$5\,d$	

* $5\,d$ si se inserta en la misma lámina, $2.5\,d$ si se inserta en láminas diferentes

c) Restricciones geométricas en cuanto a espesor mínimo de panel, laminaciones y conectores

Conector	$t_{\text{CLT, min}}$	$t_{\text{laminación,min}}$	$\ell_{\text{penetrac.min}}$*
Tornillos autoperforantes	$10\,d$	$d \leq 8$ mm: $2\,d$	$10\,d$
		$d > 8$ mm: $3\,d$	
Pasadores	$6\,d$	d	$5\,d$

d) Espaciamiento máximo según tipo de conector

Tipo de unión	e_{max} (mm)
CLT - CLT con tornillos	500
CLT - MLE con tornillos	500
CLT - Acero con tornillos	750
CLT - hormigón o acero con ángulos de corte	1,000

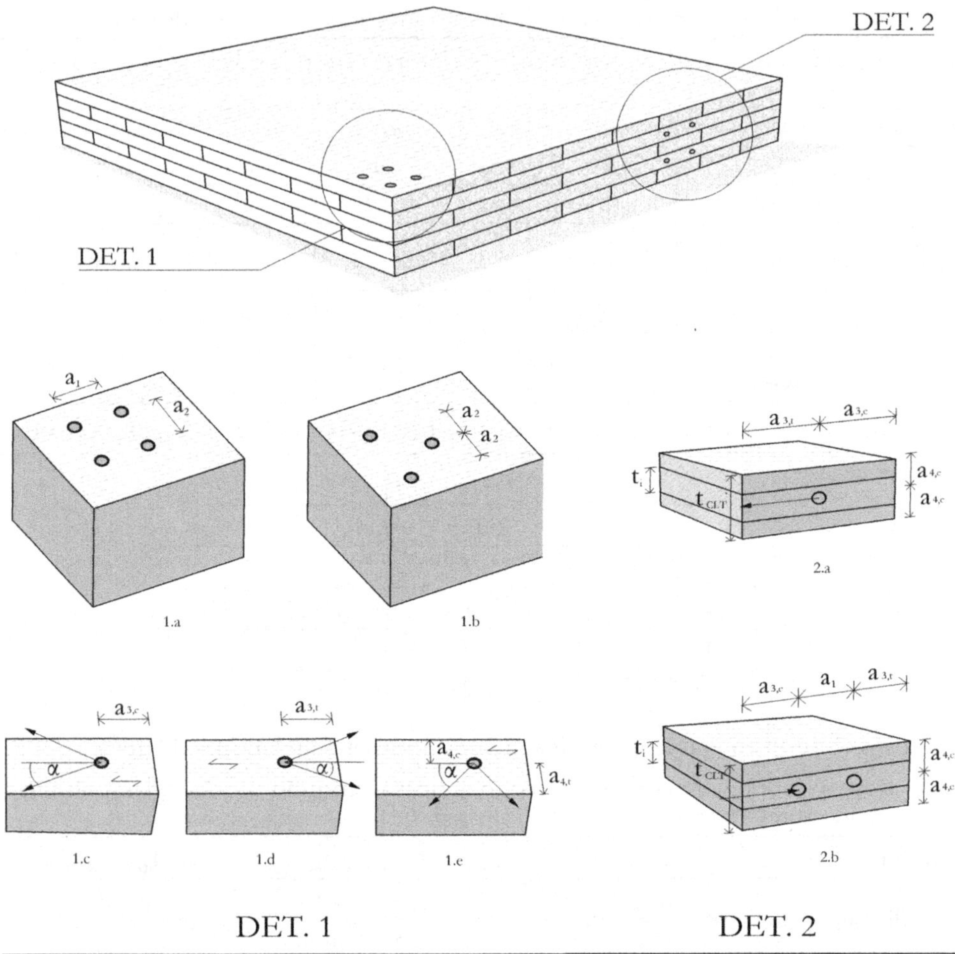

FIGURA 1.5.8 Geometría de espaciamientos para conectores dispuestos en caras (arriba) y en bordes (abajo) según recomendaciones europeas.

1.5.8.1 *Capacidad de extracción axial*

Más allá de aprobaciones técnicas para productos específicos, no existen ecuaciones específicas en la normativa para determinar la capacidad axial de conectores en el CLT. Sin embargo, a continuación, se sugiere el empleo de ecuaciones diferenciadas ya que, por lo general, la capacidad axial de los conectores puede ser inferior en el CLT en comparación a la madera maciza o laminada, especialmente cuando estos son insertados en los bordes, debido a la presencia de huecos y ranuras tal como se detalló en la sección anterior.

Extracción axial de tornillos autoperforantes

Se recomienda el empleo de la ecuación de Blaß y Uibel (2015), para cuando los tornillos son insertados de forma perpendicular a las caras o bordes del CLT (i.e. $\alpha = 90°$).

$$f_{ax,k} = \frac{9{,}02 \cdot d^{-0,2} \cdot l_{ef}^{-0,1}}{1{,}35 \cdot \cos^2\varepsilon + \sin^2\varepsilon}$$

Donde d es el diámetro, l_{ef} es la longitud efectiva de anclaje, y e toma en cuenta si es que el tornillo es insertado en las caras ($\varepsilon = 90°$) o los bordes ($\varepsilon = 0°$) del CLT; se observa por tanto que la resistencia axial decrece considerablemente, cuando el tornillo se inserta en los bordes por mayor riesgo de huecos o ranuras. Posteriormente se recomienda corregir la resistencia axial según la densidad característica del CLT

$$f_{ax,k,corr} = f_{ax,k} \cdot \left(\frac{\rho_k}{350}\right)^{0.75}$$

La cual, debería determinarse a partir de la densidad característica de las propias laminaciones como

$$\rho_{k,CLT} = \begin{cases} \rho_{k,laminaciones} & \textit{para conectores en bordes} \\ 1{,}1 \cdot \rho_{k,laminaciones} & \textit{para conectores en caras} \end{cases}$$

Como puede verse en la ecuación anterior, en la práctica europea la densidad se mayora un 10% para conectores situados en las caras del CLT, por el hecho de que forzosamente van a atravesar más de una laminación, por lo que la posibilidad de obtener un valor bajo de densidad es muy inferior a los conectores en los bordes, los cuales mayormente atraviesan una única laminación.

En caso de disponer tornillos oblicuos, se recomienda la ecuación de Ringhofer et al. (2013)

$$f_{ax,k} = k_{ax,k} \cdot k_{sys,k} \cdot 8.67 \cdot d^{-0.33}$$

Donde $k_{sys,k}$ es un factor de mayoración que toma en cuenta la redundancia de distintas laminaciones (y por tanto la posibilidad de tener una capacidad superior a la característica), y toma un valor de *1,1* para CLT (1 si la ecuación se aplicase a madera maciza, y *1.13* si fuese MLE con 5 o más laminaciones). Por otra parte el ángulo de inserción se toma en cuenta con

$$k_{ax,k} \begin{cases} 1.00 & con \; 0° \leq \alpha \leq 45° \\ 0.64 \cdot k_{gap,k} + \dfrac{1 - 0.64 \cdot k_{gap,k}}{90} \cdot \alpha \; con \; 45° < \alpha \leq 90° \end{cases}$$

Finalmente, la consideración de inserción o caras o bordes se toma en cuenta con

$$k_{gap,k} = \begin{cases} 0{,}9 & para \; conectores \; en \; bordes \\ 1{,}0 & para \; conectores \; en \; caras \end{cases}$$

Finalmente, la corrección por densidad es similar al modelo de tornillos no oblicuos

$$f_{ax,k,corr} = f_{ax,k} \cdot \left(\frac{\rho_k}{350}\right)^{k_\rho}$$

Solo que el ángulo α también interviene en la corrección

$$k_\rho = \begin{cases} 1.10 & 0° \leq \alpha < 90° \\ 1.25 - 0.05 \cdot d & \alpha = 90° \end{cases}$$

Extracción axial de clavos corrugados

Se propone la ecuación de Blaß y Uibel (2015), la cual es muy similar a la de los tornillos autoperforantes solo que el efecto de borde (diferencia de capacidad por inserción en bordes) es mucho más pronunciado debido al menor diámetro de los clavos, ver Figura 1.5.8.1.

$$f_{ax,k} = \frac{4 \cdot d^{-0.4}}{3.33 \cdot \cos^2 \varepsilon + \sin^2 \varepsilon}$$

con

$$f_{ax,k,corr} = f_{ax,k} \cdot \left(\frac{\rho_k}{350}\right)^{0.80}$$

Se recomienda aplicar esa ecuación únicamente con $d{\geq}4$ mm, y $lef{\geq}8d$, además si $d{<}6$ se debe minorar la capacidad multiplicando por 0,8.

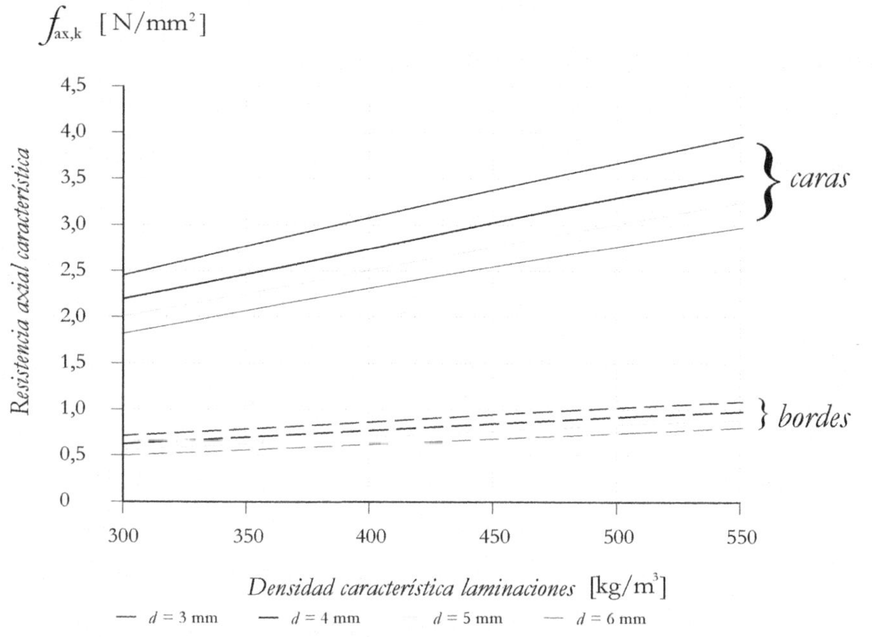

FIGURA 1.5.8.1 Efecto de extracción axial en bordes del CLT según el modelo de Blass y Uibel (basado en Schickhofer et al. 2009).

1.5.8.2 *Capacidad de aplastamiento lateral*

Aplastamiento lateral de pasadores y pernos

La situación regulatoria es similar a la de la capacidad axial. Para conectores insertados en las caras, se sugiere la ecuación de Blaβ y Uibel (2015), la cual es bastante parecida a la ecuación del EC5 correspondiente a la madera maciza y MLE, solo que la influencia del ángulo fuerza-fibra de la capa externa (β) es bastante menor

$$f_{h,k,CLT} = \frac{32 \cdot (1 - 0.015 \cdot d)}{1.1 \cdot \sin^2 \beta + \cos^2 \beta}$$

con

$$f_{h,k,CLT,corr} = f_{h,k,CLT} \cdot \left(\frac{\rho_k}{400}\right)^{1.2}$$

Tal como se ilustra en la Figura 1.5.8.2.1, la capacidad de aplastamiento en caras del CLT es ligeramente inferior a la MLE o madera maciza, especialmente para densidades bajas y diámetros pequeños por el efecto de los huecos y las ranuras; sin embargo, la dispersión por el efecto de la desangulación fuerza-fibra es muy inferior en el CLT por el efecto de refuerzo de las capas transversales.

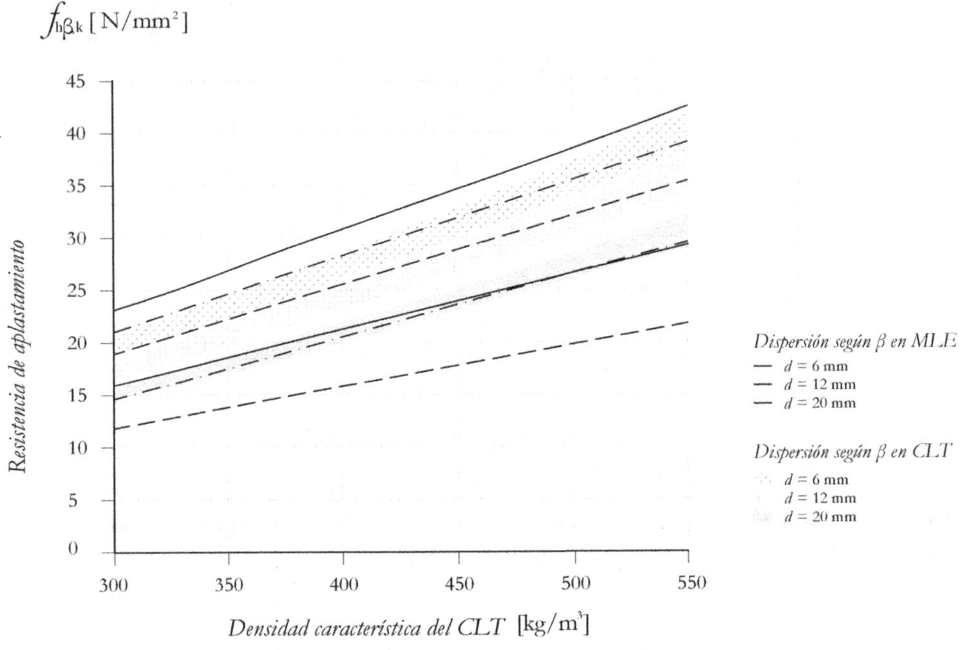

FIGURA 1.5.8.2.1 Comparación de la capacidad lateral de aplastamiento de pernos y pasadores insertados en caras del CLT en relación a la madera maciza y MLE respecto del CLT. La capacidad es ligeramente inferior para densidades y diámetros pequeños, pero la dispersión por desangulación β es muy inferior en el CLT (modificado de Schickhofer et al. 2009).

Para el caso de que los conectores se inserten en los bordes, la influencia de huecos y en ranuras es mayor, y en general la capacidad es bastante menor que cuando son insertados en las caras. Además, en el caso de inserción en bordes y carga fuera del plano del CLT, existe riesgo de rotura por tracción perpendicular, lo cual se puede atenuar principalmente asegurando que las láminas cumplan con las especificaciones de espesores mínimos de laminación en fabricación. Por todo ello, diversos autores desaconsejan emplear pernos o pasadores para carga lateral en bordes. No obstante, la moderada capacidad en dichas situaciones puede aproximarse con el modelo de Blaß y Uibel (2015)

$$f_{h,k,CLT} = 9 \cdot (1 - 0.017 \cdot d)$$

con

$$f_{h,k,CLT,corr} = f_{h,k,CLT} \cdot \left(\frac{\rho_{k,\ell}}{350}\right)^{0.91}$$

donde en este caso la corrección por densidad es según la densidad característica de la laminación, no el CLT.

Aplastamiento lateral tornillos autoperforantes y clavos corrugados

Para inserción en caras existen pocas evidencias experimentales pero diversos autores recomiendan aplicar las mismas ecuaciones que para madera maciza y MLE.

Para inserción en bordes, se comportan de forma muy parecida a pernos y pasadores; por lo general, no es muy recomendable la inserción en bordes, pero puede predecirse la capacidad con la siguiente ecuación

$$f_{h,k,CLT} = 20 \cdot d^{-0.5}$$

con

$$f_{h,k,CLT,corr} = f_{h,k,CLT} \cdot \left(\frac{\rho_{k,\ell}}{350}\right)^{0.56}$$

En la Figura 1.5.8.2.2 se ilustra una comparación entre la capacidad lateral de tornillos y clavos corrugados insertados en caras (calculados según el EC5 con las ecuaciones de MLE y madera maciza) y aquellos insertados en bordes calculados según la ecuación anterior. Como puede observarse en la figura, la capacidad en bordes es aproximadamente 1/3 de la capacidad en caras.

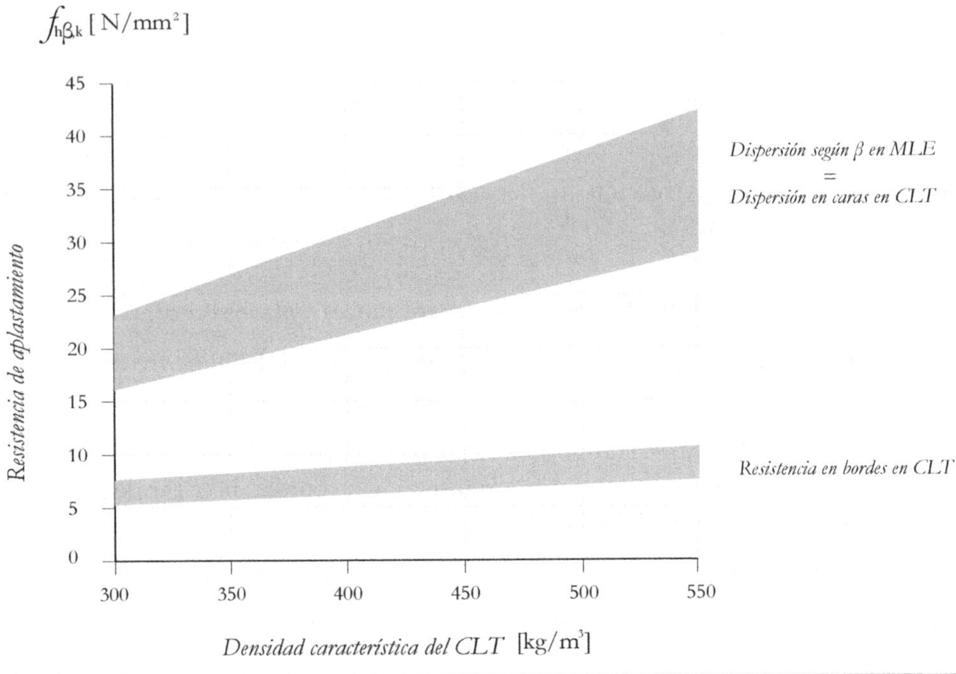

FIGURA 1.5.8.2.2 Comparación de la capacidad lateral de aplastamiento de tornillos en caras (calculados según ecuaciones de MLE del EC5) y capacidad en bordes; la segunda es aproximadamente 1/3 de la primera (modificado de Schickhofer et al. 2009).

1.6 Consideraciones para el diseño de edificios

El procedimiento general para diseñar un edificio de CLT, es relativamente parecido al que se presentó en el Capítulo 5 del libro *"Conceptos avanzados del diseño estructural con madera. Parte I"*, no obstante, en esta sección se exponen varias consideraciones diferenciadoras respecto del CLT. De nuevo hay que recordar que el diseño de edificios de CLT es un tema relativamente novedoso en la mayoría de países del mundo, por lo que la mayoría de conceptos de esta sección se derivan de investigaciones y propuestas de diversos autores, y no responden a ninguna normativa específica.

1.6.1 *Muros*

Existen varias propuestas para calcular la capacidad de corte de muros de CLT, tanto muros convencionales sin unión vertical como muros con unión vertical (ver Figura 1.5.1). Esta sección se concentra en el cálculo de los primeros, ya que el comportamiento de los segundos es bastante más complejo y las propuestas se encuentran más bien en una etapa experimental. Por el momento se recomienda estimar la capacidad y rigidez de muros acoplados en base a resultados experimentales o/y modelos computacionales. En concreto, para los muros con acople vertical, la rigidez y capacidad depende básicamente de si es que los muros acoplados tienen un *comportamiento monolítico* de cuerpo rígido, o rotan *diferencialmente* (existe desplazamiento vertical diferencial en la línea vertical que une los muros), tal como sucede en el marco plataforma. Lógicamente el comportamiento monolítico o diferencial viene determinado por la rigidez relativa que la unión vertical tiene respecto de las uniones horizontales; si la unión de acoplamiento es mucho más rígida, la pareja (o conjunto) de muros tendrán un comportamiento monolítico.

1.6.1.1 *Principio mecánico de un muro desacoplado*

Antes de introducir los métodos analíticos para predecir capacidad y rigidez, es importante introducir el comportamiento mecánico que rige un muro desacoplado de CLT. En general, tal como se detalla posteriormente, se asume que un muro de CLT puede sufrir 4 mecanismos de deformación en serie, ver Figura 1.6.1.1: *rotación de cuerpo rígido o vuelco, deslizamiento horizontal, corte del tablero y flexión del tablero*. La capacidad y rigidez, están normalmente dominadas por el mecanismo más flexible, los que para muros esbeltos (desacoplados) suele consistir en el vuelco. Especialmente, para muros con carga vertical media-baja y que apoyan sobre una losa de madera, en donde habitualmente se produce cierto aplastamiento perpendicular durante el proceso de *rocking*, lo cual incrementa aún más la flexibilidad frente al vuelco.

Por supuesto. el 'bloque de tornillos o conectores' que se insertan en cada conexión de hold-down o ángulo de corte. tiene rigidez traslacional tanto en la dirección vertical como en la horizontal. No obstante, dada la disposición de hold downs (en esquinas) y claves de corte (reparto uniforme en la base), suele asumirse en los modelos analíticos únicamente *la dirección primaria de rigidez*, siendo esta la dirección vertical para el hold-down y horizontal para los ángulos de corte. Esta suposición ha sido validada para varios modelos y puede ser empleada analíticamente en condiciones normales de carga y geométricas. No obstante, es importante mencionar que, principalmente en los modelos computacionales, tanto la dirección primaria como la secundaria suelen ser consideradas en muchos modelos de cálculo.

Es importante notara que, si bien en los muros de marco-plataforma el efecto de la carga axial y losa inferior son más bien cuantitativos en cuanto al incremento de la capacidad y rigidez, estos efectos en el CLT son además cualitativos. En efecto la curva histerética de un muro de CLT cambia enormemente en función de la carga vertical y la losa inferior. Por lo general las conexiones de hold-down, si están bien diseñadas, ofrecen una gran capacidad de deformación, pero poca disipación de energía, mientras que los ángulos de corte (que pueden dominar si la losa es muy rígida y el muro tiene mucha carga axial) toleran menos deformación pero ofrecen bastante más disipación.

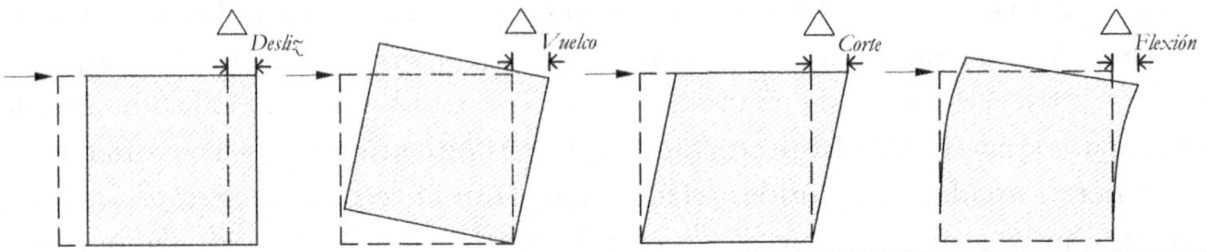

FIGURA 1.6.1.1 Los 4 mecanismos de deformación en serie de un muro desacoplado de CLT (de izquierda a derecha): deslizamiento horizontal, vuelco, corte del tablero y flexión del tablero. El mecanismo dominante suele ser el vuelco o *rocking*.

1.6.1.2 *Predicción de capacidad lateral en muros de corte desacoplados*

En vista de la dominancia del rocking de un muro convencional, no sorprende que los métodos analíticos propuestos se basan en predecir la capacidad del muro a partir de la capacidad del hold-down traccionado. A continuación, se resumen varios métodos para determinar la capacidad. Por el momento no existen muchas comparaciones del nivel de precisión, por lo que se recomienda determinar la capacidad en base a los resultados de varios de ellos.

Método de Casagrande (Figura 1.6.1.2)

Este es el método más sencillo de todos. Se basa en considerar el equilibrio simple de momentos para poder determinar la capacidad lateral, asumiendo que esta está determinada por la capacidad de tracción del/los hold-down

$$V_{dis} = \frac{\left(F_{t,dis,hold-down} + \left(\frac{q \cdot b}{2}\right)\right) \cdot 0{,}9 \cdot b}{h}$$

Como puede observarse algunas características de este método, son que toma la totalidad de la carga vertical (por seguridad debe emplearse únicamente la carga permanente) y un brazo interno de 0,9 veces b.

Método de Tomasi (Figura 1.6.1.2)

Es similar al anterior, pero se asume un desplazamiento del eje neutro hacia el costado comprimido debido al aplastamiento en la solera. Se plantea pues el equilibrio de fuerzas verticales y momentos,

$$F_c - P - F_T = 0$$

$$-V \cdot h + F_{t,dis,hold-down} \cdot \left(\frac{b}{2} - e_{hold-down}\right) + F_c \cdot \left(\frac{b}{2} - 0{,}4 \cdot x\right) = 0$$

Donde $e_{hold-down}$ es la distancia del eje del hold-down al borde del CLT. Posteriormente se establece que la fuerza de compresión (F_c) viene determinada por la posición del eje neutro, y la resistencia a la compresión perpendicular de la solera

$$F_c = 0{,}8 \cdot x \cdot f_{c,90,solera,dis} \cdot t_{CLT}$$

Lo que permite hallar la posición del eje neutro

$$x = min \begin{cases} b/2 \\ \dfrac{P + F_{t,dis,hold-down}}{0{,}8 \cdot f_{c,90,solera,k} \cdot t_{CLT}} \end{cases}$$

Y posteriormente determinar la capacidad de compresión F_c. Finalmente, valiéndose de la capacidad del hold-down la capacidad lateral del muro resulta

$$V_{dis} = \frac{F_{t,dis,hold-down} \cdot \left(\frac{b}{2} - e_{hold-down}\right) + F_c \cdot \left(\frac{b}{2} - 0{,}4 \cdot x\right)}{h}$$

Método de Wallner-Novak et. al. (Figura 1.6.1.2)

Es parecido al anterior, pero, por analogía con los procedimientos de diseño en acero, se asume que el área de contacto ocupa $b/4$, además como carga axial considera únicamente el 90% de la carga permanente, así la capacidad lateral puede estimarse como

$$V_{dis} = \frac{(F_{t,dis,hold-down} + 0{,}9 \cdot P) \cdot \left(\frac{3b}{4} - e_{hold-down}\right)}{h}$$

Métod de Pei et al. (Figura 1.6.1.2)

Este método también asume que el tablero de CLT tiene un movimiento de vuelco de cuerpo rígido, pero sin sufrir deformación alguna en las esquinas comprimidas, localizándose así el centro de rotación la esquina inferior de compresión. La capacidad lateral se determina a partir de la capacidad del hold-down, pero también se suman las contribuciones del resto de uniones a la solera. En concreto el procedimiento es el siguiente:

- *Determinar la capacidad del hold-down* $F_{t,dis,hold\text{-}down}$.

- *Determinar el levantamiento en el hold-down* Δ_a a partir de la capacidad y rigidez del mismo, o bien el valor definido por el fabricante.

- *Determinar el levantamiento en el resto de uniones a losa* Δ_i, asumiendo un levantamiento proporcional a la distancia de cada uno de ellos b_i al centro de rotación, en comparación al levantamiento y distancia del hold-down Δ_a y b_a.

- Determinar fuerza vertical en cada unión $F_{t,i}$

- *Determinar la capacidad lateral del muro* a partir todas las contribuciones y el momento estabilizante

$$V_{dis} = \frac{F_{t,dis,hold-down} \cdot b_a + \sum F_{t,i} \cdot b_i + P \cdot \dfrac{b}{2}}{h}$$

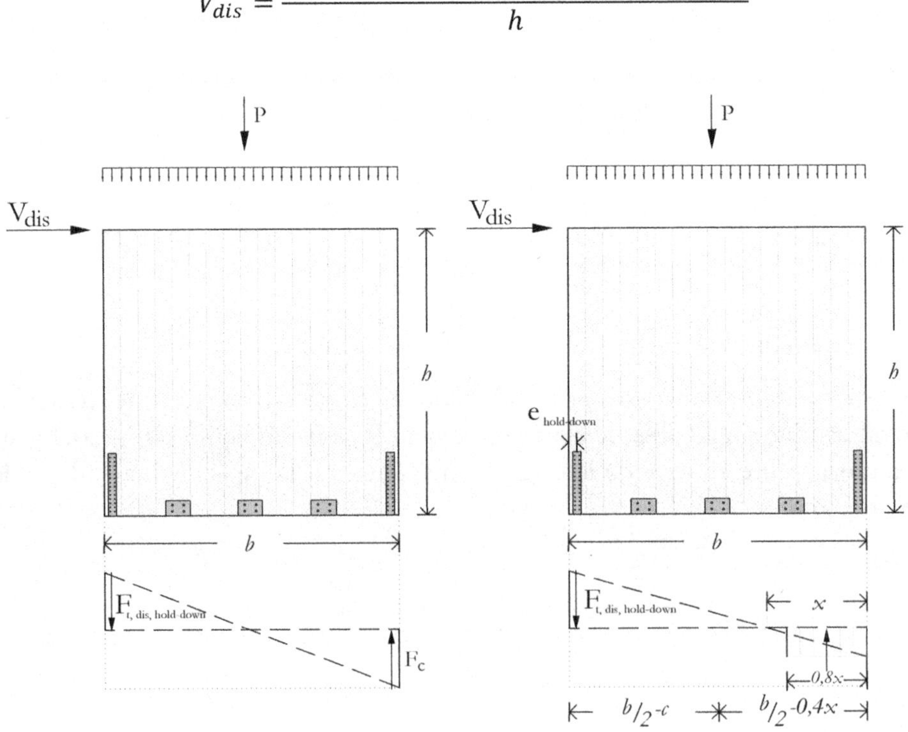

FIGURA 1.6.1.2 Equilibrio estático y parámetros de los modelos para predicción de la capacidad: arriba izquierda método de Casagrande, arriba derecha método de Tomasi, abajo izquierda método de Wallner-Novak et al. y abajo derecha método de Pei et al.

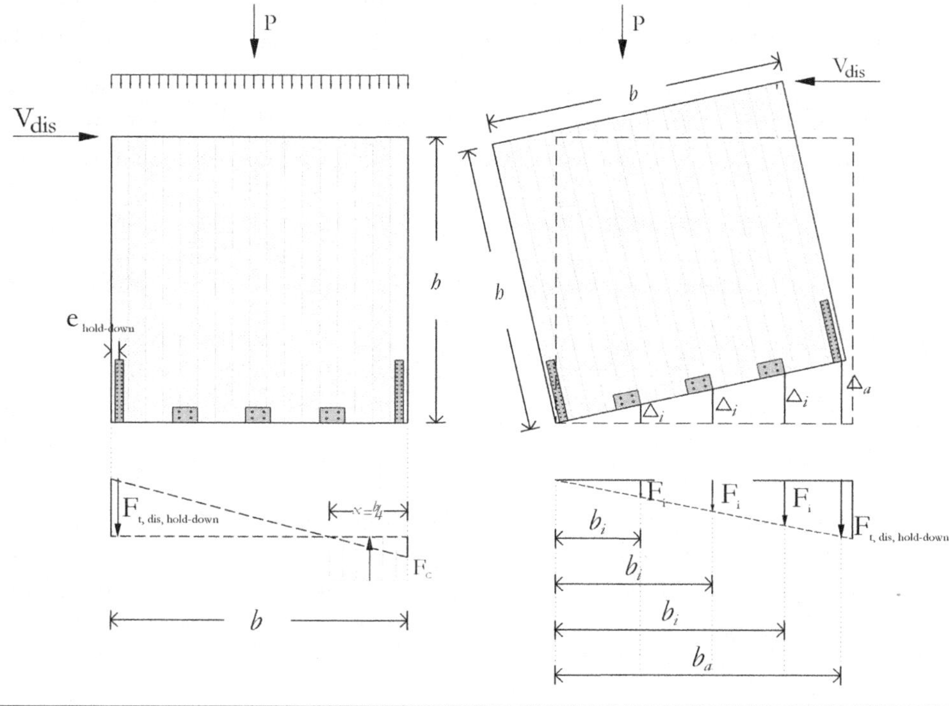

FIGURA 1.6.1.2 (CONTINUACIÓN)

1.6.1.3 *Predicción de rigidez lateral en muros de corte desacoplados*

Se sugieren 2 métodos:

- *Modelo de Casagrande.* Es un método muy sencillo basado en determinar los desplazamientos de vuelco, deslizamiento horizontal y deformación por corte del CLT. Este método no considera por tanto la deformación por flexión del tablero. La deformación horizontal (drift de entrepiso) debida al vuelco en el anclaje bajo la acción de una acción de corte, puede estimarse en concordancia con su modelo de capacidad como

$$\Delta_{vuelco} = \frac{F_{t,hold,down}}{K_{hold,down}} \cdot relación \; \frac{h}{brazo} = \frac{\dfrac{V \cdot h}{0,9 \cdot b} - \dfrac{q \cdot b}{2}}{K_{hold,down}} \cdot \frac{h}{0,9 \cdot b}$$

$$= \left(\frac{V \cdot h}{0,9 \cdot b} - \frac{q \cdot b}{2} \right) \cdot \frac{h}{0,9 \cdot b \cdot K_{hold,down}}$$

(nota: podría emplearse cualquiera de los métodos de cálculo de capacidad lateral anteriores, a la hora de determinar la fuerza de tracción en el hold-down).

La contribución al drift de deslizamiento. se calcula simplemente considerando distribución de corte uniforme en los ángulos de corte (lógicamente los ángulos están en paralelo por lo que se suman las contribuciones de cada uno)

$$\Delta_{desliz.}= \frac{V}{k_{\text{línea de ángulos de corte}}} = \frac{V}{K_{áng.} \cdot n_{áng.}} = \frac{V \cdot b}{K_{ángulos} \cdot S_{áng.}}$$

Debe notarse en este punto, que en realidad suele haber 2 líneas de conectores de corte, una en el borde superior y otra en el borde inferior del muro. Lógicamente dichas rigideces se disponen en serie, por lo que en realidad Δ_{desliz} de la ecuación anterior se refiere al deslizamiento únicamente en uno de los dos bordes. Cabe posteriormente interpretar en la verificación de flecha, si es que la deformación de entrepiso debe ser calculada considerando la deformación de una o las dos líneas de corte. La deformación (drift) por corte del propio panel de CLT, lógicamente se puede aproximar a partir de la deformación angular y la altura

$$\Delta_{corte}= \gamma \cdot h = \frac{V \cdot h}{G_{ef} \cdot t_{CLT} \cdot b}$$

Donde debe recordarse que (Sección 1.3.7.)

$$G_{ef} \cdot t_{CLT} \cdot b = G_{ef}A_{bruta} = k_V \cdot b \cdot \sum_{i=1}^{n} G_i \cdot t_i$$

con

$$k_V = \frac{1}{1 + 6 \cdot p_s \left(\frac{t}{a}\right)^{q_s}}$$

Así finalmente la deformación total puede calcularse como

$$\Delta_{tot}= \Delta_{vuelco} + \Delta_{desliz.} + \Delta_{corte}$$

y la rigidez equivalente

$$K_{eq} = \frac{V}{\Delta_{tot}} = \frac{V}{\left(\dfrac{V \cdot h}{0,9 \cdot b} - \dfrac{q \cdot b}{2}\right) \cdot \dfrac{h}{0,9 \cdot b \cdot K_{hold,down}} + \dfrac{V \cdot b}{K_{ángulos} \cdot s_{áng.}} + \dfrac{V \cdot h}{G_{ef} \cdot t_{CLT} \cdot b}}$$

$$= \left(\left(\frac{V \cdot h}{0,9 \cdot b} - \frac{q \cdot b}{2}\right) \cdot \frac{h}{V \cdot 0,9 \cdot b \cdot K_{hold,down}} + \frac{b}{K_{ángulos} \cdot s_{áng.}} + \frac{h}{G_{ef} \cdot t_{CLT} \cdot b}\right)^{-1}$$

- *Método de Hummel et al.* Es similar al método anterior; de hecho, la contribución de corte y deslizamiento se calculan igual, sin embargo el modelo presenta ligeras diferencias en la contribución del vuelco, y sobretodo, considera además la flexión del tablero, lo cual se antoja únicamente relevante en muros muy esbeltos.

En cuanto a la contribución por vuelco, Hummel et al. proponen 2 ecuaciones. La primera de ellas es para el caso de que no exista ninguna interfaz flexible (material de aislamiento acústico) entre el muro y la losa, en cuyo caso el cálculo es idéntico al método anterior

$$\Delta_{vuelco} = \frac{F_{t,hold,down}}{k_{hold,down}} \cdot relación \; \frac{h}{brazo}$$

con la diferencia de que, como brazo, Hummel toma el total del ancho del muro. Además, contempla la posibilidad de que el muro no se levante (la fuerza de tracción sea nula) para grandes cargas axiales, ya que se establece que

$$F_{t,hold,down} = \max\left(\frac{V \cdot h}{b} - \frac{q \cdot b}{2}, 0\right)$$

Además de la fórmula anterior, Hummel propuso una fórmula para calcular un levantamiento mayorado si es que existe una capa delgada de interfaz flexible (aislamiento acústico) entre el muro y la losa. El método está basado en procedimientos bien conocidos para modelar interfaces delgadas y flexibles. Es bastante habitual que justo debajo del muro haya algún tipo de material de aislamiento acústico, tipo mecanocaucho (*sylodyn*), así que es bastante común emplear los valores materiales del mecanocaucho como rigidez de la capa delgada flexible. En resumidas cuentas, la contribución en este caso resulta

$$\Delta_{vuelco} = \frac{h}{b - b_c/3} \cdot \frac{2 \cdot V}{k_D \cdot b_c{}^2}$$

con

$$k_D = \frac{E_{Sylodyn} \cdot b_{Sylodyn}}{t_{Sylodyn}}$$

donde b_c es la longitud de compresión del muro en contacto con la interfaz elástica (que puede estimarse de acuerdo a los métodos de cálculo de capacidad de la Sección 1.6.1.2), y $E_{sylodyn}$, $b_{sylodyn}$ y $t_{sylodyn}$ son, respectivamente el módulo elástico, el ancho (normalmente toma un valor en torno a t_{CLT}, ver ecuaciones a continuación) y el espesor (habitualmente unos pocos milímetros) de la capa de mecanocaucho. Hummel observó que en los resultados experimentales indicaban que los muros eran ligeramente más flexibles al levantamiento, en especial los muros exteriores, por lo que propuso emplear un ancho de capa flexible aumentado consistente en el espesor del muro (t_{CLT}) más una determinada fracción del espesor de la losa inferior:

$$b_{Sylodyn} = \begin{cases} t_{CLT} + \dfrac{1}{4} t_{losa} \ para \ muros \ interiores \\ t_{CLT} + \dfrac{1}{2} t_{losa} \ para \ muros \ exteriores \end{cases}$$

Tal como ya se ha comentado, la deformación por corte y deslizamiento es similar al caso anterior. Finalmente, la contribución por la flexión se estima de acuerdo a una viga en voladizo con carga puntual

$$\Delta_{flex} = \frac{V \cdot h^3}{3 \cdot EI_{ef}}$$

donde EI_{ef} es calculado considerando únicamente las láminas verticales como

$$EI_{ef} = E_r \sum \frac{E_i}{E_r} \frac{t_i \cdot b^3}{12}$$

La flexibilidad se obtiene pues como

$$\Delta_{tot} = \Delta_{vuelco} + \Delta_{desliz.} + \Delta_{corte} + \Delta_{flex}$$

Lo que permite estimar la rigidez equivalente a partir de la fuerza cortante.

1.6.1.4 *Rigidez de muros desacoplados con aperturas*

Por el momento no existen procedimientos analíticos estandarizados para estimar la pérdida de rigidez de un muro de CLT por efecto de las aperturas, por lo tanto, a día de hoy la práctica convencional la rigidez de muros con aperturas se suele estimar con modelos computacionales o mediante ensayos experimentales. Sin embargo, dado que se tienen ya bastantes resultados experimentales, algunos autores han propuesto fórmulas analíticas fenomenológicas. A continuación se presenta la fórmula propuesta por Shahnewaz et al. (2016), la cual se fundamenta en calcular la rigidez con aperturas a partir de la rigidez sin aperturas, el área del muro con y sin aperturas, y las dimensiones de muro y apertura (b,h)

$$K_{eq,con\ apert.} = K_{eq,sin\ apert.} \cdot \left[1 - \frac{r_{apert-muro} \cdot \dfrac{A_{muro,con\ apert.}}{A_{muro,sin\ apert.}}}{\sqrt{r_{apert-muro} + r_{apert} \cdot \dfrac{A_{muro,con\ apert.}}{A_{muro,sin\ apert.}}}} \right]$$

donde

$$r_{apert-muro} = max \begin{cases} b_{apert.}/b_{muro} \\ h_{apert.}/h_{muro} \end{cases}$$

Y r_{apert} es la relación de aspecto de la apertura calculada como la relación entre la menor y mayor dimensión (menor que uno).

1.6.1.5 *Verificación de muros*

De acuerdo a los conceptos expuestos anteriormente, las verificaciones mínimas en muros de CLT se detallan en esta sección.

1.6.1.5.1 Verificación de vuelco

Se debe verificar que la fuerza de tracción en el hold-down es inferior a la capacidad de diseño, es decir

$$F_{t,hold-down} \leq F_{t,dis,hold-down}$$

Lógicamente la fuerza de tracción en el hold-down depende del método de cálculo empleado (Sección 1.6.1.2.), pero una práctica bastante generalizada consiste en calcular

$$F_{t,hold-down} = \frac{V_{dis} \cdot h}{brazo} - 0{,}9\, P$$

Donde el *0,9* es la reducción de seguridad de la carga permanente. La capacidad de diseño del hold-down, es aquella entregada por el sistema de resortes en serie compuesto por el bloque de conectores solicitados a cortadura simple de tracción, la tracción simple de la chapa metálica, la flexión de la placa metálica, la tracción simple del perno, y en caso de que no haya un hold-down invertido, la capacidad de compresión perpendicular de la losa de CLT, ver más detalles en la Sección 1.6.3.

Además de los métodos indicados en la Sección 1.6.1.2, a continuación, se presenta un método bastante detallado para calcular la fuerza de tracción en los hold-downs.

Método de Ringhofer (Figura 1.6.1.5.1)

Este método asume que en el borde comprimido del muro existe una zona completamente plastificada. En el caso que la losa inferior sea de CLT, la zona de plastificación viene dada por la zona donde el aplastamiento perpendicular no verifica (región plástica); es decir

$$f_{cn} = \frac{F_c}{A_{apoyo}} = F_{cn,dis}$$

lo que permite plantear la longitud de plastificación como

$$b_{plast} = \frac{F_c}{t_{CLT,muro} \cdot F_{cn,dis}}$$

y el centro de rotación puede estimarse como

$$b_c = \frac{b_{plast}}{2} = \frac{F_c}{2 \cdot t_{CLT,muro} \cdot F_{cn,dis}}$$

Por otra parte, tomando momentos de las fuerzas externas desde el centro del hold-down, situado a una distancia $e_{hold\text{-}down}$ obtenemos

$$M_{actuante} = V \cdot h + P \cdot \left(\frac{b}{2} - e_{hold-down}\right)$$

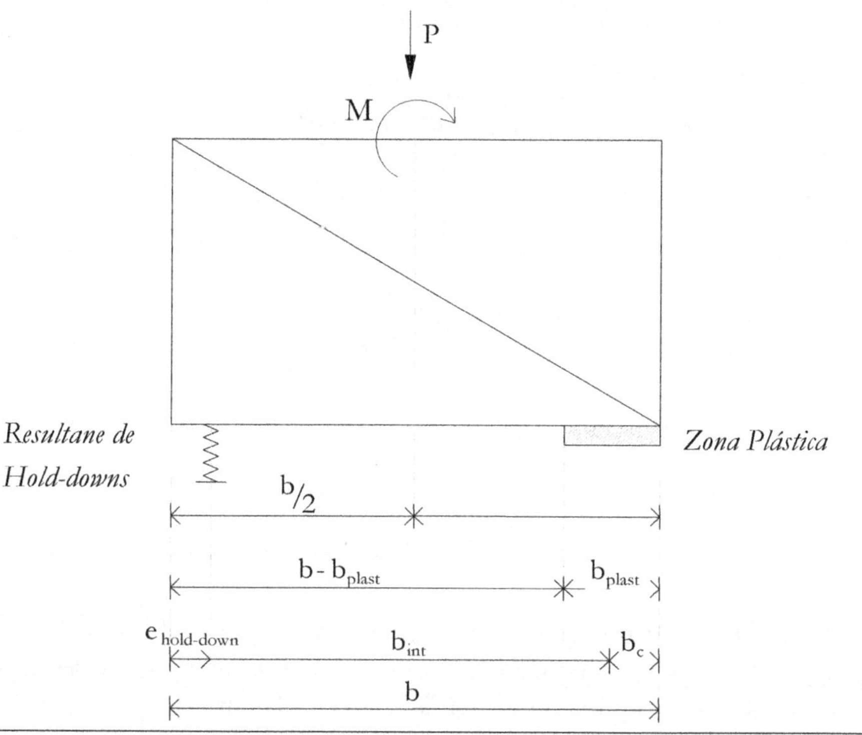

FIGURA I.6.1.5.1 Método de Ringhofer para calcular la fuerza de tracción en los hold-down (basado en Ringhofer 2010).

Asumiendo que el brazo interno es

$$b_{int} = b - b_c - e_{hold-down}$$

entonces podemos estimar la fuerza de compresión como

$$F_c = \frac{M_{actuante}}{b_{int}} = \frac{M_{actuante}}{b - b_c - e_{hold-down}}$$

substituyendo obtenemos

$$b_c = \frac{F_c}{2 \cdot t_{CLT,muro} \cdot F_{cn,dis}} = \frac{\dfrac{M_{actuante}}{b - b_c - e_{hold-down}}}{2 \cdot t_{CLT,muro} \cdot F_{cn,dis}}$$

Lo que permite obtener una ecuación de segundo grado, y despejar b_c a partir de la primera de las 2 soluciones obtenidas. Una vez determinado el centro de rotación, podemos estimar la fuerza de tracción como

$$F_T = \frac{M_{actuante}}{b_{int}} - P$$

la capacidad del muro viene entonces determinada como

$$F_T = \frac{M_{actuante}}{b_{int}}$$

De esta forma, la verificación resulta

$$n_{hold-downs} \geq \frac{F_T}{F_{t,dis,hold-down}}$$

En caso de que el muro apoye sobre un material más rígido, tal como el hormigón o el acero, entonces el resorte débil de compresión es la propia compresión longitudinal del muro, y asumiendo que el fallo es por plastificación y no por pandeo, entonces la superficie de apoyo plastificado puede estimarse a partir de

$$f_{cp} = \frac{F_c}{A_{apoyo,0,net}} = F_{cn,dis}$$

así es que, en este caso

$$b_{plast} = \frac{F_c}{\sum t_{i,0} \cdot F_{cp,dis}}$$

donde el sumatorio indica la suma de espesores de láminas con orientación longitudinal a la compresión. Por lo demás, el cálculo es idéntico al caso de que el muro apoye sobre una losa de madera.

1.6.1.5.2 Verificación de corte en claves de corte

Sin considerar el rozamiento, lógicamente debe verificarse que

$$F_{v,áng.} \leq F_{v,dis,áng.}$$

Donde por lo general se asume distribución uniforme, ignorando capacidad secundaria al corte de hold-downs tal que

$$F_{v,áng.} = \frac{V_{dis}}{n_{áng.}}$$

Algunos autores, sugieren incorporar el efecto positivo del rozamiento entre muro y losa para disminuir el corte en claves de corte, en cuyo caso

$$F_{v,áng.} = \frac{V_{dis} - 0,9 \cdot q_{dis} \cdot b \cdot \mu}{n_{áng.}}$$

Donde el coeficiente de rozamiento estático, μ, suele tomarse como 0,4 para madera-madera, y podría emplearse un valor superior en torno a 0,6 para madera-hormigón.

Por otro lado, la capacidad de los ángulos puede calcularse como aquella limitante entre el sistema en serie de resortes compuesto por el bloque inicial de conectores a cortadura simple, el corte de ángulo de acero, y la cortadura simple del segundo bloque de conectores/perno de anclaje; en la mayoría de ocasiones este valor es proporcionado por el fabricante.

1.6.1.5.3 Verificación de la deformación

Sin considerar el rozamiento, la flexibilidad se puede calcular de acuerdo a la Sección 1.6.1.3. En cuanto al límite de drift, la mayoría de países no hacen ninguna distinción. Diversos resultados experimentales han demostrado que la deformación de cedencia y última es bastante variable porque, a diferencia del marco plataforma, en donde es bastante habitual que esté dominada por el corte (para muros poco esbeltos), en muros de CLT está muy influenciada por el vuelco, pero se sitúa en torno al 3 ‰ y 1,5-2%, respectivamente.

1.6.1.5.4 Otras verificaciones

Dado que la capacidad del CLT prácticamente siempre está dominada por el vuelco o el corte en los conectores, no suele verificarse el corte del propio tablero, lo cual se efectuaría de acuerdo a la Sección 1.4.8. Algunas verificaciones más específicas en relación a las uniones se detallan en la Sección 1.6.3.

1.6.2 *Losas*

Además de las típicas verificaciones de flexión, deformación, corte y compresión perpendicular detalladas en la Sección 6.4, el diseño de una losa de CLT presenta algunas particularidades que se resumen en esta sección.

1.6.2.1 *Efecto de las aperturas en el análisis gravitacional*

Por lo general las aperturas cuya mayor dimensión es inferior al 10% de la luz de la losa, suelen despreciarse en el cálculo. Por otra parte, las aperturas con mayores dimensiones sí deben considerarse; dos de los procedimientos más habituales para calcular losas con aperturas:

Análisis mediante el método de los elementos finitos (FEM)

Este es sin duda el método mayormente empleado en la práctica. Consiste en modelar las losas como elementos tipo plato, asignando las rigideces que se detallaron en la Sección 1.3.5. incluyendo directamente las discontinuidades (aperturas) en los elementos tipo área, y modelando las rigideces de membrana y corte transversal, ver Sección 1.6.3. A partir de dicho análisis se obtienen los esfuerzos de placa, se derivan los esfuerzos de cada lámina y se hacen todas las verificaciones incluyendo la deformación según lo indicado en la Sección 1.3.1.2. La ventaja de este método, es que permite calcular cualquier tipo de diafragma, independientemente de su geometría, condiciones de vínculo y cargas.

Análisis mediante modelos analíticos de emparrillados (Trägerrostmodelle)

Los modelos de emparrillado, son modelos analíticos que se han empleado tradicionalmente en la modelación de losas macizas de madera aplicadas en puentes. Estos modelos tratan de emular la rigidez flexional de una losa, para aproximar los esfuerzos y deformación de la misma. En esencia, los modelos consisten en transformar la losa, como elemento bidimensional, en un emparrillado de elementos tipo viga, constituidos por un sistema de envigado primario, que discurre paralelo a la luz de la losa, y un sistema de enviado secundario que es ortogonal al anterior. El proceso de cálculo de esfuerzos, consiste básicamente en aplicar la carga tributaria sobre el sistema secundario, haciendo que las reacciones de este se conviertan en las acciones del primario. Una vez calculadas los esfuerzos máximos de momento y corte transversal en ambas direcciones, es decir para cada una de las vigas secundarias y primarias, se asume que el panel está sometido a unos esfuerzos lineales correspondientes a los esfuerzos máximos obtenidos en la totalidad de vigas, i.e. m_x, m_y, v_x y v_y, lo que sirve para verificar la capacidad del tablero comparando la capacidad del mismo frente a cada uno de estos esfuerzos.

Para el caso del CLT, se recomienda que la separación de vigas y ancho de las mismas, b, tanto en el envigado primario como el secundario sea como máximo el 10% de la luz de la losa, dejando las vigas primarias y secundarias separadas a una distancia de $b/2$ respecto del perímetro del panel; ver una ilustración en la Figura 1.6.2.1. El espesor y rigidez del envigado secundario y primario se selecciona de modo que, dado el ancho b, se pueda emular lo mejor posible la rigidez flexional efectiva del panel en el eje y ($EI_{y,ef}$) y x ($EI_{x,ef}$), respectivamente. Esto sirve para estimar la flecha en el envigado primario, lo que permite obtener una estimación de la deflexión máxima del panel.

Este método tiene la ventaja de que no requiere ningún software específico, y es relativamente sencillo considerar el efecto gravitacional de las aperturas, que normalmente se toma en cuenta aplicando las posibles cargas correspondientes a las mismas sobre las vigas colindantes, pudiendo tomar así en consideración las variaciones en la deflexión y distribución de esfuerzos. Sin embargo, la desventaja que presenta es que, en su variante más sencilla, el método tan sólo es aplicable a geometrías de panel muy simples, condiciones de carga uniforme perpendicular al panel, y aperturas internas (no en los bordes del panel), lo que restringe considerablemente su uso. También hay que considerar que, por lo general el método no asume flexibilidad al corte, por lo que debe estimarse que la deflexión pude ser del orden del 20% superior. Pese a lo anterior, el modelo omite la rigidez torsional del panel (D_{33}), i.e. al deflectar en mayor medida una viga; las vigas vecinas que discurren paralelas a la misma no ofrecen ninguna resistencia, por lo cual las deformaciones obtenidas en emparrillados son habitualmente superiores a las esperables, si es que el panel es rígido a la torsión. Además de lo anterior, la ausencia de rigidez torsional tampoco permite emular levantamientos en las esquinas del panel, lo que sí sucede habitualmente, si es que la losa es rígida a la torsión.

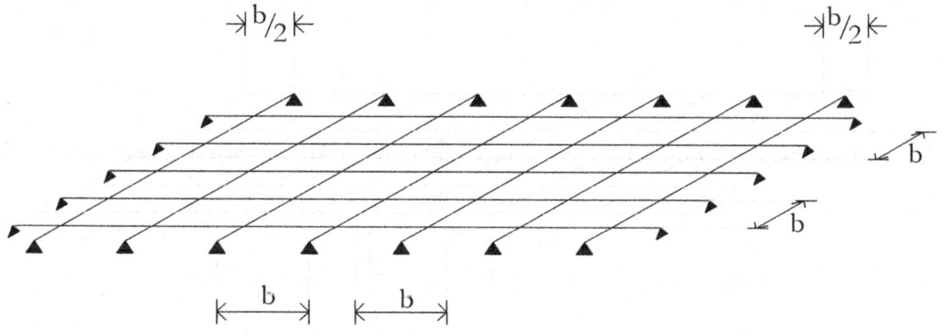

FIGURA 1.6.2.1 Modelo del emparrillado (*Trägerrost*) para calcular esfuerzos y deflexiones en tableros de CLT sometidos exclusivamente a cargas perpendiculares al panel, con o sin aperturas (basado en Wallner-Novak et al. 2013).

1.6.2.2 *Cortante perpendicular paralelo a la luz, v_y, y descarga gravitacional sobre muros transversales*

Cuando una losa de CLT apoya no solo en los muros que discurren perpendicularmente respecto de su luz (orientados de acuerdo al eje y), sino también en muros paralelos a la misma (eje x) —lo que es muy habitual, por ejemplo, en los muros perimetrales transversales del edificio, ver Figura 1.6.2.2.1— ocurren 3 consecuencias importantes que deben considerarse en el diseño:

- Los muros paralelos a la luz aplican un cortante a la losa de magnitud v_y, que debe ser considerado en el cálculo. Si bien el cortante por lo general no es muy relevante para el propio corte del CLT, sí es importante considerarlo en las líneas de unión losa-losa (ULL) que discurren paralelas a la luz. El cortante v_y se hace evidente al comparar la deflexión de una losa simplemente biapoyada, y una losa que apoya en 3 o 4 aristas; en este último caso, la deflexión será nula en los bordes de la losa que apoyan en los muros y, precisamente debido a la presencia del cortante v_y.

- La carga gravitacional de la losa que se transmite a los muros x es inferior a la esperada, mientas que los muros en y reciben una parte de la carga, que puede llegar a ser del orden del 30% de la masa. Tal como se comentó en la Sección 1.6.1, dicho efecto es notable no solo en el análisis gravitacional del edificio, sino también en el análisis lateral, ya que el levantamiento, y con ello el dimensionamiento de los hold-down y el rozamiento/carga e corte de los ángulos, está íntimamente relacionado con la carga gravitacional.

Por supuesto, ambas influencias pueden considerarse de forma muy precisa en un modelo computacional. No obstante, para el caso habitual de que un tablero apoye total o parcialmente sobre 3 aristas, se recomienda aplicar las siguientes fórmulas analíticas para estimar la carga lineal sobre la línea de muros paralelo a la luz

$$q_{línea,paralela} = v_{y,max} = q \cdot b_y$$

Y, por lo tanto, asumiendo que la losa descarga en dos muros perpendiculares a la luz, la carga sobre cada uno de ellos se reduce a

$$q_{línea,perpendicular} = v_{x,max} = \frac{q}{2} \cdot (b_{muro} - b_y)$$

Pudiendo aproximar el ancho de influencia tributario que descarga sobre los muros paralelos, b_y, según Wallner-Novak et al. (2013) con

$$b_y = k_{ortótropo} \cdot 0{,}2855 \cdot l$$

donde el factor de relación de rigideces flexionales del panel $k_{ortótropo}$

$$k_{ortótropo} = \sqrt[4]{\frac{EI_y}{EI_x}}$$

La magnitud del cortante v_y, lógicamente disminuye al aproximarse al centro geométrico de la losa. Sin embargo, debe reconocerse que por lo general no será nulo en las uniones losa-losa (ULL), las cuales deberán resistir el cortante perpendicular según se detalla en la Sección 1.6.3. Wallner-Novak et al. (2013) propusieron fórmulas simplificadas para poder estimar el corte v_y que deben resistir las líneas de unión más próximas a $v_{y,max}$ de acuerdo a la sobrecarga de uso, o sobrecarga de nieve que debe resistir la losa

$$v_{y,max,ULL} = max \begin{cases} 0{,}75 \cdot b_y \cdot q_{sobrecarga,uso} \\ 0{,}12 \cdot b_y \cdot q_{sobrecarga,nieve} \end{cases}$$

Pese a que las ULL de la parte central tienen que resistir menor cortante perpendicular, es bastante habitual emplear $v_{y,max,ULL}$ para dimensionar todas las ULL. La configuración de ULL más habitual para poder resistir el corte transversal consiste en incorporar tornillos oblicuos, evitando así que la capacidad al corte dependa únicamente de la extracción de conectores que se insertan perpendicularmente al panel, ver Figura 1.6.2.2.2.

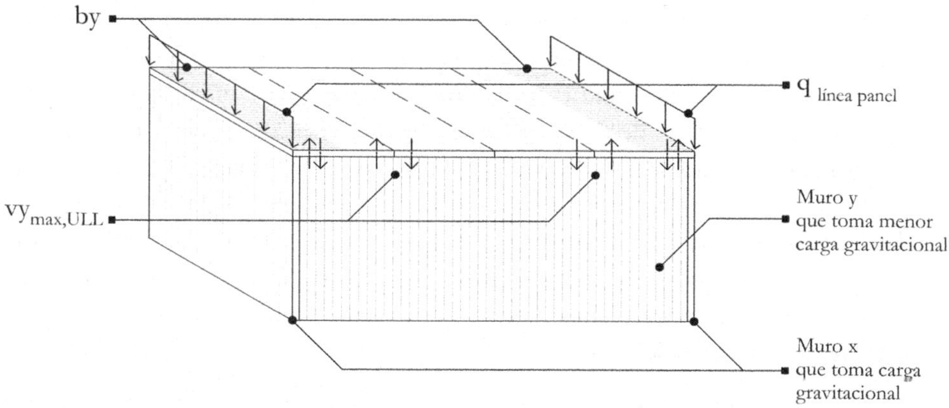

FIGURA 1.6.2.2 Descarga gravitacional sobre muros paralelos a la luz de acuerdo al ancho de influencia by. La descarga genera el cortante vy que actúa sobre la losa y las ULL, además de reducir la carga gravitacional sobre muros x e incrementar la carga sobre muros y (modificado de Wallner-Novak et al. 2018).

Uniones sin tornillos oblicuos tienen baja resistencia al corte transversal

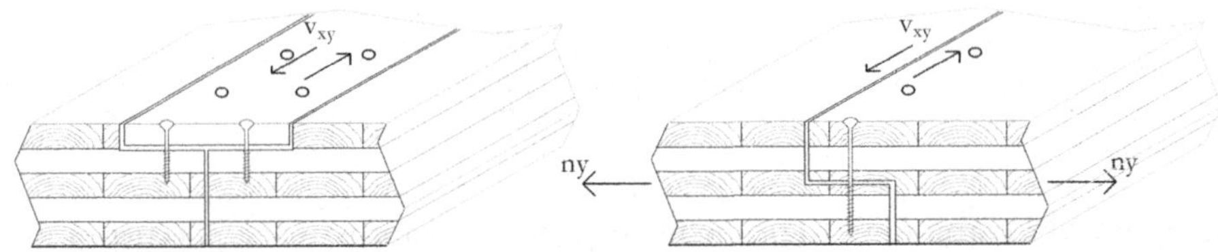

Uniones con tornillos inclinados permiten absorber el corte transversal

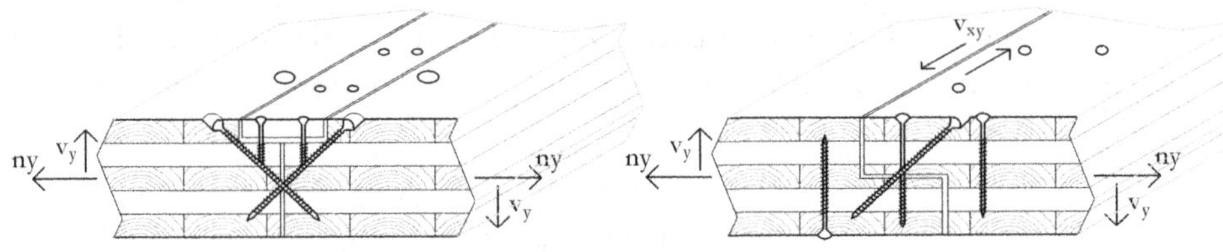

FIGURA 1.6.2.2.2 Incorporación de tornillos inclinados en ULL para poder resistir el corte v_y (basado en Wallner-Novak et al. 2018).

1.6.2.3 *Reparto biaxial de cargas concentradas y lineales*

Aunque una losa repose únicamente en muros de dirección y (perpendiculares a la luz), cuando esta es cargada con una carga puntual o bien una carga lineal en la dirección x —como por ejemplo al apoyar sobre esta un muro— la losa no deflectará únicamente en su dirección x; también se deformará en el eje y. Al calcular esta situación elementos tipo bidimensional (plates o shells) en programas computacionales, claramente dicha deformación biaxial se toma en consideración. Sin embargo, si calculamos analítica o computacionalmente los tableros simplificándolos en un entramado de vigas unidireccionales (tiras de aprox. 1 m de ancho), dicho reparto de carga y deformación biaxial no se toma en consideración, lo que resulta en solicitaciones y deformaciones en la losa mayores de las esperadas en el caso bidimensional. Afortunadamente, Wallner-Novak et al. propusieron algunas fórmulas basadas en losas de hormigón, para subsanar esta situación, pudiendo reducir esfuerzos y deformaciones de cargas puntuales y lineales en losas de CLT, lo que se resume en esta sección.

Las fórmulas analíticas para considerar la flexión biaxial que a continuación se presentan son únicamente válidas para el caso más sencillo: losa rectangular, biapoyada, y sin aperturas. Para casos más complejos, será necesario considerar las losas como elementos bidimensionales en un programa computacional.

Tensiones y deflexiones con carga puntual en l/2 o en x

La filosofía general de este método es la siguiente: se calculan los valores seccionales $W_{ef,1m}$, $I_{ef,1m}$, $S_{ef,1m}$ correspondientes a una tira de 1 metro de ancho de losa (la cual representamos con una viga), y se obtienen los esfuerzos M y V correspondientes a la carga puntual. Posteriormente, los esfuerzos por unidad de ancho no se obtienen dividiendo por 1 metro de ancho, sino que se asume que los esfuerzos se reparten en un ancho efectivo b_{ef} mayor a 1 metro (ver Figura 1.6.2.3), de modo que los esfuerzos y por metro de ancho resultan menores al caso en el que no considerásemos una distribución biaxial

$$m_x = \frac{M}{b_{ef,f}}$$

$$v_x = \frac{Q}{b_{ef,v}}$$

Por otro lado, la deformación obtenida con los esfuerzos de la viga también se minora con el factor $1/b_{ef,f}$.

En el caso de que la carga puntual se aplique en el centro del vano $l/2$, podemos estimar el ancho efectivo para la verificación de flexión y flecha como

$$b_{ef,f} = (c_y + 0{,}5 \cdot l) \cdot k_{ortótropo} \leq b_{ef,f,max}$$

O en caso de que se aplique a una distancia x desde un apoyo

$$b_{ef,f} = \left[c_y + 2 \cdot x \cdot \left(1 - \frac{x}{l}\right)\right] \cdot k_{ortótropo} \leq b_{ef,f,max}$$

donde el factor de ortotropía

$$k_{ortótropo} = \sqrt[4]{\frac{EI_y}{EI_x}}$$

y el ancho máximo debe restringirse al 65% del ancho de la losa, o bien el ancho total del panel de CLT en donde se aplica la carga

$$b_{ef,f,max} = min \begin{cases} 0{,}65 \cdot b_{losa} \\ b_{panel} \end{cases}$$

Siendo c_y el ancho de la longitud del área de compresiones perpendiculares generadas por la carga. Este ancho se toma como la superficie cargada en el plano central ($z=0$) del panel, ver Figura 1.6.2.3. La longitud c_y puede estimarse fácilmente según el ángulo que toman las compresiones perpendiculares, en los diferentes materiales de la losa: 45° para sobrelosas de hormigón, 0° para materiales de aislamiento y 35° para el CLT.

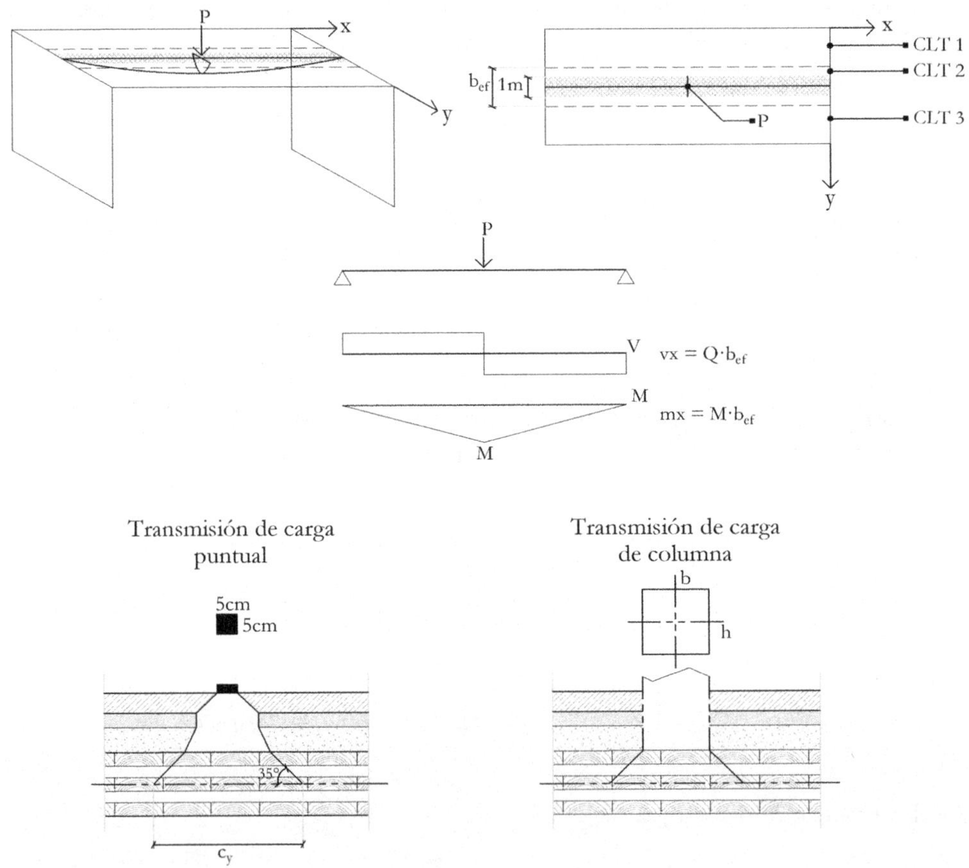

FIGURA 1.6.2.3 Ancho efectivo por reparto biaxial, b_{ef}, en una losa biapoyada sometida a cargas puntuales o cargas lineales de dirección x. Para calcular el ancho efectivo de cargas puntuales, es relevante conocer el ancho de distribución de compresión perpendicular c_y, el cual depende del ángulo de transmisión de carga de los diferentes substratos. Si hay columnas que apoyan directamente sobre el CLT, el ancho de distribución se debe únicamente al ángulo de distribución de tensiones en el CLT, 35°, y el ancho b de la columna. Si la carga apoya directamente sobre la parte superior de la losa, entonces dependen también los ángulos de sobrelosas, revestimientos y aislamientos que puedan haber antes de llegar al plano intermedio del CLT (modificado de Wallner-Novak et al. 2018).

En el caso de los esfuerzos cortantes, podemos asumir que se distribuyen a lo largo de una longitud un 25% superior a c_y

$$b_{ef,v} = 1{,}25 \cdot c_y$$

Una vez determinados los anchos efectivos de redistribución biaxial, la verificación de flexión resulta

$$f_f = \frac{M_{max}}{b_{ef,f} \cdot W_{ef,1m}} = \frac{m_{x,max}}{b_{ef,f} \cdot W_{ef,1m}} \leq F_{ft,dis} = F_f \cdot K_H \cdot K_D \cdot K_T \cdot K_Q$$

Análogamente, la verificación de corte transversal

$$f_{cz} = \frac{Q_{max} \cdot S_{ef,1m}}{I_{ef,1m} \cdot b_{ef,v}} = \frac{v_x \cdot S_{ef,1m}}{I_{ef,1m}} \leq F_{cz,dis} = F_{cz} \cdot K_H \cdot K_D \cdot K_T \cdot K_Q \cdot K_r$$

Y para la flecha, consideraríamos en el caso de carga en el centro del vano (análogo para carga a una distancia x)

$$\delta_{el} = \frac{1}{b_{ef,f}} \frac{Q_{max} \cdot l^3}{48 \cdot EI_{ef,1m}}$$

Tensiones y deflexiones con carga lineal en x

El procedimiento de diseño es completamente análogo al caso anterior, solo que en este caso los anchos efectivos de redistribución biaxial deben estimarse como

$$b_{ef,f} = l \cdot k_{ortótropo} \leq b_{ef,f,max}$$

$$b_{ef,f,max} = min \begin{cases} 0{,}85 \cdot b_{losa} \\ b_{panel} \end{cases}$$

y

$$b_{ef,v} = 0{,}25 \cdot l$$

1.6.2.4 *Losas nervadas de CLT (rib slabs)*

A partir de 5 metros de luz aproximadamente, las restricciones de flecha provocan que el espesor necesario en la losa de CLT sea considerablemente grueso. Para grandes luces el canto necesario puede exceder 30 cm o más, lo que requeriría 0,3 m^3 de madera por m^2 de losa. Por este motivo, es más que razonable fabricar losas compuestas con CLT para mayores luces, con el fin de incrementar la inercia flexional y disminuir considerablemente el espesor del CLT. De paso se facilita también la incorporación de las instalaciones entre los huecos que se generan las losas compuestas. Existen diversas variantes de elementos compuestos con CLT —ver Figura 1.6.2.4.1— pero sin duda la configuración más empleada son losas en I compuestas por un panel de CLT y vigas de MLE.

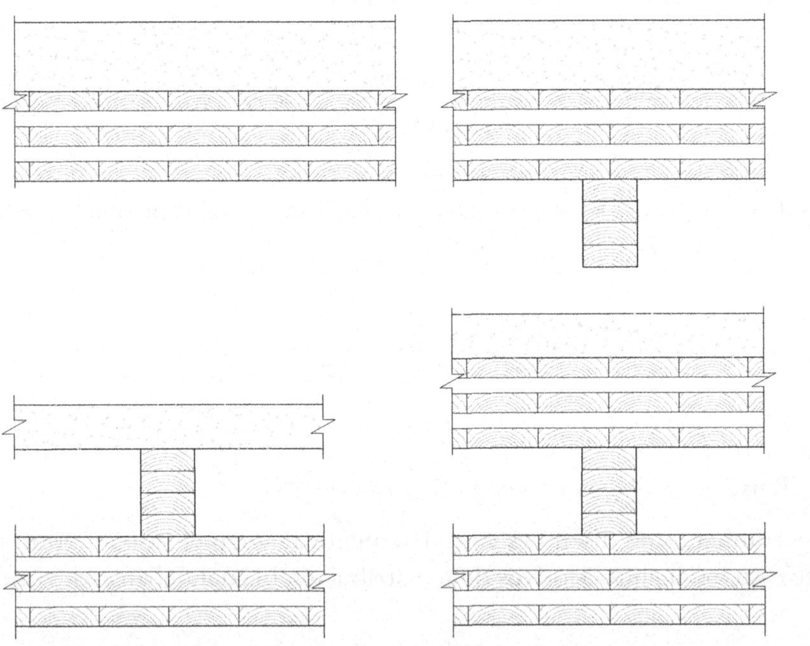

FIGURA 1.6.2.4.1 Algunas variantes de losas compuestas de CLT, con o sin sobrelosa de hormigón.

Según Wallner-Novak et al. (2018), las losas de piso o techumbre nervadas comienzan a ser rentables a partir de 6-7 metros de luz; el predimensionado de las mismas se resume en la Tabla 1.6.2.4. Las uniones ULL entre paneles de CLT son similares a las que se emplean en losas normales de CLT, y las uniones del panel a la MLE pueden ser o bien mecánicas o bien encoladas.

TABLA 1.6.2.4 Predimensionado de losas nervadas de CLT y MLE (basado en Wallner-Novak et al. 2018).

Luz entre apoyos (l)	$\begin{cases} 6 - 9 \ m \ en \ losas \\ 7 - 15 \ m \ en \ techumbre \end{cases}$
Altura total de losa, incluyendo CLT y MLE (h)	$h = \begin{cases} \left(\dfrac{l}{18} - \dfrac{l}{14}\right) en \ losas \\ \left(\dfrac{l}{25} - \dfrac{l}{17}\right) en \ techumbre \end{cases}$
Espaciamiento de MLE (e_{MLE})	$\begin{cases} 60 - 80 \ cm \ en \ losas \\ 60 - 120 \ m \ en \ techumbre \end{cases}$
Espesor de CLT (t_{CLT})	$t_{CLT} = max \begin{cases} \left(\dfrac{e_{MLE}}{10} - \dfrac{e_{MLE}}{5}\right) \\ \left(\dfrac{h}{4} - \dfrac{h}{3}\right) \\ 90mm \end{cases}$

El funcionamiento mecánico de estos elementos compuestos se detalla en profundidad en el Capítulo 3 del libro *"Conceptos avanzados del diseño estructural con madera. Parte I"*. Sin embargo en este caso, el pandeo local del panel a diferencia de un panel de terciado u OSB, es muy poco probable, pero sí se producen en el CLT deformaciones de corte considerables en su plano, por lo que la distribución de tensiones axiales no es lineal a lo largo del ancho de la losa. De igual modo que se realiza en losas con cubierta tensionada, esta no linealidad se enmienda en el cálculo asumiendo una distribución lineal en el ancho, pero reduciendo el ancho efectivo (b_{ef}) para el cálculo de las propiedades geométricas seccionales. La diferencia con respecto a las losas compuestas convencionales consiste en que básicamente, que el ancho efectivo a utilizar, depende de las rigideces axiales y al corte en el plano del CLT. Augustin et al. propusieron determinar el ancho efectivo a cada lado de la viga de MLE a partir de la longitud del vano entre vigas b_{vano}, ver Figura 1.6.2.4.2, la rigidez axial neta (de capas longitudinales) y la rigidez efectiva al corte en su plano del CLT, mediante la siguiente ecuación para el caso de que la losa esté sometida a una carga uniforme

$$b_{ef,i} = b_{vano} \left(0{,}5 - 0{,}35 \cdot \left(\frac{b_{vano}}{l}\right)^{0,9} \cdot \left(\frac{EA_{0,net}}{k_V GA_{bruta}}\right)^{0,45} \right)$$

En caso de estar sometido a una carga puntual, el ancho efectivo a cada lado puede estimarse como

$$b_{ef,i} = \begin{cases} b_{vano}\left(0{,}5 - 0{,}4 \cdot \left(\dfrac{b_{vano}}{l}\right)^{0,15} \cdot \left(\dfrac{EA_{0,net}}{k_V GA_{bruta}}\right)^{0,1}\right), para\ t_{CLT} \geq \dfrac{h_{MLE}}{2} \\[2em] b_{vano}\left(0{,}5 - 0{,}275 \cdot \left(\dfrac{b_{vano}}{l}\right)^{0,3} \cdot \left(\dfrac{EA_{0,net}}{k_V GA_{bruta}}\right)^{0,3}\right), para\ t_{CLT} < \dfrac{h_{MLE}}{2} \end{cases}$$

Posteriormente, empleando b_{ef} se puede calcular la inercia efectiva para determinar la deflexión y tensiones en cada punto de la losa. El cálculo de la inercia efectiva puede abordarse por ejemplo aplicando la extensión de Schelling del método gamma (ver detalles en la Sección 1.2.3), incluyendo como semi-rigidez de flujo de corte en interfaces por capa transversal del CLT,

$$k_{j,k} = \frac{G_{rod,j,k} \cdot b_{j,k}}{t_{j,k}}$$

mientras que la rigidez en la unión entre CLT y MLE

$$k_{j,k} = \frac{K_{j,k}}{s_{j,k}}$$

Tal como se comentó en la Sección 1.2, los modelos analíticos de vigas para emular la flexión del CLT no suelen ser capaces de capturar los picos de tensiones cortantes que se producen en los apoyos de vigas simples o continuas, así como tampoco en la aplicación de cargas puntuales. Para subsanar esta situación, Augustin et al. propusieron modificar el ancho efectivo en caso de verificar el cortante en los apoyos (reduciéndolo aún más), así es que, en la verificación de corte (principalmente corte por rodadura en las láminas transversales) el ancho efectivo debe reducirse a (ver Figura 1.6.2.4.2)

$$b_{ef} = 2t_1 + b_{MLE}$$

A posteriori puede verificarse el corte, por ejemplo, mediante el método gamma extendido de Schelling, empleando los valores efectivos del momento estático y el momento de inercia.

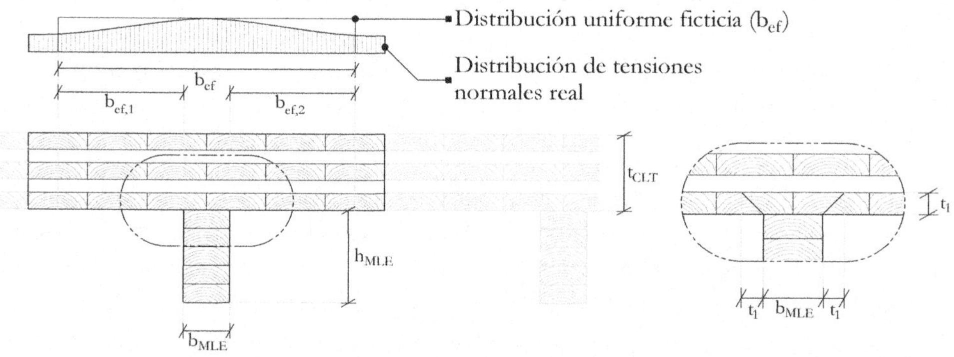

FIGURA 1.6.2.4.2 Reducción del ancho efectivo en losas nervadas de CLT para poder omitir la no-linealidad de tensiones axiales en la flexión y la infraestimación de los esfuerzos cortantes en los apoyos. A la izquierda el ancho efectivo para la verificación de flexión y a la derecha el ancho efectivo para la verificación de corte en los apoyos (basado en Wallner-Novak et al. 2018).

1.6.2.5 *Función de diafragma*

Como comentario general, es importante destacar que los procedimientos analíticos para estimar la flexibilidad de diafragmas de CLT en su plano (función de diafragma) están poco desarrollados; típicamente, los diafragmas de CLT son considerados como diafragmas rígidos debido a la concepción generalizada de que el CLT es extremadamente rígido en su plano. Sin embargo, y tal como se detalla en apartados sucesivos, la rigidez del CLT, una vez más, está fuertemente condicionada por la rigidez de las uniones —en este caso ULL y UMLM— y debe recordarse que el hecho de que un diafragma flecte más que los muros que lo soportan, i.e. sea flexible/semi-rígido/rígido no es más que una medida relativa de la rigidez lateral de losas en el plano respecto de la rigidez lateral de muros en el plano. En vista de ello, no debería presuponerse siempre que las ULL proveerán mayor rigidez a este de lo que lo harán las uniones de los muros.

Por lo general, se recomienda la aplicación de los procedimientos analíticos que a continuación se proponen, únicamente para el caso de diafragmas con geometrías muy sencillas; en el caso contrario se recomienda la aplicación de modelos computacionales para verificar la rigidez/semi-rigidez/flexibilidad del diafragma, así como también los esfuerzos en la losa y uniones, ya que aunque existen propuestas de procedimientos analíticos aptas para cálculos matriciales de la flexibilidad relativa de losas respecto muros, por el momento estas son bastante más complejas y tediosas de lo que resulta elaborar un modelo computacional equivalente, cuyos resultados previsiblemente sean además más precisos. Nótese que en la elaboración de un modelo computacional de un diafragma de CLT, fundamentalmente se requiere considerar las rigideces en el plano de losa y muros según lo expuesto en la Sección 1.3.5, con las rigideces en el plano de las líneas de unión según se detalla en la Sección 1.6.3. En el Capítulo 2 se detallarán en profundidad distintos métodos de modelación computacional.

De forma análoga a los diafragmas de entramado ligero presentados en el Capítulo anterior, es habitual considerar inicialmente que el diafragma es completamente flexible para poder calcular las fuerzas máximas esperables en cuerdas y colectores (que en este caso son más bien las partes perimetrales del diafragma), y en sus uniones. En el caso del CLT, debe notarse que el espesor de la losa está típicamente condicionado por la deflexión fuera del plano/aplastamiento perpendicular, al apoyar en muros; así es que por lo general las fuerzas de diafragma en el plano, no suponen ningún problema; estas fuerzas se calculan más bien con el fin de verificar las líneas de unión, tal como se detalla en la Sección 1.6.3.

Con respecto a la determinación de rigidez/flexibilidad del diafragma, y para tener consistencia la primera parte de este libro, se recomienda considerar que es flexible cuando la deflexión en el mismo es superior al doble del drift medio de los muros tal como se prescribe en normas estadounidenses

$$\delta_{dia} \leq 2 \cdot \delta_{mur}$$

1.6.2.5.1 Esfuerzos en ULL debido a la carga lateral

Efecto de la carga paralela a las ULL

Al igual que en las losas de entramado del Capítulo anterior, el cálculo de esfuerzos sobre una losa de CLT —momentos y cortantes— sometida a una carga lateral lineal proporcional a su distribución de masa, puede estimarse conservadoramente asumiendo que esta es totalmente flexible en el plano, sin más que equiparar la distribución de esfuerzos a aquellos que suceden sobre a una viga equivalente, ver Figura 1.6.2.5.1.1. Más específicamente, cuando se aplica una carga lateral sobre la losa en la dirección paralela a la luz de los paneles (x), los momentos y cortantes de la flexión de la losa se traducen en fuerzas de tracción/compresión respecto del eje transversal de los paneles, n_y, y cortantes de membrana n_{xy}, respectivamente, ver Figura 1.6.2.5.1.1. Si bien ambos esfuerzos no suelen ser un condicionante para el dimensionamiento de los propios paneles, sí condicionan en gran medida el diseño de las ULL, quienes deben ser capaces de soportar los esfuerzos máximos esperados sin incurrir en régimen plástico.

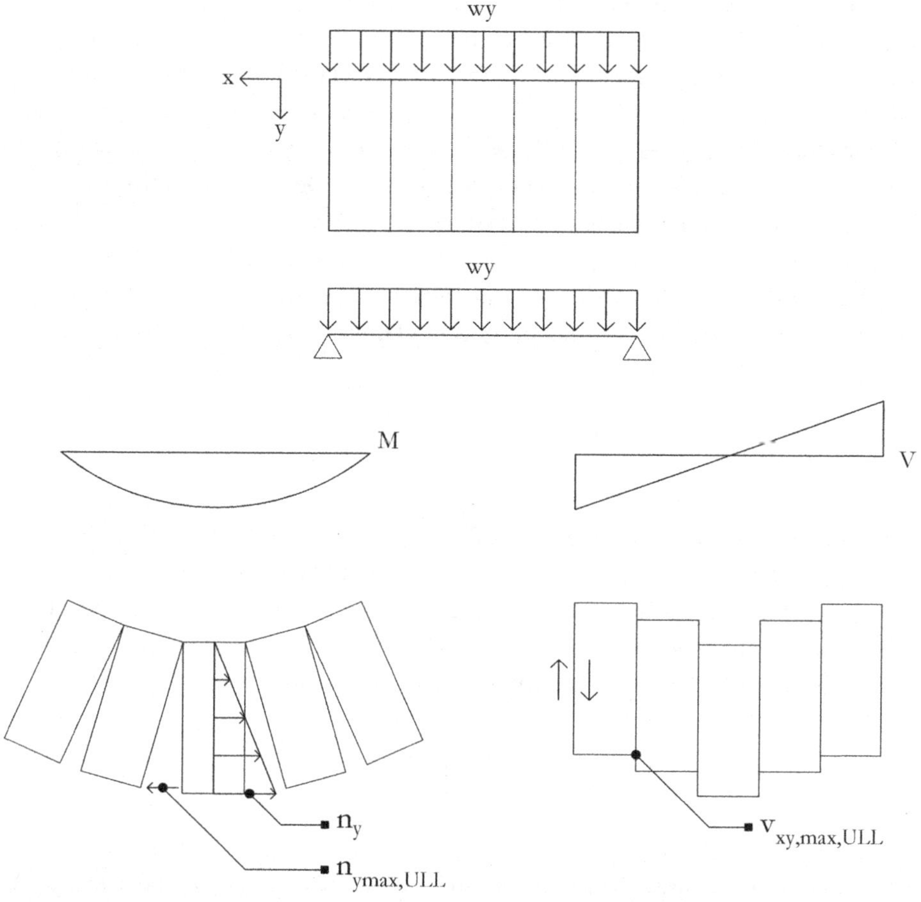

FIGURA I.6.2.5.I.I Efecto de carga paralela a las ULL bajo la premisa de diafragma flexible. Es similar a las losas de entramado en que por analogía de viga se calculan los esfuerzos, lo que en el CLT es relevante principalmente para dimensionar las ULL a partir de n_y y v_{xy} los cuales se obtienen de M y V de la viga, respectivamente. Sin embargo, no se asume una *"analogía de viga en I"*; al flectar la rigidez del aplastamiento de los tableros hace que prácticamente solo roten entrando en contacto en una pequeña franja de compresión, así es que el esfuerzo n_{xy} en las ULL es mayormente de tracción (basado en Wallner-Novak et al. 2018).

En el caso de la fracción de compresión de n_y, esta no suele ser crítica para las ULL porque se asume que las fuerzas se transmiten directamente por contacto de un panel a otro. Sin embargo, la fracción de tracción de n_y si debe ser resistida por las uniones. Diversos autores han demostrado que si bien, inicialmente podría pensarse que la distribución de esfuerzos n_y es simétrica respecto de un hipotético eje neutro cercano al centro geométrico de la losa, esto está muy alejado de la realidad; al flexionar la losa, la deformación esperada es tal como se ilustra en la Figura

1.6.2.5.1.1. Acontece que, en la parte de compresión, la rigidez viene dada por la rigidez al aplastamiento longitudinal de los tablones perpendiculares a la luz, y esta es previsiblemente muy superior a la rigidez de tracción de las uniones por lo que la losa (de forma análoga a los muros), más bien tiende a "rotar" como un sólido rígido produciendo la apertura en la parte de tracción más que un aplastamiento/contracción de la madera en la zona de compresión. De hecho, Wallner-Novak et al. propusieron una fórmula para determinar la altura de la franja de la losa que está sometida a compresión (b_{compr}), a partir del momento máximo obtenido en el diagrama de esfuerzos, la resistencia a la compresión axial, el ancho de la losa y el sumatorio de espesores de láminas perpendiculares a la luz

$$b_{compr} = \frac{3 \cdot M_{max}}{F_{c,0} \cdot b \cdot \sum t_{90}}$$

A partir de la fórmula anterior, puede demostrarse que, en la mayoría de los casos, b_{compr} es prácticamente despreciable en relación a b. De hecho, es una práctica habitual, y conservadora, asumir que la totalidad de la ULL se encuentra puramente traccionada a lo largo de todo el ancho de la losa, b. Bajo esta simplificación, puede estimarse la fuerza de tracción máxima sobre ULL como

$$n_{y,max,ULL} = \left(\frac{3 \cdot M}{b^2}\right)_{max}$$

Tal como se comentó anteriormente, lo más habitual es dimensionar toda la línea de ULL con ese axil máximo, lo que da lugar a un espaciamiento constante entre conectores, e_x, y en cuyo caso la fuerza que le llega a cada conector, situado a una distancia y respecto del borde comprimido, resulta

$$F_{y,ULL(y)} = n_{y,max,ULL} \cdot \frac{y}{b} \cdot e_x = \left(\frac{3 \cdot M}{b^2}\right)_{max} \frac{y \cdot e_x}{b}$$

Mientras que la tracción en el conector más traccionado ($y=b$) resulta

$$F_{y,ULL,max} = \left(\frac{3 \cdot M}{b^2}\right)_{max} \cdot e_x$$

Conociendo la mayor capacidad a la tracción del conector empleado, podemos entonces determinar el espaciamiento requerido

$$e_{x,req,n_y} = \frac{F_{y,dis}}{\left(\frac{3 \cdot M}{b^2}\right)_{max}}$$

Con respecto al cortante de membrana n_{xy}, este puede estimarse fácilmente como el flujo de corte correspondiente al diagrama de corte

$$n_{xy,max,ULL} = \left(\frac{V}{b}\right)_{max}$$

Asumiendo distribución de corte uniforme y espaciamiento constante en toda la línea, tenemos entonces que la capacidad necesaria al corte en cada conector resulta

$$F_{xy,max,ULL} = n_{xy,max,ULL} \cdot e_x = \left(\frac{V}{b}\right)_{max} \cdot e_x$$

Así es que análogamente el espaciamiento condicionado por el corte de membrana dada la capacidad de la unión resulta

$$e_{x,req,n_{xy}} = \frac{F_{y,dis}}{\left(\frac{V}{b}\right)_{max}}$$

Y por supuesto

$$e_{x,req} = \min\left(e_{x,req,n_y}, e_{x,req,n_{xy}}\right)$$

En la práctica, cada una de las ULL tendrá la terna correspondiente de v_y, n_y y n_{xy}, lo que condicionará la selección y espaciamiento de conectores, que habitualmente se repetirá en todas las ULL de la losa; ver más detalles de la verificación en la Sección 1.6.3.

Efecto de la carga perpendicular a las ULL

Asumiendo de nuevo la hipótesis conservadora de diafragma flexible para el cálculo de esfuerzos en uniones, pero esta vez, para una carga en la dirección y de los paneles, observamos que las tensiones axiales de la flexión ahora son paralelas a las ULL, Figura 1.6.2.5.1.2, de esta forma no se genera ningún esfuerzo de tracción en las mismas. Por otra parte, sí se generará un esfuerzo de corte, v_{xy}, correspondiente a la transmisión del flujo de corte en las "interfaces semirrígidas", en las que está divida la "viga" que representa el diafragma. En efecto, podemos considerar que cuando el diafragma se solicita en la dirección y, tenemos una viga compuesta, en la que la rigidez de cada lámina viene dada por la rigidez flexional y momento estático efectivos en su plano, los cuales están unidos por una interfaz semirrígida caracterizada por la rigidez al flujo de corte de las ULL. Dado que es muy probable que el número de paneles de CLT sea elevado, corresponde aplicar un método que permita considerar múltiples interfaces semirrígidas, como por ejemplo la modificación de Schelling sobre el método gamma (Sección, 1.2.3.).

Para poder determinar los factores gamma correspondientes a cada ULL, consideremos el planteamiento del problema matricial como

$$d_{CLT,i} = \frac{\pi^2 \cdot \sum_{i=1}^{n} \frac{E_i}{E_r} \cdot E_i \cdot l \cdot t_i}{l^2}$$

$$k_{ULL-j,k} = \frac{K_{i,ULLj-k}}{e_{x,ULLj-k}}$$

Donde $d_{CLT,i}$ se corresponde en este caso a la componente relacionada con la rigidez axial de las láminas, siendo en este caso cada lámina un tablero de CLT. $k_{ull,j-k}$ es la rigidez al flujo de corte de cada ULL, la cual se puede obtener a partir de la rigidez al flujo v_{xy} de cada conector dividido entre la separación en la línea. De este modo podemos estimar los factores gamma de cada ULL del diafragma a través de

$$\gamma_{ULL-j,k} = v^{-1} \cdot s$$

Con los factores gamma ya definidos para cada ULL, podemos estimar la rigidez flexional efectiva de nuestra viga.

$$EI_{EF} = E_r \sum_{i=1}^{n} I_i + \gamma_i \cdot A_i \cdot a_i^2$$

Donde n es el número de tableros en el diafragma y la inercia de cada lámina, i, en este caso, se refiere a la inercia de cada tablero de CLT para flectar en su plano respecto de su centro geométrico. Téngase en cuenta que únicamente las láminas longitudinales al eje x contribuyen en la flexión, así es que resulta conveniente ignorar directamente la contribución de las láminas perpendiculares a x en el cálculo de la rigidez flexional

$$EI_{EF} = E_r \sum_{i=1}^{n} I_{i,0,net} + \gamma_i \cdot A_{i,0,net} \cdot a_i^{\,2}$$

Análogamente se puede estimar el momento estático efectivo, lo que nos permite determinar el flujo cortante en cada ULL. En el cálculo del momento estático, de nuevo, conviene ignorar directamente las láminas perpendiculares

$$S_{EF} = \sum \gamma_i \cdot A_{i,0,net} \cdot a_i$$

De modo que el flujo de corte en cada interfaz ULL, puede estimarse de acuerdo al momento estático tomado y al cortante de la viga idealizada

$$v_{xz,ULL} = \frac{V \cdot \sum \gamma_i \cdot A_{i,0,net} \cdot a_i \cdot E_i}{EI_{EF}}$$

Por lo general, el flujo de corte obtenido en esta dirección es menos limitante que el flujo de corte

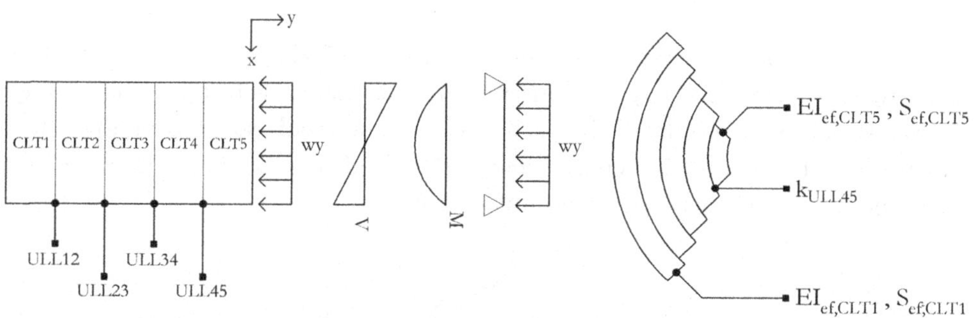

FIGURA 1.6.2.5.1.2 Efecto de la carga perpendicular a las ULL. Suponiendo diagrama flexible, podemos calcular los flujos de corte v_{xy} en las ULL con un método de viga de múltiples interfaces semi-rígidas como por ejemplo la extensión de Schelling del método gamma. En este caso cada tablero de CLT conforma una "lámina" de la viga, los cuales se unen de forma semirrígida con las ULL.

1.6.2.5.2 Estimación de rigidez

Existen muy pocas propuestas de una complejidad razonable en la actualidad, para poder estimar la rigidez de un diafragma de CLT. A continuación, se propone un método estimativo mientras no se hayan estandarizado métodos analíticos simplificados; para configuraciones más complejas es recomendable implementar un modelo computacional, según lo expuesto en el Capítulo 2. Es importante notar que los mecanismos de deformación de la losa, difieren substancialmente en una dirección y en la otra, por lo que se facilitan recomendaciones de cálculo para cada una de las direcciones.

Rigidez frente a carga paralela a las ULL (ULL$_0$)

Dado que la flexibilidad de la flexión del CLT en su plano por acción de una carga en x se considera despreciable en comparación con la flexibilidad de la apertura de las uniones, podemos asumir que la flexibilidad del diafragma está compuesta por las siguientes contribuciones

$$\Delta_{diaf,ULL_0} = \Delta_{apertura,ULL} + \Delta_{corrimiento,ULL} + \Delta_{corte,CLT}$$

Por analogía con la deformación de las cuerdas en el entramado, podemos simplificar la estimación de la flecha debido a la apertura máxima en cada ULL como

$$\Delta_{apertura,ULL} = \frac{\sum_{i=1}^{n_{ULL}} \Delta_{max,u_y,i} \cdot X_i}{2b}$$

Donde X_i es la menor distancia horizontal de cada ULL al apoyo más cercano. Con respecto a los corrimientos, estos contribuyen igualmente de forma secuencial (en serie) a la deformación global. La flecha máxima alcanzada se corresponde con el sumatorio de los corrimientos individuales que suceden, o bien en la parte positiva o bien en la parte negativa del diagrama de corte

$$\Delta_{corrimiento,ULL} = \sum_{i=1}^{n_{ULL} \, con \, V^+ o \, V^-} \Delta_{max,u_y,i}$$

En caso de un diafragma solicitado a carga lateral uniforme debemos adicionar las deformaciones en cada ULL hasta llegar a la mitad del vano

$$\Delta_{corrimiento,ULL} = \sum_{i=1}^{n_{ULL} \left(\frac{l}{2}\right)} \Delta_{max,u_y,i}$$

Finalmente, la flexibilidad por el corte de los tableros en su plano, puede estimarse de forma aproximada análogamente a la deformación por corte de los tableros de diafragmas de entramado, ver detalles en el libro *"Conceptos avanzados del diseño estructural con madera. Parte I"*, Capítulo 5, Sección 5.3.9. Para el caso de una carga uniforme la deformación se puede aproximar a

$$\Delta_{corte,CLT} = \frac{v_{xy,max} \cdot l}{4 \cdot G_{ef} \cdot t_{CLT}} = \frac{v_{xy,max} \cdot l}{4 \cdot k_V G \cdot t_{CLT}}$$

Así las rigideces individuales serían

$$K_{apertura,ULL} = \frac{F_{max,y,ULL(x)}}{\dfrac{\sum_{i=1}^{n_{ULL}} \Delta_{max,u_y,i} \cdot X_i}{2b}} = \frac{F_{max,y,ULL(x)}}{\dfrac{\sum_{i=1}^{n_{ULL}} F_{max,y,ULL(x)} \Big/ K_{i,n_y} \cdot X_i}{2b}}$$

Si por simplicidad —y de forma análoga al entramado ligero— asumimos conectores idénticos, y un momento constante

$$K_{apertura,ULL} = \frac{2 \cdot b \cdot K_{i,n_y}}{\sum_{i=1}^{n_{ULL}} \cdot X_i}$$

Respecto de la rigidez de corrimiento, asumiremos por simplicidad un corte intermedio equivalente al valor medio de la reacción en los apoyos ($v_{xy,max}b/2$) para todas las ULL, y que todos los conectores son los mismos y se disponen con el mismo espaciamiento, e_x. En tal caso, los conectores dentro de una línea actúan en paralelo, y cada una de las líneas contribuye de forma secuencial a la deformación así es que

$$K_{corrimiento,ULL} = \left(\frac{n_{ULL} \left(\frac{l}{2}\right)}{K_{i,n_{xy}} \cdot \frac{b}{e_x}} \right)^{-1} = \frac{K_{i,n_{xy}} \cdot \frac{b}{e_x}}{n_{ULL} \left(\frac{l}{2}\right)}$$

La rigidez por corte del CLT, asumiendo también un corte intermedio resulta

$$K_{corte,CLT} = \frac{F_{corte,CLT}}{\delta_{corte,CLT}} = \frac{v_{xy,max} \cdot b/2}{\dfrac{v_{xy,max} \cdot l}{4 \cdot k_V G \cdot t_{CLT}}} = \frac{2 \cdot b \cdot k_V G \cdot t_{CLT}}{l}$$

Así es que, la rigidez total del diafragma en x puede estimarse como

$$K_{eq,ULL_0} = \left(\frac{\sum_{i=1}^{n_{ULL}} \cdot X_i}{2 \cdot b \cdot K_{i,n_y}} + \frac{n_{ULL} \left(\frac{l}{2} \right)}{K_{i,n_{xy}} \cdot \dfrac{b}{e_x}} + \frac{l}{2 \cdot b \cdot k_V G \cdot t_{CLT}} \right)^{-1}$$

Rigidez frente a carga perpendicular a las ULL (ULL$_{90}$)

En este caso no se produce una apertura en las ULL y, sin embargo, la flexión de tableros esbeltos en su plano podría no ser despreciable, por lo que podría considerarse que las flexibilidades dominantes son

$$\Delta_{diaf,ULL_{90}} = \Delta_{corrimiento,ULL} + \Delta_{flexión,CLT} + \Delta_{corte,CLT}$$

Tal como se detalló en el apartado anterior, las contribuciones de flexión y corrimiento pueden modelarse vía extensión de Schelling. De este modo, podemos estimar directamente la deflexión de la viga calculada con los valores efectivos y conteniendo ambas contribuciones. En el caso de carga uniforme la flexibilidad sería entonces

$$\Delta_{flexión,CLT + corrimiento,ULL} = \frac{5}{384} \cdot \frac{q \cdot l^4}{EI_{EF}} = \frac{5}{384} \cdot \frac{2 \cdot v_{xy,max} \cdot b \cdot l^4}{l \cdot EI_{EF}}$$

$$= \frac{5}{192} \cdot \frac{v_{xy,max} \cdot b \cdot l^3}{EI_{EF}}$$

Por otro lado, la deformación por corte de los tableros podemos estimarla de forma análoga al caso anterior

$$\Delta_{corte,CLT} = \frac{v_{xy,max} \cdot l}{4 \cdot G_{ef} \cdot t_{CLT}}$$

Por lo que la rigidez en este caso podría aproximarse a

$$K_{eq,ULL_{90}} = \left(\frac{5}{384} \cdot \frac{l^3}{EI_{EF}} + \frac{l}{2 \cdot b \cdot k_V G \cdot t_{CLT}} \right)^{-1}$$

1.6.3 *Verificaciones y modelación de rigideces de las líneas de unión*

1.6.3.1 *Unión cubierta-muro (UCM)*

La unión UCM suele consistir en un empalme o bien ortogonal o bien con un ángulo obtuso de un panel de cubierta con un panel de muro. Las solicitaciones típicas de este tipo de unión son una fuerza cortante perpendicular al muro, v_x, una fuerza de corte en el muro, n_{xy} y en ocasiones una fuerza de tracción por viento de succión, n_x. Por supuesto, la unión también sufre la compresión por el peso y sobrecarga de la cubierta y, sin embargo, se considera que esta se transmite por contacto directo por la madera. Dado que habitualmente la unión no tiene que soportar un momento en el plano del muro, es bastante típico construir esta unión mediante una línea de tornillos autoperforantes, pudiendo estos entrar perpendiculares al muro, aunque lo más recomendable es que tengan cierta angulación para evitar la pérdida de resistencia por extracción directa en bordes, ver Figura 1.6.3.1.1.

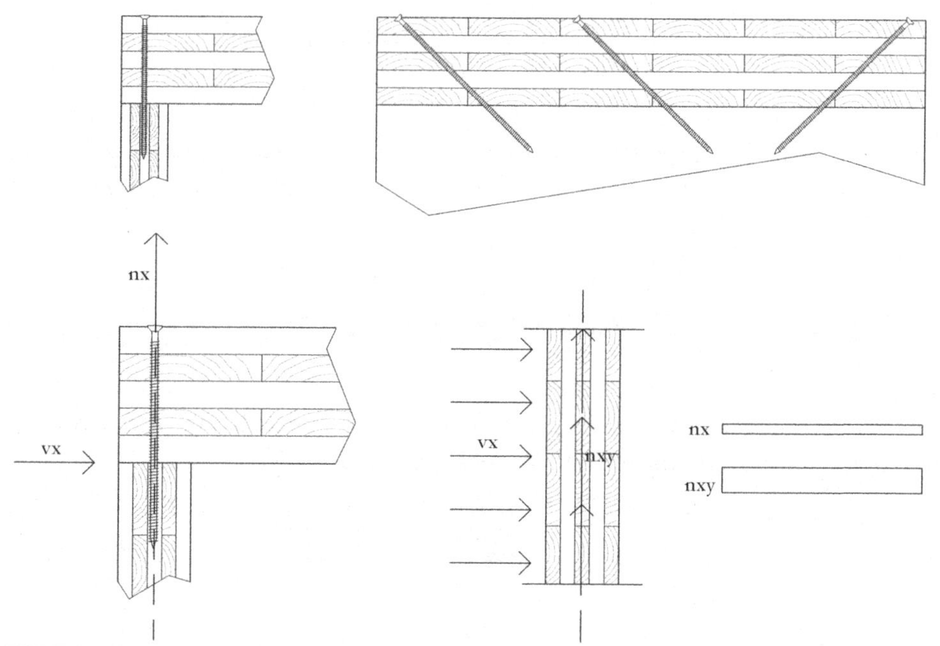

FIGURA 1.6.3.1.1 Posible configuración y típicas solicitaciones de la UCM (basado en Ringhofer 2010).

Tal como se ha introducido en la Sección 1.5.3, es posible que las tres acciones actúen simultáneamente, como por ejemplo en el caso de una acción de viento. Bajo estas circunstancias, algunos autores recomiendan asumir que el corte perpendicular al muro es resistido por la capacidad lateral de la unión, mientras que la resultante de las fuerzas en el plano de los tornillos es resistida por la capacidad a la extracción tal que

$$\left(\frac{v_{x,dis}}{n \cdot R_{lat,dis}}\right)^2 + \left(\frac{\sqrt{n_{x,dis}^2 + n_{xy,dis}^2}}{n \cdot R_{ax,dis,\alpha,\gamma}}\right)^2 \leq 1$$

En el caso de que no exista una fuerza de tracción, algunos autores recomiendan aplicar el efecto cuerda para calcular la capacidad oblicua (siempre que los tornillos estén traccionados)

$$R_{ax,dis,\alpha} = R_{ax,dis} \cdot cos\alpha + \mu \cdot R_{ax,dis} \cdot sen\alpha$$

Lo que tiene que ser capaz de resistir la acción de corte en el plano

$$\left(\frac{v_{x,dis}}{n \cdot R_{lat,dis}}\right)^2 + \left(\frac{n_{xy,dis}}{n \cdot R_{ax,dis,\alpha}}\right)^2 \leq 1$$

Por supuesto, la rigidez traslacional total de corte de la línea es la suma de la rigidez lateral de los conectores lo cual es útil si modelamos los pisos/muros como elementos tipo barra (ver Capítulo 2)

$$K_{línea,lat}\left[\frac{kN}{m}\right] = n_{conect} \cdot K_i$$

En caso de modelar los muros con elementos tipo panel, la rigidez al corte por unidad de longitud de muro resulta (ver Figura 1.6.3.1.2)

$$k_{línea,lat}\left[\frac{kN}{m^2}\right] = \frac{n_{conect} \cdot K_i}{b_{muro}}$$

Nótese que de esta forma podemos modelar tanto la rigidez frente al corte en el plano del muro n_{xy}, como la rigidez al corte fuera del plano v_x. En el primer caso K_i tomaría el valor correspondiente a la rigidez de un tornillo inclinado, ver detalles en el Capítulo 1, Sección 1.2.2. Mientras que, en el segundo caso, K_i tomaría el valor correspondiente a la rigidez de un tornillo lateral normal (ya que no existe inclinación fuera del plano), es decir, la rigidez sería inferior a la de corte en el plano, aunque no despreciable. Sin embargo, es muy importante notar que en la actualidad la modelación de muros de CLT, de forma análoga al sistema marco plataforma, se efectúa de tal modo que se asume que *los muros no toman carga lateral transversal*; únicamente toman la carga longitudinal más la contribución longitudinal de la torsión. Esto se concibe, una vez más, porque la capacidad a la flexión fuera del plano se considera ínfima respecto de la capacidad al corte en el plano, así es que la rigidez lateral fuera del plano no suele ser de interés. Sin embargo, el lector debe notar que la contribución de esta rigidez fuera del plano en encuentros de muros transversales, no debe ser ni mucho menos despreciable ya que podría aumentar notablemente la inercia de los muros longitudinales. Esta premisa de cálculo se sabe por tanto que es incorrecta, y que podría tener bastante relevancia en el comportamiento estructural del CLT, pero por el momento se requiere más investigación para conocer el verdadero alcance de esta premisa de diseño.

Análogamente, la rigidez total axial puede ser derivada de las rigideces axiales en paralelo de cada uno de los tornillos

$$K_{línea,ax} \left[\frac{kN}{m}\right] = n_{conect} \cdot K_{i,ax}$$

$$k_{línea,ax} \left[\frac{kN}{m^2}\right] = \frac{n_{conect} \cdot K_{i,ax}}{b_{muro}}$$

En este caso, $K_{i,ax}$ se debe calcular de acuerdo a la rigidez axial de un tornillo inclinado, lo que se detalló en el Capítulo 1, Sección 1.2.2.

Sin embargo, en la UCM normalmente no se experimentan grandes tracciones; más bien se encuentra comprimida por el peso de la cubierta. En estas situaciones puede ser de interés incluir más bien la rigidez axial a la compresión de la unión, en lugar de la rigidez a la tracción. Obviamente en esta situación la rigidez de las maderas en contacto, i.e. el sistema en serie del muro y la cubierta es quien determina la rigidez axial de la unión. Ciertamente, en dicho sistema la rigidez dominante es la de la cubierta, porque esta suele disponerse (cuasi) ortogonalmente, por lo que el módulo elástico de compresión normal (u oblicuo) domina claramente la flexibilidad sobre el módulo elástico de compresión longitudinal del muro. En esta situación suele emplearse una antigua fórmula de cerchas en el que la rigidez del contacto puede estimarse como

$$k_{línea,ax} \left[\frac{kN}{m^2}\right] = \frac{E_{90,losa} \cdot b_{90}}{t_{CLT,losa}/2}$$

donde b_{90} es el ancho de la superficie de aplastamiento, que en este caso debe tomarse como

$$b_{90} = \begin{cases} t_{CLT,muro} + \dfrac{1}{4}\,t_{CLT,losa} \; \textit{para muros interiores} \\[2ex] t_{CLT,muro} + \dfrac{1}{2}\,t_{CLT,losa} \; \textit{para muros exteriores} \end{cases}$$

Lógicamente, la rigidez total axial de compresión resulta

$$K_{l\acute{i}nea,ax}\left[\frac{kN}{m}\right] = \frac{E_{90,losa}\cdot b_{90}\cdot b_{muro}}{t_{CLT,losa}/2}$$

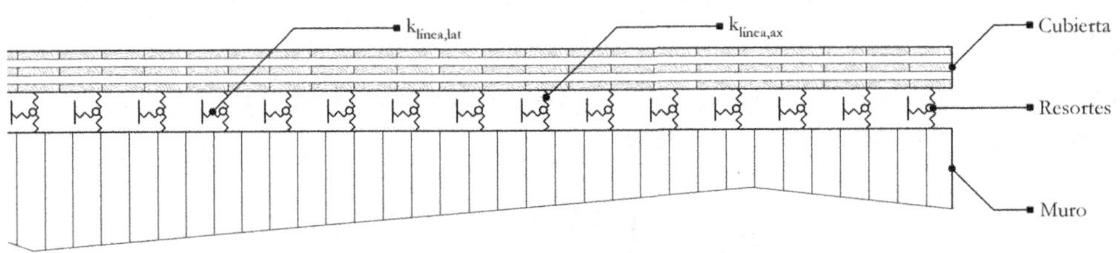

FIGURA 6.6.3.1.2 Rigidez de corte y axial de la línea UCM (basado en Ringhofer 2010).

En cuanto a la rigidez rotacional de la UCM, en este caso suele ser irrelevante porque habitualmente no se considera que esta línea de unión deba soportar un momento.

1.6.3.2 *Unión muro-losa-muro (UMLM)*

Principalmente son 2 las variantes más empleadas:

- La línea superior de la UMLM está constituida por hold-downs y claves de corte. Normalmente se asume que los hold-down aportan capacidad y rigidez únicamente al vuelco, mientras que las claves de corte se ocupan exclusivamente de transmitir el corte. Por otro lado, en la línea inferior de unión (losa a muro inferior) se asegura la losa con tornillos. En este caso, es posible concebir que todos los tornillos aportan capacidad y rigidez al corte y al vuelco, o bien pueden separarse conceptualmente los tornillos de los bordes asumiendo que estos resisten el vuelco, mientras que los tornillos centrales resisten el corte.

- Tanto la línea superior como la línea inferior de unión, están constituidas por hold-downs y claves de corte. Se separan por tanto las capacidades y rigideces a corte y vuelco en ambas líneas de unión.

En este caso se comentará la variante primera, ya que la variante segunda es más sencilla puesto que las líneas superiores e inferiores son idénticas y se calculan prácticamente igual.

Las típicas solicitaciones de la UMLM se muestran en la Figura 1.6.3.2.1.

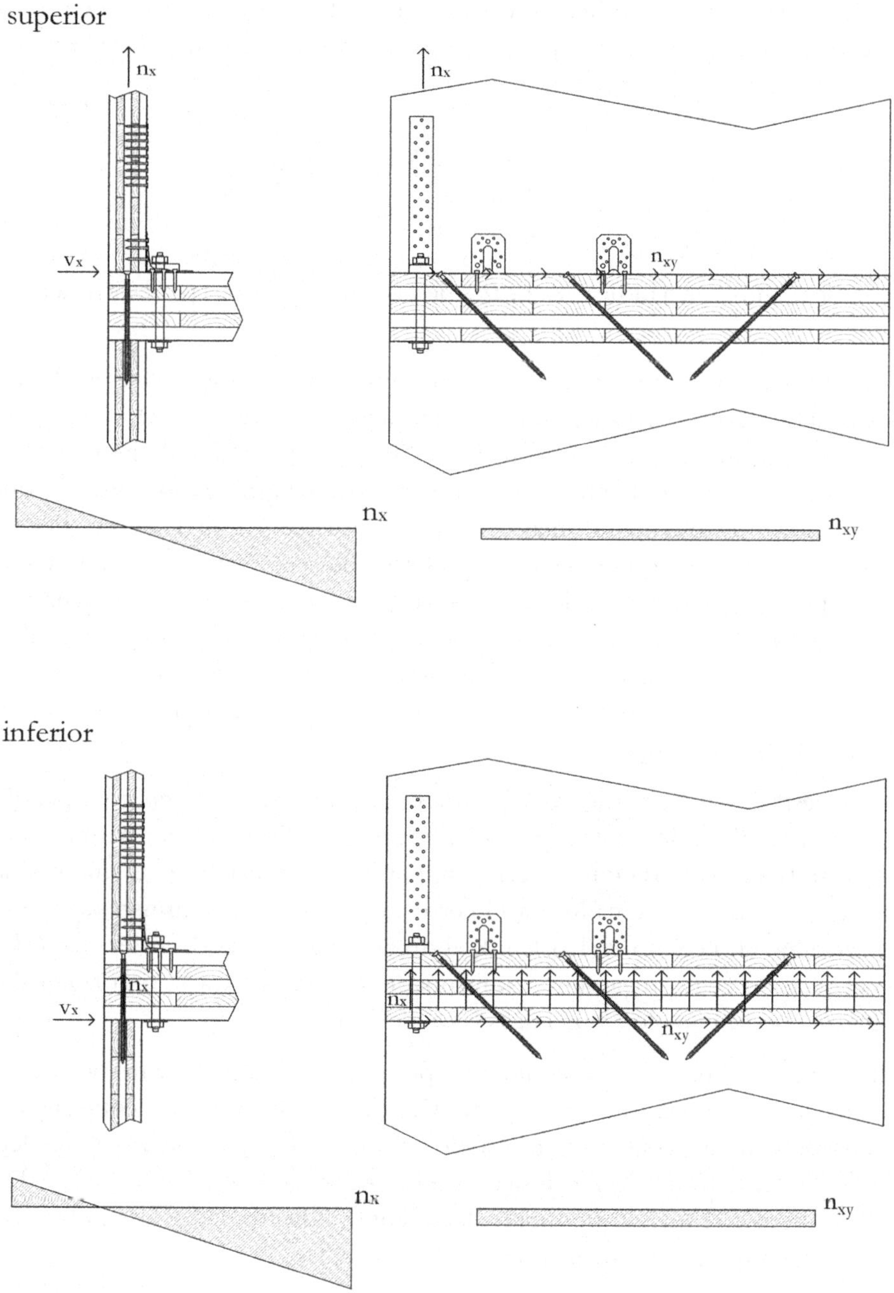

Línea superior

Línea inferior

FIGURA 1.6.3.2.1 Posible configuración y típicas solicitaciones de la UMLM (basado en Ringhofer 2010).

Línea superior

Por lo general el cortante perpendicular, v_x, se calcula directamente a partir de la acción de viento perpendicular, y n_{xy} es el flujo de corte del muro superior. La fuerza axial puede estimarse por superposición de los esfuerzos generados por el momento flector y la carga gravitacional

$$n_x \left[\frac{kN}{m} \right] = \frac{(\sum V_k \cdot z_k) \cdot 6}{b_{muro}^{\,2}} + q$$

donde el sumatorio indica las fuerzas de piso multiplicadas por la altura de los pisos respecto del piso considerado.

La fuerza que debe resistir el hold-down (o grupo de hold-downs) se puede aproximar al área de tracción del diagrama n_x (asumiendo flexión elástica), o bien calcular la fuerza de forma más refinada con alguno de los métodos detallados en las Secciones 1.6.1.2 y 1.6.1.5.1. Para evitar momentos adicionales, es conveniente que el/los hold-down se coloquen lo más cerca posible del centro de tracción. Por supuesto debe cumplirse que, la flexión de la pletina de acero superior, el perno empleado y la pletina inferior o cualquier otro dispositivo en serie, tengan una capacidad superior a la capacidad del hold-down. Adicionalmente, la losa de CLT debe ser capaz de resistir la compresión perpendicular de la pletina, lo cual se verifica tal como se indicó en la Sección 1.4.4, empleando la fuerza de tracción del hold-down como fuerza de compresión.

Con respecto al cortante, las capacidades de corte en el plano y perpendicular al plano son habitualmente proporcionadas por el fabricante, y normalmente se asume que ambos esfuerzos no interaccionan, por lo que casi siempre el número de claves de corte está condicionado por el corte en el plano n_{xy}. Asimismo, y tal como se mencionó en la Sección 1.6.1.5.2, algunos autores consideran el efecto favorable del roce, lo cual únicamente es razonable cuando exista la seguridad de que el levantamiento no alcanzará a las claves de corte.

La rigidez al corte se asume que está proporcionada únicamente por las claves de corte, cuya rigidez es la determinada por el sistema en serie conformado por el aplastamiento de conectores insertados en muro ($K_{ang,muro}$), deformación del ángulo metálico, y deformación de los conectores insertados en la losa ($K_{ang,losa}$). Dado que el primero y el último dominan claramente, la flexibilidad y la rigidez total de la línea al corte puede estimarse como

$$K_{l\acute{\imath}nea,lat}\left[\frac{kN}{m}\right] = \cfrac{1}{\cfrac{1}{n_{\acute{a}ng}\cdot K_{ang,muro}} + \cfrac{1}{n_{\acute{a}ng}\cdot K_{ang,losa}}}$$

Y la rigidez por ancho de muro

$$k_{l\acute{\imath}nea,lat}\left[\frac{kN}{m^2}\right] = \frac{1}{b_{muro}}\left(\cfrac{1}{\cfrac{1}{n_{\acute{a}ng}\cdot K_{ang,muro}} + \cfrac{1}{n_{\acute{a}ng}\cdot K_{ang,losa}}}\right)$$

Nota: previsiblemente la rigidez lateral fuera del plano frente a un esfuerzo vx sería similar, pero tal como se comentó en la sección anterior, esta rigidez no suele ser considerada en los modelos de cálculo.

La rigidez rotacional viene dada por la composición en serie del resorte de tracción correspondiente a los hold-down, y el resorte de compresión correspondiente al aplastamiento de la losa de CLT. El resorte de tracción lógicamente se calcula a partir del sistema en serie de los diferentes mecanismos de deformación por los que se transmite la carga del hold-down. En caso de que tanto el hold-down como el perno estén bien dimensionados, generalmente las 2 flexibilidades dominantes del sistema son el aplastamiento del bloque de conectores en el muro ($K_{hold\text{-}down,muro}$) , y el aplastamiento perpendicular de la losa ($K_{aplast,pletina}$) (nota: sería el bloque de conectores inferior en caso de que tuviésemos un hold-down invertido en la línea inferior). El primero de estos resortes se calcula fácilmente por la adición paralela de cada conector, y el segundo se obtiene análogamente a la rigidez de aplastamiento en la UCM a partir del área de la pletina del hold-down como

$$K_{aplast,pletina}\left[\frac{kN}{m}\right] = \frac{E_{90,losa}\cdot A_{pletina}}{t_{CLT,losa}/2}$$

así es que

$$K_{hold\text{-}down,ax}\left[\frac{kN}{m}\right] = \cfrac{1}{\cfrac{1}{n_{hold\text{-}down}\cdot K_{hold\text{-}down,muro}} + \cfrac{1}{n_{hold\text{-}down}\cdot K_{aplast,pletina}}}$$

Por otro lado, la rigidez del resorte del borde comprimido, depende también del aplastamiento de la losa de CLT y puede calcularse de forma análoga al aplastamiento producido por la pletina, solo que en este caso la superficie de aplastamiento viene determinada según el método de cálculo empleado. Asimismo, por ejemplo, en caso de aplicar el método de Ringhofer, la rigidez sería

$$K_{aplast,losa}\left[\frac{kN}{m}\right] = \frac{E_{90,losa} \cdot A_{aplast,losa}}{t_{CLT,losa}/2} = \frac{E_{90,losa} \cdot b_{aplast} \cdot t_{CLT,muro}}{t_{CLT,losa}/2}$$

Por lo que finalmente, la rigidez rotacional asumiendo un brazo interno b_i, resultaría

$$K_{línea,rot}\left[\frac{kNm}{rad}\right] = \frac{b_{int}^{2}}{\dfrac{1}{K_{hold-down}} + \dfrac{1}{K_{aplast,losa}}}$$

Línea inferior

El cálculo de los esfuerzos es completamente análogo a la línea superior, pero incluyendo la carga gravitacional y lateral de la losa correspondiente. Por lo demás, si esta unión fuese simétrica a la línea superior, se calcularía de forma idéntica; sin embargo, en el ejemplo se ha dispuesto una línea de tornillos. Para verificar la misma, existen 2 opciones:

a)   Asumir que todos los tornillos aportan capacidad y rigidez axial y lateral. En este caso se procede a una verificación idéntica a la unión UCM; se combinan las verificaciones de corte fuera del plano frente a la capacidad lateral, y corte en el plano y el levantamiento frente a la capacidad axial. Análogamente a la UCM se calcula también la rigidez lateral (considerando la inclinación, es decir la composición de la rigidez lateral y axial, ver Sección 1.2.2.) y axial (a la tracción, considerando la inclinación en la rigidez axial, ver Sección 1.2.2) como

$$K_{línea,lat}\left[\frac{kN}{m}\right] = n_{conect} \cdot K_i$$

$$k_{línea,lat}\left[\frac{kN}{m^2}\right] = \frac{n_{conect} \cdot K_i}{b_{muro}}$$

$$K_{línea,ax}\left[\frac{kN}{m}\right] = n_{conect} \cdot K_{i,ax}$$

$$k_{línea,ax}\left[\frac{kN}{m^2}\right] = \frac{n_{conect} \cdot K_{i,ax}}{b_{muro}}$$

El cálculo de la rigidez rotacional en este caso es más tedioso por el hecho de que los conectores no fueron separados para tal fin. Una forma de calcular esta rigidez de forma simplificada, sería sumar en serie las rigideces rotacionales

$$K_{rot,muro}\left[\frac{kNm}{rad}\right] = \left(\frac{1}{K_{aplast,losa} \cdot b_{int}{}^2} + \frac{1}{K_{torn,tracc,rot}}\right)^{-1}$$

Donde igualmente estimaríamos el área plastificada para determinar el resorte equivalente a compresión

$$K_{aplast,losa}\left[\frac{kN}{m}\right] = \frac{E_{90,losa} \cdot b_{aplast} \cdot t_{CLT,muro}}{t_{CLT,losa}/2}$$

Mientras que el resorte equivalente a tracción, podría estimarse como el sumatorio en paralelo de los tornillos localizados en la zona de tracción, multiplicado por la distancia de cada uno de ellos al centro de rotación

$$K_{torn,tracc} = \sum_{i=1}^{n} K_{i,ax} \cdot r_i{}^2$$

b)   Asumir que los tornillos situados en la zona de tracción (simétrica a ambos bordes ya que la carga puede venir de ambos sentidos) serán responsables de neutralizar completamente el momento, mientras que los tornillos en la zona intermedia neutralizarán completamente el cortante. En esencia, esta verificación es muy similar al punto anterior, solo que se separan los esfuerzos y los tornillos, pese a que se traten del mismo conector y todos adquieran la misma disposición. Esta separación facilita la estimación de la rigidez. Así la rigidez lateral sería calculada únicamente considerando los tornillos destinados a soportar el corte (considerando la inclinación de los mismos)

$$K_{línea,lat}\left[\frac{kN}{m}\right] = n_{conect,lat} \cdot K_i$$

$$k_{línea,lat}\left[\frac{kN}{m^2}\right] = \frac{n_{conect,lat} \cdot K_i}{b_{muro}}$$

mientras que la rigidez rotacional se podría simplificar aproximando únicamente los conectores destinados al levantamiento de modo que

$$K_{línea,rot}\left[\frac{kNm}{rad}\right] = \frac{b_{int}^2}{\dfrac{1}{K_{i,ax,lev} \cdot n_{conect,lev}} + \dfrac{1}{K_{aplast,losa}}}$$

Por supuesto, tanto en la línea superior como la línea inferior, si es que no hubiese levantamiento, la rigidez axial (a compresión) podría calcularse de forma idéntica a la UCM como

$$K_{línea,ax}\left[\frac{kN}{m}\right] = \frac{E_{90,losa} \cdot b_{90} \cdot b_{muro}}{t_{CLT,losa}/2}$$

Rigidez intermedia para ambas líneas

En caso de que los muros no sean modelados con elementos tipo viga, sino que se modelan directamente con elementos tipo superficial (shell), normalmente uno tiene que considerar únicamente una única rigidez de línea correspondiente a la línea de unión superior e inferior; esta rigidez que sirve para tener en cuenta todas las flexibilidades para los nodos de losa y muros que confluyen en una misma línea. En tal caso, puede ser conveniente estimar una rigidez intermedia para ambas líneas. Con respecto a la rigidez al corte, la estimación es sencilla ya que simplemente se trata de la composición en serie de las rigideces de la línea superior y la línea inferior

$$k_{línea,equiv,lat}\left[\frac{kN}{m^2}\right] = \left(\frac{1}{\dfrac{1}{K_{línea\ sup,lat}\left[\frac{kN}{m}\right]} + \dfrac{1}{K_{línea\ inf,lat}\left[\frac{kN}{m}\right]}}\right) \cdot \frac{1}{b_{muro}}$$

Por otro lado, la rigidez rotacional equivalente a ambas líneas, podríamos calcularla análogamente a partir de la composición en serie de ambas rigideces rotacionales

$$K_{línea,equiv,rot}\left[\frac{kNm}{rad}\right] = \left(\frac{1}{\dfrac{1}{K_{línea\ sup,lat}\left[\frac{kNm}{rad}\right]} + \dfrac{1}{K_{línea\ inf,lat}\left[\frac{kNm}{rad}\right]}}\right)$$

Para introducirla en el programa como una rigidez traslacional axial, podríamos considerar el brazo interior intermedio de la línea superior e inferior ($\overline{b_{int}}$). Además, dado que en la parte superior tenemos hold-down y en la parte inferior tornillos, resulta más conveniente considerar únicamente que la rigidez axial se aplica únicamente en las zonas exteriores al brazo interno (b_{muro} - $\overline{b_{int}}$). El resorte equivalente a cada una de las zonas exteriores se podría estimar como

$$K_{l\acute{\imath}nea,equiv,ax}\left[\frac{kN}{m}\right] = \frac{2 \cdot K_{l\acute{\imath}nea,equiv,rot}}{\overline{b_{int}}^{2}}$$

Así es que la rigidez axial lineal en la zona externa al brazo interno resultaría

$$k_{l\acute{\imath}nea,equiv,ax}\left[\frac{kN}{m^{2}}\right] = \frac{2 \cdot K_{l\acute{\imath}nea,equiv,rot}}{\overline{b_{int}}^{2}} \cdot \frac{1}{b_{muro} - \overline{b_{int}}}$$

Ver una ilustración de las rigideces lineales laterales y axiales equivalentes a ambas líneas de unión en la Figura 1.6.3.2.2.

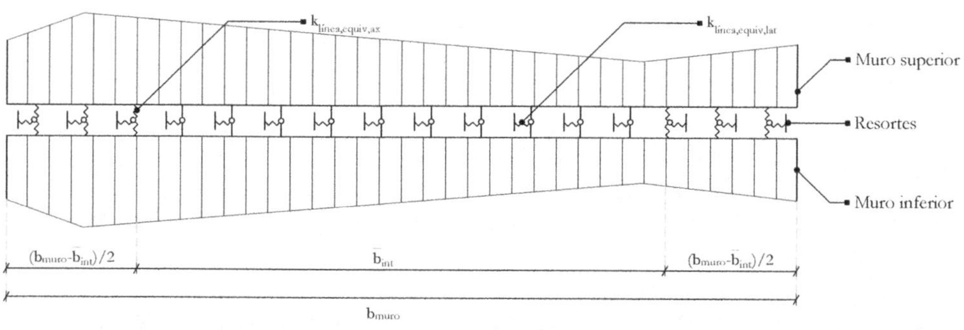

FIGURA 1.6.3.2.2 Posible asignación de rigideces lineales laterales y axiales equivalentes a la línea superior y línea inferior de la UMLM (basado en Ringhofer 2010).

1.6.3.3 Unión muro-fundación (UMF)

La variante más empleada en este tipo de unión son claramente hold-downs y ángulos de acero, que pueden estar o no estar rigidizados para resistir el viento perpendicular. Ver ejemplificación de la UMF y típica distribución de esfuerzos —que se calculan de forma completamente análoga a la línea superior de la UMLM— en la Figura 1.6.3.3.1. El procedimiento de verificación de esta unión es idéntico a la verificación de la línea superior de la UMLM, con la salvedad de que los pernos/ tornillos de unión de la losa se corresponden a conectores de hormigón y deben verificarse como tal, y que la zona plastificada debe calcularse de forma más precisa considerando la plastificación del propio muro y no de la losa; ver la modificación de este cálculo en la Sección 1.6.1.5.1. (método de Ringhofer) u otras metodologías en Sección 1.6.1.2.

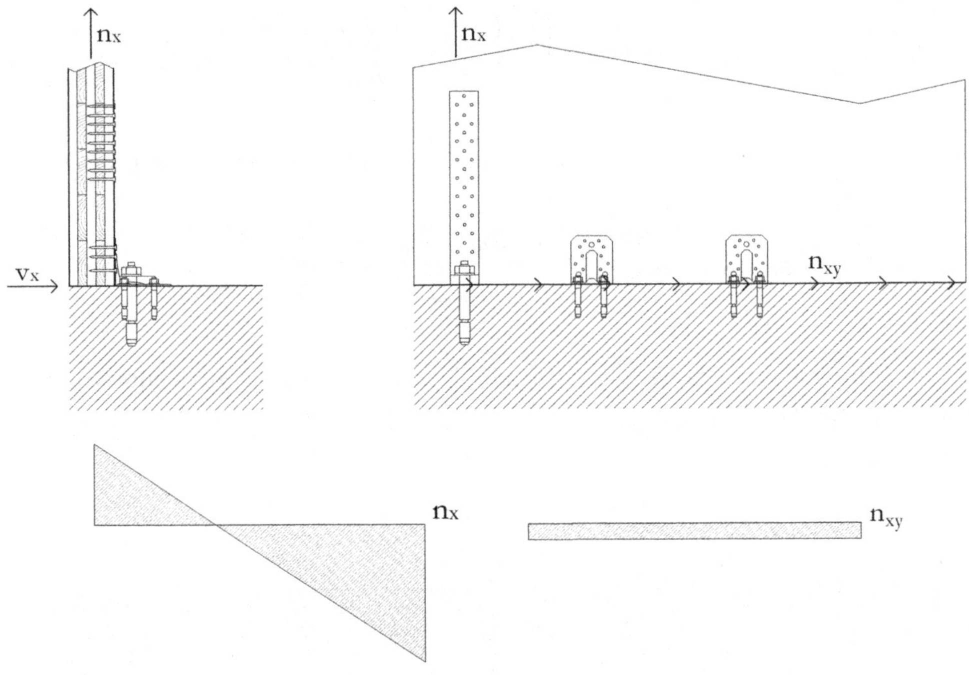

FIGURA 1.6.3.2.1 Posible configuración y típicas solicitaciones de la UMF (basado en Ringhofer 2010).

La rigidez lateral de la unión por supuesto se debe a la rigidez de los ángulos

$$K_{línea,lat}\left[\frac{kN}{m}\right] = \cfrac{1}{\cfrac{1}{n_{áng} \cdot K_{ang,muro}} + \cfrac{1}{n_{áng} \cdot K_{ang,losa}}}$$

$$k_{línea,lat}\left[\frac{kN}{m^2}\right] = \frac{1}{b_{muro}}\left(\cfrac{1}{\cfrac{1}{n_{áng} \cdot K_{ang,muro}} + \cfrac{1}{n_{áng} \cdot K_{ang,losa}}}\right)$$

y la rigidez de rotacional, de forma análoga a la línea superior de UMLM

$$K_{l\acute{\imath}nea,rot}\left[\frac{kNm}{rad}\right] = \frac{b_{int}^{2}}{\dfrac{1}{K_{hold-down}} + \dfrac{1}{K_{aplast,mruo}}}$$

La rigidez del/los hold-down en este caso suele tener como flexibilidad dominante el grupo de conectores que están insertados en el muro. Por otro lado, en este caso el aplastamiento se debe únicamente al muro y puede estimarse como

$$K_{aplast,muro}\left[\frac{kN}{m}\right] = \frac{E_{0,muro} \cdot b_{aplast} \cdot \sum t_{i,0}}{h_{muro}}$$

Siendo (método Ringhofer, ver detalles en Sección 1.6.1.5.1)

$$b_{plast} = \frac{F_c}{\sum t_{i,0} \cdot F_{cp,dis}}$$

donde el sumatorio indica la suma del espesor de láminas verticales, paralelas a la compresión.

En caso de modelar muros como elementos superficiales, podemos, de forma análoga a la UMLM transformar la rigidez rotacional a una rigidez traslacional (axial). Sin embargo, es bastante habitual en esta unión separar la rigidez a compresión de la de tracción, en cuyo caso podríamos calcular la rigidez lineal a compresión como

$$k_{l\acute{\imath}nea,compr}\left[\frac{kN}{m^2}\right] = \frac{E_{0,muro} \cdot \sum t_{i,0}}{h_{muro}}$$

Por otra parte, la rigidez de tracción podríamos incorporarla de forma más precisa como la rigidez total del/los hold-down, ver una ilustración en la Figura 1.6.3.3.2.

$$K_{l\acute{\imath}nea,tracc}\left[\frac{kN}{m}\right] = \sum k_{i,hold-down}$$

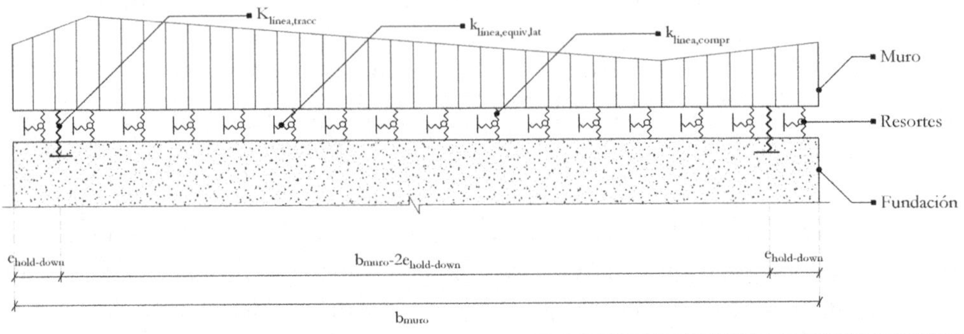

FIGURA 1.6.3.2.2 Posible asignación de rigideces lineales laterales y axiales de la UMF (basado en Ringhofer 2010).

1.6.3.4 *Unión losa-losa (ULL)*

Las ULL engloban las uniones interiores de la losa, es decir todas las uniones a excepción de las UMLM que se detallaron anteriormente. Tal como ha sido introducido en la Sección 1.6.2, pese a que se pueden fabricar ULL para resistir el momento, lo más habitual, al igual que las uniones anteriores, es que únicamente deban resistir cortante perpendicular y fuerzas de membrana, lo que en este caso resulta v_y, n_y y n_{xy}. En ocasiones el cortante perpendicular puede ser despreciable, por lo que también pueden diseñarse uniones únicamente para resistir fuerzas de membrana, ver Figura 1.6.2.2.2. El cálculo de todos estos esfuerzos se detalló ya en la Sección 1.6.2, así es que los próximos párrafos se centran en las verificaciones y modelación de rigideces. En concreto, se ejemplificarán dos casos diferentes, una ULL materializada únicamente con hileras de tornillos en cruz, Figura 1.6.3.4.1, y una unión con tornillos perpendiculares al panel y un tablón de un producto de alta resistencia como por ejemplo terciado de alta calidad o LVL, Figura 1.6.3.4.2. Las verificaciones y modelaciones para otros diseños similares como aquellos presentados en la Figura 1.6.2.2.2 son análogas a las aquí presentadas.

ULL de tornillos en cruz

Tal como se detalló en la Sección 1.6.2, cada ULL tendrá una terna de esfuerzos; v_y se calcula según la descarga gravitacional en muros, mientras que n_y y n_{xy} se calculan, respectivamente, según M y V del diagrama de esfuerzos de la viga que representa el diafragma resistiendo una carga lateral con las ULL dispuestas de forma paralela a la carga. Aunque habitualmente son esos 3 los esfuerzos dominantes, también debería verificarse que el n_{xy} obtenido con la carga lateral perpendicular a las ULL no excede el anterior, lo que se detalla en la Sección 1.6.2.5.1. Una vez determinados $(n_{y,max}, n_{xy,max}, v_{y,max})$ para cada ULL, se procede a la verificación. Nota: se podría variar la configuración de conectores entre líneas y dentro de cada línea según la terna correspondiente en cada punto, pero por simplicidad en los diseños analíticos y la facilidad de construcción, se suele emplear el mismo patrón de uniones dentro de una losa.

En el caso que nos ocupa, la terna de esfuerzos será resistida por una línea de tornillos en cruz, ver Figura 1.6.3.4.1. De forma análoga a las uniones anteriores, suele considerarse que la resistencia lateral de la unión tendrá que ser capaz de resistir el corte fuera del plano de la cruz, n_{xy}, mientras que la resultante de las fuerzas en el plano de la cruz, v_y y n_y deberán tener que ser resistidas por la capacidad axial de los tornillos. En cuanto a la diferencia con los casos anteriores, es sin embargo que tenemos tornillos en cruz, no tornillos simplemente oblicuos. El cálculo de este tipo de conexiones se detalla en profundidad en el libro *"Fundamentos del Diseño y la Construcción con Madera"*; a continuación se muestra un procedimiento simplificado recomendado por algunos autores. Este procedimiento consiste en calcular inicialmente la resistencia a la extracción axial de un solo tornillo colocado de forma perpendicular a los bordes del CLT, $R_{ax,dis}$ correspondiente a la longitud de anclaje del mismo, la cual ha sido detallada en la Sección 1.7.1. y se repite aquí por conveniencia

$$R_{ax,k} = \frac{9.02 \cdot d^{-0.2} \cdot \ell_{ef}^{-0.1}}{1.35 \cdot \cos^2 \mathcal{E} + \sin^2 \mathcal{E}}$$

Posteriormente, podemos tomar la simplificación de que la pareja de tornillos dispuestos en cruz tendrá una capacidad aproximada tanto frente al corte perpendicular y extracción en su plano de

$$R_{V_y,dis} = R_{T_y,dis} = \sqrt{2} \cdot R_{ax,dis}$$

Con respecto a la capacidad lateral, frente al corte fuera del plano de los tornillos, n_{xy}, esta puede estimarse simplemente como el doble de la capacidad lateral de un tornillo calculada mediante Johansen con la longitud inclinada correspondiente

$$R_{V_{xy}} = 2 \cdot R_{lat,dis}$$

Finalmente podemos verificar la combinación de solicitaciones

$$\left(\frac{v_{y,dis}}{n \cdot 2 \cdot R_{lat,dis}} \right)^2 + \left(\frac{n_{y,dis} + n_{xy,dis}}{n \cdot \sqrt{2} \cdot R_{ax,dis}} \right)^2 \leq 1$$

Con respecto a la rigidez y, antes de nada, cabe recordar que, con respecto a las cargas laterales, la losa suele considerarse que es un diafragma rígido. No obstante, dicha premisa requiere previamente de una verificación de flexibilidad que únicamente en los casos más sencillos puede efectuarse analíticamente según lo dispuesto en la Sección 1.6.2.5; para casos más complejos es por tanto de interés poder modelar la rigidez de las ULL y estimar así si la rigidez del diafragma es suficiente para que este sea considerado como rígido. Otra cuestión importante que debemos recordar es que, a diferencia de los muros, que básicamente se conciben para que la única carga perpendicular que deben resistir sea el viento perpendicular, lo que se puede verificar de forma simple y métodos analíticos (por lo que no requiere modelación de rigidez transversal), la losa sí tiene como función primordial resistir las cargas gravitacionales fuera del plano. Para este cometido, es imprescindible considerar también la rigidez fuera del plano, la cual una de las principales responsables para poder emular el comportamiento biaxial de las losas, y con ello aproximar bien la flecha y la carga gravitacional que le llega a cada muro. A continuación, se resume entonces no solo la estimación de rigideces de membrana, sino también la rigidez fuera del plano de las ULL.

Podemos asumir que la rigidez lateral de los tornillos es la responsable de aportar rigidez al corte n_{xy}. Ya que los tornillos no tienen ninguna inclinación fuera del plano de la cruz, podemos simplemente estimar que la rigidez de cada cruz es el doble de la rigidez lateral simple de un tornillo, de modo que

$$K_{linea,lat,n_{xy}} \left[\frac{kN}{m}\right] = n_{cruces} \cdot 2K_i$$

Considerando el ancho de la losa (longitud de las ULL)

$$k_{linea,lat,n_{xy}} \left[\frac{kN}{m^2}\right] = \frac{n_{cruces} \cdot 2K_i}{b_{losa}} = \frac{2K_i}{e_x}$$

En cuanto a las rigideces a las tracciones, n_y y al corte transversal v_y podemos asumir que para tornillos dispuestos a $45°$, son idénticas en consonancia con la verificación previamente realizada. Así es que análogamente

$$K_{linea,ax,n_y,t} = K_{linea,ax,v_y} \left[\frac{kN}{m}\right] = n_{cruces} \cdot 2K_{i,ax}$$

$$k_{linea,ax,n_y} = k_{linea,ax,v_y} \left[\frac{kN}{m^2}\right] = \frac{n_{cruces} \cdot 2K_{i,ax}}{b_{losa}} = \frac{2K_{i,ax}}{e_x}$$

Donde $K_{i,ax}$ debe estimarse según la composición de la rigidez lateral y axial y la inclinación del tornillo según se indica en la Sección 1.2.2. Nótese que, únicamente considerando la rigidez a la tracción de la apertura, es imposible capturar la deformación que realmente se produce en el diafragma. Es por tanto necesario considerar también la rigidez a la compresión, la cual viene dada fundamentalmente por la rigidez del aplastamiento de los tablones que son paralelos a n_y:

$$k_{línea,ax,n_y,c}\left[\frac{kN}{m^2}\right] = \frac{E_0 \cdot \sum t_{0,y}}{b_{CLT}}$$

En caso de no poder incluir un resorte con distinto comportamiento en tracción y compresión, podríamos incorporar la rigidez de compresión únicamente en la zona b_{compr}, estimada según la Sección 1.6.2.5.1. Si esto tampoco fuese posible, se recomienda aplicar una rigidez muy elevada en el borde comprimido para que la ULL se comporte como una rótula, y solo se permita la apertura, ver Figura 1.6.3.4.1.

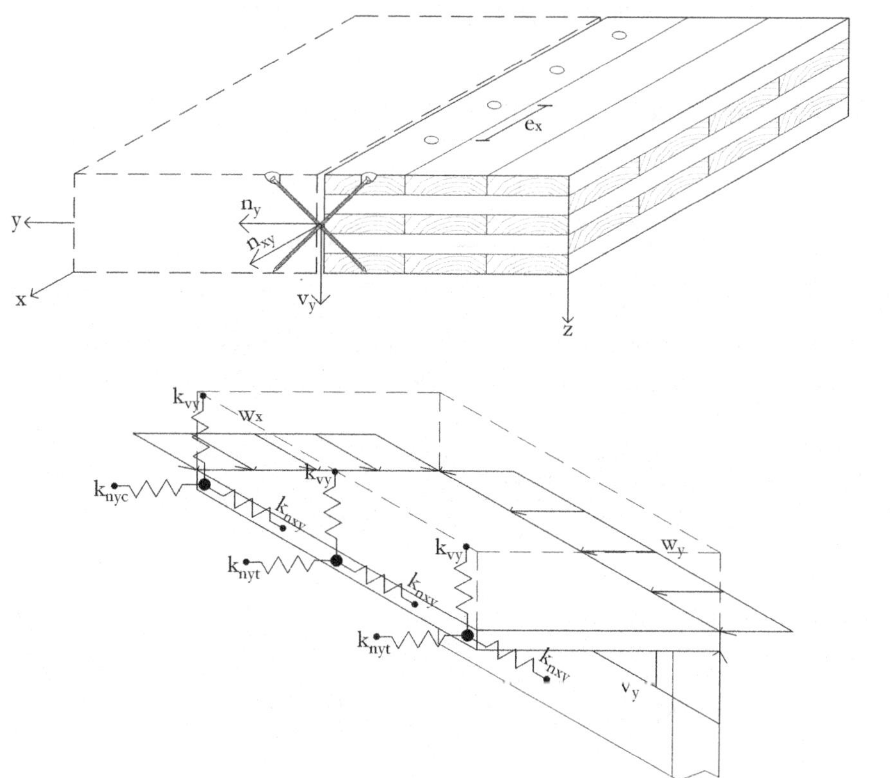

FIGURA 1.6.3.4.1 Configuración y esfuerzos en ULL en base a tornillos en cruces y modelación de rigideces.

ULL de tornillos perpendiculares y junta con tablero de calidad

Otra posible configuración de ULL consiste en emplear tornillos perpendiculares al CLT, y un tablón de gran calidad que permita transferir los esfuerzos entre losas, ver Figura 1.6.3.4.2. En este caso la verificación es aún más sencilla, pero es importante notar que la fuerza de corte v_y es excéntrica a la tracción del tornillo, por lo que genera un momento que se equilibra con la compresión del tablero de calidad al CLT en la parte externa de la unión. Tomando momentos en el centro de compresión (ver Figura 1.6.3.4.2).

$$t_y = \frac{v_y \cdot e}{d - e}$$

Y asumiendo una distribución lineal (triangular) de las compresiones, podemos asumir que el centro de compresión está situado a una distancia

$$d = e + \frac{2}{3}\left(\frac{b_{tablón}}{2} - e\right) = \frac{b_{tablón} + e}{3}$$

Así es que la fuerza de tracción que le llega a los tornillos es

$$t_y = \frac{v_y \cdot e}{\dfrac{b_{tablón} + e}{3} - e} = \frac{3 \cdot v_y \cdot e}{b_{tablón} - 2 \cdot e}$$

De modo que la tracción transversal debe ser neutralizada con la resistencia axial, y la resultante de las fuerzas de membrana deben ser resistidas por la capacidad lateral

$$\left(\frac{\sqrt{n_{y,dis}^2 + n_{xy,dis}^2}}{n \cdot R_{lat,dis}}\right)^2 + \left(\frac{t_y}{n \cdot R_{ax,dis}}\right)^2 \leq 1$$

Y análogamente, las rigideces en este caso

$$K_{línea,lat,n_{xy}} = K_{línea,ax,n_y,t}\left[\frac{kN}{m}\right] = n \cdot K_i$$

$$k_{línea,lat,n_{xy}} = k_{línea,ax,n_y,t}\left[\frac{kN}{m^2}\right] = \frac{n \cdot K_i}{b_{losa}} = \frac{K_i}{e_x}$$

$$K_{l\acute{i}nea,ax,v_y}\left[\frac{kN}{m}\right] = n \cdot K_{i,ax}$$

$$k_{l\acute{i}nea,ax,v_y}\left[\frac{kN}{m^2}\right] = \frac{n \cdot K_{i,ax}}{b_{losa}} = \frac{K_{i,ax}}{e_x}$$

$$k_{l\acute{i}nea,ax,n_y,c}\left[\frac{kN}{m^2}\right] = \frac{E_0 \cdot \sum t_{0,y}}{b_{CLT}}$$

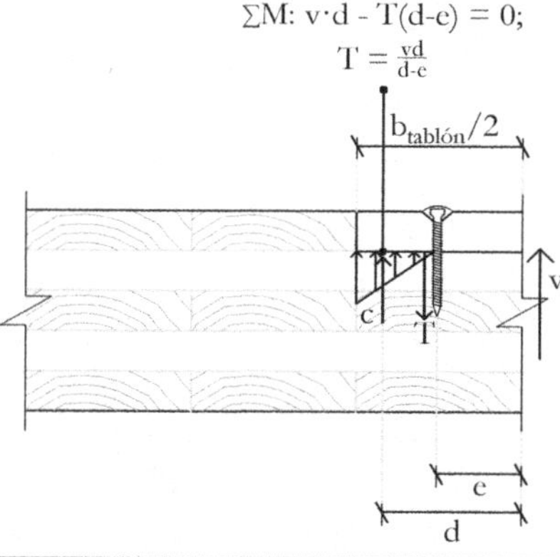

FIGURA I.6.3.4.2 Configuración y esfuerzos en ULL en base a tornillos perpendiculares y juntas con tableros de gran calidad (modificado de Wallner-Novak et al. 2013).

I.6.3.5 *Unión muro-muro (UMM)*

Las uniones muro a muro pueden incluir la vinculación paralela y oblicua de dos muros adyacentes, así como también la vinculación de muros en *L* y en *T*. Tal como se comentó en secciones anteriores, la influencia de tales uniones es de vital importancia en el comportamiento estructural de un edificio; de hecho, el requisito indispensable para que una construcción de CLT sea considerada con uniones de alta ductilidad (y por tanto se puedan aplicar factores de reducción de respuesta mayores en algunos países) requiere de la aplicación de UMM disipativas, ver Tabla 1.5.1.2. Nota: mientras dicho sistema no sea investigado o mejorado en Chile, se requiere la aplicación de un factor de reducción de la respuesta R = 2 y la íntegra aplicación de la NCh433 para su diseño.

Sin embargo, pese a la importancia en el comportamiento global de la estructura anteriormente comentada, todavía se requiere mucho desarrollo para diseñar estas uniones con métodos analíticos y se recomienda la aplicación de modelos computacionales. El problema se reduce entonces a la relación de rigideces, y a partir de ahí es posible verificar esfuerzos y flexibilidades. Es por ello que esta sección se centra en la incorporación de rigideces para modelos computacionales, más que en la predicción de esfuerzos en las líneas de unión.

No obstante, es importante primero resumir el comportamiento mecánico de los muros acoplados. En esencia, cuando dos o más muros se acoplan verticalmente, el movimiento horizontal, además de incluir una composición de movimiento de *rocking* y *deslizamiento*, incluye una componente de movimiento *monolítico* o *diferencial*. Para el caso más sencillo de 2 muros acoplados con esfuerzos y rigideces relativamente similares, se presentan a continuación unas ilustraciones de las posibles deformaciones (Figura 1.6.3.5.1), esfuerzos en las ULL (1.6.3.5.2) y un resumen del comportamiento mecánico (Tabla 1.6.3.5).

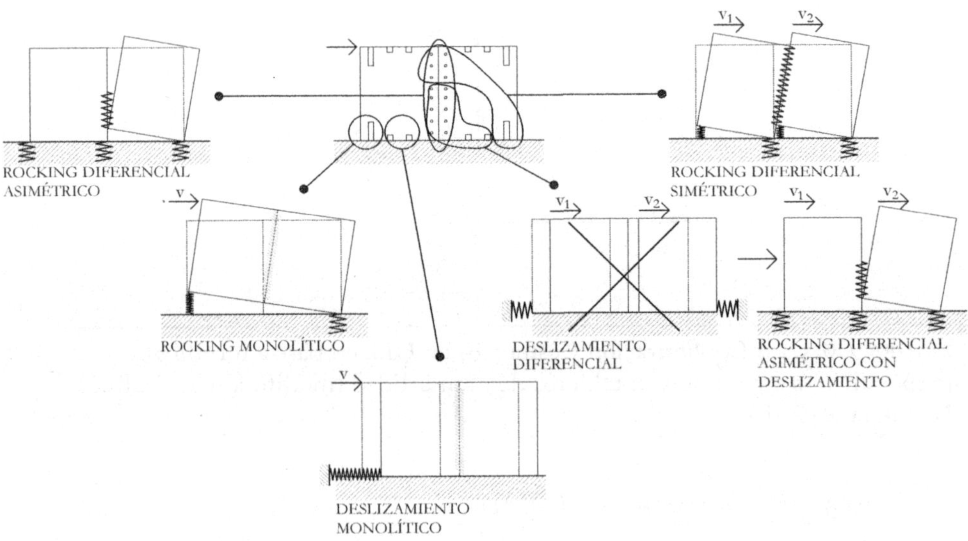

FIGURA 6.6.3.5.1 Interacción de flexibilidades de un muro acoplado; únicamente cuando la flexibilidad de la UMM está en equilibrio con la rigidez al levantamiento el movimiento se produce un movimiento de rocking simétrico en el cual previsiblemente se produce el máximo desplazamiento en la ULL, y por tanto incremento de ductilidad. En la figura se representan posibles modos de deformación según la flexibilidad dominante.

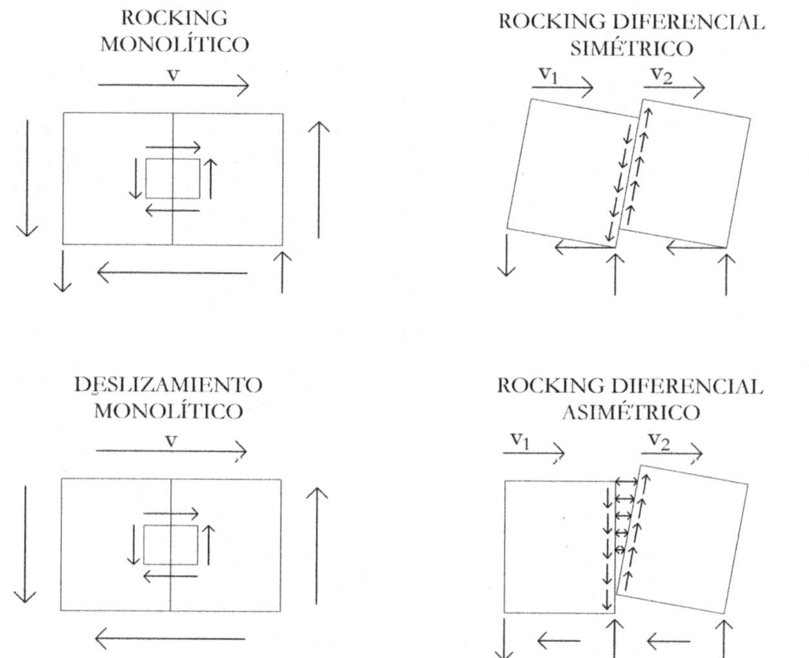

FIGURA 1.6.3.5.2 Principales esfuerzos en las ULL para 2 muros acoplados, los cuales tienen aproximadamente la misma rigidez y corte.

TABLA 1.6.3.5 Resumen del comportamiento mecánico de muros de CLT acoplados según el equilibrio de rigideces.

Flexibilidad/es dominante/s	Tipo de deformación (Figura 1.6.3.5.1)	Principales esfuerzos en la ULL (Figura 1.6.3.5.2)	Descripción del Comportamiento
$\Delta_{hold\text{-}down}$	*Rocking monolítico*	Corte del propio tablero	Permite enlazar muros en paralelo para que actúen como un único muro: permite incrementar longitud de muro y disminuir hold-downs pero UMM no aporta ductlidad.
$\Delta_{ángulos}$	*Desliazmiento monolítico*	Corte del propio tablero	Similar al caso anterior, pero con deformación de deslizamiento.

TABLA 1.6.3.5 (CONTINUACIÓN)

$\Delta_{hold\text{-}downs} \approx \Delta_{ULL}$	*Rocking diferencial simétrico*	La compresión se resiste principalmente por contacto con losa; la ULL debe resistir principalmente el corte propiciado por la tracción de la fracción de muro correspondiente	Se produce un desplazamiento de corte simétrico en la ULL lo que puede incrementar considerablemente la ductilidad del sistema.
$\Delta_{ángulos} \approx \Delta_{ULL}$	Cabría pensar en un "deslizamiento diferencial" sin embargo esto no suele ser posible porque el diafragma suele ser rígido. Habitualmente se produce un *rocking diferencial asimétrico con deslizamiento*	Sucede que una fracción de muro no rota, mientras la otra sí lo hace, mientras que ambas sufren deslizamiento. La ULL debe resistir corte y tracción en el extremo superior como consecuencia de la fracción de muro que sí tiene rocking.	La ULL aporta ductilidad pero la deformación es compleja y difícil de predecir.
Δ_{ULL}	*Rocking diferencial asimétrico*	Similar al caso anterior, pero sin deslizamiento.	Similar al caso anterior, pero sin deslizamiento.

Bajo toda esta complejidad, y más aún cuando podemos tener más de 2 muros que pueden o no ser ortogonales y estar o no solicitados a los mismos cortes, lo más conveniente es modelar las rigideces de las ULL en modelos computacionales, para determinar verificar así los esfuerzos y deformaciones. Para ello, principalmente nos importan las rigideces de las UMM al corte, v_{xy} y la posible tracción, n_y; esta última principalmente para el caso de deformación asimétrica. Afortunadamente la estimación de estas rigideces, e incluso la metodología de verificación, es prácticamente idéntica a la que se presentó en las ULL.

1.6.4 *Notas sobre la estimación del periodo*

Para la estimación del periodo de los edificios de CLT se emplean los mismos métodos expuestos en el libro "*Conceptos avanzados del diseño estructural con madera. Parte I*", Capítulo 5, Sección 5.2.1. En caso de emplear métodos que consideran la rigidez de piso, es sumamente importante considerar la rigidez de las líneas de unión tal como se expuso en la sección anterior, ya que, de otra forma, podrían infra estimarse considerablemente los periodos.

I.6.5 *Reparto de cargas*

Naturalmente, el procedimiento para el cálculo del centro de rigidez elástico y el c.d.g. de cada piso, es idéntico a lo expuesto en el Capítulo 5. Asimismo, el reparto de fuerzas longitudinales y momentos torsionales se realiza también según lo indicado en el Capítulo 5 de la parte primera de este libro, es decir, en el caso de aplicar la NCh433 con la filosofía del protocolo ASCE7, asumiendo el caso típico de diafragma rígido, tendríamos que la fuerza en cada muro sería

$$F_{dis,diaf,muro,i,x} = F_{px} \cdot \frac{K_{i,x}}{\sum_{i=1}^{n} K_{i,x}} \pm \frac{M_{zpx} \cdot K_i \cdot r_i}{\sum_{i=1}^{n} K_i \cdot r_i^2}$$

$$F_{dis,diaf,muro,i,y} = F_{py} \cdot \frac{K_{i,y}}{\sum_{i=1}^{n} K_{i,y}} \pm \frac{M_{zpy} \cdot K_i \cdot r_i}{\sum_{i=1}^{n} K_i \cdot r_i^2}$$

Donde como ya se comentó anteriormente, la rigidez transversal de cada muro suele despreciarse también en el CLT. De este modo, la fuerza total sobre cada línea de muro

$$F_{dis,diaf,línea,i,x} = \sum_{i=1}^{m} F_{dis,diaf,muro,i,x}$$

$$F_{dis,diaf,línea,i,y} = \sum_{i=1}^{m} F_{dis,diaf,muro,i,y}$$

Ahora bien, tal como se profundizará en la siguiente sección, es poco conservador asumir que la fuerza de cada línea de muros se distribuye linealmente en el CLT según la contribución exclusiva de la deformación por corte, aun cuando se asegura una UMLM continua a lo largo de toda la línea. Por ello se recomienda dimensionar el diafragma, considerando conservadoramente el flujo máximo de corte esperado en cada muro

$$n_{xy,dis,diaf,x} = \max \left| \frac{F_{dis,diaf,muro,i,x}}{b_{muro,i,x}} \right|$$

$$n_{xy,dis,diaf,y} = \max \left| \frac{F_{dis,diaf,muro,i,y}}{b_{muro,i,y}} \right|$$

Por otro lado, las fuerzas sobre cada muro o fracción efectiva de muro resultan ser

$$F_{dis,muro,i,x} = F_x \cdot \frac{K_{i,x}}{\sum_{i=1}^{n} K_{i,x}} \pm \frac{M_{zx} \cdot K_i \cdot r_i}{\sum_{i=1}^{n} K_i \cdot r_i^2}$$

$$F_{dis,muro,i,y} = F_y \cdot \frac{K_{i,y}}{\sum_{i=1}^{n} K_{i,y}} \pm \frac{M_{zy} \cdot K_i \cdot r_i}{\sum_{i=1}^{n} K_i \cdot r_i^2}$$

tal que

$$n_{xy,dis,muro,i} = F_{dis,muro,i}/b_i$$

Ciertamente, en las fases iniciales de diseño, la rigidez de cada muro es desconocida, principalmente porque no se sabe con exactitud la configuración de las uniones, las cuales según lo indicado en la Sección 1.6.1.3, dominan la flexibilidad. En el caso del marco plataforma, era evidente que podríamos estimar la rigidez total de un muro considerando su longitud y las tablas de la SDPWS. En el caso del CLT, sin embargo, la estimación inicial de la rigidez inicial es incierta. Bajo estas circunstancias, es una práctica habitual relativizar el reparto de rigideces según longitud o momento de inercia neto de la sección. De esta manera, algunas recomendaciones de diversos autores incluyen estimar según el momento de inercia como

$$K_i \propto I_{0,net} = \sum_{i=1}^{n} \frac{E_i}{E_r} \cdot \frac{b_i \cdot t_i^3}{12} + \sum_{i=1}^{n} \frac{E_i}{E_r} \cdot \frac{b_i \cdot t_i \cdot a_i^2}{12}$$

o bien directamente según la longitud

$$K_i \propto l$$

mientras que otros sugieren

$$K_i \propto \begin{cases} l^{1,5} \text{ para muros con hold} - down \text{ y claves de corte} \\ l^2 \text{ para muros con línea de tornillos autoperforantes} \end{cases}$$

1.6.6 No *linealidad de la relación rigidez-capacidad y ruptura de la simultaneidad en la cedencia*

Un aspecto muy importante a destacar de los edificios de CLT en relación a los edificios de marco plataforma, es que en los primeros no suele existir una linealidad en la relación rigidez-capacidad de los muros, lo que provoca una tendencia a que no todos los muros entren en cedencia de forma simultánea. A continuación, se detalla más esta situación y algunas de sus consecuencias, para finalmente detallar algunas recomendaciones de diseño.

Supongamos que tenemos un edificio simétrico con una línea de muros compuesta por 3 muros cuya relación de longitudes resulta ser (ver Figura 1.6.5.1)

$$b_1 = \frac{1}{2}b_2 = \frac{1}{3}b_3$$

Si es que el diafragma es rígido

$$\delta_1 = \delta_2 = \delta_3$$

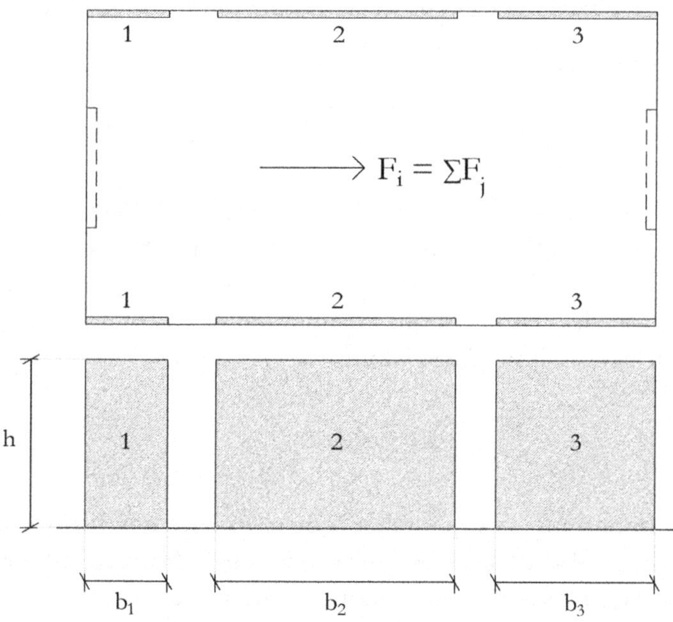

FIGURA 1.6.5.1 Ejemplo para ilustrar la ruptura de linealidad rigidez-capacidad en los muros de CLT en relación a los muros de marco-plataforma (basado en el ejemplo de Seim W et al. 2014).

Linealidad de rigidez y capacidad en el sistema marco plataforma

Asumamos ahora que esos 3 muros se fabrican con el sistema marco plataforma, y que la relación de aspecto *b/h* es mayor que *1/2*. Bajo estas circunstancias, tal y como se detalló en el Capítulo 5 de la primera parte de este libro, la deformación dominante es por corte. La deformación por corte, presenta la ventaja fundamental de que tanto la rigidez como la capacidad suelen estar linealmente relacionadas con la longitud. Asumamos entonces que, en estos tres muros, la rigidez inicial es directamente proporcional a la longitud, así es que

$$K_1 = \frac{1}{2}K_2 = \frac{1}{3}K_3$$

De este modo, la fuerza que le llegaría a cada muro sería

$$F_1 = \frac{K_1}{\delta_1}; F_2 = \frac{K_2}{\delta_2} = \frac{2 \cdot K_1}{\delta_1} = 2 \cdot F_1; F_3 = 3 \cdot F_1$$

Y el flujo de corte bajo estas circunstancias sería uniforme en toda la línea

$$v_1 = \frac{F_1}{b_1}; v_2 = \frac{F_2}{b_2} = \frac{2 \cdot F_1}{2 \cdot b_1} = v_1; v_3 = v_1$$

Dado que la capacidad de cada muro también está relacionada linealmente con la longitud (ver por ejemplo las Tablas de la norma SDPWS), y que podemos asumir que el desplazamiento de cedencia se producirá de una forma bastante estable en torno al 3‰, sucederá entonces que cuando uno de los muros entre en cedencia, estos tenderán a ceder simultáneamente

$$\delta_{y,1} = \delta_{y,2} = \delta_{y,3}$$

Esto es muy importante, ya que prácticamente podremos aprovechar la rigidez, capacidad y ductilidad de los tres muros por igual. Además, tal como se detalla con posterioridad, esto ocasionará que la respuesta del sistema sea relativamente más parecida a la respuesta de un elemento.

No linealidad rigidez-capacidad del sistema de CLT

La linealidad capacidad-rigidez en el sistema de CLT por lo general no se produce porque la deformación de los muros está gobernada por una interacción entre el levantamiento y el corte. Así, asumamos ahora en nuestro ejemplo anterior que la rigidez de cada muro sigue siendo aproximadamente proporcional a la longitud, bajo estas circunstancias, tendremos igualmente

$$K_1 = \frac{1}{2}K_2 = \frac{1}{3}K_3$$

y, por tanto, con el diafragma rígido

$$F_1 = \frac{K_1}{\delta_1}; F_2 = 2 \cdot F_1; \; F_3 = 3 \cdot F_1$$

$$v_1 = v_2 = \; v_3$$

Sin embargo, en este caso no solo la deformación por corte, sino también el levantamiento puede gobernar la cedencia de los muros, por lo que no todos los muros tenderán a una cedencia simultánea. De hecho, por razones constructivas y económicas, es bastante habitual encontrar que en construcciones reales se emplean el mismo tipo de hold-donws y claves de corte para muros de diferente longitud. De esta forma, por ejemplo, asumamos que la rigidez por corte sí es proporcional a la longitud por emplear el mismo espaciamiento y tipo de ángulos

$$K_{v,1} = \frac{1}{2}K_{v,2} = \frac{1}{3}K_{v,3}$$

Sin embargo, dado que empleamos el mismo tipo de hold-downs la rigidez de cada uno de ellos será lógicamente

$$K_{t,1} = K_{t,2} = K_{t,3}$$

Asumamos ahora que el muro número 1 aprovechará toda la capacidad del hold-down, y las claves de corte en el momento de su cedencia. Bajo estas circunstancias, y simplificando el cálculo, la deformación de cedencia podríamos estimarla aproximadamente como (ver un cálculo más refinado en la Sección 1.6.1.3)

$$\delta_{y,1} = \delta_{y,v,1} + \delta_{y,t,1} = \frac{F_1}{K_{v,1}} + \frac{\frac{F_1 \cdot h}{b_1}}{K_{t,1}} \cdot \frac{h}{b_1} = \frac{F_1}{K_{v,1}} + \frac{F_1}{K_{t,1}} \cdot \frac{h^2}{h_1^{\,2}}$$

Podemos apreciar entonces que la relación de la cedencia del muro con la fuerza cortante, sería lineal si es que dominase la deformación por corte ya que F es proporcional a δ; pero no sucede así por la interacción con el levantamiento. En efecto, si realizamos la misma cuenta para el muro 2 veremos que este sufrirá la cedencia prematura antes de que se alcance toda la capacidad de levantamiento del muro 1, en concreto en el momento de cedencia

$$\delta_{y,2} = \delta_{y,v,2} + \delta_{y,t,2} = \frac{F_2}{K_{v,2}} + \frac{\dfrac{F_2 \cdot h}{b_2}}{K_{t,2}} \cdot \frac{h}{b_2} = \frac{2F_1}{2K_{v,1}} + \frac{\dfrac{2F_1 \cdot h}{2b_1}}{K_{t,1}} \cdot \frac{h}{2b_1}$$

$$= \delta_{y,v,1} + \frac{1}{2}\delta_{y,t,1}$$

Observamos entonces, que la causa fundamental de la ruptura de linealidad entre la capacidad y rigidez viene provocada por la "relación h/brazo". Si el corte dominase enteramente la deformación, y con ello la capacidad del sistema, la relación seguiría siendo lineal, y además los muros fallarían de forma simultánea, ya que $d_{y,v,1}=d_{y,v,2}$, comportamiento que por cierto, asumimos que se produce, en mayor o menor medida, en el marco plataforma. De forma análoga, en el muro 3 obtendríamos

$$\delta_{y,3} = \delta_{y,v,3} + \delta_{y,t,3} = \delta_{y,v,1} + \frac{1}{3}\delta_{y,t,1}$$

Entonces, en resumidas cuentas, aproximadamente tendríamos que

$$\delta_{y,v,1} = \delta_{y,v,2} = \delta_{y,v,3}$$

y sin embargo

$$\delta_{y,t,1} = 2\delta_{y,t,2} = 3\delta_{y,t,3}$$

Dicho de otra forma, si asumimos un diafragma rígido y se produce un deslizamiento similar en todos los muros, entonces se producirá también un drift de vuelco similar en todos los muros. Sucede, sin embargo, que, para el mismo drift por levantamiento, se requiere una mayor deformación local en los hold-down para los muros menos esbeltos, ya que la conversión drift por vuelco y deformación en el hold-down viene dada en esencia por la relación h/b:

$$drift\ por\ levantamiento \approx deformación\ en\ hold-down \cdot \frac{h}{b}$$

Así es que, en los muros poco esbeltos, la deformación del hold-down se amplifica según *1/h/b*

$$deformación\ en\ hold-down \approx \frac{drift\ por\ levantamiento}{^h/_b}$$

Es decir, que los muros menos esbeltos tenderán a fallar antes. Esto implica, que en caso de emplear hold-downs relativamente parecidos en el mismo piso, si es que los muros tienen diferente longitud, habremos desaprovechado la capacidad y ductilidad de los muros más esbeltos, los cuales es posible, que no hayan alcanzado ni siquiera la deformación de cedencia cuando los muros menos esbeltos ya han llegado al límite último de deformación, ver Figura 1.6.5.2.

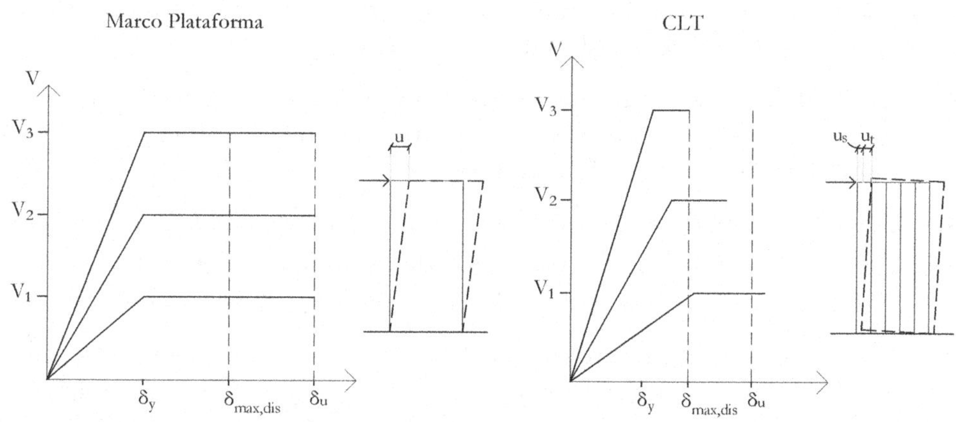

FIGURA 1.6.5.2 Ruptura de linealidad rigidez-capacidad y por tanto simultaneidad de cedencia en el sistema de CLT. La deformación última de muros poco esbeltos podría alcanzarse antes de que los muros esbeltos hayan alcanzado su capacidad (basado en el ejemplo de Seim W et al. 2014).

Bajo estas circunstancias, para el sistema de marco plataforma, sí parece más creíble que pueda establecerse una relación más cercana entre la ductilidad de un muro individual, y la ductilidad global de la estructura, siempre que la deformación por corte sea dominante en el sistema. Por supuesto en proyectos reales de edificios de marco plataforma es habitual tener que considerar una buena cantidad de muros esbeltos en donde la flexibilidad por vuelco puede ser muy poco despreciable, en cuyo caso se tenderá a perder la simultaneidad en la cedencia, y el comportamiento de un único elemento tendería a perder cierta relevancia en el comportamiento global. Y lógicamente también, en edificios de CLT reales, la contribución del corte en la rigidez de un muro depende de la flexibilidad del vuelco, pero sirve para ilustrar la no-linealidad entre la relación rigidez-capacidad que sucede una vez que no solo el corte sino también la flexión domina la deformación, y sin duda este comportamiento es mucho más propenso en los muros de CLT.

De este modo, para estructuraciones actuales de CLT, es poco razonable considerar una relación "sencilla" entre la ductilidad local y global; la tendencia cuando se emplean muros de longitudes muy variables y hold-down similares, es que la ductilidad global tiende a ser bastante inferior a la ductilidad local, pues los muros poco esbeltos tienden a fallar con poco levantamiento y lo que los muros esbeltos no pueden aportar ductilidad. Pese a lo anterior, debe recordarse que actualmente en Chile se considera para el CLT $R=2$, lo cual implica que en términos prácticos se considera como un material cuasi elástico con ductilidad despreciable. No obstante, mientras el sistema no se adapte mejor a las zonas sísmicas —a día de hoy es posible hacerlo por ejemplo en Europa al considerar uniones de alta ductilidad de acuerdo a la Tabla 1.5.1.1 y empleando así factores de reducción R más benevolentes— es importante considerar una serie de buenas prácticas en la fase de diseño, para tratar de minimizar esta situación desfavorable; en concreto:

- Dentro de los límites discretos determinados por las dimensiones de los productos comerciales y las prácticas constructivas, podemos adaptar los hold-down o anclajes a la capacidad de cada muro.

- Es habitual considerar la *inclusión de aperturas* en muros de CLT, e incluso *cortes y discontinuidades artificiales* para tratar de equilibrar las longitudes —y con ellas las rigideces, capacidades y ductilidades— de los distintos muros.

- En lo anterior, debe recordarse que la materialización de plantas con muros muy esbeltos tampoco es nada recomendable, ya que, vistos los argumentos anteriormente expuestos a la inversa, para una determinada capacidad de deformación del hold-down, el drift por vuelco se ve amplificado en muros esbeltos mediante la razón

$$drift\ por\ levantamiento \approx deformación\ en\ hold-down \cdot \frac{h}{b}$$

De esta forma, puede ser muy complicado cumplir con los límites de drift con muros esbeltos. Recordemos que la normativa no diferencia en ningún caso que el drift máximo sea por vuelco o por deslizamiento, aun cuando la capacidad de deformación por vuelco pudiese estar muy lejos de alcanzar la deformación de cedencia.

1.6.7 *Lecturas adicionales*

Schickhofer et al. (2008) BSPhandbuch. Holz-Massivbauweise in Brettsperrholz.Nachweise auf Basis des neuen europäischen Normenkonzepts. Technische Universität Graz in Kooperation mit Holabauforschung GmbH. Graz, Austria.

Brandner et al. (2018) Properties, Testing and Design of Cross Laminated Timber. A state-of-the-art report by COST Action FP1402 / WG 2. Shaker Verlag, Aachen, Alemania.

Wallner-Novak et al. (2013) Brettsperrholz Bemessung Grundlagen für Statik und Konstruktion nach Eurocode. ProHolz Austria. Viena, Austria.

Wallner-Novak et al. (2018) Brettsperrholz Bemessung Band II Anwendungsfälle. ProHolz Austria. Viena, Austria.

Ringhofer A (2010) Erdbebennormung in Europa und deren Anwendung auf Wohnbauten in Holz-Massivbauweise. Institut für Holzbau und Holztechnologie, Teschnische Univeristät Graz. MSc Thesis. Technische Universität Graz, Graz, Austria.

Sandhaas C, Munch-Andersen J y Dietsch P (2018) Design of Connections in Timber Structures. Shaker Verlag, Aachen, Alemania.

Seim W, Hummel J y Vogt T (2014) Earthquake design of timber structures-Remarks on force-based design procedures for different wall systems. Engineering Structures, 76:124-137.

Hummel J (2017) Displacement-based seismic design for multi-storey cross laminated timber buildings. PhD Thesis. Kassel University Press GmbH. Kassel, Alemania.

Oñate E (2013) Structural analysis with the finite element method. Linear statics: volume 2: beams, plates and shells. Springer Science & Business Media. Barcelona, España.

Dlubal GmbH (2018) Add-on Module RF-LAMINATE Design of Laminate Surfaces. Software Manual. Tiefenbach, Alemania.

Gagnon S y Pirvu C (2011) CLT Handbook. Cross Laminated Timber. Canadian Edition. FPInnovations. Quebec, Canadá.

Karacabeyli E y Douglas B (2013) CLT Handbook. Cross Laminated Timber. US Edition. FPInnovations & Binational Softwood Lumber Council. Quebec, Canadá.

Silly G (2010) Numerische Studien zur Drill- und Schubsteifigkeit von Brettsperrholz (BSP). Diplomarbeit, Technische Universität Graz. Graz, Austria.

CAPÍTULO 2

FUNDAMENTOS DE LA MODELACIÓN NUMÉRICA DE ESTRUCTURAS DE MADERA

2.1 INTRODUCCIÓN

Una vez idealizada una estructura en nodos y elementos, y definidas las cargas, relaciones de vínculo y propiedades materiales, podemos emplear métodos numéricos basados en *métodos de cálculo matricial* (para cuando básicamente precisamos discretizar la estructura en elementos tipo barra) o el *método de los elementos finitos* (MEF, para cuando queremos discretizar en elementos tipo barra o/y elementos 2D o/y 3D), con el fin de determinar los desplazamientos, deformaciones y tensiones; en definitiva podemos determinar numéricamente los esfuerzos para realizar las verificaciones correspondientes, de forma independiente o parcialmente basada en las premisas y técnicas del cálculo analítico que ya han sido presentadas en capítulos anteriores.

Sin duda la modelación numérica, permite el análisis de estructuras y situaciones de carga mucho más complejas que las que podemos abordar analíticamente. Además, la versatilidad y precisión del enfoque numérico, mejora cada vez más por lo que cada vez resulta más imprescindible en ingeniería estructural. Bajo este contexto, lejos de profundizar en los conceptos matemáticos asociados a la aplicación de dichos métodos, este Capítulo se centra en: (i) aportar una visión global de la modelación numérica de la madera y, en particular de las estructuras de madera; (ii) exponer brevemente algunas de las herramientas disponibles en el mercado, para modelar estructuras de madera; y (iii) presentar algunas de las principales premisas y técnicas empleadas para modelar miembros, ensambles y estructuras de madera. En este capítulo nos centramos en estos objetivos, con el fin de que el lector pueda considerar la aplicación de estos métodos numéricos, de forma complementaria a los métodos analíticos presentados en capítulos anteriores.

Hay que tener en cuenta que la modelación en sí, tanto de estructuras en general, como del material madera y sus ensambles, es todo un arte, y en esencia y tal como se le suele atribuir a George Box *"todos los modelos son incorrectos, pero algunos de ellos son útiles"*. Es importante por lo tanto notar que el objetivo de este capítulo tampoco consiste en enumerar de forma exhaustiva cómo se puede modelar una estructura de madera, o centrar la discusión en las ventajas e inconvenientes de los distintos modelos. Únicamente se pretende aportar una visión global de algunas de las técnicas de modelación más extendidas, con el fin de que se puedan complementar los conocimientos de capítulos anteriores y de esta forma servir de inspiración para la creación de otros modelos diferentes a los que aquí se exponen.

Adicionalmente, debe notarse que, tal como se detalla en el libro *"Fundamentos del diseño y construcción con madera"*, es posible también elaborar modelos computacionales para la predicción de la función de integridad, no-propagación y aislamiento de estructuras de madera en caso de incendio. En este campo, más que modelos matriciales o de elementos finitos, se suele trabajar con *modelos zonales* (para predicciones analíticas aproximadas) y *modelos de mecánica de fluidos* (basados principalmente en el método de los volúmenes finitos debido a que las ecuaciones en derivadas parciales, están dominadas por el término fuente y la misión primordial es predecir el equilibrio de flujos a través de los elementos, más que el equilibrio en los nodos). Ambos modelos son tremendamente útiles en cuanto a la predicción de la función de no propagación y aislamiento. Sin embargo, dada la complejidad de la reacción de la madera frente al fuego, para la predicción de la función de integridad, en la práctica suelen emplearse modelos analíticos de cálculo tales como el método de la sección reducida (ver detalles en el libro *"Fundamentos del diseño y construcción con madera"*). En este sentido se debe notar que, si bien el método de los elementos finitos presenta limitaciones importantes para poder predecir el comportamiento de la madera frente al fuego, sí permite fácilmente reducir las escuadrías y recalcular los valores seccionales asumiendo que conocemos la tasa correspondiente de carbonización, lo que ayuda en definitiva a verificar en el mismo modelo estructural, la función de integridad en caso de incendio. La exposición de los modelos zonales y de mecánica de fluidos, se escapan del alcance de este libro. Sin embargo, los modelos que aquí se exponen sí permiten incorporar los métodos de cálculo analíticos para verificar la función de integridad frente al fuego que exigen las normativas.

2.2 Contexto global de la modelación numérica en la madera

2.2.1 *Escalas de modelación*

Antes de nada, es conveniente contextualizar la modelación de estructuras de madera en relación a la modelación del material madera en sí, ya que es obvio que antes de modelar estructuras de madera, el diseñador debe tener claro cómo modelar el material madera y sus productos derivados. En esta tarea, es conveniente considerar las *escalas y jerarquía de modelación*. Específicamente, las escalas que más se han modelado en la madera, se resumen de menor a mayor en la Tabla 2.2.1 y se ilustran en la Figura 2.2.1.

TABLA 2.2.1 Escalas de modelación del material madera y derivados.

Modelo en la escala	Fragmento que modelan	Resultados obtenidos	Datos necesarios
Ultramicroscópica	Decenas/centenares de nanómetros: microfibrillas de celulosa, hemicelulosa y otros azúcares, su interconexión y la posible interacción con la lignina y otras partículas.	Comportamiento mecánico de fragmentos de paredes celulares	Conocer la geometría del ensamble macromolecular, y las propiedades mecánicas de los constituyentes básicos; celulosa en estado cristalino y amorfo, hemicelulosa, pectinas, etc.
Microscópica	Decenas/centenares de micrómetros; modelación de paredes celulares completas e incluso la interacción de varias células.	Propiedades básicas de la madera tales como rigideces, plasticidad, densificación, etc.	Conocer la geometría de las células o grupo de células y conocer las propiedades básicas de las paredes celulares, y las curvas constitutivas en la dirección axial, circunferencial y radial de la célula.
Mesoscópica	Decenas/centenares de milímetros; modelación de fibras y defectos puntuales. También es habitual modelar productos derivados de la madera.	Calibración de energías de fractura, modos de falla, encolados y adhesión, etc.	Descripción muy detallada de las fibras, tal como las podemos observar visualmente, sus grietas, desviaciones locales, etc. Propiedades mecánicas precisas en ejes L, R y T. Se comienza a incorporar aleatoriedad en las propiedades.
Macroscópica	Centenares de centímetros hasta unos pocos metros. Modelación de piezas de madera y productos de madera.	Predicción de resistencia y rigidez de piezas estructurales, tal como resistencia a flexión, tracción, etc.	Descripción precisa de la geometría y defectos de la pieza, como también sus propiedades en ejes L, R y T. Es común incluir aleatoriedad en las propiedades.
Estructural o masiva	Decenas/centenas de metros. Modelan estructuras de madera, lo que solo incluye productos de madera, sino también sus uniones, idealización de rigideces, etc.	Predicción del comportamiento mecánico de una estructura y verificación de la integridad, serviciabilidad y desempeño.	Conocer la geometría de las piezas, sus uniones y las rigideces asociadas. Propiedades mecánicas medias y características de rigideces y resistencias.

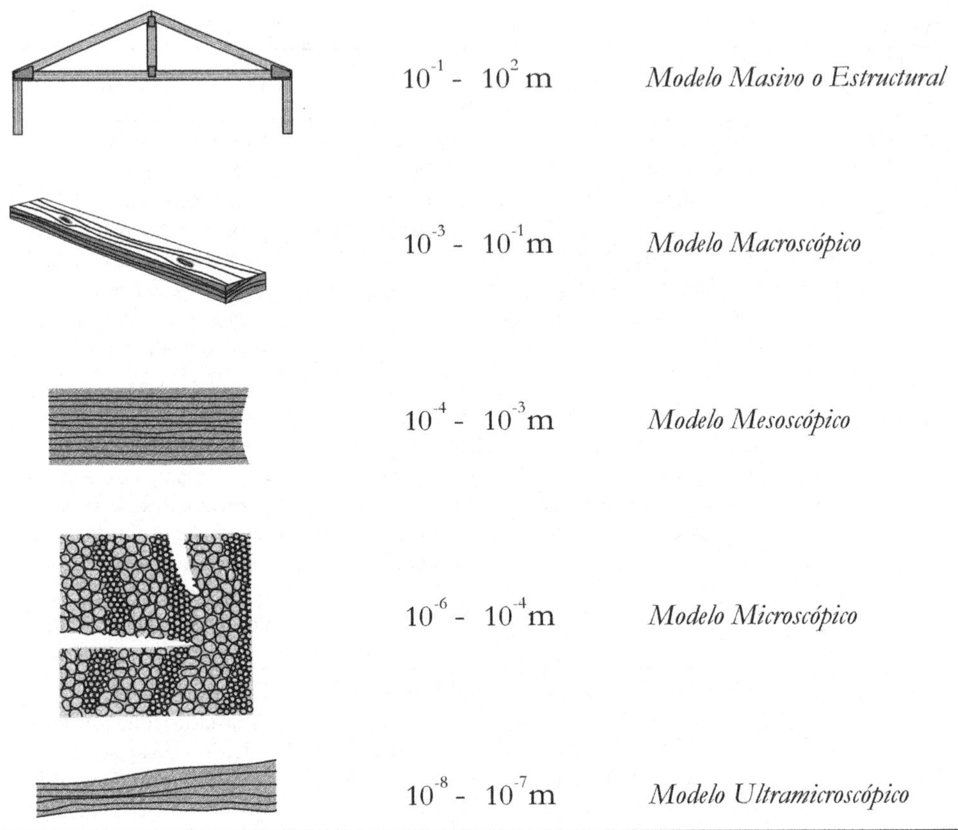

FIGURA 2.2.1 Ejemplos de modelos numéricos en las diferentes escalas de la madera (basado en Smith et. al 2003).

2.2.2 *Modelos de verificación y modelos de emulación*

Observando la Tabla 2.2.1 en detalle, podemos extraer algunas conclusiones muy importantes para modelar estructuras de madera en la escala masiva o estructural. En efecto, existe una jerarquía de escalas muy marcada, en la cual, a excepción del modelo ultramicroscópico, cada modelo necesita como input las propiedades que son resultado del modelo inmediatamente inferior. Pese a que en investigación los modelos *multiescala* son abordables, en la práctica esto implica que el modelo estructural va a depender no solo de la variabilidad propia de las estructuras, sino de las propiedades y variabilidad introducida por cada una de las escalas inferiores, lo que incluye la escala ultramicroscópica, microscópica, mesoscópica y macroscópica. Así, se tiene una incertidumbre importante para modelar las estructuras de madera, lo que tiene repercusiones notables en la práctica. Una repercusión evidente, es que resulta imprescindible diferenciar primeramente 2 categorías de modelos numéricos según el objetivo que persiguen, y que se detallan a continuación.

Modelos de verificación

Los modelos de verificación, son aquellos modelos numéricos que pretenden verificar la intergridad, serviciabilidad y desempeño de una estructura de madera, de forma análoga a los procedimientos analíticos descritos en las normativas de diseño. De forma análoga a los procedimientos analíticos, los modelos numéricos que pretenden verificar la integridad o desempeño, deben de considerar siempre los valores característicos de resistencia (o tensiones básicas) y los valores medios de rigidez. En caso de que se pretenda verificar la serviciabilidad, o la estabilidad (frente a pandeo por compresión, vuelco lateral-torsional, etc.), deben tomarse siempre los valores característicos (o mínimos esperados) de rigidez. Lo comentado anteriormente no solo se aplica para los miembros sino también para sus uniones. En definitiva, debe adoptarse la misma filosofía que se adopta en el cálculo analítico.

En caso de que por algún motivo se pretenda emplear un modelo numérico de verificación a la hora de comparar con datos experimentales, debe tenerse en cuenta que las propiedades empleadas en los modelos son altamente conservadoras en la madera, por lo que es muy normal que las rigideces y resistencias obtenidas experimentalmente sean del orden de 2-3 veces o incluso superiores a las predichas por los modelos.

Modelos de emulación

En el caso contrario de que se pretenda elaborar un modelo numérico para probar la aptitud de un método de cálculo, predecir la resistencia de un ensamble, reproducir resultados experimentales, o en general cualquier modelación que pretenda emular el comportamiento real de la madera y sus ensambles, se deben tratar de incorporar en la medida de lo posible las propiedades mecánicas reales, las cuales por lo general deben medirse en el laboratorio o mediante métodos no destructivos, y sobre las que se requiere conocer, cuanto menos, el grado de humedad. En caso de que esto no sea posible, entonces será necesario emplear los valores medios de resistencia y rigidez para la madera, sus productos derivados, y uniones. De otra forma es imposible predecir con un grado aceptable de precisión el comportamiento real de la madera. Y aún cuando todos los datos "macroscópicos" sean conocidos, las expectativas de precisión sobre un modelo numérico de estas características deberían ser bastante moderadas; aun cuando se modelen piezas de pequeño tamaño y se consideren rasgos de la escala inferior (*macroscópica*), los errores en predicción de resistencia y rigidez rara vez son inferiores al 10%. En caso de que la rigidez o/y resistencia del ensamble en cuestión esté gobernada por conectores u otras partes metálicas, por supuesto pueden obtenerse mejores resultados, pero aun así la precisión sigue siendo relativamente baja en comparación a otros materiales. En vista de esta variabilidad, es cada vez más frecuente encontrar modelos numéricos que incluyen aleatoriedad en los valores de las propiedades materiales de la madera, para predecir con mayor certeza, y de forma análoga a los procedimientos experimentales, los valores medios de las propiedades o desempeño de ensambles de madera en términos probabilísticos.

Naturalmente, si por algún motivo se pretende transformar un modelo de emulación, para que resulte ser un modelo de verificación, es necesario reducir los valores según se indicó en el apartado anterior.

2.2.3 *Modelación elástica de la madera y productos derivados*

Las leyes elásticas para modelar la madera se detallan en profundidad en el libro *"Fundamentos del diseño y la construcción con madera"*. Para modelar madera y sus productos derivados, es posible emplear 4 modelos elásticos para modelar la madera y sus productos derivados (ver Figura 2.2.3): modelo de ortotropía cilíndrica, modelo de ortotropía rectangular, modelo de isotropía transversal y modelo isótropo. En apartados posteriores se presentará cómo y cuándo estos modelos son empleados para modelar los distintos elementos y productos. En general, debe considerarse que en los *modelos de verificación* se suelen emplear principalmente el modelo de isotropía transversal y el modelo isótropo, mientras que en los *modelos de emulación* se suele emplear también el modelo de ortotropía rectangular, y únicamente en determinados casos el modelo de ortotropía cilíndrica.

Habitualmente los *modelos de verificación* suelen ser completamente elásticos, ya que las verificaciones analíticas en la madera también lo son. Por ende, la incorporación de la dirección de la fibra, los parámetros elásticos ilustrados en la Figura 7.2.3, amén de los propios de otros materiales que pudiesen estar incluidos en la obra específica tales como acero y hormigón, suelen ser suficientes para poder verificar estructuras. En efecto, nótese que, a excepción del modelo de isotropía, los modelos elásticos precisan de la definición de la dirección de la fibra o bien de las direcciones materiales principales L, R y T. Sin la definición adecuada de la dirección de la fibra, la modelación carece por completo de sentido. Considérese por ejemplo esta situación en la aplicación de modelos plásticos, predicción de fallo y también en otros aspectos que se detallan en la Sección 7.2.4; la definición de la fibra es vital. Por otra parte, únicamente en modelaciones no lineales tales como por ejemplo modelaciones pushover y tiempo historia no lineal, las propiedades inelásticas sueles ser de interés para los modelos de verificación, en cuyo caso las mayores fuentes de no-linealidad suelen ser atribuidas al comportamiento constitutivo de las uniones y los ensambles (se detalla posteriormente).

Por el contrario, en *modelos de emulación* sí que es bastante más habitual considerar la inelasticidad propia de la madera. Por ello, en la próxima sección se presenta el contexto general de la modelación de no-linealidades materiales en la madera para la implementación de modelos de emulación, principalmente destinados con fines de investigación.

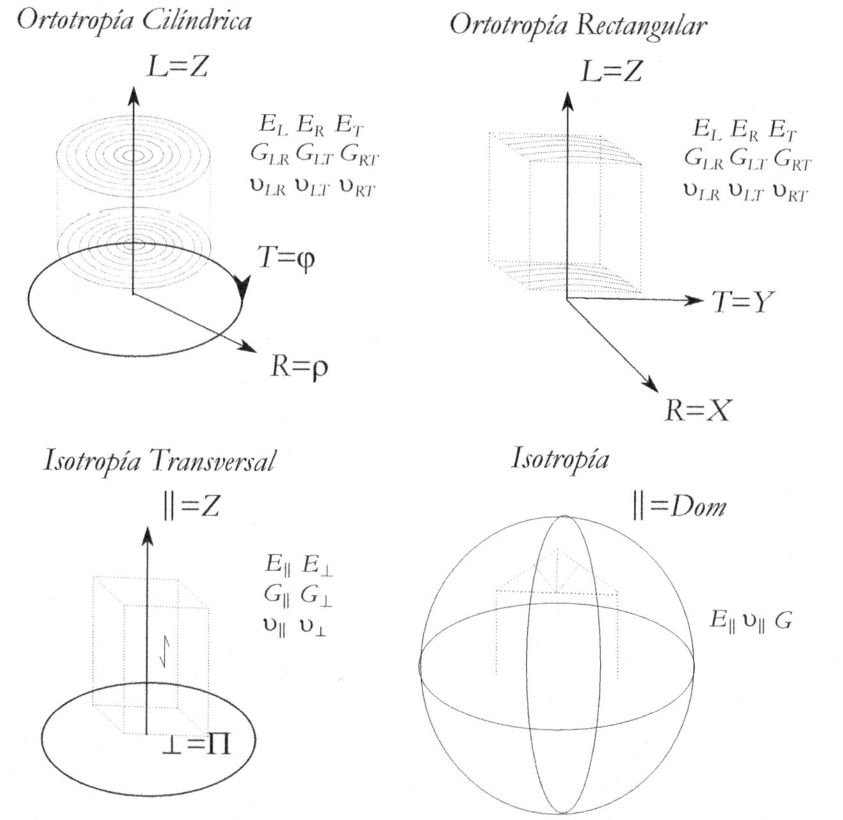

FIGURA 2.2.3 Resumen de las principales leyes elásticas para modelar madera y productos de madera.

2.2.4 *Principales no-linealidades materiales abordables en la modelación*

Además de la *no-linealidad geométrica* —la cual concierne principalmente la consideración de la deformación de la estructura frente a la acción de las cargas— y la *no-linealidad del contorno* —como por ejemplo por cambios debidos a contactos entre piezas y etc.— los modelos computacionales a menudo consideran *no-linealidades materiales* propias de los productos de madera y sus uniones. La descripción detallada de dichas no-linealidades sería bastante extensa, y no es el objeto de este libro. A continuación, se resumen muy brevemente las principales no-linealidades materiales de la madera que son abordables en la modelación. La exposición se presenta en un contexto general del estado del arte; pese a que las no-linealidades materiales de la madera se consideran principalmente en modelos de emulación con fines de investigación, es conveniente que todos los diseñadores de madera se familiaricen con los conceptos que se presentan a continuación. Las no-linealidades más importantes a considerar en modelos de validación, i.e. no-linealidad en las uniones y ensambles, se detallan en secciones posteriores.

2.2.4.1 *Modelación de la plasticidad*

Debe recordarse, según lo detallado en el libro *"Fundamentos del diseño y la construcción con madera"* y resumido gráficamente en la Figura 7.2.4.1, que la madera presenta un comportamiento plástico al ser solicitada a compresión; para poder describir adecuadamente un modelo plástico son necesarios tres ingredientes. El primero de ellos es el criterio de fallo (*yield criterion* o superficie de fallo), el cual indica a partir de qué combinación de tensiones se producirán deformaciones plásticas. Dos de los criterios más empleados en la madera con fin de computar la plasticidad, son los criterios de *Hill* y de *Tsai-Wu* (posteriormente se facilitan algunas ecuaciones de criterios de fallo), los cuales fueron diseñados para materiales ortótropos y pueden por tanto contemplar diferentes límites elásticos en cada una de las direcciones materiales, L, R y T. El segundo ingrediente, es la regla de flujo (*flow rule*) la cual determina cuál será la dirección de la deformación plástica en el espacio de tensiones. Si el potencial plástico (una función del tensor de tensiones), que se emplea para calcular la regla de flujo, coincide con el criterio de fallo (lo más habitual en la madera), se dice que la regla de flujo es asociada y en caso contrario se denomina regla no asociada. El último ingrediente es la regla de endurecimiento (*hardening rule*), la cual indica la evolución de la superficie de fallo al producirse un cambio de tensión una vez iniciada la plasticidad. Las reglas de endurecimiento más empleadas, habitualmente suelen ser de comportamiento perfectamente plástico; esto significa que las superficies de fallo no varían a medida que la deformación plástica aumenta, isótropas (isotropic o work hardening, más adecuado para simular problemas con grandes deformaciones plásticas), cuando las superficies permanecen centradas en el origen del espacio de tensiones pero incrementan su tamaño al incrementar la deformación plástica, ó bien cinemáticas (kinematic hardening, más adecuadas para simular cargas cíclicas), en caso de que el tamaño de la superficie sea constante pero varíe su posición.

(a) Respuesta inmediata a tensiones axiales

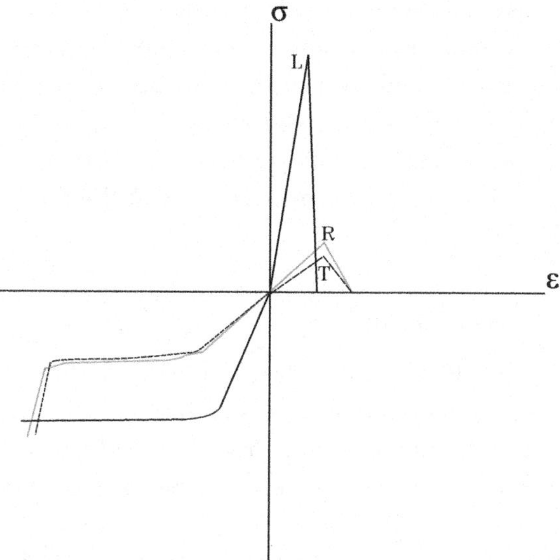

(b) Respuesta inmediata a tensiones cortantes

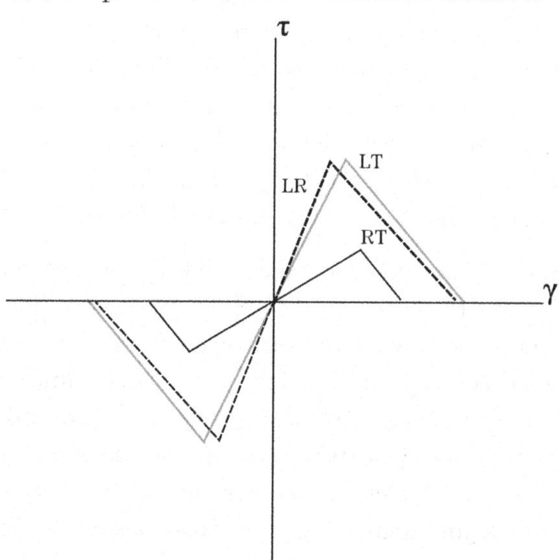

FIGURA 2.2.4.1 Respuesta instantánea de la madera frente a (a) solicitaciones axiales en las direcciones principales L, R y T, y (b) esfuerzos cortantes en los planos principales LR, LT y RT.

El modelo plástico ideal para la madera, sería aquel que permitiese considerar las diferencias plásticas en las distintas direcciones materiales (límites elásticos en L, R y T para modelos ortótropos, y paralelo y perpendicular a las fibras para modelos transversalmente isótropos), las diferencias entre tracción y compresión (la plasticidad tan sólo ocurre en compresión), y las curvas plásticas compuestas por varios tramos (especialmente en caso de querer modelar el endurecimiento en R y T lo cual es imposible con un modelo bilinear). Habitualmente considerar toda esta problemática es prácticamente imposible mediante las herramientas comerciales principalmente utilizadas. Uno de los modelos mayormente empleados para modelar la plasticidad de la madera, es el *modelo anisótropo de plasticidad de Hill*, que, aún tratándose de un modelo bilinear, por lo menos permite considerar diferencias entre ejes y entre tracción/compresión.

2.2.4.2 *Predicción del fallo*

Tal y como se ha mostrado a lo largo de los capítulos anteriores, las interacciones de tensiones suceden frecuentemente en los métodos analíticos, como por ejemplo en la combinación de solicitaciones en la flexión esviada, flexo-compresión, etc. A medida que la dimensionalidad del elemento empleado para modelar las estructuras incrementa, aumenta el número de posibles combinaciones de tensiones. Así, por ejemplo, tal y como se presentó en el Capítulo 6 para el CLT, las posibles combinaciones de solicitaciones eran mayores si este era modelado con un elemento tipo shell, que si este era modelado con un elemento tipo viga. Dado que es común modelar con elementos 2D e incluso elementos 3D en modelos computacionales, las posibles combinaciones de tensiones se incrementan considerablemente, así que conviene conocer cómo se puede predecir el fallo en estas situaciones. Como "fallo" se entiende en esta sección, el inicio de la plastificación, o bien el inicio de la ruptura por corte o tracción, de acuerdo a lo ilustrado en la Figura 2.3.2.

Debe de recordarse, que la filosofía general de combinación de tensiones en miembros y uniones de madera, es la de *combinar cuadráticamente* si es que el posible fallo es dúctil, o bien que la interacción se comporta de ese modo, o bien *combinar linealmente* si es que el posible fallo es frágil o bien no se conoce la posible interacción. En caso de tratarse un modelo de verificación, y de producirse una combinación de tensiones conocida, por supuesto debe aplicarse el criterio establecido en la normativa. Pero para situaciones no normadas, o en situaciones tensionales más complejas, será necesario recurrir a la aplicación de un criterio de fallo más genérico. En efecto, sucede habitualmente en modelos numéricos, que obtenemos configuraciones tensionales cuya combinación nos es una incógnita y desconocemos como podemos determinar que existe la posibilidad de fallo. Para subsanar esta situación se recurre al empleo de *criterios de fallo fenomenológicos*, que si bien no explican la razón por la que se produce el fallo, permiten emular aceptablemente experimentos con tensiones complejas, y que fueron validados experimentalmente. En el uso del término "criterio de fallo" debe entenderse que, en realidad los criterios simples que se detallan para el cálculo analítico en las normativas son también criterios de fallo, pero estos no son aplicables a situaciones tensionales más complejas, producidas en piezas estructurales y sus uniones reales. Así que es bastante común emplear el término de *criterio de fallo* para referirse únicamente a estos estados más complejos.

En la actualidad no existe consenso acerca del empleo de un criterio de fallo general para determinar la posibilidad de fallo en la madera. Si bien algunos, como el criterio de Tsai-Wu y Norris se encuentran bastante extendidos, se recomienda emplear varios de los criterios que se detallan en la Tabla 2.2.4.2. Lógicamente, los percentiles de las resistencias necesarias para la aplicación de estos criterios, deben de ser coherentes con la finalidad del modelo (verificación o emulación).

TABLA 2.2.4.2 Criterios de fallo mayormente empleados para predecir el fallo de piezas de madera.

Criterio	Ecuación*	Comentarios
Tsai-Azzi	$\dfrac{\sigma_L{}^2}{f_L{}^2}-\dfrac{\sigma_L\sigma_R}{f_L{}^2}+\dfrac{\sigma_R{}^2}{f_R{}^2}+\dfrac{\tau_{LR}{}^2}{f_{LR}{}^2}=1$	Debe colocarse resistencia a tracción o compresión según corresponda. Las ecuaciones de los otros 2 planos se obtienen por simple substitución (L-T y R-T).
Norris	$\dfrac{\sigma_L{}^2}{f_L{}^2}-\dfrac{\sigma_L\sigma_R}{f_Lf_R}+\dfrac{\sigma_R{}^2}{f_R{}^2}+\dfrac{\tau_{LR}{}^2}{f_{LR}{}^2}=1$	Mismas consideraciones que el anterior.
Yamada-Sun	$\dfrac{\sigma_L{}^2}{f_L{}^2}+\dfrac{\tau_{LR}{}^2}{f_{LR}{}^2}+\dfrac{\tau_{LT}{}^2}{f_{LT}{}^2}=1$	Mismas consideraciones que el anterior.
Hashin	$\dfrac{\sigma_L{}^2}{f_{t,0}{}^2}+\dfrac{\tau_{LR}{}^2+\tau_{LT}{}^2}{f_{v,0}{}^2}=1$ $$\dfrac{\sigma_L}{f_{c,0}}=1$$ $$\dfrac{(\sigma_R+\sigma_T)^2}{f_{t,90}{}^2}+\dfrac{\tau_{RT}{}^2-\sigma_R\sigma_T}{f_{v,90}{}^2}+\dfrac{\tau_{LR}{}^2+\tau_{LT}{}^2}{f_{v,0}{}^2}=1$$ $$\dfrac{(\sigma_R+\sigma_T)^2}{4f_{v,0}{}^2}+\left[\left(\dfrac{f_{c,90}}{2f_{v,90}}\right)^2-1\right]\dfrac{(\sigma_R+\sigma_T)^2}{f_{c,90}{}^2}$$ $$+\dfrac{\tau_{RT}{}^2-\sigma_R\sigma_T}{f_{v,90}{}^2}+\dfrac{\tau_{LR}{}^2+\tau_{LT}{}^2}{f_{v,0}{}^2}=1$$	4 ecuaciones que predicen, respectivamente, el fallo por tracción paralela, compresión paralela, tracción perpendicular y compresión perpendicular.

TABLA 2.2.4.2 (CONTINUACIÓN)

Tsai-Wu	$F_1\sigma_L + F_2(\sigma_R + \sigma_T) + F_{11}\sigma_L{}^2$ $+F_{22}(\sigma_R{}^2+\sigma_T{}^2+2\tau_{RT}{}^2) + F_{66}(\tau_{LR}{}^2 + \tau_{LT}{}^2)$ $+2F_{12}(\sigma_L\sigma_R + \sigma_L\sigma_T) + 2F_{23}(\tau_{RT}{}^2 - \sigma_R\sigma_T) = 1$	Donde F_1, F_2, F_{11}, F_{22}, F_{66} y F_{23} son coeficientes que se determinan fácilmenta de las resistencias uniaxiales y cortantes. El término F_{12} se obtiene según resistencias biaxiales**

* Los criterios pueden simplificarse fácilmente a los modelos transversalmente isótropos considerando $L{=}R$.

** F_{12} se puede obtener a partir de la resistencia a tracción a $45°$.

$$F_{12} = \frac{2}{f_{t,45}{}^2}\left(1 - \frac{f_{t,45}}{2}\left(\frac{1}{f_{t,0}} - \frac{1}{f_{c,0}} + \frac{1}{f_{t,90}} - \frac{1}{f_{c,90}}\right)\right.$$

$$\left. - \frac{f_{t,45}{}^2}{4}\left(\frac{1}{f_{t,0}f_{c,0}} + \frac{1}{f_{t,90}f_{c,90}} + \frac{1}{f_{v,0}{}^2}\right)\right)$$

o bien

$$F_{12} = \frac{1}{2}\left(\frac{1}{f_{t,0}f_{c,90}} + \frac{1}{f_{c,0}f_{t,90}} - \frac{1}{f_{v,0}{}^2}\right)$$

Donde en todo caso debe satisfacerse

$$-\sqrt{F_{11}F_{22}} \leq F_{12} \leq \sqrt{F_{11}F_{22}}$$

2.2.4.3 *Predicción del fallo en caso de concentración de tensiones*

Si bien las concentraciones de tensiones en el cálculo analítico son relativamente infrecuentes, y se consideran habitualmente en el cálculo empleando ciertos "trucos", como por ejemplo modificar la longitud de aplicación o la cuantía de la tensión (véase por ejemplo el cálculo de refuerzos en el Capítulo 2, del libro *"Conceptos avanzados del diseño estructural con madera. Parte I)*, es muy común que las condiciones de aplicación de carga y apoyos, y las características geométricas de los modelos computacionales, tiendan a contener puntos de concentración de tensiones con mucha mayor asiduidad que en el cálculo analítico. Un ejemplo típico de esta situación, sería por ejemplo la modelación 2 D de una viga con rebajes o un panel con aperturas solicitados a la flexión.

Sucede en estos casos que el valor de la tensión tiende a infinito justo en el punto de la concentración, y se observa que efectivamente la tensión predicha por los modelos computacionales tiende a incrementarse exponencialmente en torno a estos puntos a medida que refinamos el mallado empleado para discretizar la estructura. En ciertas ocasiones las concentraciones de tensiones son evitables al modificar cargas puntuales por cargas distribuidas y apoyos puntuales por apoyos distribuidos, sin embargo, en otras ocasiones no será posible evitar dichas concentraciones.

Uno no puede considerar dichas concentraciones como las tensiones "reales" en la estructura, porque en tal caso se predecirían fallos muy por debajo del valor observado experimentalmente. En estas situaciones, son 3 las estrategias más habituales para poder predecir el fallo:

- Predicción considerando teorías de mecánica de la fractura. Las teorías de mecánica de la fractura suelen considerar enfoques energéticos o de intensidad de tensiones para predecir la evolución de la grieta lo que permite determinar con precisión la carga de fallo aún en caso de concentración de tensiones. Estos enfoques son por lo general muy teóricos y se emplean únicamente en investigación por lo que no se detallan en esta sección. No obstante, cabe destacar que se han realizado importantes avances en las últimas décadas, como por ejemplo con la implementación método de los elementos finitos extendido (XFEM) en software comercial, para poder aplicar con más frecuencia estos procedimientos en la práctica.

- Predicción de la carga de rotura a partir de la teoría de la tensión media. Esta teoría es similar a los criterios de fallo presentados en la sección anterior, excepto que el criterio de fallo en vez emplear las tensiones singulares calculadas en cada elemento, emplea las tensiones intermedias de ciertas áreas o volúmenes. En cierto modo es pues, un procedimiento similar al empleado en los cálculos analíticos. El tamaño de estas regiones se debe definir en cada caso en función del estado tensional y la especie considerada. Obviamente la clave de este método consiste entonces en determinar el tamaño del volumen o área que debe considerarse para la integración de tensiones. En caso de fallo por apertura de fibras en tracción perpendicular (*modo I*, apertura), Landelius propuso determinar la longitud de integración de tensiones como

$$x_0 = \frac{2E_I G_{IC}}{\pi f_{t,0}{}^2}$$

donde G_{IC} es la tasa crítica de liberación de energía a partir de la cual se produce superficie de grieta y E_I es el módulo elástico ortótropo equivalente al modo I, el cual depende de los parámetros elásticos. Posteriormente Aicher extendió esta ecuación para el caso en el cual se produzca una combinación de fallo por tracción perpendicular (modo I) y fallo por corte longitudinal (*modo II*, deslizamiento longitudinal) considerando la tasa crítica de liberación del modo II

$$x_0 = \frac{2 E_I G_{IC}}{\pi f_{t,0}^{\,2}} \frac{E_x}{E_y} \left(\frac{G_{IIC}}{G_{IC}}\right)^2 \frac{1}{4k^4} \left\{ \sqrt{1 + 4k^2 \sqrt{\frac{E_y}{E_x}\frac{G_{IC}}{G_{IIC}}}} - 1 \right\}^2 \left\{ 1 + \frac{k^2}{\left(f_{v,0}/f_{t,0}\right)^2} \right\}$$

donde k es la relación de tensión de apertura a tensión de corte, i.e. τ/σ. La aplicación de ambas ecuaciones en la práctica es bien complicada principalmente, por la incertidumbre en las variables necesarias, como también la relación de tensiones. Thelanderson y Larsen demostraron que para la mayoría de especies de coníferas x_0 toma un valor de 4-20 mm, pudiendo considerar como 10-12 mm un valor intermedio.

- Finalmente, algunas de las herramientas de software que se presentan posteriormente, permiten la omisión de ciertas áreas en donde se producen las concentraciones de tensiones. De este modo el diseñador debe determinar cuál es el área de concentración que debe omitirse, y debe plantear la posibilidad de fallo únicamente considerando las tensiones restantes.

2.2.4.4 *Modelación post-fallo de tracción y cortante*

En algunas situaciones podría ser de interés predecir el comportamiento estructural una vez rebasado el límite de fallo. En el caso de fallo por compresión de la madera, la "evolución" de este fallo la determina directamente la regla de flujo del modelo plástico. En caso de fallo en uniones, es la curva monotónica o histerética la que determinan el modo de fallo. Sin embargo, en caso de querer modelar el fallo por tracción y cortante de la propia madera, deben ser tomadas otras consideraciones. Lógicamente, una forma de considerar esta posibilidad consiste en emplear criterios de mecánica de la fractura, tal como se comentó anteriormente, sin embargo, esto no suele ser muy práctico porque es bastante común que la convergencia numérica sea muy limitada tratándose de grandes deformaciones. En estos casos es relativamente común aplicar un *criterio de daño* (*damage models*). Estos enfoques consisten básicamente en disminuir (de forma progresiva o súbitamente) la rigidez, y desechar la energía elástica acumulada en aquellos elementos que han alcanzado un determinado criterio de fallo (tal como los indicados en la Sección 2.2.4.2), lo que permite conocer cómo la estructura sigue deformándose y tomando carga una vez iniciado el fallo.

2.2.4.5 *Modelación reológica y fatiga*

Reología

Tal como se detalló en el libro *"Fundamentos del diseño y la construcción con madera"*, los efectos del creep son considerados habitualmente en el cálculo de las deformaciones considerando la deformación diferida, lo cual puede realizarse empleando expresiones más bien sencillas. Por otro lado, la relajación de tensiones no se considera en el cálculo analítico por ser un efecto favorable. Así es que, en definitiva, la modelación de creep y relajación nunca es considerada en modelos de verificación.

La modelación reológica, tanto creep (común y de mecanosorción) como relajación de tensiones, puede y ha sido modelada en muchas ocasiones con programas computacionales. En la mayoría de ocasiones, estos modelos han sido realizados para caracterizar el comportamiento reológico de nuevos materiales y componentes, como por ejemplo losas compuestas de madera y hormigón, o también para modelar *tensiones derivadas de los cambios de humedad*. En efecto, sucede que el cálculo de tensiones derivadas de la humedad (las cuales pueden producir tensiones importantes en la dirección prependicular a la fibra y grietas), carece de sentido sin considerar los efectos reológicos, ya que las tensiones que se estimarán considerando únicamente las deformaciones como elásticas serán irrealistamente elevadas. Dado que la modelación de la reología de la madera se concentra fundamentalmente en el ámbito de la investigación, tan solo ciertos rasgos de su modelación son aclarados a continuación.

Como es conocido, la respuesta elástica de sólidos hookeanos puede modelarse adecuadamente considerando la relación tensión deformación mediante el módulo elástico. Por otra parte, la fluencia de fluidos newtonianos puede representarse adecuadamente con un émbolo, el cual relaciona la tensión con la tasa de deformación partir de la viscosidad en lugar de la rigidez elástica:

$$\sigma = E \cdot \varepsilon$$

$$\sigma = \eta \cdot \frac{d\varepsilon}{dt} = \eta \cdot \dot{\varepsilon}$$

Los modelos reológicos más sencillos son el modelo de Maxwell, el cual emplea un émbolo y un resorte en serie, y el modelo de Voigt-Kelvin, que dispone estos elementos en paralelo. El modelo de Maxwell es adecuado para poder explicar la relajación de tensiones, a pesar de que no permite explicar el creep. Más específicamente, si es que los elementos se combinan en serie, la tensión será la misma para ambos. Por otra parte, la deformación será aditiva, así es que la tasa de deformación también lo será; substituyendo obtenemos la ecuación básica

$$\dot{\varepsilon} = \varepsilon_{resort.} + \varepsilon_{émb.} = \frac{\dot{\sigma}}{E} + \frac{\sigma}{\eta}$$

Definiendo el tiempo de retardo como la relación entre la viscosidad y rigidez elástica

$$\tau = \frac{\eta}{E}$$

Tenemos entonces

$$E\dot{\varepsilon} = \dot{\sigma} + \frac{\sigma}{\tau}$$

Si es que aplicamos súbitamente una deformación, ε_0 esta será absorbida únicamente por el resorte, generando una tensión elástica σ_0. Si mantenemos la deformación constante en el tiempo la tasa de deformación será nula así es que la ecuación básica se puede simplificar a

$$\dot{\sigma} = \frac{\sigma}{\tau}$$

Por simple integración obtenemos la solución del cambio de tensión en el sistema

$$\sigma = \sigma_0 \cdot e^{-\frac{1}{\tau}}$$

de este modo, al aplicar una deformación constante, la tensión es inicialmente es la tensión elástica, pero luego decrece de forma exponencial, lo que resulta adecuado para explicar el comportamiento de relajación de tensiones en la madera. Debe tenerse en cuenta, sin embargo, que si la deformación aplicada se libera, el sistema no volverá a recobrar la forma inicial, por lo que este modelo no puede explicar adecuadamente el creep.

Por el contrario, el modelo de Voigt-Kelvin ofrece deformación única y tensión aditiva, lo que nos permite plantear la ecuación básica

$$\sigma = E\varepsilon + \eta \cdot \dot{\varepsilon}$$

Si en este modelo aplicamos una tensión instantánea, s_0, el resorte no podrá deformarse instantáneamente a la deformación elástica que le corresponde, e_0, porque el émbolo no lo permite, así es que la deformación se incrementa progresivamente a medida que el émbolo se deforma, lo que resulta adecuado para describir el creep. Tomando la tensión constante, e integrando, obtenemos la ecuación que permite considerar la evolución de la deformación en el sistema

$$\varepsilon = \frac{\sigma_0}{E} \cdot \left(1 - e^{-\frac{t}{\tau}}\right)$$

Cuando el tiempo de aplicación de carga es muy prolongado, el sistema acabará deformándose lo que determine la deformación elástica del resorte. Y, al contrario, si liberamos la tensión, el sistema también tenderá a adquirir la deformación del resorte, es decir tenderá a no tener ninguna deformación. Por todo ello, el modelo de Voigt-Kelvin es adecuado para describir el creep visco-elástico que se recupera en el tiempo.

En la práctica, realmente el fenómeno de fluencia en la madera es más complejo de lo que un simple modelo de Maxwell o Kelvin pueden describir. En efecto, la madera presenta tanto creep como relajación de tensiones, y no solo eso: también se considera que presenta creep viscoelástico y creep de mecanosorción, donde una parte de este último se asume que es recobrable y otra irrecuperable. Es por ello, que los modelos propuestos por diferentes autores, combinan modelos de Kelvin para cada contribución aditiva de creep con modelos de Maxwell que permitan modelar adecuadamente la relajación de tensiones y la deformación remanente. Así, los modelos suelen adquirir formas bastante complejas, como el que se ilustra en la Figura 2.2.4.5.1.

En general, si uno quiere modelar únicamente el creep, es posible aplicar modelos bastante más sencillos. De hecho, en estos casos, es bastante típico omitir la componente viscoelástica dado que esta suele ser bastante inferior a la deformación por mecanosorción. Algunos autores incluso aplican directamente una minoración en la rigidez dependiente del tiempo que se ajuste a los resultados experimentales, si es que las tensiones no son de interés y simplemente quiere capturarse el creep. Por el contrario, si el cálculo de las tensiones sí es de interés, los resultados experimentales han evidenciado de que por el momento no es posible predecir las tensiones (por ejemplo, las tensiones derivadas de la humedad) con un modelo demasiado sencillo. En estos casos la aplicación de modelos reológicos es mandatoria ya que de otro modo las tensiones calculadas carecen de sentido.

$$\varepsilon = \varepsilon_e + \varepsilon_u + \varepsilon_{ve} + \varepsilon_{ms} + \varepsilon_{ms(irr)}$$

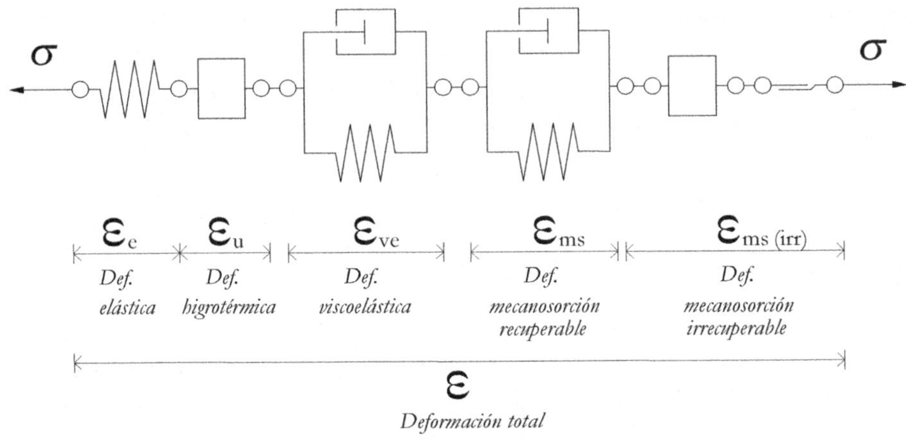

FIGURA 2.2.5.1 Ejemplo de modelo reológico, por Mirianon et al. (2008), aplicado en investigación para modelar la madera. El modelo considera que la deformación es la contribución aditiva de la deformación elástica, la deformación higrotérmica, el creep viscoelástico, el creep de mecanosorción recuperable y el creep de mecanosorción irrecuperable. La no-linealidad constitutiva entre tensiones y deformaciones proporcionada por este modelo se ajusta razonablemente bien a los resultados experimentales. Pese a la complejidad aparente del modelo, los resultados experimentales demuestran que los modelos simples difícilmente pueden predecir las tensiones derivadas de la humedad.

Fatiga

Si bien existen textos extensos en relación a la modelación de la fatiga (véase por ejemplo Smith et al. 2003), este fenómeno ha sido modelado con mucha menos frecuencia que los aspectos que se han comentado anteriormente en este capítulo. Uno de los principales motivos de esto, es que los modelos de validación consideran únicamente de forma excepcional en algunos casos la fatiga, como por ejemplo, en el diseño de puentes en el contexto del Eurocódigo. Así es que, la modelación de la fatiga es principalmente de interés para los modelos de emulación en investigación, pero no suele ser de interés en la práctica profesional.

En la modelación de la fatiga, es posible aplicar modelos sin punto de endurecimiento tal como evidencian los resultados experimentales. En este campo la recomendación es aplicar modelos relativamente sencillos por dos motivos. El primero, es que existe bastante desconocimiento sobre los parámetros experimentales que son necesarios para implementar los modelos. El segundo, se debe a que la gran mayoría de estos modelos están diseñados para modelar la fatiga en metales, y en ocasiones no es sencillo extrapolar los principios a la madera. En cualquier caso, en la modelación de la fatiga se recomienda:

- Aplicar modelos de tensión-ciclo de vida (S-N) para cuando las cargas esperadas tienen frecuencias y amplitudes relativamente constantes en el tiempo, y a su vez las amplitudes de tensión son moderadas. En estos casos las curvas tensión de ruptura-número de ciclos son aplicables a la realidad, y las rupturas suelen producirse entre 10^6 y 10^8 ciclos. En estos casos, el tiempo de vida se estima por simple intersección de la amplitud de la carga esperada, versus curva S-N.

- Cuando las cargas son igualmente regulares, pero de una intensidad mayor, se recomienda aplicar curvas de deformación-ciclo de vida (E-N). Estas curvas son similares a las anteriores, pero considerando la amplitud de deformación en lugar de la de tensión, lo que resulta más conveniente en el caso de que se espere que el material no permanezca completamente elástico hasta el fin de su ciclo de vida, ya que la amplitud de tensiones no suele crecer demasiado si el material incurre en régimen plástico.

- Si la carga no es regular en amplitud o/y frecuencia, se recomienda aplicar modelos de daño acumulado. Estos modelos suelen considerar además de la amplitud, la mediana de la tensión, lo que permite tener en cuenta que la posibilidad de daño es mayor si el material estuvo mayormente solicitado a tracción o compresión. Así, la amplitud, mediana y número de ciclos de tensión correspondientes a dicha amplitud y mediana, son representados en histogramas sobre los cuales, se aplica un determinado criterio de daño, lo que permite finalmente determinar la vida útil bajo estados de carga más complejos.

2.3 ALGUNAS HERRAMIENTAS DISPONIBLES PARA MODELAR ESTRUCTURAS DE MADERA

En la Tabla 2.3 se presentan algunas de las principales herramientas de software empleadas para modelar estructuras de madera. **Nota: esta lista no es exhaustiva y existen numerosas herramientas además de las que se indican en la tabla.** Algunos programas verifican únicamente de forma analítica de acuerdo a la normativa correspondiente, mientras que otros emplean métodos de análisis matricial o mediante MEF.

TABLA 2.3 Principales software empleados para modelar estructuras de madera.

Nombre	Subprogramas de interés	País	Tipo de Software	Comentarios
C+T		Chile	Matricial	Centrado en verificaciones según NCh1198. Hasta el momento único software con verificaciones según NCh. Actualmente se expande hacia uniones y muros.
Dlubal	RX-TIMBER RSTAB RFEM	Alemania	Analítico/ Matricial MEF MEF	Software mayormente empleado en el mundo. RXTimber contiene herramientas de verificación analítica, RStab permite análisis tipo barra y RFem también elementos 2D y 3D. Verificaciones más completas de CLT, uniones y fuego. Permite cálculos dinámicos sencillos. Permite verificación según EE.UU, Canadá, Europa, Brasil y otros, pero por el momento no según NCh. Intercambio con Cadwork y otros programas.
S-Frame	S-Timber	Canadá	MEF	Contiene superelementos que permiten modelar y verificar muros y diafragmas de entramado ligero con suma facilidad, con o sin aperturas. Permite modelar CLT pero únicamente verificaciones sencillas. Por el momento únicamente se permiten verificaciones según CSA (Canadá).
Estrumad		España	Matricial	Modelación de estructuras de madera pionero en España, permite modelación y verificación según CTE-SE-M (España, similar al Eurocódigo). Foco en elementos tipo barra.
SEMA		Alemania	MEF	Mayormente conocido por ofertar un software de diseño arquitectónico de estructuras de madera (con características similares a Cadwork). Permite traspasar fácilmente la información entre diseño, análisis estructural y producción. Cálculo de acciones automático y verificaciones, pero mayormente según DIN (Alemania) y Ö-NORM (Austria).

TimberTech		Italia	MEF	Software desarrollado por la Univ. de Trento. Foco en diseño lateral. Contiene marcoelementos para muros y diafragmas de entramado ligero y CLT. Posibilidad de acoplar muros de CLT. Verificaciones según Eurocódigo.
WoodWorks		Canadá	Analítico/ Matricial	Poste viga y entramado ligero. Contiene prácticamente cualquier verificación posible de NDS, CSA y SDPWS. Muros y diafragmas con o sin aperturas con cálculo según SDWPS. Cálculo automático de fuerzas según ASCE-7.
SAFI	GSE-Wood Design	Canadá	MEF	Poste-viga y entramado ligero. Macroelementos para muros y diafragmas de entramado ligero, con o sin aperturas. Los muros pueden ser rectangulares o trapezoidales. Verificación según CSA (Canadá).
MCASHEW		EE.UU.	MEF	Software no comercial para análisis no-lineal de muros y estructuras de entrmado ligero. Principalmente enfocado a investigación. Extendido y modificado por el Dr. Pang en Matlab en base al código inicial (*CASHEW*) desarrollado durante el proyecto Caltech en EE.UU por los profesores Filiatraut y Folz, quienes implementaron el modelo histerético SAWS (*Shear-wall Analysis of Woodframe Structures*). Permite estimar curvas monotónicas e histeréticas de muros de forma sencilla.
OpenSees		EE.UU.	MEF	Software no comercial para análisis sísmico de estructuras. No incorpora herramientas específicas para la madera, pero sí contiene el modelo histerético SAWS, lo que permite modelar el comportamiento histerético típicamente observado en uniones y muros. Combinando SAWS con otros elementos es posible además modelar la respuesta no lineal de hold-downs y ángulos. Permite análisis no-lineal tiempo historia de forma muy eficiente.

TABLA 2.3 (CONTINUACIÓN)

Nombre	Subprogramas de interés	País	Tipo de Software	Comentarios
Ansys	Ansys Mechanical Ansys Multiphysics	EE.UU.	MEF	Gigante del software general de FEM. No contiene herramientas específicas para la madera, pero sí permite incorporar todo tipo de no-linealidades como las introducidas en la Sección 7.2. Más enfocado a modelos de emulación que validación.
Dassault Systèmes	Abaqus	Francia	MEF	Similar a Ansys, pero habitualmente incorpora novedades del mundo científico de forma más expedita. Se ha empleado tradicionalmente en investigación para modelos materiales muy complejos, tales como los modelos reológicos. En parte por las capacidades de su aplicación de materiales definidos por el usuario ($UMAT$).
Computers and Structures Inc.	SAP2000 ETABS	EE.UU.	MEF	Software comercial general como los anteriores, pero notablemente más enfocado a la ingeniería estructural. Gran potencial de análisis y definición sencilla de rigideces pero no contiene herramientas específicas para las estructuras de madera.
COMSOL		Suecia	MEF	Software comercial general con capacidades de análisis estrcutrual moderadas. Tampoco contiene herramientas específicas para la madera. Sin duda la potencialidad de este software es la de realizar análisis que combinan varios problemas físicos de forma muy sencilla. Principalmente de interés para investigación.

| CODE ASTER | | Francia | MEF | Software general gratuito de FEM. No contiene herramientas específicas para la madera, pero sin lugar a dudas está entre los software más completos de FEM que son gratuitos. Incorpora novedades del mundo científico de forma expedita. Adecuado para investigación, pero con acceso bastante complicado a documentación para aprendizaje. |
| FDS | | | MVF | Software gratuito de volúmenes finitos mayormente empleada en el mundo para modelar la propagación, aislamiento y perfil de temperaturas de estructuras en caso de incendio. Desarrollada de forma conjunta por el NIST (EE. UU.) y VTT (Finlandia). No permite análisis estructural, tampoco verifica frente al fuego. Pero permite controlar aislamiento y no-propagación. La verificación de integridad requiere exportar temperaturas a software estructural y luego verificar por lo que no suele hacerse; se suele calcular el fuego analíticamente en FEM y propagación/asilamiento en FDS. |

De acuerdo a la Tabla 2.3, en líneas generales podemos diferenciar 4 categorías de software que se detallan a continuación. Cada uno de estos tipos presenta ventajas e inconvenientes.

"Software analítico de madera"

Este tipo de programas es adecuado para modelos de verificación, ya que permite verificar de forma muy exhaustiva el cumplimiento de los códigos. Habitualmente, la verificación se restringe de acuerdo a unas pocas normativas. Presentan la ventaja de la seguridad frente al cumplimiento fehaciente de la normativa, pero a menudo se encuentran limitados por el alcance de la misma.

"Software MEF de madera"

Este tipo de programas es adecuado para modelos de verificación, ya que suelen permitir tanto el análisis estructural de esfuerzos y deformaciones, como la realización de verificaciones de acuerdo a una o varias normas. A diferencia de los anteriores, permiten realizar análisis mucho más detallados, pero en ocasiones el cumplimiento de la normativa es menos estricto o/y se limita únicamente a verificaciones de acuerdo a CSA, NDS o/y Eurocódigo. Dentro de esta subcategoría, podemos distinguir entre software que contiene superelementos y aquel que no contiene. En este último será el usuario quien tenga que definir la distribución de rigideces. La aplicación de este software también puede ser interesante para modelos de emulación (investigación), si la física/matemática que se emplea para modelar no es demasiado compleja.

"Software de investigación de madera"

Este tipo de software es muy escaso. Permite identificar parámetros no-lineales e histeréticos de uniones y ensambles de madera. Principalmente se usa en investigación, aunque permite extraer curvas constitutivas que pueden ser empleadas en otros softwares MEF, tanto de madera como generales.

"Software generales de MEF"

Este tipo de software suele ser adecuado para modelos de emulación, especialmente cuando la física/matemática que se pretende emplear es compleja. Para modelos de verificación, o cuando la física/matemática es sencilla, no se recomienda su utilización, ya que su uso es habitualmente mucho más laborioso en comparación con las categorías anteriores. Adicionalmente, para ciertos programas, hay incluso ciertas particularidades que podrían ser perjudiciales, tales como la simplificación de los coeficientes de Poisson entre otras (ver secciones posteriores).

2.4 MODELACIÓN DE ESTRUCTURAS DE MADERA

2.4.1 *Modelación de elementos tipo barra*

En la mayoría de casos, los elementos tipo barra se modelan con elementos tipo viga, los cuales consideran lógicamente las rigideces axiales, flexionales y torsionales. Sin embargo, el empleo de elementos tipo "viga" no se limita exclusivamente a la modelación de vigas y columnas simples. En general, el uso de elementos tipo viga concierne las siguientes aplicaciones prácticas:

- Vigas, columnas, y vigas-columnas simples. La modelación de estos elementos se detalla en el libro *"Fundamentos del diseño y la construcción con madera"*. Para la modelación de barras de madera maciza, MLE, LVL y otros productos derivados suele emplearse el modelo de vigas de Timoshenko, el cual considera la deformación (de primer orden) de la sección por deformación por corte.

- Vigas, columnas y vigas-columnas compuestas. Según se detalló en el Capítulo 3 del libro *"Conceptos avanzados del diseño estructural con madera. Parte I"*, principalmente se emplea el modelo de Timoshenko, pero con valores seccionales modificados de acuerdo al método gamma o métodos similares.

- En muros y losas simples de CLT u otros productos de "madera masiva", es posible emplear modelos tipo viga para modelar la respuesta por metro de ancho en casos simples. En este caso suele aplicarse una modificación de flexibilidad del modelo de viga de Timoshenko, o bien otros procedimientos de modelación de vigas tal como se detalla en la Sección 1.2.

- En losas solicitadas a cargas gravitacionales (o en general cualquier elemento tipo plato solicitado exclusivamente a cargas perpendiculares) es posible considerar parcialmente la respuesta biaxial empleando vigas de Timoshenko (con o sin modificaciones) para constituir modelos de emparrillado (Trägerrost) según se detalla en el Capítulo 1, Sección 1.6.2.

Observamos entonces que, en la mayoría de estas situaciones, se emplean modelos tipo viga conocidos tales como el modelo de Timoshenko (con o sin modificaciones) para simplificar la geometría de las piezas de madera a un elemento tipo viga, es decir a 1D. Tal como se detalló, en el libro *"Fundamentos del diseño y la construcción con madera"*, la simplificación a 1D implica la simplificación del comportamiento elástico a un modelo isótropo, el cual lógicamente no requiere definición de la orientación de la fibra y se define mediante 3 parámetros elásticos de los cuales 2 de ellos son independientes. Más específicamente, es posible definir el módulo cortante a partir del módulo elástico y el coeficiente de Poisson

$$G = \frac{E}{2(1 + v)}$$

O bien definir el coeficiente de Poisson en función del módulo elástico y el módulo de corte.

$$v = \frac{E}{2G} - 1$$

Hay que tener en cuenta que esta es una aproximación muy burda dada la anisotropía de la madera; así es que, si tomamos E y G como independientes, v toma un valor irrealista que puede conducir a inestabilidades numéricas, y si tomamos E y v como independientes, G sobreestima demasiado la rigidez como para producir resultados aceptables. Estas dificultades suelen solventarse en la mayoría de softwares específicos para la madera nombrados en la Tabla 2.3 al permitir considerar internamente la simplificación en el cálculo de que no existe acoplamiento tal que $v = 0$. De este modo es posible emplear E y G como los "valores anisótropos reales", despreciando el coeficiente de Poisson. En caso contrario sería necesario definir 2 de las variables anteriores como independientes y la tercera como dependiente.

En caso de poder emplear los E y G anisótropos en el modelo isótropo, y dado que las barras lógicamente se disponen de con la fibra orientada longitudinalmente, tomamos

$$E = E_{\parallel} = E_L$$

$$G = G_{\parallel} = \frac{G_{LR} + G_{LT}}{2}$$

Donde por supuesto, los valores de rigidez serán característicos o medios de acuerdo a la finalidad del modelo según se detalló en la Sección 2.2.2. En la gran mayoría de casos, los elementos tipo barra se encuentran sometidos bajo esfuerzos dominantes de carga axial, corte transversal/longitudinal o flexión, así es que G se suele corresponder con el módulo elástico longitudinal al corte. Sin embargo, en algunas aplicaciones, las barras podrían estar solicitados de forma dominante a momentos torsores. En estos casos el módulo elástico de corte "efectivo" se produce realmente en base a una interacción del módulo elástico de corte de rodadura, con el módulo elástico longitudinal, ya que en realidad las tensiones que se generan fruto de la torsión suceden tanto de forma paralela a la sección transversal (rodadura), como de forma paralela a las caras del miembro (corte longitudinal y transversal). Así, el módulo de corte isótropo empleado para estimar los efectos de la torsión, surge en realidad como una interacción de los módulos de corte ortótropos; de hecho, algunos autores han propuesto ensayos de torsión para caracterizar los diferentes módulos de corte en productos de madera. La magnitud exacta del módulo de corte isótropo a la torsión depende de la geometría y tipo de esfuerzo, pero habitualmente suele tomarse la simplificación de que

$$G_T = \frac{2G}{3}$$

Por supuesto lo anterior no aplica para el CLT, donde se desarrollaron específicamente métodos de cálculo simplificados para calcular la rigidez a la torsión según se detalla en la Sección 1.3.8.

En ciertas ocasiones, puede ser necesario modelar elementos tipo barra como elementos bidimensionales solicitados a un estado de tensión plana. En estos casos habitualmente se aplica el modelo de isotropía transversal, cuyos valores, característicos o medios,

$$E_\parallel = E_L$$

$$E_\perp = \frac{E_R + E_T}{2}$$

$$\nu_\parallel = \frac{\nu_{LR} + \nu_{LT}}{2}$$

$$\nu_\perp = \nu_{RT}$$

$$G_\parallel = \frac{G_{LR} + G_{LT}}{2}$$

$$G_\perp = \frac{E_\perp}{2(1 + \nu_\perp)}$$

De los 6 parámetros elásticos 5 son independientes. De forma análoga al modelo isótropo, el parámetro dependiente en este caso es o bien el módulo de Poisson perpendicular o bien el módulo cortante perpendicular. En general se recomienda establecer este último como dependiente de acuerdo a las ecuaciones anteriores, para evitar problemas de estabilidad numérica. En cuanto a la relación elástica ortótropa, existen pocos datos en cuanto al pino radiata chileno. En la Tabla 2.4.1 se detallan algunas relaciones elásticas medidas en el pino radiata neozelandés. Para valores referenciales de los parámetros elásticos en otras especies, se recomienda recurrir al texto WoodHandbook (2010) o bien la base de datos de la TU Dresden (en alemán, accesible en https://tu-dresden.de/ing/maschinenwesen/int/das-institut/holztechnik-und-faserwerkstofftechnik/holzdatenbank). La orientación de la fibra suele disponerse en concordancia con la orientación de la barra, en cuyo caso se suele coincidir con el "eje x" de coordenadas locales de la misma.

TABLA 2.4.1 Posibles relaciones elásticas para el pino radiata chileno en concordancia con las relaciones obtenidas para el pino radiata neozelandés.

Parámetro elástico*								
E_L	E_R	E_T	G_{LT}	G_{LR}	G_{RT}	v_{LR}	v_{LT}	v_{RT}
Según NCh1198	$\dfrac{E_L}{12}$	$\dfrac{E_L}{51,2}$	$\dfrac{E_L}{24,5}$	$\dfrac{E_L}{16,1}$	$\dfrac{E_L}{204,7}$	0,25	0,25	0,36

* Donde en todo caso debe cumplirse que la relación entre los coeficientes de Possion mayores (indicados en la tabla) y los coeficientes menores de Poisson:

$$\frac{v_{LR}}{E_L} = \frac{v_{RL}}{E_R} \; ; \; \frac{v_{RT}}{E_R} = \frac{v_{TR}}{E_T} \; ; \; \frac{v_{LT}}{E_L} = \frac{v_{TL}}{E_T}$$

En caso de precisar la modelación de la barra como un elemento 3D, debe aplicarse lo establecido en la Sección 2.4.3.

2.4.2 Modelación de tableros

La modelación de tableros en estructuras de madera casi siempre está relacionada a la modelación del terciado, el OSB y el CLT, aunque otros productos tales como los tableros de partículas, tableros de yeso-cartón, tableros de fibras y similares podrían también requerir modelación. Tal y como se puntualizó en la sección anterior, a excepción de las simplificaciones de los tableros macizos en elementos tipo viga, la modelación de estos elementos suele realizarse con modelos 2D.

Con respecto al comportamiento flexional, tal y como ha sindo introducido en el Capítulo 1, para los tableros estructurales convencionales (OSB y terciado) suelen considerarse como *placas delgadas* ya que en la práctica suele darse la siguiente relación

$$\frac{l}{t} > 20$$

en estos casos, la teoría de flexión empleada suele corresponderse con la teoría de flexión Kirchhoff (sin deformación cortante), la cual, si se trata de un material laminado tal como el terciado, se sitúa en el contexto de la teoría clásica de laminación. En el caso del CLT, este suele considerarse como una *placa gruesa* ya que la relación que se tiene entre la luz y el espesor suele ser

$$\frac{l}{t} \approx 10 - 20$$

de modo que la contribución a la deformación por cortante de primer orden no es despreciada, y la teoría de flexión de Mindlin, extendida para modelación de laminados, es la práctica habitual, ver detalles en el Capítulo 1, Sección 1.3. Tal como se detalla en el Capítulo 1, asumiendo una disposición ortogonal, simétrica y balanceada de las laminaciones en el CLT (o tablero grueso en cuestión), los términos excéntricos se eliminarían y la matriz de rigidez queda expresada como la relación entre los esfuerzos por metro de ancho y las deformaciones (ver detalles en Sección 1.3)

$$\begin{pmatrix} m_x \\ m_y \\ m_{xy} \\ v_x \\ v_y \\ n_x \\ n_y \\ n_{xy} \end{pmatrix} = \begin{pmatrix} D_{11} & D_{12} & 0 & 0 & 0 & 0 & 0 & 0 \\ & D_{22} & 0 & 0 & 0 & 0 & 0 & 0 \\ & & D_{33} & 0 & 0 & 0 & 0 & 0 \\ & & & D_{44} & 0 & 0 & 0 & 0 \\ & & & & D_{55} & 0 & 0 & 0 \\ & & \text{sim.} & & & D_{66} & D_{67} & 0 \\ & & & & & & D_{77} & 0 \\ & & & & & & & D_{88} \end{pmatrix} \begin{pmatrix} \kappa_x \\ \kappa_y \\ \kappa_{xy} \\ \gamma_{xz} \\ \gamma_{yz} \\ \varepsilon_x \\ \varepsilon_y \\ \gamma_{xy} \end{pmatrix}$$

Por el contrario, en el caso de emplear un tablero delgado, la teoría de Kirchhof (y en su caso la teoría clásica de laminación) es aplicable. En dicha teoría, se asume que la deformación por corte transversal es nula, de modo que el giro de la sección se estima directamente a partir del giro de la curva elástica en cada una de las dos direcciones. En resumen, se impone que

$$\gamma_{xz} = \gamma_{yz} = 0$$

donde igualmente asumimos

$$\varepsilon_z = 0$$

y en este caso el giro de las secciones se debe únicamente al giro de la normal

$$\theta_x = \frac{\partial w_0}{\partial x}$$

$$\theta_y = \frac{\partial w_0}{\partial y}$$

Tal que la formulación de deformaciones de la placa se simplifica a

$$\varepsilon(z) = \begin{pmatrix} \varepsilon_x \\ \varepsilon_y \\ \gamma_{xy} \end{pmatrix} = \begin{pmatrix} \dfrac{\partial u}{\partial x} \\ \dfrac{\partial v}{\partial y} \\ \dfrac{\partial u}{\partial y} + \dfrac{\partial v}{\partial x} \end{pmatrix} + z \begin{pmatrix} -\dfrac{\partial^2 w_0}{\partial x} \\ -\dfrac{\partial^2 w_0}{\partial y} \\ -2\dfrac{\partial^2 w_0}{\partial x \partial y} \end{pmatrix}$$

De modo que las tensiones axiales pueden expresarse en el caso general como

$$\begin{pmatrix} \sigma_x \\ \sigma_y \\ \tau_{xy} \end{pmatrix} = \begin{pmatrix} d_{11,i} & d_{12,i} & d_{13,i} \\ & d_{22,i} & d_{23,i} \\ sim. & & d_{33,i} \end{pmatrix} \begin{pmatrix} \varepsilon_x \\ \varepsilon_y \\ \gamma_{xy} \end{pmatrix} + z \begin{pmatrix} \kappa_x \\ \kappa_y \\ \kappa_{xy} \end{pmatrix}$$

Al integrar las tensiones, obtenemos la ecuación de esfuerzos acoplados

$$\begin{pmatrix} n_x \\ n_y \\ n_{xy} \end{pmatrix} = \begin{pmatrix} A_{11} & A_{12} & A_{16} \\ & A_{22} & A_{26} \\ sim. & & A_{66} \end{pmatrix} \begin{pmatrix} \varepsilon_x \\ \varepsilon_y \\ \gamma_{xy} \end{pmatrix} + \begin{pmatrix} B_{11} & B_{12} & B_{16} \\ & B_{22} & B_{26} \\ sim. & & B_{66} \end{pmatrix} \begin{pmatrix} \kappa_x \\ \kappa_y \\ \kappa_{xy} \end{pmatrix}$$

y

$$\begin{pmatrix} m_x \\ m_y \\ m_{xy} \end{pmatrix} = \begin{pmatrix} B_{11} & B_{12} & B_{16} \\ & B_{22} & B_{26} \\ sim. & & B_{66} \end{pmatrix} \begin{pmatrix} \varepsilon_x \\ \varepsilon_y \\ \gamma_{xy} \end{pmatrix} + \begin{pmatrix} D_{11} & D_{12} & D_{16} \\ & D_{22} & D_{26} \\ sim. & & D_{66} \end{pmatrix} \begin{pmatrix} \kappa_x \\ \kappa_y \\ \kappa_{xy} \end{pmatrix}$$

Que habitualmente se compilan en una sola ecuación matricial para constituir la famosa matriz de rigideces ABD aplicada en la teoría clásica de laminación

$$
\begin{pmatrix} n_x \\ n_y \\ n_{xy} \\ m_x \\ m_y \\ m_{xy} \end{pmatrix} = \begin{pmatrix} A_{11} & A_{12} & A_{16} & B_{11} & B_{12} & B_{16} \\ & A_{22} & A_{26} & B_{12} & B_{22} & B_{26} \\ & & A_{66} & B_{11,i} & B_{26} & B_{66} \\ & & & D_{11} & D_{12} & D_{16} \\ & sim. & & & D_{22} & D_{26} \\ & & & & & D_{66} \end{pmatrix} \begin{pmatrix} \varepsilon_x \\ \varepsilon_y \\ \gamma_{xy} \\ \kappa_x \\ \kappa_y \\ \kappa_{xy} \end{pmatrix}
$$

donde las componentes de rigidez A, B y D se obtienen fácilmente a partir de las componentes de rigidez ortótropa transformada y espesores para cada lámina i

$$
A_{jk} = \sum_{i=1}^{n} z_{max,i} - z_{min,i} \cdot d_{jk,i}
$$

$$
B_{jk} = \sum_{i=1}^{n} \frac{z_{max,i}^2 - z_{min,i}^2}{2} \cdot d_{jk,i}
$$

$$
D_{jk} = \sum_{i=1}^{n} \frac{z_{max,i}^3 - z_{min,i}^3}{3} \cdot d_{jk,i}
$$

Con

$$
\boldsymbol{d}_i = \begin{pmatrix} d_{11,i} & d_{12,i} & d_{13,i} \\ & d_{22,i} & d_{23,i} \\ sim. & & d_{33,i} \end{pmatrix} = \boldsymbol{T}_{3\cdot3,i}^{T} \boldsymbol{d}_i' \boldsymbol{T}_{3\cdot3,i}
$$

Siendo

$$
\boldsymbol{d}_i' = \begin{pmatrix} d_{11,i}' & d_{12,i}' & 0 \\ & d_{22,i}' & 0 \\ sim. & & d_{33,i}' \end{pmatrix} = \begin{pmatrix} \dfrac{E_{x,i}}{1 - v_{xy,i}^2 \dfrac{E_{y,i}}{E_{x,i}}} & \dfrac{v_{xy,i} E_{y,i}}{1 - v_{xy,i}^2 \dfrac{E_{y,i}}{E_{x,i}}} & 0 \\ & \dfrac{E_{y,i}}{1 - v_{xy,i}^2 \dfrac{E_{y,i}}{E_{x,i}}} & 0 \\ sim. & & G_{xy,i} \end{pmatrix}
$$

y la matriz de transformación

$$T_{3\cdot3} = \begin{pmatrix} c^2 & s^2 & cs \\ s^2 & c^2 & -cs \\ -2cs & 2cs & c^2 - s^2 \end{pmatrix}$$

De este modo es posible modelar cualquier laminado delgado de acuerdo a la teoría clásica de la laminación, incluyendo por ejemplo el terciado o LVL con disposición no longitudinal. Sucede que, de forma similar a la matriz de rigidez de laminados de placa gruesa, en caso de que el laminado sea *balanceado* (cada lámina tiene una contraparte de ángulo) y *simétrico*, la interacción de esfuerzos (membrana-momento) se desacopla, de modo que la matriz B es nula y también lo son los términos que acoplan los esfuerzos axiales con los cortantes de membrana:

$$\begin{pmatrix} n_x \\ n_y \\ n_{xy} \\ m_x \\ m_y \\ m_{xy} \end{pmatrix} = \begin{pmatrix} A_{11} & A_{12} & 0 & 0 & 0 & 0 \\ & A_{22} & 0 & 0 & 0 & 0 \\ & & A_{66} & 0 & 0 & 0 \\ & & & D_{11} & D_{12} & D_{16} \\ & \text{sim.} & & & D_{22} & D_{26} \\ & & & & & D_{66} \end{pmatrix} \begin{pmatrix} \varepsilon_x \\ \varepsilon_y \\ \gamma_{xy} \\ \kappa_x \\ \kappa_y \\ \kappa_{xy} \end{pmatrix}$$

Adicionalmente, si las capas están dispuestas ortogonalmente (como en el caso del terciado), también se anulan los términos que acoplan las flexiones con la torsión

$$\begin{pmatrix} n_x \\ n_y \\ n_{xy} \\ m_x \\ m_y \\ m_{xy} \end{pmatrix} = \begin{pmatrix} A_{11} & A_{12} & 0 & 0 & 0 & 0 \\ & A_{22} & 0 & 0 & 0 & 0 \\ & & A_{66} & 0 & 0 & 0 \\ & & & D_{11} & D_{12} & 0 \\ & \text{sim.} & & & D_{22} & 0 \\ & & & & & D_{66} \end{pmatrix} \begin{pmatrix} \varepsilon_x \\ \varepsilon_y \\ \gamma_{xy} \\ \kappa_x \\ \kappa_y \\ \kappa_{xy} \end{pmatrix}$$

Si reordenamos, obtenemos una expresión análoga al planteamiento con placas gruesas, pero donde se omite la distorsión por cortante transversal

$$\begin{pmatrix} m_x \\ m_y \\ m_{xy} \\ n_x \\ n_y \\ n_{xy} \end{pmatrix} = \begin{pmatrix} D_{11} & D_{12} & 0 & 0 & 0 & 0 \\ & D_{22} & 0 & 0 & 0 & 0 \\ & & D_{66} & 0 & 0 & 0 \\ & & & A_{11} & A_{12} & 0 \\ & \text{sim.} & & & A_{22} & 0 \\ & & & & & A_{66} \end{pmatrix} \begin{pmatrix} \kappa_x \\ \kappa_y \\ \kappa_{xy} \\ \varepsilon_x \\ \varepsilon_y \\ \gamma_{xy} \end{pmatrix}$$

Que, para facilitar la exposición posterior, podemos denotar empleando la misma notación que empleamos para las placas gruesas

$$
\begin{pmatrix} m_x \\ m_y \\ m_{xy} \\ v_x \\ v_y \\ n_x \\ n_y \\ n_{xy} \end{pmatrix} = \begin{pmatrix} D_{11} & D_{12} & 0 & 0 & 0 & 0 & 0 & 0 \\ & D_{22} & 0 & 0 & 0 & 0 & 0 & 0 \\ & & D_{33} & 0 & 0 & 0 & 0 & 0 \\ & & & 0 & 0 & 0 & 0 & 0 \\ & & & & 0 & 0 & 0 & 0 \\ & & \mathit{sim.} & & & D_{66} & D_{67} & 0 \\ & & & & & & D_{77} & 0 \\ & & & & & & & D_{88} \end{pmatrix} \begin{pmatrix} \kappa_x \\ \kappa_y \\ \kappa_{xy} \\ 0 \\ 0 \\ \varepsilon_x \\ \varepsilon_y \\ \gamma_{xy} \end{pmatrix}
$$

Por supuesto el hecho de que no existan distorsiones adicionales por corte transversal, no quiere decir que no haya esfuerzos de corte transversal; de hecho, estos son importantes para el equilibrio de esfuerzos; tan sólo asumimos que esas distorsiones adicionales son despreciables. Tal como se muestra posteriormente, es una práctica habitual considerar que las placas de madera delgadas, incluso tableros laminados como el terciado, están constituidos por una única lámina homogénea, cuyas propiedades resultan de la homogeneización total del laminado. En otras palabras, no se suele afinar tanto con el cálculo de productos laminados en placas delgadas, y suele considerarse que el "laminado" está constituido por una sola lámina cuyas propiedades elásticas representan aceptablemente bien las propiedades de todo el laminado. En estos casos, la matriz de transformación es la matriz identidad, y simplemente podemos determinar las componentes de rigidez como

$$
D_{66} = t \cdot \frac{E_x}{1 - v_{xy}^2 \frac{E_y}{E_x}} \, ; D_{67} = t \cdot \frac{v_{xy} E_y}{1 - v_{xy}^2 \frac{E_y}{E_x}} \, ;
$$

$$
D_{77} = t \cdot \frac{E_y}{1 - v_{xy}^2 \frac{E_y}{E_x}} \, ; D_{88} = t \cdot G_{xy}
$$

$$
D_{11} = \frac{t^3}{12} \cdot \frac{E_x}{1 - v_{ry}^2 \frac{E_y}{E_x}} \, ; D_{12} = \frac{t^3}{12} \cdot \frac{v_{xy} E_y}{1 - v_{xy}^2 \frac{E_y}{E_x}} \, ;
$$

$$
D_{22} = \frac{t^3}{12} \cdot \frac{E_y}{1 - v_{xy}^2 \frac{E_y}{E_x}} \, ; D_{33} = \frac{t^3}{12} \cdot G_{xy}
$$

Y aún es habitual aplicar más simplificaciones. Es bastante normal que los modelos ortótropos de placas delgadas desprecien el coeficiente de Poisson correspondiente al plano del tablero. Esta simplificación tan solo es posible en algunos softwares, en cuyo caso eliminamos las componentes de acoplamiento y simplemente tenemos

$$D_{66} = t \cdot E_x; D_{67} = 0; D_{77} = t \cdot E_y; D_{88} = t \cdot G_{xy}$$

$$D_{11} = \frac{t^3}{12} \cdot E_x; D_{12} = 0; D_{22} = \frac{t^3}{12} \cdot E_y; D_{33} = \frac{t^3}{12} \cdot G_{xy}$$

Finalmente, y tal como se detalla posteriormente, en ocasiones se simplifica aún más el modelo considerando que la placa es un material isótropo. Esta simplificación no es menor, y los resultados podrían ser bastante inexactos. Sin embargo, en algunos tipos de placas la diferencia de rigideces en el plano no es muy elevada, o/y el tablero está principalmente sometido a un tipo de esfuerzo, por lo que nos interesa principalmente capturar una rigidez específica. En tal caso las componentes de la matriz de rigidez se simplifican a

$$D_{66} = t \cdot \frac{E_{iso}}{1 - v_{iso}^2}; D_{67} = t \cdot \frac{v_{iso} E_{iso}}{1 - v_{iso}^2};$$

$$D_{77} = t \cdot \frac{E_{iso}}{1 - v_{iso}^2}; D_{88} = t \cdot G_{iso}$$

$$D_{11} = \frac{t^3}{12} \cdot \frac{E_{iso}}{1 - v_{iso}^2}; D_{12} = \frac{t^3}{12} \cdot \frac{v_{iso} E_{iso}}{1 - v_{iso}^2};$$

$$D_{22} = \frac{t^3}{12} \cdot \frac{E_{iso}}{1 - v_{iso}^2}; D_{33} = \frac{t^3}{12} \cdot G_{iso}$$

Donde lo normal es tomar o bien E_{iso} o bien G_{iso} como el valor "real" (dominante), y se selecciona un coeficiente de Poisson que nos permita ajustar todo lo posible la variable dominada (E_{iso} o G_{iso}), pero al mismo tiempo cumplir con las restricciones de estabilidad numérica. Se mostrará algún ejemplo posteriormente.

Nótese que, en caso de muros de placa gruesa (tales como muros de CLT), que estén principalmente sometidos a la acción de una carga lateral, es también posible considerar modelos similares al modelo de placa delgada, de modo que consideramos el CLT como un material isótropo para principalmente tratar de capturar adecuadamente la rigidez al corte. Esta simplificación, pese a ser muy desafinada aparentemente, no siempre es así, ya que a menudo la rigidez lateral del tablero es importante para calcular la rigidez lateral de un muro (no la flexión), además de que el sistema está fuertemente dominado por la flexibilidad de las uniones; ver detalles en el Capítulo 1, Sección 1.6.1. En los sucesivos apartados se muestran algunos ejemplos referenciales de para modelar distintos tableros de madera. Los principales modelos de placa usados en la práctica para modelar tableros de madera se describen a continuación.

Terciado y OSB

Es habitual modelar no solo los tableros de OSB sino también los de terciado empleando el modelo de placa única (1 sola laminación) delgada y ortótropa. Sin embargo, cuando los tableros están sometidos a esfuerzos dominantes y/o las propiedades del tablero son relativamente similares en ambas direcciones del plano del tablero, es también posible aplicar modelos isótropos.

La mayoría de softwares requieren la incorporación de los parámetros elásticos de membrana, E_x, E_y, G_{xy}, n_{xy} para construir, internamente, la matriz de rigidez. Sin embargo, algunos softwares pueden permitir también la incorporación directa de las componentes de la matriz de rigidez, lo que nos proporciona una gran flexibilidad. Esta diferenciación es importante, ya que:

- Los tableros que están certificados por normas europeas tales como la EN 12369 o la DIN 1052, nos proporcionan todos los parámetros elásticos de membrana, a excepción de n_{xy}. Además, las rigideces E_x, E_y son proporcionadas para el caso de flexión (lo cual es ideal para emular la rigidez en losas y cubiertas) y de tracción/compresión (más adecuado para muros). De este modo podemos definir en el modelo de cálculo o bien los parámetros elásticos, o bien incorporar directamente las componentes a la matriz de rigidez; ver un ejemplo de modelación de un tablero de OSB en la Tabla 2.4.2.1, y un ejemplo de terciado en la Tabla 2.4.2.2.

- En el caso de emplear tableros certificados con normas norteamericanas, es bastante habitual que las propiedades elásticas nos sean dadas directamente como rigideces, no como parámetros elásticos. Véase por ejemplo los valores especificados según el ASD/LRFD Manual, en la parte I de este libro, en el Capítulo 5, Sección 5.3.4. Las propiedades de partida son la rigidez axial AE y flexional EI para ambas direcciones, y la rigidez al corte en el grueso, la cual se entrega en este caso como Gt. El procedimiento es completamente análogo al caso anterior, solo que partimos de las componentes de rigidez. Ver un ejemplo de aplicación para un tablero de OSB en la Tabla 2.4.2.3.

TABLA 2.4.2.1 Ejemplo de modelación de un tablero de OSB certificado según la EN12369. De partida conocemos los módulos elásticos de membrana, tanto a la flexión como a la tracción/compresión y corte. Esto nos permite determinar fácilmente los parámetros elásticos en diferentes casos de carga, los cuales conducen a determinadas componentes de la matriz de rigidez. Alternativamente, podemos definir directamente las componentes de rigidez más adecuadas en algunos softwares.

Ejemplo OSB2/3 con $t=18$ mm certificado según EN12369						
Propiedades de partida según EN12369* (N/mm^2)						
$E_{x,f}$	$E_{y,f}$	$E_{x,t/c}$	$E_{y,t/c}$	G_{xy}	G_{yz}	G_{xz}
4930	1980	3800	3000	1080	50	50
Propiedades empleadas en el modelo de cálculo						
Caso A: losa o cubierta con orientación fuerte						
E_x (N/mm^2)	E_y (N/mm^2)	G_{xy} (N/mm^2)	n_{xy} (1)			
4930	1980	1080	0			
$D_{11}(kN{\cdot}m)$	$D_{22}(kN{\cdot}m)$	$D_{33}(kN{\cdot}m)$	$D_{66}(kN/m)$	$D_{77}(kN/m)$	$D_{88}(kN/m)$	
2,40	0,96	0,52	88740	35640	19440	
Caso B: losa o cubierta con orientación débil						
E_x (N/mm^2)	E_y (N/mm^2)	G_{xy} (N/mm^2)	n_{xy} (1)			
1980	4930	1080	0			
$D_{11}(kN{\cdot}m)$	$D_{22}(kN{\cdot}m)$	$D_{33}(kN{\cdot}m)$	$D_{66}(kN/m)$	$D_{77}(kN/m)$	$D_{88}(kN/m)$	
0,96	240	0,52	35640	88740	19440	
Caso C: muro con tablero vertical						
E_x (N/mm^2)	E_y (N/mm^2)	G_{xy} (N/mm^2)	n_{xy} (1)			
3800	3000	1080	0			
$D_{11}(kN{\cdot}m)$	$D_{22}(kN{\cdot}m)$	$D_{33}(kN{\cdot}m)$	$D_{66}(kN/m)$	$D_{77}(kN/m)$	$D_{88}(kN/m)$	
1,85	1,46	0,52	68400	54000	19440	
Caso D: muro con tablero horizontal						
E_x (N/mm^2)	E_y (N/mm^2)	G_{xy} (N/mm^2)	n_{xy} (1)			
3000	3800	1080	0			
$D_{11}(kN{\cdot}m)$	$D_{22}(kN{\cdot}m)$	$D_{33}(kN{\cdot}m)$	$D_{66}(kN/m)$	$D_{77}(kN/m)$	$D_{88}(kN/m)$	
1,46	1,85	0,52	54000	68400	19440	
Caso E: definición directa de componentes de rigidez (tablero vertical con flexión en plano fuerte); rigidez axial a partir de t/c, y rigidez flexional a partir de f.						
$D_{11}(kN{\cdot}m)$	$D_{22}(kN{\cdot}m)$	$D_{33}(kN{\cdot}m)$	$D_{66}(kN/m)$	$D_{77}(kN/m)$	$D_{88}(kN/m)$	
2,40	0,96	0,52	68400	54000	19440	

* En este caso referidas como rigideces medias, no características.

TABLA 2.4.2.2 Ejemplo de modelación de un tablero de terciado certificado según la DIN1052. De partida conocemos los módulos elásticos de membrana, tanto a la flexión como a la tracción/compresión y corte. Esto nos permite determinar fácilmente los parámetros elásticos en diferentes casos de carga, los cuales conducen a determinadas componentes de la matriz de rigidez. Alternativamente, podemos definir directamente las componentes de rigidez más adecuadas en algunos softwares.

Ejemplo terciado F25/10 con $t=18\ mm$ certificado según DIN1052						
Propiedades de partida* *(N/mm²)*						
$E_{x,f}$	$E_{y,f}$	$E_{x,t/c}$	$E_{y,t/c}$	G_{xy}	G_{yz}	G_{xz}
4000	3000	3000	2500	350	25	35
Propiedades empleadas en el modelo de cálculo						
Caso A: losa o cubierta con orientación fuerte						
E_x *(N/mm²)*	E_y *(N/mm²)*	G_{xy} *(N/mm²)*	$n_{xy}\,(1)$			
4000	3000	350	0			
D_{11} (kN·m)	D_{22} (kN·m)	D_{33} (kN·m)	D_{66}(kN/m)	D_{77}(kN/m)	D_{88}(kN/m)	
1,94	1,46	0,17	72000	54000	6300	
Caso B: losa o cubierta con orientación débil						
E_x *(N/mm²)*	E_y *(N/mm²)*	G_{xy} *(N/mm²)*	$n_{xy}\,(1)$			
3000	4000	350	0			
D_{11} (kN·m)	D_{22} (kN·m)	D_{33} (kN·m)	D_{66}(kN/m)	D_{77}(kN/m)	D_{88}(kN/m)	
1,46	1,94	0,17	54000	72000	6300	
Caso C: muro con tablero vertical						
E_x *(N/mm²)*	E_y *(N/mm²)*	G_{xy} *(N/mm²)*	$n_{xy}\,(1)$			
3000	2500	350	0			
D_{11} (kN·m)	D_{22} (kN·m)	D_{33} (kN·m)	D_{66}(kN/m)	D_{77}(kN/m)	D_{88}(kN/m)	
1,46	1,22	0,17	54000	45000	6300	
Caso D: muro con tablero horizontal						
E_x *(N/mm²)*	E_y *(N/mm²)*	G_{xy} *(N/mm²)*	$n_{xy}\,(1)$			
2500	3000	350	0			
D_{11} (kN·m)	D_{22} (kN·m)	D_{33} (kN·m)	D_{66}(kN/m)	D_{77}(kN/m)	D_{88}(kN/m)	
1,22	1,46	0,17	45000	54000	6300	
Caso E: definición directa de componentes de rigidez (tablero vertical con flexión en plano fuerte); rigidez axial a partir de t/c, y rigidez flexional a partir de f.						
D_{11} (kN·m)	D_{22} (kN·m)	D_{33} (kN·m)	D_{66}(kN/m)	D_{77}(kN/m)	D_{88}(kN/m)	
1,94	1,46	0,17	54000	45000	6300	

* En este caso referidas como rigideces medias, no características.

TABLA 2.4.2.3 Ejemplo de modelación de un tablero de OSB certificado según normas norteamericanas (ASTM D3043, ASTM D3501, ASTM D2719). De partida conocemos diversas rigideces; esto nos permite deducir los parámetros elásticos y componentes de rigidez faltantes. Posteriormente aplicamos el mismo procedimiento que en los casos anteriores para definir parámetros elásticos y rigideces para cada caso de carga.

Ejemplo OSB *span rate 48/24 Structural I* con *t=18.26 mm (23/32")* certificado según APA (normas ASTM)

Propiedades y rigideces de partida

$E_xI_y/b=D_{11}$ (kN·m)	$E_uI_x/b=D_{22}$ (kN·m)	$A_xE_x/b=$ D_{66}(kN/m)	$A_yE_y/b=$ D_{77}(kN/m)	$G_{xy}t=$ D_{88}(kN/m)	
3,76	0,86	85348	48145	16811	

Deducción de propiedades

$E_{x,f}$(N/mm²)	$E_{y,f}$(N/mm²)	$E_{x,t/c}$(N/mm²)	$E_{y,t/c}$(N/mm²)	G_{xy}(N/mm²)	D_{33} (kN·m)
7411	1695	4674	2637	921	0,47

Propiedades empleadas en el modelo de cálculo

Caso A: losa o cubierta con orientación fuerte

E_x(N/mm²)	E_y(N/mm²)	G_{xy}(N/mm²)	n_{xy} (1)		
7411	1695	921	0		
D_{11} (kN·m)	D_{22} (kN·m)	D_{33} (kN·m)	D_{66}(kN/m)	D_{77}(kN/m)	D_{88}(kN/m)
3,76	0,86	0,47	135324	30951	16811

Caso B: losa o cubierta con orientación débil

E_x(N/mm²)	E_y(N/mm²)	G_{xy}(N/mm²)	n_{xy} (1)		
1695	7411	921	0		
D_{11} (kN·m)	D_{22} (kN·m)	D_{33} (kN·m)	D_{66}(kN/m)	D_{77}(kN/m)	D_{88}(kN/m)
0,86	3,76	0,47	30951	135324	16811

Caso C: muro con tablero vertical

E_x(N/mm²)	E_y(N/mm²)	G_{xy}(N/mm²)	n_{xy} (1)		
4674	2637	921	0		
D_{11} (kN·m)	D_{22} (kN·m)	D_{33} (kN·m)	D_{66}(kN/m)	D_{77}(kN/m)	D_{88}(kN/m)
2,37	1,34	0,47	85348	48145	16811

Caso D: muro con tablero horizontal

E_x(N/mm²)	E_y(N/mm²)	G_{xy}(N/mm²)	n_{xy} (1)		
2637	4674	921	0		
D_{11} (kN·m)	D_{22} (kN·m)	D_{33} (kN·m)	D_{66}(kN/m)	D_{77}(kN/m)	D_{88}(kN/m)
1,34	2,37	0,47	48145	85348	616811

Caso E: definición directa de componentes de rigidez (tablero vertical con flexión en plano fuerte); rigidez axial a partir de t/c, y rigidez flexional a partir de f.

D_{11} (kN·m)	D_{22} (kN·m)	D_{33} (kN·m)	D_{66}(kN/m)	D_{77}(kN/m)	D_{88}(kN/m)
3,76	0,86	0,47	2,37	1,34	16811

Adicionalmente, en ciertos casos, como por ejemplo cuando el tablero tiene propiedades similares en los ejes x e y, y/o existe una carga dominante, es posible definir un modelo isótropo. La definición de propiedades debe realizarse de la forma más conveniente de acuerdo al esfuerzo dominante y respetando las relaciones isótropas. Debe tenerse en cuenta que, en algunos softwares, existe la limitación de que $n_{xy} \leq 0{,}5$. Dicha limitación será importante si se pretende capturar lo mejor posible todas las rigideces en tableros muy anisótropos. Por otra parte, si es que tenemos un esfuerzo muy dominante, otra estrategia sería definir $n_{xy} \leq 0$, lo que permitiría emular lo mejor posible las rigideces dominantes y eliminar las rigideces de acoplamiento, a costa de empeorar la predicción de las otras componentes de rigidez. En la Tabla 2.4.2.4 se muestra un ejemplo de definición de modelo isótropo para modelar un tablero de OSB sometido a esfuerzos muy dominantes. El tablero en cuestión se corresponde con el ejemplo de modelo ortótropo anteriormente definido (Tabla 2.4.2.3).

TABLA 2.4.2.4 Ejemplo de definición de modelo isótropo simplificado para definición del tablero de OSB detallado en la Tabla 2.4.2.3 bajo situaciones de cargas dominantes.

Ejemplo OSB *span rate 48/24 Structural I* con $t = 18.26\ mm$ *(23/32") certificado según APA (normas ASTM)*

Propiedades ortótropas de partida (ver Tabla 7.4.2.3)

$E_{x,f}$ (N/mm²)	$E_{y,f}$ (N/mm²)	$E_{x,t/c}$ (N/mm²)	$E_{y,t/c}$ (N/mm²)	G_{xy} (N/mm²)	$E_{x,f}$ (N/mm²)
7411	1695	4674	2637	921	7411

Caso A: Deducción de propiedades isótropas para situación de carga con compresión axial dominante en muro vertical y cálculo de rigideces

E_{iso} (N/mm²)	n_{iso}(N/mm²)	G_{iso}(N/mm²)			
4674	0	2337			
$D_{11}=D_{22}$ (kN·m)	D_{12} (kN·m)	D_{33} (kN·m)	$D_{66}=D_{77}$(kN/m)	D_{67}(kN/m)	D_{88}(kN/m)
2,37	0	1,19	85348	0	42674

Caso B: Deducción de propiedades isótropas para situación de carga con corte lateral dominante en muro vertical y cálculo de rigideces

G_{iso} (N/mm²)	n_{iso}(N/mm²)	E_{iso}(N/mm²)			
921	0	1842			
$D_{11}=D_{22}$ (kN·m)	D_{12} (kN·m)	D_{33} (kN·m)	$D_{66}=D_{77}$(kN/m)	D_{67}(kN/m)	D_{88}(kN/m)
0,93	0	0,47	33635	0	16817

En la Tabla 2.4.2.5 se compara la modelación ortótropa e isótropa del tablero de OSB detallado en las Tablas 2.4.2.3 y 2.4.2.4. Respecto de la comparación del muro solicitado a carga axial, vemos que la modelación del modelo isótropo sería idéntica al modelo ortótropo en cuanto a la rigidez axial y flexional, respecto del eje vertical. Sin embargo, el modelo estaría sobreestimando de forma inaceptable las rigideces axiales y flexionales en el eje débil como también la rigidez cortante y torsional. Por lo tanto, concluimos que el modelo isótropo podría únicamente substituir de forma adecuada al modelo ortótropo en caso de que el muro estuviese exclusivamente sometido a esfuerzos n_x y m_x. Respecto de la comparación de un muro solicitado a carga lateral, vemos que ocurre exactamente lo opuesto; el modelo isótropo tan sólo logra capturar adecuadamente la rigidez al corte y torsional, mientras que el resto de rigideces están notablemente infraestimadas. Se concluye entonces que el modelo isótropo tan sólo sería adecuado en caso de que el muro estuviese solicitado con n_{xy} y m_{xy}.

TABLA 2.4.2.5 Comparación de rigideces del modelo ortótropo e isótropo para modelar el tablero de OSB ejemplificado en las Tablas 2.4.2.3 y 2.4.2.4 bajo la acción de esfuerzos dominantes.

Comparación de rigideces del modelo ortótropo vs. Isótropo para el tablero de OSB ejemplificado en las Tablas 7.4.2.3 y 7.4.2.4.					
Caso de muro solicitado a carga axial dominante, n_x					
Rigideces del modelo ortótropo					
D_{11} (kN·m)	D_{22} (kN·m)	D_{33} (kN·m)	D_{66}(kN/m)	D_{77}(kN/m)	D_{88}(kN/m)
2,37	1,34	0,47	85348	48145	16811
Rigideces del modelo isótropo					
$D_{11}=D_{22}$ (kN·m)	D_{12} (kN·m)	D_{33} (kN·m)	$D_{66}=D_{77}$(kN/m)	D_{67}(kN/m)	D_{88}(kN/m)
2,37	0	1,19	85348	0	42674
Caso de muro solicitado a corte dominante, n_{xy}					
Rigideces del modelo ortótropo					
D_{11} (kN·m)	D_{22} (kN·m)	D_{33} (kN·m)	D_{66}(kN/m)	D_{77}(kN/m)	D_{88}(kN/m)
2,37	1,34	0,47	85348	48145	16811
Rigideces del modelo isótropo					
$D_{11}=D_{22}$ (kN·m)	D_{12} (kN·m)	D_{33} (kN·m)	$D_{66}=D_{77}$(kN/m)	D_{67}(kN/m)	D_{88}(kN/m)
0,93	0	0,47	33635	0	16817

CLT

La modelación de tableros de CLT como elementos tipo placa ha sido detallado de forma exhaustiva en el Capítulo 1, Sección 1.3, por lo que no se repite en esta sección. Resumiendo, la composición de la matriz de rigidez es similar a los tableros de pared delgada, con la diferencia de que se emplean numerosos valores seccionales efectivos (que pueden no coincidir en los diferentes esfuerzos) y también una serie de factores de modificación de rigidez, principalmente para considerar la flexibilidad de las capas perpendiculares a la rodadura, así como también el mecanismo de transmisión de carga.

En todo caso sí debe puntualizarse, que, pese a que el modelo del CLT es notablemente más complejo, de forma similar a los tableros de placa delgada, la configuración habitual de los tableros de CLT permite una respuesta desacoplada. Esto es importante ya que presenta la ventaja de que, bajo situaciones de carga muy dominantes, la aplicación de modelos simplificados —incluso modelos isótropos de placa única y delgada— es posible. Así, por ejemplo, diversos autores han aplicado modelos isótropos de placa delgada para modelar el traspaso de cargas y drifts bajo acciones laterales. En caso de aplicar un modelo simplificado, se recomienda en todo caso comparar las componentes de la matriz de rigidez "real", detallada en la Sección 1.3 con la matriz de rigidez del modelo simplificado, tal como se ejemplificó en la Tabla 2.4.2.5. De este modo, y habiendo calculado los esfuerzos en el modelo computacional, podrá determinarse con seguridad los alcances de un modelo simplificado.

Tableros de partículas, tableros de yeso-cartón y otros

La modelación de este tipo de tableros es completamente análoga a la de los tableros de OSB y terciado, es decir, suelen emplearse modelos de placa delgada y lámina única, ortótropos e isótropos. La diferencia con respecto a los anteriores, es que la obtención de tableros certificados en Latinoamérica es a menudo menos frecuente, y en general las rigideces/parámetros elásticos de estos materiales son habitualmente más difíciles de obtener. En la norma EN12369 y DIN1052, por ejemplo, es posible obtener los parámetros elásticos de membrana para tableros de partículas, tableros de yeso cartón y tableros de fibras.

2.4.3 *Modelación de elementos sólidos*

La modelación práctica de elementos sólidos de madera y derivados es por lo general más sencilla que la modelación en 1D y 2D, ya que en el modelo 3D habitualmente no tenemos que realizar ninguna simplificación desde el punto de vista de la definición de leyes materiales y constitutivas. Sin embargo, los elementos 3D, comúnmente referidos en programas computacionales como elementos sólidos, son computacionalmente bastante más intensivos, así es que por lo general tan sólo modelaremos en 3D cuando sea imperativo por las circunstancias del problema. Requerimientos habituales de la modelación 3D en la madera son los siguientes:

I.   Asimetría en "el grueso" de los elementos en cuanto a la distribución de esfuerzos, rigideces o condiciones de contorno.

II. Asimetría en la distribución de propiedades materiales, y en particular la desviación de la fibra con la dirección de los esfuerzos.

III. Razones l/b en vigas y l/t en tableros que se sitúan en torno a ≤ 10.

IV. Verificación de la precisión de un modelo 2D/1D.

A menudo en los *modelos de validación*, trabajamos con modelos de cálculo/simplificaciones ya conocidos, y además empleamos principalmente elementos tipo viga, tableros y uniones con rigidez traslacional y rotacional en el plano, así es que es bastante común que ninguna de las 4 condiciones anteriores aplique, siendo la modelación 3D es más bien poco común. Sin embargo, en los *modelos de emulación*, principalmente destinados a investigación, sí que es más común tener que recurrir a modelos 3D. Sea como fuere, cuando el problema lo requiera, la modelación 3D se fundamenta principalmente en dos aspectos: (*i*) definición certera de los parámetros materiales que se requieran en el problema en cuestión (elásticos e inelásticos); y (*ii*) definición espacial correcta de la orientación de las fibras. Por lo general son 3 los modelos elásticos principalmente empleados:

Modelo de ortotropía cilíndrica

Este modelo tan sólo es aplicable a la madera aserrada o madera laminada, pero no a otros productos derivados. Habitualmente solo se aplica en modelos de emulación en investigación, para cuando la diferencia entre las propiedades de los ejes T y R sea clave para la resolución del problema, como, por ejemplo, en problemas de simulación de tensiones derivadas de la humedad. En ese tipo de problemas, el campo de tensiones se debe fundamentalmente a la diferencia higroscópica (hinchazón y merma) entre ambos ejes transversales. Tal como se detalla en profundidad en el libro *"Fundamentos del diseño y la construcción con madera"*, este modelo consiste en tomar en cuenta la naturaleza polar (circular/radial) de los ejes R y T. En efecto, dado que la disposición de los ejes T y R 'gira' alrededor del plano transversal del árbol (formando la estructura radial del tronco), se dice que la madera presenta una ortotropía cilíndrica, lo cual responde a la definición espacial de un sistema de coordenadas cilíndrico en el que L es el eje de coordenada vertical z, R es el eje de coordenada radial ρ y T se corresponde con el eje de coordenada azimutal φ, ver Figura 7.2.3.

Este es el modelo elástico más preciso para simular madera o madera laminada, pero tan sólo se puede aplicar en casos muy concretos debida a que requiere conocer la posición de la médula en cada una de las piezas. Para definir completamente este modelo elástico se necesitan 9 *constantes elásticas independientes*: E_L, E_R, E_T, G_{LR}, G_{RT}, E_{LT} y 3 coeficientes de Poisson, uno para cada plano (*LR*, *RT* y *LT*), cuya relación con los coeficientes menores cumple las siguientes relaciones

$$\frac{v_{LR}}{E_L} = \frac{v_{RL}}{E_R} \;;\; \frac{v_{RT}}{E_R} = \frac{v_{TR}}{E_T} \;;\; \frac{v_{LT}}{E_L} = \frac{v_{TL}}{E_T}$$

De ahí, que los 3 coeficientes de Poisson se puedan definir indistintamente como mayores o menores. La mayoría de softwares requieren la definición de los 3 coeficientes mayores, aunque en otros es posible definir los 3 coeficientes menores. En cualquier caso, los otros 3 coeficientes no definidos por el usuario se calculan internamente de acuerdo a la relación anterior.

Tal como se comentó en secciones anteriores, las relaciones elásticas entre esos 12 parámetros tienden a ser desconocidas para la mayoría de especies latinoamericanas. Así, para el pino radiata se aconseja aplicar la relación de la Tabla 2.4.1, basada en los valores del pino radiata neozelandés. Para valores referenciales de los parámetros elásticos en otras especies, se recomienda recurrir al texto WoodHandbook (2010) o bien la base de datos de la TU Dresden (en alemán, accesible en https://tu-dresden. de/ing/maschinenwesen/int/das-institut/holztechnik-und-faserwerkstofftechnik/ holzdatenbank). Adicionalmente, las relaciones elásticas para las 9 rigideces pueden determinarse de acuerdo a las relaciones detalladas en el anexo B de la NCh1198 y detalladas en la Tabla 2.4.3.

TABLA 2.4.3 Relación de rigideces elásticas ortótropas en relación al módulo elástico longitudinal contemplados por la norma chilena NCh1198.

$E_R \approx 0{,}08E_L$	Para especies coníferas	$E_R \approx 0{,}14E_L$	Para especies latifoliadas
$E_T \approx 0{,}05E_L$	Para especies coníferas	$E_T \approx 0{,}08E_L$	Para especies latifoliadas
$G_{LT} \approx 0{,}065E_L$	Para especies coníferas	$G_{LT} \approx 0{,}07E_L$	Para especies latifoliadas
$G_{LR} \approx 0{,}065E_L$	Para especies coníferas	$G_{LR} \approx 0{,}1E_L$	Para especies latifoliadas
$G_{RT} \approx 0{,}006E_L$	Para especies coníferas	$G_{RT} \approx 0{,}032E_L$	Para especies latifoliadas

Modelo de ortotropía rectangular

Es similar al anterior, pero no considera la "curvatura" de los ejes débiles, de modo que los tres ejes son rectangularmente ortogonales. Esto incrementa la aplicabilidad del modelo extendiéndola a los productos derivados de la madera los cuales, si bien presentan mayor o menor grado de anisotropía, suelen ser rectangularmente ortótropos. En concreto, este modelo resulta especialmente útil en 2 situaciones: (*i*) en el cálculo de tableros y otros productos derivados de la madera; (*ii*) en el caso de simular piezas de madera, o piezas laminadas, cuya orientación de anillos es relativamente paralela o perpendicular a una de las caras, es decir cuando en la sección perpendicular de un madero, puede asumirse que el radio de los anillos tiende al infinito (carecen de curvatura).

Los parámetros necesarios para la definición de este modelo, son los mismos que para el caso de ortotopía cilíndrica. La única diferencia reside en que en el anterior, es necesario definir un sistema de coordenadas cilíndrico, mientras que en el presente modelo se debe definir un sistema local rectangular o cartesiano (x,y,z), que se corresponda adecuadamente con la orientación material de la pieza, ver Figura 2.2.3. Así, podemos expresar la relación entre deformaciones y tensiones como

$$
\begin{pmatrix} \varepsilon_L \\ \varepsilon_R \\ \varepsilon_T \\ \gamma_{LR} \\ \gamma_{RT} \\ \gamma_{LT} \end{pmatrix} =
\begin{pmatrix}
\dfrac{1}{E_L} & \dfrac{-v_{RL}}{E_R} & \dfrac{-v_{TL}}{E_T} & 0 & 0 & 0 \\[2ex]
\dfrac{-v_{LR}}{E_L} & \dfrac{1}{E_R} & \dfrac{-v_{TR}}{E_T} & 0 & 0 & 0 \\[2ex]
\dfrac{-v_{LT}}{E_L} & \dfrac{-v_{RT}}{E_R} & \dfrac{1}{E_T} & 0 & 0 & 0 \\[2ex]
0 & 0 & 0 & \dfrac{1}{G_{LR}} & 0 & 0 \\[2ex]
0 & 0 & 0 & 0 & \dfrac{1}{G_{RT}} & 0 \\[2ex]
0 & 0 & 0 & 0 & 0 & \dfrac{1}{G_{LT}}
\end{pmatrix}
\begin{pmatrix} \sigma_L \\ \sigma_R \\ \sigma_T \\ \tau_{LR} \\ \tau_{RT} \\ \tau_{LT} \end{pmatrix}
$$

Conviene recordar que existen varios convenios a la hora de denotar las direcciones y los planos en tres dimensiones. La notación estándar es la más emplead,a y consiste en expresar las direcciones con la siguiente ordenación: L, R, T, LR, RT y LT. De este modo las equivalencias direccionales observadas en los distintos materiales/modelos/softwares suele ser la siguiente

$$
\begin{pmatrix} L \\ R \\ T \\ LR \\ RT \\ LT \end{pmatrix} = \begin{pmatrix} x \\ y \\ z \\ xy \\ yz \\ xz \end{pmatrix} = \begin{pmatrix} 11 \\ 22 \\ 33 \\ 23,32 \\ 13,31 \\ 12,21 \end{pmatrix} = \begin{pmatrix} 1 \\ 2 \\ 3 \\ 4 \\ 5 \\ 6 \end{pmatrix} = \begin{pmatrix} 11 \\ 22 \\ 33 \\ 44 \\ 55 \\ 66 \end{pmatrix}
$$

Alternativamente, en algunos casos podemos observar la notación de Voigt en cuyo caso la ordenación resulta L, R, T, RT, LT, LR.

Modelo de isotropía transversal

Es el modelo más habitual. Consiste en asumir que los 2 ejes débiles tienen las mismas propiedades, siendo esta simplificación aceptable para la mayoría de situaciones, tanto para modelar madera como productos derivados. Las relaciones elásticas en este caso se establecen como

$$E_\parallel = E_L$$

$$E_\perp = \frac{E_R + E_T}{2}$$

$$\nu_\parallel = \frac{\nu_{LR} + \nu_{LT}}{2}$$

$$\nu_\perp = \nu_{RT}$$

$$G_\parallel = \frac{G_{LR} + G_{LT}}{2}$$

$$G_\perp = \frac{E_\perp}{2(1 + \nu_\perp)}$$

Donde la denominación de los ejes materiales principales, L, R y T lógicamente se substituiría como corresponda para modelar materiales derivados de la madera. Nótese que las constantes elásticas independientes se redujeron *de 9 a 5* ($E_\parallel$, $E_\perp$, $\nu_\parallel$, $\nu_\perp$ y $G_\parallel$) respecto del modelo anterior, porque el módulo cortante transversal puede ser calculado a partir de las otras constantes. De forma alternativa, también es posible fijar $G_\perp$ como el *módulo de rodadura* y calcular a partir de este el coeficiente $\nu_\perp$, sin embargo esto no se recomienda para poder cumplir con criterios de estabilidad elástica. Por tanto, los parámetros necesarios para este modelo, son 5 constantes elásticas, junto con la dirección de las fibras, la cual es normalmente conocida, debiéndose considerar en el modelo con la orientación correspondiente del sistema local cartesiano de coordenadas.

2.4.4 *Modelación de uniones*

A menudo, y especialmente en el cálculo analítico, las uniones de madera son modeladas como articulaciones perfectas, tal que las piezas que unen se comunican de forma infinitamente rígida traslacionalmente hablando, y completamente flexible desde el punto de vista rotacional. Así, la premisa de las articulaciones perfectas, ha sido el procedimiento "por defecto" para el cálculo tradicional analítico. Esto no solo aplica a uniones puntuales que conectan barras con barras, sino también uniones lineales que comunican tableros con tableros. Habitualmente, esta simplificación es conservadora porque las piezas suelen estar solicitadas a mayores esfuerzos de lo que les corresponde de cara a la verificación de resistencia, mientras que la flexibilidad (deformación de entrepiso, flecha en losas, etc.) es mayor de la esperada de cara a la verificación de servicio.

No obstante, y tal como se detalló de forma exhaustiva en los capítulos anteriores, es relativamente sencillo estimar la rigidez traslacional (al corte), axial (por extracción o contacto directo en compresión) y rotacional de las uniones de madera empleando métodos analíticos. Así, a no ser que la causa esté justificada, por lo general siempre deberá considerarse la rigidez de las uniones en los modelos computacionales con el fin de calcular esfuerzos y deformaciones de forma mucho más precisa. De lo anterior, es necesario excluir la rigidez rotacional en aquellas uniones con momentos polares de inercia insignificantes, ya que en estos casos la rigidez será despreciable.

Si bien en la gran mayoría de modelos de verificación se emplean simples "resortes" elásticos para modelar uniones de uno o múltiples conectores —ya sea empleando resortes puntuales (N/mm o Nmm/rad) o lineales (N/mm^2 o $Nmm/mmrad$) correspondientes en los extremos de las piezas— existen técnicas mucho más sofisticadas para modelar uniones, principalmente en modelos de emulación empleados en investigación. En efecto, el comportamiento real de una unión es bastante más complejo que la aplicación de un simple *resorte lineal e isótropo*. Por supuesto en uniones traslacionales se producen efectos de grupo por distribución irregular inherente del corte, aun cuando todos los conectores son del mismo tipo. Esta situación ya se prevé analíticamente con artificios como el número efectivo de conectores, factor de modificación por hilera, etc. Pero, adicionalmente, se acentúa aún más la no-homogeneidad en la distribución de fuerzas por el hecho de que el aplastamiento, y por tanto la rigidez de cada conector, depende de la dirección de la fibra; recuérdese que la desviación de la fibra se considera para calcular la resistencia al aplastamiento, pero no para calcular la rigidez de la unión. Esta situación se visualiza fácilmente en la típica corona de pernos de una unión de momento; al aplicar el momento, cada perno aplastará la madera con una angulación específica, así es que cada "resorte" será en realidad diferente, aun cuando todos los conectores sean físicamente idénticos. La *anisotropía del aplastamiento*, no solo acentúa la *no-homogeneidad en la distribución de fuerzas*, ya inherente en uniones rígidas al corte, sino que también produce que *la dirección del desplazamiento real no se corresponda con la dirección de la fuerza* (desangulación fuerza desplazamiento), ya que, si es que la resistencia depende de la dirección de la fibra, para cargas oblicuas el conector "tendrá preferencia" por discurrir por aquella dirección en donde la resistencia al aplastamiento sea más débil. Desde el punto de vista analítico, la "anisotropía" de los resortes se considera en algunas normas, como por ejemplo el Eurocódigo, al incluir una rigidez en la verificación de resistencia que es inferior ($K_u = 2K_{ser}/3$) a la rigidez considerada en la serviciabilidad. Como se comentó anteriormente esto es conservador, ya que los esfuerzos en las piezas suelen ser mayores.

Por si la complejidad anterior fuera poco, las conexiones experimentan además un comportamiento marcadamente no lineal, se mezclan multitud de no-linealidades geométricas (contactos) y materiales (plasticidad metal, plasticidad madera, daño madera), y pueden estar solicitadas a esfuerzos axiales y cargas fuera del plano. Todo ello hace que la modelación numérica de uniones no sea un tema sencillo, y haga que, aún a día de hoy no esté ni mucho menos estandarizado. Desde el punto de vista del cálculo analítico, el enfoque consiste en emplear artificios y considerar distribuciones de fuerzas homogéneas, rigideces isótropas y modos de falla bilineales con plasticidad perfecta. Además, se resuelve la anisotropía considerando un módulo de rigidez inferior para la verificación de resistencia. Sin embargo, desde el punto de vista de la "emulación" no existe consenso de cómo modelar las uniones. Generalmente, lo que suele buscarse con modelos de emulación es predecir modos de falla, resistencias y deformaciones. Sin duda, uno de los aspectos más relevantes que la modelación nos puede ofrecer, es poder predecir numéricamente las curvas $F\text{-}u$ (o $M\text{-}\theta$) incluyendo la zona no lineal, ya que estos datos son los que finalmente deben incluirse en los modelos lineales o inelásticos de verificación. Resumiendo, en el futuro deberían establecerse técnicas de modelación estandarizadas para poder extraer curvas F-u no-lineales con precisiones aceptables. Pero a día de hoy, dichos datos todavía se obtienen casi siempre de forma experimental.

Por supuesto la finalidad de esta sección no es detallar todas las complejidades relacionadas con la modelación de uniones, pero sí presentar, además del ya conocido modelo de resorte lineal e isótropo, distintos enfoques ampliamente empleados para modelar uniones en estructuras de madera. Al final de la sección se presentará además un breve resumen de la modelación histerética de uniones, la cual, por razones que se exponen posteriormente se obtiene con modelos diferentes de aquellos que pretenden predecir el comportamiento monotónico.

2.4.4.1 *Modelación monotónica*

Los principales modelos numéricos para simular uniones se presentan en la Tabla 2.4.4.1 y se resumen a continuación.

TABLA 2.4.4.1 Principales modelos numéricos para simular uniones de madera (modificado de Bader et al. 2018).

Ilustración	Aspectos que puede modelar*	Datos necesarios
Modelo: Conectores sólidos y madera sólida		
	Distribución no homogénea en conectores. Deformaciones y tensiones de los conectores. Deformaciones y tensiones de la madera en zona de nudo. Comportamiento F-u (o M-θ) no lineal. Desangulación fuerza-desplazamiento.	Modelo constitutivo de madera y acero incluyendo las no-linealidades materiales que se pretendan considerar. Modelo de contacto madera-acero.
Modelo: Conectores "viga de fundación" y madera sólida		
	Similar al anterior	Modelo constitutivo de acero y madera. Modelo constitutivo de aplastamiento/fricción.
Modelo: Conector "viga de fundación" y madera con vigas rígidas		
	Deformaciones y tensiones de un único conector. Def. y tensiones globales la madera en zona de nudo. Comportamiento F-u no lineal.	Modelo constitutivo acero. Resortes normales y friccionales para simular interacción con la madera.

TABLA 2.4.4.1 (CONTINUACIÓN)

Algoritmo para extensión del modelo de madera rígida		
Algoritmo	Algoritmo aplicable al modelo anterior que permite estimar F-u no lineal en uniones de múltiples conectores.	Curvas F-u para cada conector.
Conectores viga-resorte y madera shell flexible		
	Similar al primero pero no predice explícitamente la deformación de conectores, y aproxima a tensiones planas en la madera en zona de nudo.	Modelo constitutivo de madera. Curvas F-u para cada plano de corte. Modelo de contacto o fricción.
Resortes isótropos no lineales		
	Predice únicamente F-u no lineal de la unión.	Curva F-u asumida para el grupo de conectores.
Resortes isótropos lineales		
	Tan sólo predice la F-u lineal.	Curva F-u (lineal) asumida para cada conector.

Modelo de conectores sólidos y madera sólida

Consiste en modelar tanto la madera como los conectores empleando elementos 3D. Los conectores suelen modelarse como "cilindros" de acero, aunque en ocasiones también se modelan las cabezas y arandelas para poder considerar las fuerzas axiales secundarias. Por supuesto es bastante habitual modelar tan sólo la mitad o un cuarto de la geometría por simetría. Este modelo puede llegar a ser tremendamente costoso desde el punto de vista computacional ya que a menudo presenta muy pocas simplificaciones, existen muchos grados de libertad y todas las no linealidades materiales son incorporadas como modelos constitutivos 3D en los elementos. Además, se precisa implementar un modelo de contacto, lo cual suele concernir un grado muy elevado de no-linealidad. Por lo anterior, este modelo no es habitual en la práctica.

En cuanto al modelo constitutivo de la madera, suele implementarse una combinación de un modelo de plasticidad (de Tsai-Wu o Hill) y modelos de daño para tensiones de tracción y cortante, lo que en esencia permite explicar el daño en la madera y, por lo tanto, no se precisa de un modelo constitutivo para el aplastamiento. El modelo material del acero por supuesto, debe incorporar la plasticidad a no ser que se conozca de antemano que el fallo será frágil.

La modelación del contacto, suele efectuarse con modelos muy sencillos dada la gran no-linealidad ya presente en la materialidad. Así el contacto normal responde a la hipótesis de Signorini, y el contacto tangencial suele modelarse con el modelo estático de Coulomb. Por supuesto, la definición del modelo de contacto incluye la técnica de detección y discernimiento de qué superficie penetra en cuál; habitualmente el menos rígido (madera, esclava) y más deformado, requiere una malla bastante más fina que presente una menor "rigidez" al deformarse, y encajar en el cuerpo penetrado, siendo este el más rígido (acero, maestro). Una vez los elementos entran en contacto, la asignación de elementos de esclavo a elementos del maestro puede efectuarse. Respecto al algoritmo de resolución del problema de contacto por el MEF, dos de los más implementados en los programas comerciales e implementados en la madera son:

- El método de penalización (*penalty method*). Este método tiene una implementación relativamente sencilla, y se basa en la introducción de una fuerza para cada nodo que ha experimentado penetración de modo que la superficie esclava regrese hasta una posición próxima a la superficie maestra. La fuerza del contacto es calculada según la ley de Hook, de modo que es proporcional a la distancia de penetración, y una rigidez definida como la rigidez del contacto (también denominada rigidez de la penalización). La fuerza del contacto, es calculada por iteración hasta lograr la convergencia para cada paso de carga. Un factor clave de este método es la elección de la rigidez del contacto, la cual normalmente es calculada por el propio programa (según la rigidez de los materiales y el tamaño de la malla) y puede ser manipulada por el usuario. Si la rigidez es muy pequeña, existirá penetración de los cuerpos, y la rigidez es demasiado elevada la superficie esclava no coincidirá con la maestra, generando así problemas de convergencia.

- El método de Lagrange aumentado (*augmented Lagrange method*), es muy similar, solo que al cálculo de la fuerza de contacto se le incluye un sumando. La función de este término, consiste en reducir la sensibilidad del contacto respecto de la rigidez del mismo. Por lo general este método produce menores penetraciones que el método de penalización, pero suele requerir más iteraciones.

La práctica más habitual consiste en aplicar modelos de asignación esclava-maestro de superficie a superficie, con el método de penalización empleando el modelo de fricción de Coulomb con coeficientes de rozamiento en torno a $\mu=0,3$ (para madera-acero), y grandes rigideces de contacto normal. Es también bastante común aplicar un modelo constitutivo totalmente lineal en elementos alejados de los conectores, y modelos no-lineales únicamente en elementos que puedan llegar a límites de no-linealidad. Esta práctica reduce los tiempos de computación. Respecto a la magnitud de las deformaciones, por supuesto el modelo debe considerar de per-se la no-linealidad geométrica para simular los efectos del contacto; sin embargo, dada la enorme no-linealidad del problema al combinar los efectos materiales con los geométricos, es habitual emplear este modelo únicamente para predecir deformaciones relativamente pequeñas.

Modelo de conectores de viga elástica y madera sólida

Dada la complejidad del contacto madera-acero, así como también la no-linealidad material en la madera, uno de los enfoques mayormente extendidos en modelos de emulación consiste en agrupar la no-linealidad del contacto y la del aplastamiento/fricción en una serie de resortes no-lineales los cuales, fenomenológicamente, pueden describir de forma adecuada las resistencias que los conectores deben vencer para deformarse. Teniendo en cuenta esto, este modelo consiste en emplear elementos tipo viga con modelo elasto-plástico para capturar la deformación del acero, resortes para emular la oposición a la deformación del acero y su contacto con la madera, y un modelo constitutivo similar al modelo anterior para la madera. Los miembros suelen modelarse como elementos sólidos con los "agujeros" correspondientes a las perforaciones de los conectores. Los nodos de los agujeros, se conectan con resortes distribuidos que modelan la oposición del aplastamiento y el contacto. En el libro *"Comnceptos avanzados del diseño estructural con madera. Parte I"*, Capítulo 2, Sección 2.1.6, se muestran detalles de algunos modelos propuestos por diversos autores para calcular las propiedades elásticas de los resortes. En cuanto a las propiedades no-lineales de los resortes que simulan el aplastamiento, estas suelen ser adaptadas de los resultados experimentales o bien obtenidas con modelos como el que se presenta a continuación. En términos generales, las curvas suelen corresponderse con comportamientos bilineales con transiciones "suavizadas" entre tangentes, lo que permite adaptar mucho mejor las relaciones constitutivas a los resultados experimentales además de mejorar la convergencia numérica.

Cabe destacar, que en la mayoría de modelos se emplean resortes perpendiculares a los conectores para simular el aplastamiento de la madera, y resortes tangenciales para simular la fricción, sin embargo, algunos autores han aplicado duplas de resortes que son paralelas y perpendiculares a la dirección de la fibra en el plano transversal de los conectores lo que permite distinguir la resistencia y rigidez al aplastamiento paralelo y perpendicular. El posible efecto de arandelas, tuercas, cabezas y otros elementos en la aparición de esfuerzos adicionales secundarios, suele considerarse aplicando rigidez rotacional en la cabeza/extremos de los conectores, aunque algunos autores también han aplicado resortes paralelos al eje de los conectores en los extremos, los cuales tienen rigideces similares al aplastamiento arandela-madera con el fin de introducir fuerzas axiales adicionales. Algunos autores como Hirai (1983) han propuesto modelos para determinar el número de resortes que deben ser considerados en la viga de fundación en relación al espesor de las piezas de madera.

Modelo de conector de viga elástica y madera con vigas rígidas

Este tipo de modelos se aplica en conectores individuales y es de gran interés porque permiten predecir la propia curva F-u numéricamente para diferentes angulaciones, diámetros, espesor de miembros, etc., además de estimar las fuerzas en los miembros de madera, ver Figura 2.4.4.1.1. El modelo es similar al anterior, solo que modelan un único resorte en 2D y no calculan explícitamente la deformación de la madera. Existen propuestas de múltiples autores, pero a continuación se ejemplifica el modelo propuesto por Schweigler (2018).

En el modelo de Schweigler el conector se modela con una consecución de elementos tipo viga lineales que están unidos con una articulación que contiene un resorte rotacional con una curva M-θ elasto-plástica (c_M). La conjunción de las vigas lineales y las articulaciones no-lineales, permiten modelar adecuadamente el comportamiento elastoplástico del conector. Por otra parte, la madera se modela con un entramado de vigas rígidas. En el extremo inferior del entramado, las vigas que representan la madera se comunican con las vigas que representan el conector mediante un resorte elástico, c_V que modela la fricción de la madera. Próximo al punto de conexión se incorpora una articulación perfecta en la madera, para no transferir el momento. En el extremo inferior de las vigas que representan la madera se incorpora un resorte normal, c_N que permite modelar el aplastamiento. Anterior a este, existe una viga horizontal de conexión que comunica todas las vigas verticales rígidas de la madera con un único empotramiento, de modo que la reacción en el empotramiento es precisamente la fuerza en el miembro de madera; ver una ilustración del modelo en la Figura 2.4.4.1. Al variar el espesor del miembro, es posible obtener un conjunto de curvas que representan una superficie F-u para un determinado conector. Por supuesto en el modelo podemos cambiar el tamaño del conector, así como también el resorte de aplastamiento, c_N lo que nos permite obtener las curvas F-u para distintos conectores y angulaciones, respectivamente.

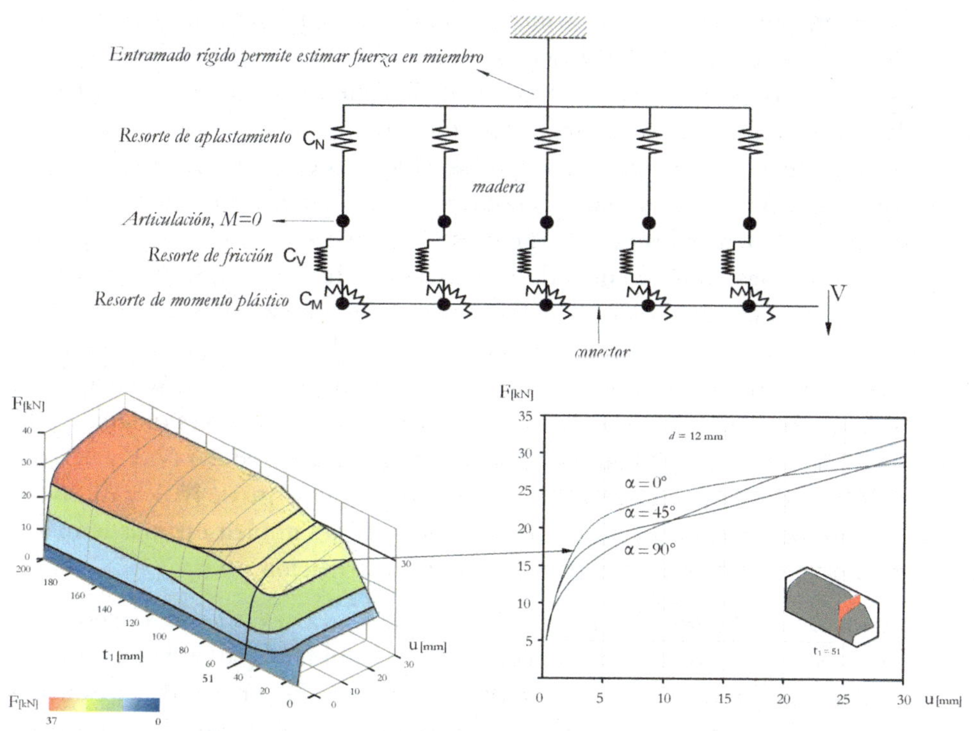

FIGURA 2.4.4.1.1 Modelo de viga de fundación y vigas rígidas propuesto por Schweigler para estimar curvas *F-u* y fuerzas en miembros de conectores individuales (basado en Schweigler 2018).

Mediante algoritmos iterativos, es posible extender este modelo para predecir curvas no lineales de *F-u*/ *M-θ* para uniones con varios conectores.

Algoritmo para predicción de curvas F-u de uniones basado en el modelo de conector-viga y madera rígida

Este modelo es en esencia la extensión del modelo anterior para poder modelar uniones de múltiples conectores. En realidad, el modelo no se implementa como tal, sino que más bien es un algoritmo que, partiendo de los resultados del modelo de conectores individuales (el cual permitía obtener las curvas *F-u* para un único conector), permite estimar las curvas *F-u* de uniones de varios conectores. Los detalles del algoritmo iterativo se presentan en Schweigler (2013) y se resumen a continuación:

- *Determinación de la curva F-u de la unión.* La curva se obtiene mediante un método iterativo en el que se va incrementando la deformación global de la unión. A partir de la deformación global, se estima la deformación en cada conector, asumiendo matriz de madera rígida para un determinado incremento de deformación global. Se obtiene la fuerza correspondiente en la curva individual F-u de cada conector. A partir de la configuración de la deformación de cada conector y F, se estiman los esfuerzos N, V y M de cada conector, los cuales, integrando, permiten estimar los esfuerzos de cada miembro por simple equilibrio. Al considerar las componentes de incremento de deformación por separado y calcular los esfuerzos correspondientes en el miembro, es posible determinar las componentes de la matriz de rigidez, y que relacionan los esfuerzos en la unión con sus deformaciones (Nota: habitualmente se asume en el cálculo analítico que N solo produce u, V solo v y M solo θ, con lo cual la matriz de rigidez que relaciona los esfuerzos es diagonal y estos se encuentran pues desacoplados. En este caso eso no sucede; la matriz no es diagonal y las componentes de desplazamiento por separado pueden producir N, V y M). Así, cada incremento de deformación produce un incremento de N, V y M, lo que permite estimar las curvas F-u de la unión como también estimar la matriz de rigidez de la misma según el estado de deformación.

- *Determinación de esfuerzos en conectores a partir de esfuerzos en la unión.* Los esfuerzos en conectores individuales se pueden estimar también a partir de los esfuerzos globales mediante un proceso iterativo. Primeramente, a partir de los esfuerzos en los miembros, se calculan las deformaciones en cada conector asumiendo matriz de rigidez diagonal, de forma similar al cálculo analítico. Esto sirve para hacer una primera estimación de la deformación global de la unión, lo que a su vez permite aplicar el algoritmo descrito anteriormente para calcular los esfuerzos correspondientes N, V y M. En caso de que estos esfuerzos no coincidan con los esfuerzos de partida, las deformaciones de la unión se ajustan hasta que coincidan los esfuerzos con los planteados inicialmente, momento en el cual pueden estimarse los esfuerzos reales de cada conector.

Modelo de conectores con vigas rígidas y resortes no lineales en planos de corte, y madera con elementos shell flexibles

Este modelo es similar a los tres modelos anteriores, en los cuales se emplean elementos tipo viga para modelar conectores. Sin embargo, en este caso los conectores se modelan como vigas rígidas y la madera como elementos shell (2D) flexibles que incorporan la ortotropía elástica y posibilidad de fallo frágil. La unión entre viga rígida y elementos shell (miembros), se realiza incorporando habitualmente un único resorte no lineal en cada plano de corte, el cual contiene, fenomenológicamente, la curva constitutiva de F-u del conector cuando este es solicitado en diferentes direcciones. La flexibilidad del shell permite aproximar la respuesta de la madera; sin embargo, esta será simplemente una aproximación ya que se asume tensión plana, y la deformación del conector no se calcula explícitamente, por lo que principalmente se aproximaran las compresiones por aplastamiento "total" de la madera y los fallos frágiles, pero no los picos de tensión y deformación que se generan en las vecindades de los planos de corte, como consecuencia de los fallos dúctiles y semi-dúctiles. Con respecto a la modelación del comportamiento de fricción, este varía de acuerdo a distintos autores. Algunos omiten la fricción, mientras que otros incorporan modelos de contacto o incorporan resortes adicionales.

Modelo de resortes isótropos no lineales

Este modelo consiste en suponer globalmente un resorte isótropo para poder modelar la respuesta global no-lineal de la unión o línea de unión. El modelo es por tanto similar al modelo común empleado analíticamente y detallado exhaustivamente en capítulos anteriores, por lo que no se repite a continuación; ver detalles de la modelación de rigideces en uniones en el libro *"Conceptos avanzados del diseño estructural con madera. Parte I"*, Capítulo 1, Sección 1.2.2 y la modelación de rigideces en líneas de unión en el Capítulo 1, Sección 1.6.3 de este libro. Este modelo es sin duda el modelo mayormente empleado para modelos de emulación "macro", en los cuales se pretende explicar el comportamiento de comportamiento de ensambles y estructuras en su globalidad; los modelos anteriores se aplican mayormente para la modelación de una única unión. Es posible observar también algunas aplicaciones de este modelo en modelos de verificación no lineales, principalmente modelos de pushover, para aquellas uniones que estimemos puedan incurrir en régimen inelástico.

A diferencia del modelo clásico analítico, este modelo incluye también la parte no-lineal de las curvas. Adicionalmente, como resortes no-lineales, podemos entender también aquellas uniones que no se comportan igual dependiendo del sentido del esfuerzo. Un ejemplo de ello, sería por ejemplo una unión de hold-down en la que lógicamente la rigidez a la tracción es inferior a la rigidez a compresión.

Tal y como se ha introducido anteriormente, la curva no-lineal se obtiene principalmente de resultados experimentales, aunque también es posible aplicar alguno de los modelos introducidos anteriormente. En este punto, es importante notar que si las curvas se obtienen experimentalmente, será necesario considerar las minoraciones detalladas en pa parte I de este libro, Capítulo 1, Sección 1.4.2.

Una tercera opción, en caso de ausencia de datos experimentales, o modelos detallados como aquellos presentados en apartados anteriores, consite en aplicar las disposiciones descritas en el borrador de norma norteamericana FEMA 356. En dicho código se establece un modelo no-lineal general que puede ser aplicable no solo a uniones, sino también a ensambles tales como muros de corte, diafragmas de piso, etc. El modelo no-lineal consta fundamentalmente de 3 parámetros, ver Figura 2.4.4.1.2. El parámetro d hace referencia a la deformación relativa en el momento de primera pérdida de capacidad respecto de la deformación de cedencia. El prámetro c hace referencia a la capacidad residual que la unión o ensamble puede asumir en su fase terminal con respecto a la capacidad de cedencia. El parámetro e es la deformación experimentada cuando se alcanza la capacidad residual c, con respecto a la deformación de cedencia. En caso de que no existan datos experimentales, la norma FEMA 356 permite considerar una carga máxima (punto C de la Figura 2.4.4.1.2) de 1,5 veces la capacidad de cedencia.

Por supuesto el procedimiento descrito en FEMA 356 es tan sólo una aproximación del comportamiento real, pero permite modelar la relación constitutiva hasta la fase terminal lo que resulta crucial para poder realizar análisis estáticos no-lineales (pushover), tal como se describe en el Capítulo 5 del libro *"Conceptos avanzados del cálculo estructural con madera. Parte I"*. El lector debe referirse a FEMA para revisar el comportamiento monotónico de multitud de ensambles de madera, no obstante, en la Tabla 2.4.4.1.2 se muestran los valores prescritos para diversos tipos de uniones laterales. Es importante notar que FEMA 356 también proporciona límites de deformación relativa para multitud de ensambles de madera en concordancia con distintos objetivos de desempeño (niveles de daño), lo que permite realizar análisis sísmicos por desempeño.

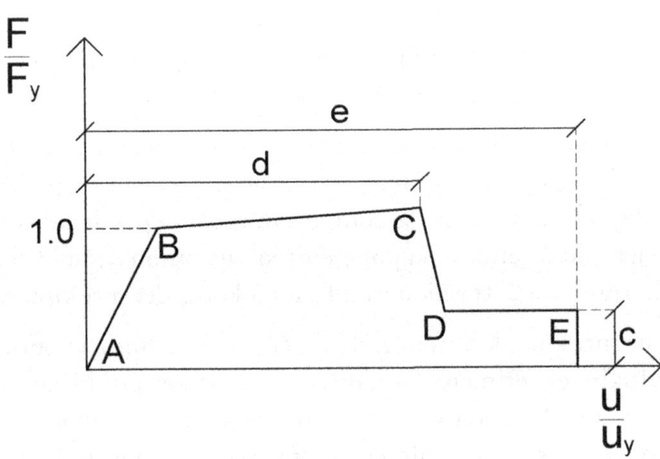

FIGURA 2.4.4.1.2 Curva no-lineal monotónica generalizada para modelar uniones y ensambles de madera incluyendo la fracción de capacidad residual de acuerdo a FEMA 356. El modelo puede ser empleado para análisis pushover para cuando no se tienen resultados experimentales.

TABLA 2.4.4.1.2 Valores de los parámetros de deformación relativa, d y e, y capacidad relativa residual c (ver rerpesentación en Figura 2.4.4.1.2) para diversos tipos de uniones de madera en situaciones en las que no se diponen datos experimentales. Valores simlares para otros tipos de ensambles pueden ser consultados en FEMA356 (2000).

Tipo de unión	d	e	c
Clavos madera-madera	7,0	8,0	0,2
Clavos madera-acero	5,5	7,0	0,2
Tornillos madera-madera	2,5	3,0	0,2
Tornillos madera-acero	2,3	2,8	0,2
Tirafondos madera-madera	2,8	3,2	0,2
Tirafondos madera-acero	2,5	3,0	0,2
Pernos madera-madera	3,0	3,5	0,2
Pernos madera-acero	2,8	3,3	0,2

Modelo de resortes isótropos lineales

Es el modelo clásico empleado en el cálculo analítico. Se emplea principalmente en modelos de verificación elásticos, aunque también en modelos inelásticos si es que se conoce con certeza que la unión en cuestión se comportará de forma elástica. Las rigideces suelen estimarse analíticamente según lo dispuesto el libro *"Conceptos avanzados del diseño estructural con madera. Parte I"*, Capítulo 1, Sección 1.2.2 y la modelación de rigideces en líneas de unión en el presente libro, Capítulo 1, Sección 1.6.3.

2.4.4.2 *Modelación histerética*

Pese a que es técnicamente factible modelar el comportamiento histerético de uniones con algunos de los modelos anteriormente presentados —y de hecho, algunos autores han propuesto la aplicación de los mismos para tal fin— por lo general resulta inviable modelar histeréticamente una unión con tal enfoque. Esto se debe principalmente a que el efecto de *pinching*, es decir, el aplastamiento y consecuente apertura progresiva de las perforaciones en las inmediaciones de los conectores, añade un grado enorme de no-linealidad al contacto/fricción, además de un notable incremento de las deformaciones. Esto provoca que los modelos sean prácticamente intratables para su aplicación práctica debido a su costo computacional. La aplicación de modelos histeréticos es principalmente relevante para análisis estructurales no lineales de tiempo historia, los cuales ya son de por sí bastante costosos computacionalmente hablando. Por lo anterior, prácticamente en todos los casos, las uniones se modelan mediante el uso de *modelos histeréticos*, los cuales se caracterizan porque son capaces de reproducir fenomenológicamente las respuestas observadas experimentalmente, $F\text{-}u/M\text{-}\theta$, de forma aceptable, pese a que no dilucidan los mecanismos que conducen a tales respuestas, lo cual suele ser suficientemente satisfactorio en la práctica para análisis tiempo historia. Por tal motivo, esta sección se centra en describir únicamente los modelos histeréticos mayormente empleados en la práctica.

Paradójicamente, pese a que el comportamiento histerético es bastante más complejo que el comportamiento monotónico, el empleo de modelos histeréticos se encuentra mucho más estandarizado que la implementación de modelos monotónicos; esto se debe a que:

i.   Prácticamente todas uniones mecánicas solicitadas a fuerzas laterales, ya sea madera-madera, madera-metal, madera-hormigón, tablero-madera, etc., muestran curvas histeréticas con características similares.

ii.   Las uniones mecánicas solicitadas axialmente suelen diseñarse para que funcionen elásticamente, ya que prácticamente no tienen capacidad de disipación.

iii.   Las uniones mecánicas oblicuas, muestran comportamientos histeréticos frente a cargas laterales, razonablemente parecidas a las uniones laterales, solo que con una ductilidad muy inferior (ver detalles en el Capítulo 1 del libro *"Conceptos avanzados del diseño estructural con madera. Parte I"*).

iv.   Las uniones tradicionales y encoladas suelen diseñarse elásticamente.

v.   La respuesta axial asimétrica de uniones tales como hold-downs y claves de corte puede "reconstruirse" a partir de la combinación de la respuesta lateral simple con otros resortes tal como se muestra posteriormente.

Por lo anterior, concluimos que, principalmente se necesita definir un modelo histerético para el comportamiento de uniones mecánicas frente a cargas laterales, el cual pueda adaptarse también para uniones. Pese a que durante décadas ha habido propuestas de múltiples autores, sin duda el modelo mayormente empleado en la actualidad es el modelo propuesto por los profesores Filiatraut y Folz denominado *SAWS* (*Shear-wall Analysis of Woodframe Structures*), el cual está por cierto implementado en algunos de los softwares mayormente empleados para realizar análisis de tiempo historia, tales como el software M-Cashew y el programa OpenSees. Este modelo consta de 10 parámetros que pueden identificarse a partir de las curvas obtenidas experimentalmente en el análisis de ensayos cíclicos, ver Figura 2.4.4.2. Pese a que el modelo fue diseñado empleando el protocolo Curee, otros protocolos cíclicos como los que se detallaron en el Capítulo 1 de la parte I de este libro, son también aplicables. La calibración de los parámetros puede ser manual, aunque también existen herramientas gratuitas de identificación automática de parámetros, las cuales estiman los valores a partir de los datos experimentales de $F\text{-}u/M\text{-}\theta$, o incluso a partir de las propias imágenes de las curvas, como por ejemplo los softwares *M-Cashew* o *Sophi*.

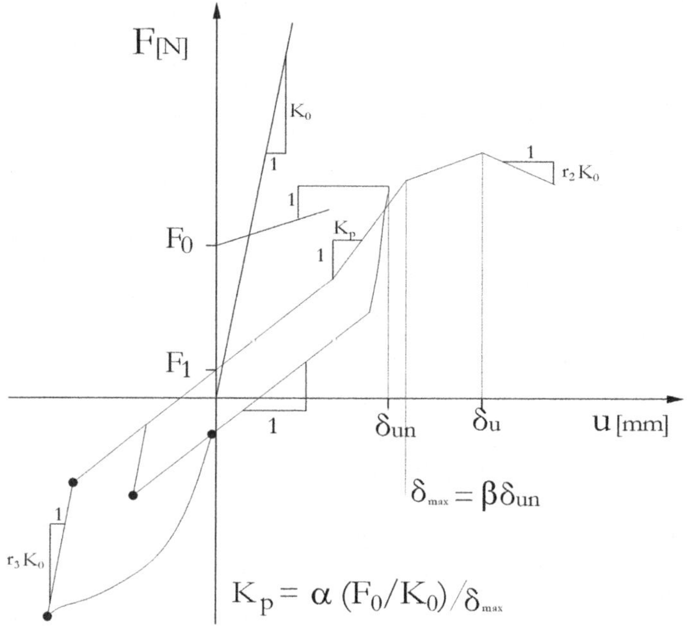

Parámetros independientes a definir:
K_0 (N/mm), r_1 (1), r_2 (1), r_3 (1), r_4 (1), F_0 (N), F_1(N), δ_u (mm), α (1), β (1)

FIGURA 2.4.4.2 Los 10 parámetros de SAWS: el modelo histerético mayormente empleado para simular uniones mecánicas en análisis no lineal de tiempo historia (Folz y Filiatrault 2001).

Tal como se ha introducido anteriormente, para elementos con respuesta histerética marcadamente asimétrica, tales como uniones de hold-down y claves de corte frente a esfuerzos verticales, la respuesta puede reproducirse a partir de la combinación del modelo histerético para cargas laterales, con otros resortes comunes. Obviamente, para uniones asimétricas que permanecen lineales (como por ejemplo los hold-down en muros que cumplen las relaciones de aspecto en el sistema de marco plataforma), también es posible obtener la respuesta a partir de la combinación de resortes. En la Tabla 2.4.4.2 se muestran algunas combinaciones de resortes fundamentales propuestas por Hummel (2017) para poder evaluar el comportamiento de uniones con histéresis marcadamente asimétrica. La combinación es creada por simple suma de rigideces, i.e. disposición en paralelo de distintos resortes.

TABLA 2.4.4.2 Combinaciones en paralelo de distintos resortes para poder modelar el comportamiento histerético marcadamente asimétrico en uniones, tales como hold-downs y claves de corte frente a cargas verticales (basado en Hummel, 2017).

Combinación	Resortes a combinar en paralelo			Relación constitutiva resultante
	Resorte ①	Resorte ②	Resorte ③	
d = c+b	K_c		K_b	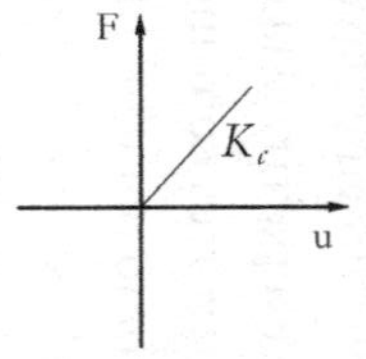 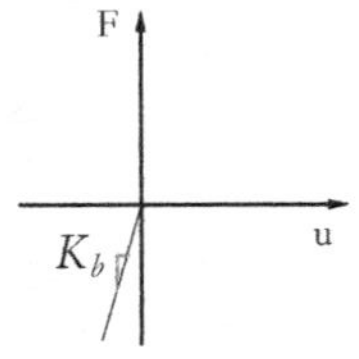 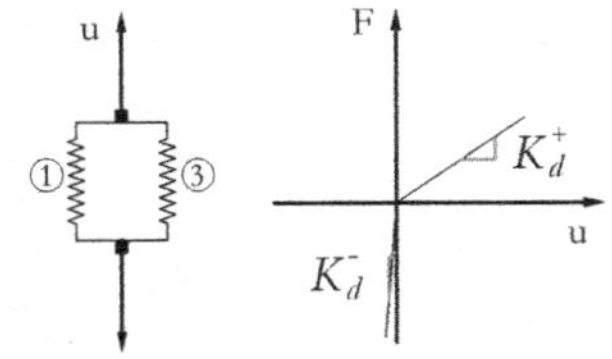 $K_d^+ = K_c$ $K_d^- = K_b$
d = a+b	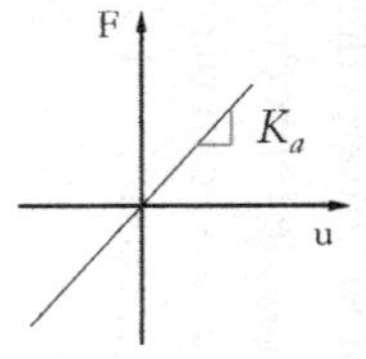 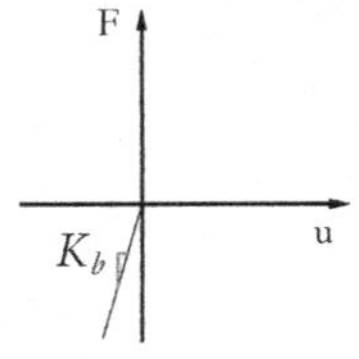 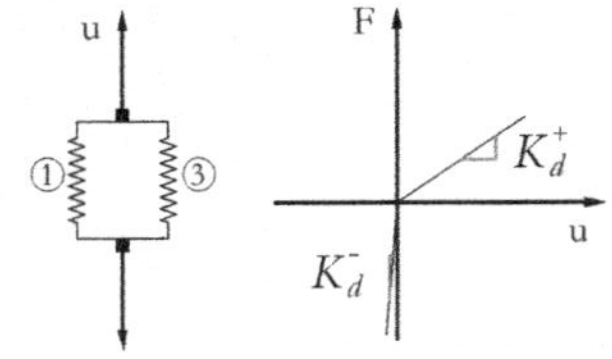 K_a		K_b	$K_d^+ = K_a$ $K_d^- = K_a + K_b$
d = e+b	K_e, $u_{y,e}^-$, $u_{y,e}^+$, $u_{y,e}^- = u_{y,e}^+$		K_b	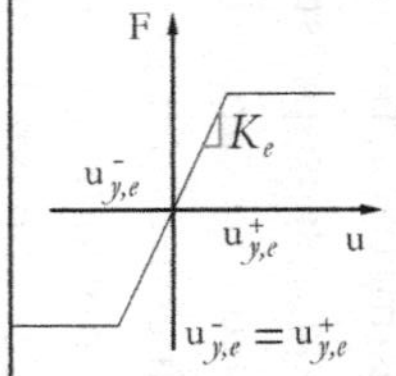 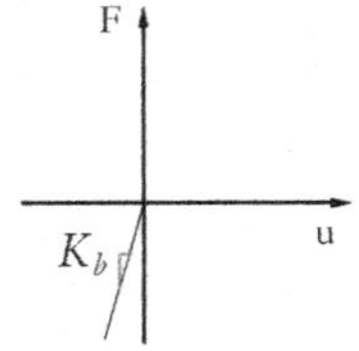 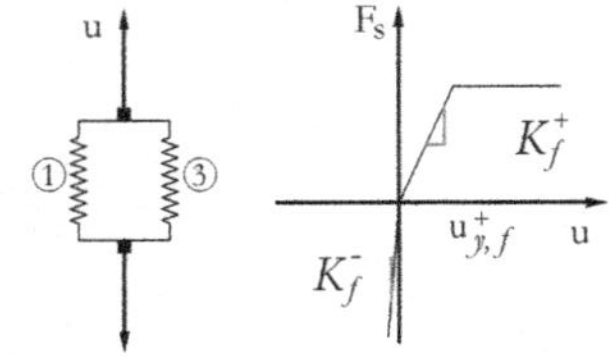 $K_f^+ = K_e$ $u_{y,f}^+ = u_{y,e}^+$ para $u < 0$ y $u > u_{y,e}^-$: $K_f^- = K_e + K_b$
d = g+e+b	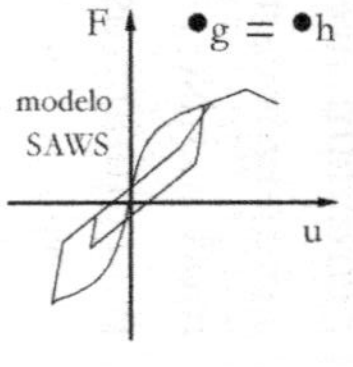 modelo SAWS, $\bullet g = \bullet h$	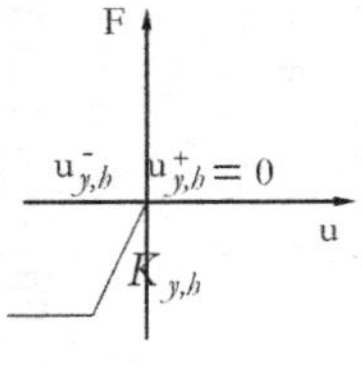 $u_{y,b}^-$, $u_{y,b}^+ = 0$, $K_{y,b}$	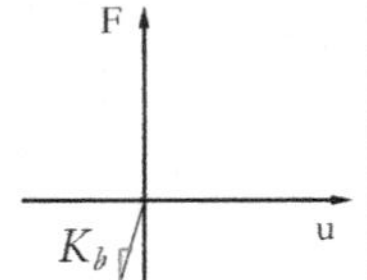 K_b, $K_b = K_{n,b}$	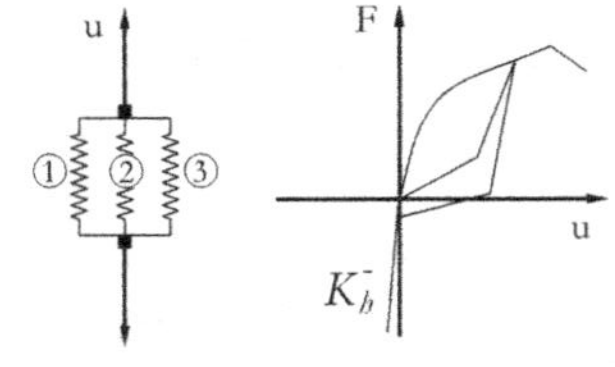 para $u < 0$: $F_{(u)} = F_{1(u)} + F_{2(u)} + F_{3(u)}$ $K_b^- = \dfrac{F_1 + F_2}{u} + K_{n,b}$ $K_{n,b} \gg \dfrac{F_1 + F_2}{u}$

2.4.5 *Modelación muros*

Una vez definida la modelación de los miembros individuales y uniones, es posible introducir particularidades y simplificaciones habituales respecto de la modelación de ensambles y estructuras. De acuerdo con ello, en esta sección se presentan algunos de los principales modelos empleados para modelar muros de madera, tanto para muros de entramado ligero, como muros de CLT. Por su relevancia práctica, la discusión se centra en el sistema plataforma (tanto de entramado como de CLT), no balloon, ya que este es el sistema mayormente empleado en la práctica. No obstante, a partir de los principios aquí expuestos los modelos puden derivarse fácilmente al sistema baloon.

Tal como se describirá a lo largo de la sección, en general todos los modelos presentan ventajas y desventajas. Así es que finalmente, la elección del modelo dependerá de las condiciones específicas del problema, así como las capacidades del software disponible. Condicionantes importantes en la elección del modelo de muros suelen ser, entre otros:

- Análisis exclusivo de rigidez y capacidad lateral, o análisis incluyendo carga axial u otras posibles solicitaciones.

- Análisis lineal o no-lineal.

- Consideración de aperturas.

- Consideración de rigideces de anclaje.

- Disponibilidad de elementos finitos y resortes del software empleado.

- Precisión requerida.

- Disponibilidad de superelementos.

- Tiempo disponible para implementación.

2.4.5.1 *Muros de entramado ligero*

Los principales modelos de muros se presentan en la Tabla 2.4.5.1.1 y se resumen brevemente a continuación.

TABLA 2.4.5.1.1 Principales modelos numéricos empleados para modelar muros de entramado ligero.

Modelo	Ilustración	Principales características
Con clavos	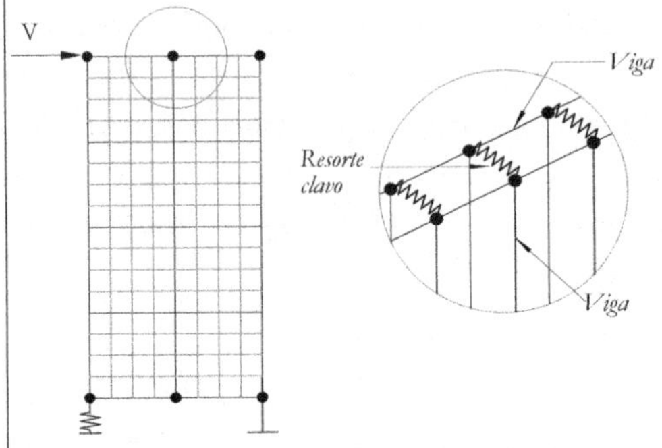 V Resorte clavo Viga Viga	Se modela cada clavo. Muy detallado y preciso pero computacionalmente muy costoso.
Superelementos	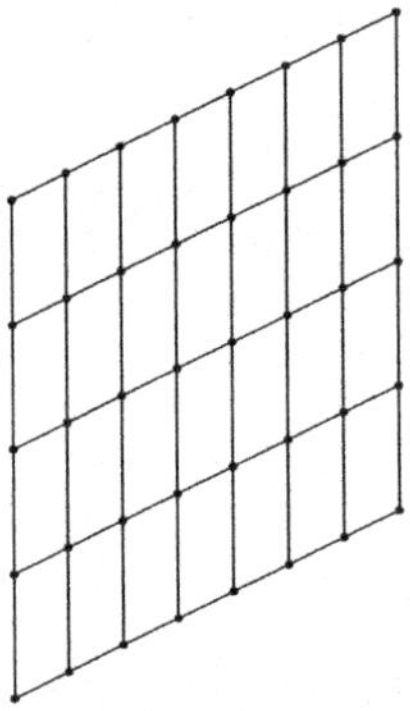	Comportamiento de clavos incluido en formulación de shells. Modelo preciso y computacionalmente factible. Permite modelar aperturas fácilmente.
Shell equivalente	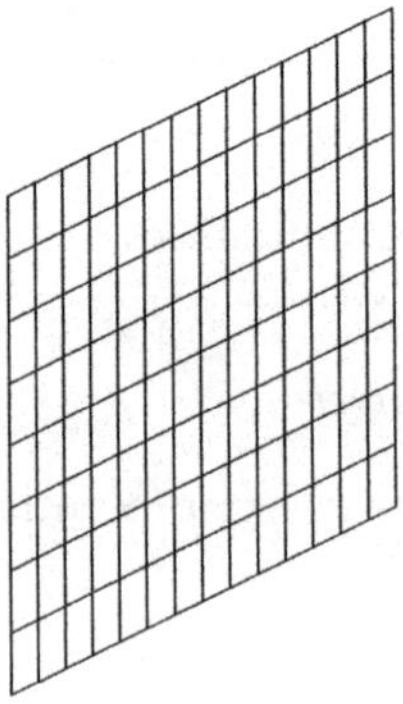	Simplificación del anterior que incluye efecto axial en elemento placa. Mayores limitaciones en cuanto a casos a modelar.

TABLA 2.4.5.1.1 (CONTINUACIÓN)

Diagonal equivalente	$- AE = \infty$ $- AE_t = K_{eq} \cdot cos^2\alpha$	Rigidez lateral capturada con diagonal equivalente. No captura rigidez axial, pero permite modelar muy eficientemente la carga lateral.
Resorte equivalente	$- AE = \infty$ $\cdot K = K_{eq}$	Similar al anterior pero empleando un único resorte. Es el modelo más simplificado.

Con clavos

Este modelo consiste en modelar los elementos del entramado, con elementos tipo viga equivalentes (Sección 2.4.1), los tableros con shells equivalentes (Sección 2.4.2) y los conectores con resortes lineales o no lineales equivalentes (Sección 2.4.4). La modelación clásica ha consistido tradicionalmente en incluir dos resortes por cada clavo, los cuales comunican los nodos de los elementos tipo viga con los nodos de los shell. Estos dos resortes permiten, respectivamente, considerar la rigidez en la dirección x y dirección y, mientras que la rigidez en la dirección perpendicular al tablero se asume infinita. El desglose en las dos direcciones globales, permite considerar la rigidez paralela y perpendicular a las fibras, aunque en el caso de los clavos y grapas, la diferencia no es demasiado acusada. De este modo, la rigidez resultante en caso de una fuerza inclinada, se obtiene como la composición de ambos resortes. Sin embargo, estudios recientes han demostrado que la disposición perpendicular de resortes de acuerdo al sistema global de coordenadas tiende a sobreestimar la capacidad y rigidez del ensamble en gran medida, por lo que es aconsejable tratar de incorporar *un único resorte que se oriente en la dirección del vector fuerza*. Algunos modelos, como por ejemplo el modelo de muros del software MCASHEW, contiene una formulación corrotacional, de modo que los resortes se orientan según la orientación del vector fuerza en cada paso de carga.

Con respecto a las condiciones de vínculo del muro, habitualmente el hold-down se modela con un resorte elástico (incluso en modelos no-lineales), que sólo puede trabajar a tracción y se localiza en el borde correspondiente de los pies derechos. Con respecto a la compresión, suele asumirse un resorte con una rigidez muy elevada únicamente a compresión, o bien directamente restringir completamente la traslación en esa dirección. El resorte de compresión suele posicionarse en el centro de los pies derechos de borde.

Este modelo tiene la ventaja de que puede llegar a ser sumamente preciso, permitiendo capturar todas las rigideces del muro adecuadamente, pudiéndose modelar muros con cualquier tipo de apertura o configuración geométrica. Además, la identificación de los elementos más demandados dentro de cada muro es inmediata. Sin embargo, este es un modelo tremendamente costoso desde el punto de vista computacional, por lo que a menudo se emplea únicamente como modelo de calibración para modelos más simplificados, como el que se detalla a continuación.

Superelementos

El concepto de *supermodelación* engloba una serie de técnicas de modelación numérica, que permiten "agrupar" elementos para formar *superelementos* los cuales, habiendo condensado ciertos grados de libertad de las agrupaciones de elementos que representan, permiten desarrollar modelos significativamente más eficientes perjudicando menormente la precisión de los mismos. En concreto, la supermodelación comprende todos aquellos procesos tanto de *subestructuración* como de *macromodelación*. Esta diferenciación simplemente se realiza debido a que la concepción de modelar en distintas escalas, puede realizarse de "arriba abajo" (descomponiendo), o bien de "abajo a arriba" (ensamblando). Así, la *subestructuración* consiste en la sub-división de estructuras de "arriba-abajo", de modo que, a partir de la geometría global y condiciones de contorno, dividimos la geometría en una serie de superelementos, los cuales a su vez representan por separado una agrupación de elementos. Por el contrario, la *macromodelación* consiste en el ensamble de "abajo a arriba" de una estructura, de modo que los componentes individuales se agrupan formando superelementos, los cuales conforman la estructura global.

Sea cual fuere la técnica empleada, la filosofía básica de la supermodelación se basa en implementar una *condensación* de aquellos grados de libertad sobre los cuales no aplicaremos condiciones de contorno, ni sirvan para conectar diferentes supraelementos. Muy habitualmente, dichos nodos se corresponden con los nodos internos de los elementos. Ilustremos brevemente este concepto ejemplificándolo mediante el proceso de condensación estática. Supongamos un problema estático y elástico el cual hemos modelado mediante el MEF; finalmente la ecuación matricial que resulta y debe resolverse es

$$K \cdot u = F$$

Donde lógicamente K es la matriz de rigidez global, compuesta por el ensamble de las matrices de rigidez de los distintos elementos que conforman la estructura, y u y F son, respectivamente, el vector de desplazamientos y fuerzas. Si durante el ensamblaje de las matrices, ordenamos los grados de libertad de aquellos *nodos maestros*, que sí están sometidos a condiciones de contorno, o aseguran la conectividad de diversos supraelementos (denominados con el subíndice m) respecto de aquellos nodos internos, (denominados con el subíndice i) obtendremos

$$\begin{pmatrix} K_{mm} & K_{mi} \\ K_{im} & K_{ii} \end{pmatrix} \cdot \begin{pmatrix} u_m \\ u_i \end{pmatrix} = \begin{pmatrix} F_m \\ F_i \end{pmatrix}$$

Así es que, si la matriz K_{ii} no es singular, podemos plantear los desplazamientos internos como

$$u_i = K_{ii}^{-1} \cdot (F_i - K_{im} \cdot u_m)$$

de modo que podemos plantear las ecuaciones condensadas en los nodos maestros considerando toda la estructura como

$$\widetilde{K}_{mm} \cdot u_m = \widetilde{F}_m$$

donde

$$\widetilde{K}_{mm} = K_{mm} - K_{mi} \cdot K_{ii}^{-1} \cdot K_{im}$$

y

$$\widetilde{F}_m = F_m - K_{mi} \cdot K_{ii}^{-1} \cdot F_i$$

De este modo es posible resolver el problema realizando dos niveles de discretización (ver Figura 2.4.5.1.1):

- En el primer nivel de discretización tenemos los superelementos, los cuales conforman la geometría y condiciones de contorno globales de la estructura. Para poder resolver el problema planteamos la matriz de rigidez condensada en el MEF, y resolvemos los desplazamientos en los nodos maestros.

- El segundo nivel de discretización, es la discretización (mallado) de cada uno de los supraelementos de forma individual. En el caso de entramado ligero, por ejemplo, cada supraelemento estará conformado por una agrupación de elementos tipo viga, resortes y shells. Este problema se resuelve solucionando una ecuación similar a la que se expuso anteriormente para los desplazamientos internos. Una vez resueltos estos, se aplica un algoritmo similar a un modelo de MEF convencional de modo que obtenemos las deformaciones y posteriormente tensiones internas de cada elemento.

Como podemos observar mediante este método, podemos resolver un sistema que era computacionalmente muy costoso de forma mucho más eficiente, solventando únicamente los desplazamientos de los nodos maestros y posteriormente resolviendo el problema para todo el conjunto, con relaciones conocidas y repetitivas de rigideces y fuerzas en cada superelemento.

En el sistema que nos ocupa, la supermodelación con macroelementos es altamente eficiente, ya que, si bien la estructura contiene una gran cantidad de grados de libertad, los muros de entramado ligero acostumbran a conformar un sistema tremendamente repetitivo tanto por su geometría, como por las fuerzas y restricciones al movimiento, que además contienen pocas o ninguna fuerza o restricción al movimiento interno. Por todo ello, la macromodelación es en principio altamente recomendable. La discretización típica de macroelementos de entramado ligero suele consistir en una serie de elementos lineales de celosía (*truss*), que simplemente unen los 4 nodos maestros que conforman cada macroelemento. El macroelemento se suele definir como una fracción del orden de 0,4-0,6 · 0,4-0,6 m, ya que habitualmente los pies derechos y elementos de bloqueo suelen estar situados a distancias de esa magnitud, ver Figura 2.4.5.1.1. La restricción al vuelco suele realizarse con resortes de tracción y compresión, tal y como ha sido detallado en el modelo anterior.

En resumen, las ventajas de la supermodelación en el sistema de entramado ligero son muchas y algunos softwares comerciales ya han implementado dicho sistema, para modelar de muros y losas de entramados y paneles de madera, ver Sección 2.3. La principal desventaja de este sistema sería que únicamente está disponible en unas pocas herramientas comerciales. Por supuesto algunos de los softwares resumidos en la Sección 2.3 también permiten una macromodelación definida por el usuario. Sin embargo, la principal desventaja de definir uno mismo los macroelementos, es que por lo general se requiere de mucha experiencia y conocimiento del MEF para la elaboración de modelos propios. En especial, debe tenerse especial cuidado en verificar que el macroelemento no contiene ningún modo de cuerpo rígido tras la condensación. En ocasiones lo anterior no es sencillo, y el acceso a datos internos de algunos softwares comerciales es complicado o incluso imposible.

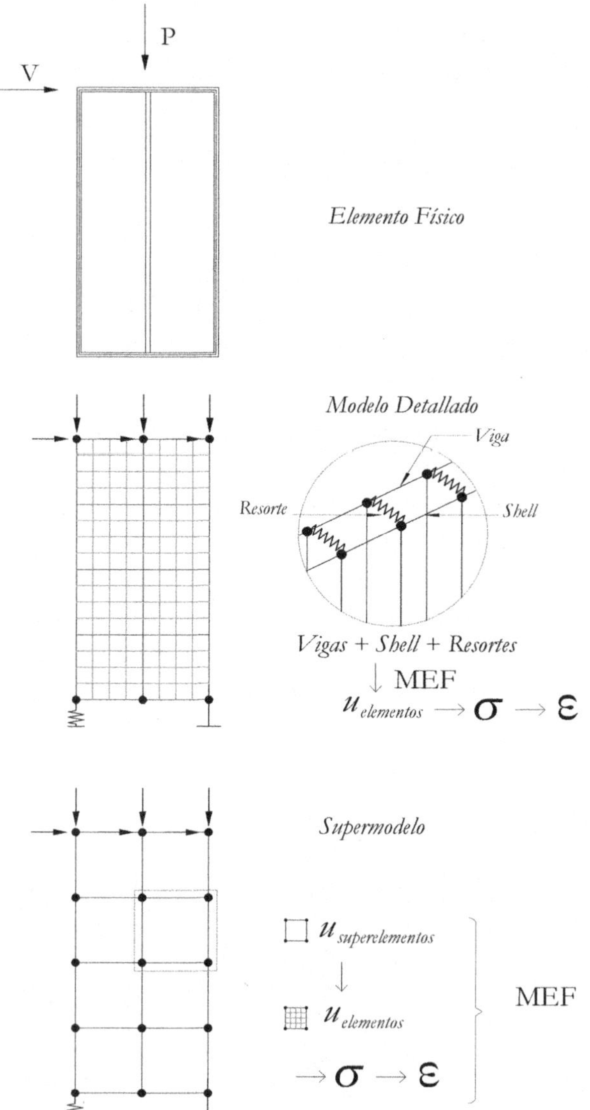

FIGURA 2.4.5.1.1 Comparación entre el modelo de clavos y el macromodelo para muros de entramado ligero.

Shell equivalente

Otra posibilidad para modelar muros consiste en simplificar todas las rigideces laterales y axiales en un elemento shell que únicamente resiste esfuerzos de membrana (no flexionales), ver Cárcamo (2018). Así, la matriz de rigidez del elemento se simplifica a

$$\begin{pmatrix} n_x \\ n_y \\ n_{xy} \end{pmatrix} = \begin{pmatrix} D_{66} & D_{67} & 0 \\ D_{67} & D_{77} & 0 \\ 0 & 0 & D_{88} \end{pmatrix} \begin{pmatrix} \varepsilon_x \\ \varepsilon_y \\ \gamma_{xy} \end{pmatrix}$$

Si asumimos un material con un coeficiente de Poisson nulo, o muy bajo, desacoplaremos los esfuerzos axiales tal que

$$\begin{pmatrix} n_x \\ n_y \\ n_{xy} \end{pmatrix} = \begin{pmatrix} D_{66} & \approx 0 & 0 \\ \approx 0 & D_{77} & 0 \\ 0 & 0 & D_{88} \end{pmatrix} \begin{pmatrix} \varepsilon_x \\ \varepsilon_y \\ \gamma_{xy} \end{pmatrix}$$

Este modelo toma la suposición de que, la rigidez axial se reparte por igual en el ancho del muro, lo cual es lógicamente tan sólo una aproximación ya que densidad de pies derechos se incrementa notablemente en los extremos. También se asume que la rigidez del muro en el sentido y es idéntico al x, lo cual suele ser suficiente satisfactorio dado que el muro principalmente está solicitado en las direcciones xx y xy. Bajo la suposición de rigidez axial uniformemente distribuida según el espaciamiento de pies derechos (s), y definiendo un espesor para el shell similar al del tablero de OSB, terciado o el material que corresponda, $t_{shell,eq}=t_{tablero}$, podemos seleccionar el módulo elástico en consonancia con el espesor de los pies derechos tal que

$$D_{66} = D_{77} = t_{tablero} \cdot \frac{E_{shell,eq}}{1 - v_{shell,eq}^2} = \frac{1m}{s_{pd}} \cdot \frac{b_{pd}}{1m} \cdot t_{pd} \cdot \frac{E_{pd}}{1 - v_{pd}^2}$$

Así es que

$$E_{shell,eq} = \frac{b_{pd}}{s_{PD}} \cdot \frac{t_{PD}}{t_{tablero}} \cdot \frac{E_{PD}}{1 - v_{PD}^2} \cdot 1 - v_{shell,eq}^2$$

En el caso de que el programa permita omitir el coeficiente de Poisson, el módulo elástico puede determinarse simplemente como

$$E_{shell,eq} = \frac{b_{pd}}{s_{pd}} \cdot \frac{t_{pd}}{t_{tablero}} \cdot E_{pd}$$

Por otra parte, el módulo elástico de corte del elemento equivalente puede estimarse por ejemplo considerando la rigidez del SDPWS (ver detalles en el Capítulo 5 del libro *"Conceptos avanzados del diseño estructural con madera: parte I"*) tal que

$$D_{88} = t_{tablero} \cdot G_{shell,eq}$$

Sabemos que la relación entre el corte unitario y la distorsión angular viene dada por

$$\frac{V}{K_{eq,muro}} = u; \quad \frac{v_{xy} \cdot b_{muro}}{K_{eq,muro}} = h_{muro} \cdot \gamma_{xy}; \quad v_{xy} = h_{muro} \frac{K_{eq,muro}}{b_{muro}} \cdot \gamma_{xy}$$

Así es que

$$D_{88} = t_{tablero} \cdot G_{shell,eq} = \frac{K_{eq,muro}}{b_{muro}} \cdot h_{muro}$$

De este modo podemos determinar

$$G_{shell,eq} = \frac{h_{muro}}{b_{muro} \cdot t_{tablero}} \cdot K_{eq,muro}$$

Considerando la rigidez al corte y flexión del SDPWS

$$G_{shell,eq} = \frac{h_{muro}}{b_{muro} \cdot t_{tablero}} \cdot \left(\frac{8h^3}{E_{pd} A_{pd,borde} b^2} + \frac{h}{1000 G_a b} \right)^{-1}$$

Así, asumiendo un modelo isótropo para el shell, la matriz de rigidez del elemento resulta finalmente

$$\begin{pmatrix} n_x \\ n_y \\ n_{xy} \end{pmatrix} = \begin{pmatrix} E_{shell,eq} \cdot t_{tablero} & \approx 0 & 0 \\ \approx 0 & E_{shell,eq} \cdot t_{tablero} & 0 \\ 0 & 0 & G_{shell,eq} \cdot t_{tablero} \end{pmatrix} \begin{pmatrix} \varepsilon_x \\ \varepsilon_y \\ \gamma_{xy} \end{pmatrix}$$

En caso de que el programa no permita omitir el coeficiente de Poisson, existe alternativa de considerar un modelo ortótropo con un coeficiente de Poisson ínfimo o nulo, ya que en tal caso la matriz de rigidez del elemento sería equivalente a la anterior, pues si $n_{xy} \approx 0$ y $E_x = E_y$ tenemos que

$$D_{66,ort.} = D_{77,ort} = t_{tablero} \cdot \frac{E_{shell,eq}}{1-0}$$

$$= t_{tablero} \cdot \frac{E_{shell,eq}}{1-0} = D_{66,iso.} = D_{77,iso}$$

$$D_{88,ort} = t_{tabelro} \cdot G_{shell,eq} = D_{88,iso}$$

Adicionalmente, el modelo puede incorporar los resortes de tracción/compresión tal como se comentó para los modelos anteriores. Alternativamente, es también posible incluir la rigidez del hold-down dentro de la propia determinación tal como se muestra en Cárcamo (2018). En tal caso, el módulo elástico de corte equivalente resultaría

$$G_{shell,eq} = \frac{h_{muro}}{b_{muro} \cdot t_{tablero}} \cdot \left(\frac{8h^3}{E_{pd} A_{pd,borde} b^2} + \frac{h}{1000 G_a b} + \frac{h^2}{b_{int} \cdot b \cdot K_{hold-down}} \right)^{-1}$$

o en el caso de atar el muro con cables de acero

$$G_{shell,eq} = \frac{h_{muro}}{b_{muro} \cdot t_{tablero}} \cdot \left(\frac{8h^3}{E_{pd} A_{pd,borde} b^2} + \frac{h}{1000 G_a b} + \frac{h^2}{b_{int} \cdot b \cdot K_{ATS}} \right)^{-1}$$

Con

$$K_{ATS} = \left(\frac{h + t_{diafragma}}{EA} + \frac{t_{diafragma}}{2 \cdot E_{90} \cdot A_{90}} \right)^{-1}$$

A pesar de todo, la desventaja de incluir los resortes en la propia rigidez lateral, es que no es posible distinguir el cambio de flexibilidad en caso de que no se levante el muro. Este problema es común a muchos modelos de predicción de rigidez de entramado ligero, los cuales incluyen por defecto la flexibilidad del levantamiento, independientemente de la carga axial sobre el muro.

Este modelo presenta la ventaja de que es muy sencillo de implementar en la mayoría de programas computacionales, y si es que el muro se encuentra principalmente solicitado a cargas axiales y laterales uniformes, puede ofrecer una precisión aceptable. Además, el modelo puede implementarse o bien como un material isótropo, o bien como un material ortótropo. La principal desventaja es que se requiere resolver un número elevado de grados de libertad, en relación a las simplificaciones que se tomaron; tan sólo es aplicable en análisis lineales, y requiere que el muro esté solicitado a cargas simples, no siendo posible su aplicación (al menos con la estimación de rigidez aquí presentada) para muros con aperturas.

Shell equivalente con el método de los coeficientes

Otra posibilidad para modelar muros de entramado ligero con elementos tipo shell es aquella propuesta por Vargas Parada y Gonzalez (2019). Para realizar una modelación simplificada, se plantea la utilización de coeficientes de modificación para la rigidez en los elementos tipo área (membrana). Estos coeficientes vienen especificados en cada programa computacional y afectan básicamente a la rigidez en el plano y fuera de este.

La metodología más simple para realizar un modelo simplificado se obtiene de igualar la rigidez lateral total de un muro de entramado ligero entregado por la SDPWS

$$\frac{1}{K_{SDPWS}} = \frac{2h^3}{3EAL^2} + \frac{h}{G_a L} + \frac{h^2}{K_{HD} LL'}$$

Con la rigidez lateral total de un muro en voladizo, en el cual se toma un espesor y módulo elástico arbitrarios

$$\frac{1}{K} = \frac{h^3}{3EI} + \frac{\alpha h}{GA}$$

Donde α es el factor de forma de Timoschenko.

Así mismo, se utiliza la rigidez vertical del sistema para obtener una rigidez representativa, obviando el peso proporcionado por el muro tipo shell.

La rigidez axial de la SDPWS se representa por

$$K_{AXIAL_{SDPWS}} = \frac{E'A'}{h}$$

y la rigidez axial de un elemento tipo barra se define como

$$K_{AXIAL} = \frac{EA}{h}$$

Luego la obtención de los coeficientes de modificación se realiza igualando las distintas rigideces del muro de corte, es decir, igualando la rigidez vertical y horizontal del sistema SDPWS con la rigidez total de un muro en voladizo. Para ello, se definen tres coeficientes a obtener:

λ: Coeficiente de modificación que se aplica a la rigidez en dirección x e y del elemento tipo área que en el programa computacional se aplica en f11 y f22.

Ψ: Coeficiente de modificación que se aplica a la rigidez por cortante del elemento tipo área que en el programa computacional se aplica en f12.

ρ: Coeficiente de modificación que se aplica a la masa y peso del elemento tipo área.

Para la obtención del coeficiente de rigidez λ, se igualan las rigideces producto de la carga axial, incorporando el factor λ en la ecuación que representa la rigidez axial de un elemento tipo barra

$$K_V = \frac{E'A'}{h} = \lambda \frac{EA}{h}$$

λ representa la razón entre el producto del módulo de elasticidad con el área de los pies derechos del muro de entramado ligero, y el producto del módulo de elasticidad por el área transversal del elemento tipo área. Este es el coeficiente más simple de obtener, ya que sólo basta con igualar la deflexión axial de ambos sistemas.

Para la obtención del coeficiente de rigidez Ψ, se iguala la rigidez lateral del sistema SDPWS con la rigidez total para una barra en voladizo. Los factores de modificación λ y Ψ actúan en la rigidez por flexión y corte, respectivamente.

$$\frac{1}{K_{SDPWS}} = \frac{h^3}{\lambda 3EI} + \frac{\alpha h}{\Psi GA}$$

Considerando que el módulo de corte se puede escribir respecto al módulo de elasticidad y el factor de Timoshenko igualarlo a uno, la ecuación anterior se puede escribir como sigue

$$\frac{1}{K_{SDPWS}} = \frac{h^3}{\lambda 3EI} + \frac{2h(1 + v)}{\Psi EA}$$

Luego, al desarrollar la ecuación anterior, se denomina K_{SDPWS} como K_H y se despeja el coeficiente Ψ, obteniéndose la siguiente ecuación

$$\Psi = \frac{6hIK_H\lambda(1+v)}{A(3EI\lambda - h^3K_H)}$$

Reemplazando λ la ecuación se escribe como sigue

$$\Psi = \frac{6hIK_H\frac{K_vh}{EA}(1+v)}{A\left(3EI\frac{K_vh}{EA} - h^3K_H\right)}$$

Se puede simplificar la ecuación anterior tanto en términos del módulo de elasticidad, como en términos del módulo de corte considerando lo siguiente

$$\eta = \frac{K_v}{K_H}$$

$$A = Lb$$

$$\xi = \frac{L}{h}$$

$$\Psi = \frac{\xi}{b(\eta\xi^2 - 4)}\frac{2K_V(1+v)}{E}$$

Resulta

$$\Psi = \frac{\xi}{b(\eta\xi^2 - 4)}\frac{K_V}{G}$$

Finalmente como la sección transversal es una sección que posee vacíos entre pies derechos, es necesario realizar un ajuste entre el peso del muro y el peso de la sección de modelación. El factor ρ de peso y masa sísmica se obtiene de la razón entre el peso del muro de entramado ligero y el peso del muro modelado mediante elementos finitos

$$\rho = \frac{A_{TPD}\Upsilon_{PR} + nA_{osb}\Upsilon_{osb}}{A\Upsilon_{PR}}$$

Este método permite generar una base de datos con distintos coeficientes para minorar las componentes de rigidez del elemento correspondientes. En la Figura 2.4.5.2 se muestra un ejemplo de manipulación de las componentes de rigidez de un elemento shell para considerar un muro de entramado ligero en el Software ETABS.

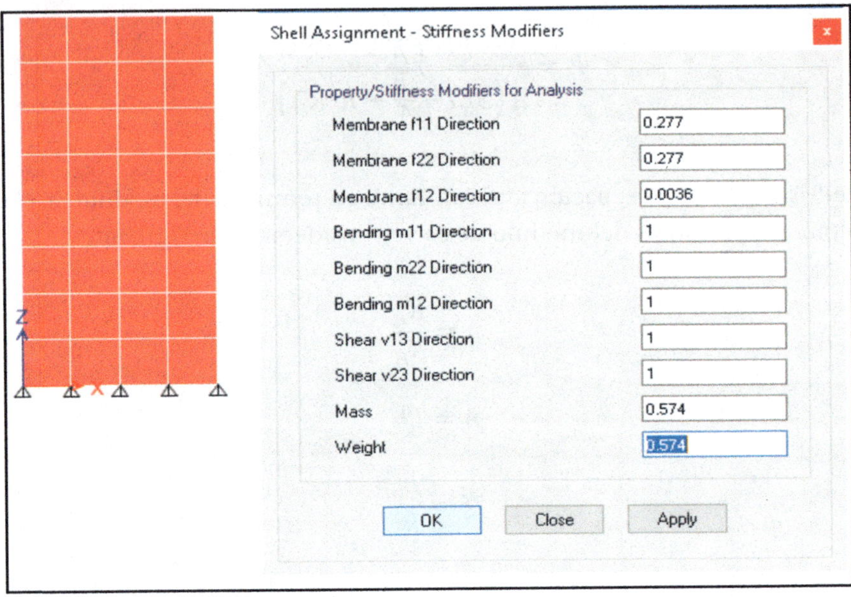

FIGURA 2.4.5.2 Ejemplo de aplicación del método de los coeficientes a un modelo de elementos finitos con el software ETABS (imagen reproducida con permiso de PM Compturers and Structures Chile 2019).

Diagonal equivalente

Este modelo es en general bien conocido, dado que variantes similares del mismo se han empleado reiteradamente, para modelar la respuesta lateral de muros en otras materialidades tales como muros de mampostería u hormigón. El modelo es similar al anterior en el sentido de que se define un elemento diagonal ficticio, que representa adecuadamente la rigidez del muro en cuestión. La diferencia respecto del método anterior, es que este modelo tan solo trata de emular la rigidez lateral, omitiendo por completo la flexibilidad axial.

Así pues, el modelo suele consistir en un marco infinitamente rígido el cual está perfectamente articulado en los extremos, y contiene 1 o 2 diagonales flexibles axialmente a la tracción (según se requiera simular la respuesta en 1 único sentido o fuerzas en los 2 sentidos), ver Figura 2.4.5.1.23. Bajo este mecanismo, lógicamente la diagonal toma toda la carga lateral y simplemente deben compatibilizarse los desplazamientos axiales de la barra con los desplazamientos laterales del muro. La barra suele definirse como un elemento de celosía (truss), que solo admite fuerzas a tracción, es isótropa con un módulo elástico arbitrario $E_{diag,eq}$, y circular, de modo que el problema básicamente consiste en determinar el radio necesario en la barra ficticia para poder obtener la rigidez deseada, $r_{diag,eq}$. Asumiendo pequeñas deformaciones, podemos establecer la relación de rigideces entre muro y diagonal, compatibilizando desplazamientos por simples relaciones trigonométricas de acuerdo al ángulo de la diagonal (α)

$$K_{eq,muro} = \frac{F_{muro}}{\Delta_{muro}} = \frac{F_{diag,eq} \cdot \cos\alpha}{\Delta_{diag,eq}/\cos\alpha} = K_{diag,eq} \cdot \cos^2\alpha$$

Dado que para la barra ficticia

$$K_{diag,eq} = \frac{A_{diag,eq} \cdot E_{diag,eq}}{L_{diag,eq}}$$

podemos determinar el área necesaria en la barra

$$A_{diag,eq} = \frac{K_{eq,muro} \cdot L_{diag,eq}}{\cos^2\alpha \cdot E_{diag,eq}}$$

Donde por supuesto, colocando resortes externos correspondientes a los anclajes

$$K_{eq,muro} = \left(\frac{8h^3}{E_{pd}A_{pd,borde}b^2} + \frac{h}{1000G_a b} \right)^{-1}$$

Y en caso de emplear una barra circular

$$r_{diag,eq} = \sqrt{\frac{K_{eq,muro} \cdot b_{muro}}{\pi \cdot \cos^3\alpha \cdot E_{diag,eq}}}$$

Una variante de este modelo consiste en incluir un segundo "rectángulo" inferior con 2 diagonales rígidas, en el cual las dos barras verticales son flexibles a la tracción, pero infinitamente rígidas a la compresión, de modo que éstas puedan emular la flexibilidad de los hold-down sin tener que incluir resortes externos, ver Figura

2.4.5.1.3. En estos casos lógicamente la rigidez de la/s diagonal/es debe calibrarse de acuerdo a la angulación/longitud que esta nueva disposición geométrica le otorga. Además, la rigidez del hold down empleada para calibrar la rigidez axial de la barra, debe de ser disminuida por la relación b_{int}/b, es decir

$$A_{diag,eq} = \frac{K_{eq,muro} \cdot L_{diag,eq,2}}{\cos^2 \alpha_2 \cdot E_{diag,eq}}$$

$$r_{diag,eq} = \sqrt{\frac{K_{eq,muro} \cdot b_{muro}}{\pi \cdot \cos^3 \alpha_2 \cdot E_{diag,eq}}}$$

Y en las barras verticales a tracción escogemos un módulo elástico aleatorio, tal que podemos determinar el área requerida en los cables verticales como

$$A_{vert,eq} = \frac{L_{vert,eq}}{E_{vert,eq}} \cdot K_{hold-down} \frac{b_{int}}{b}$$

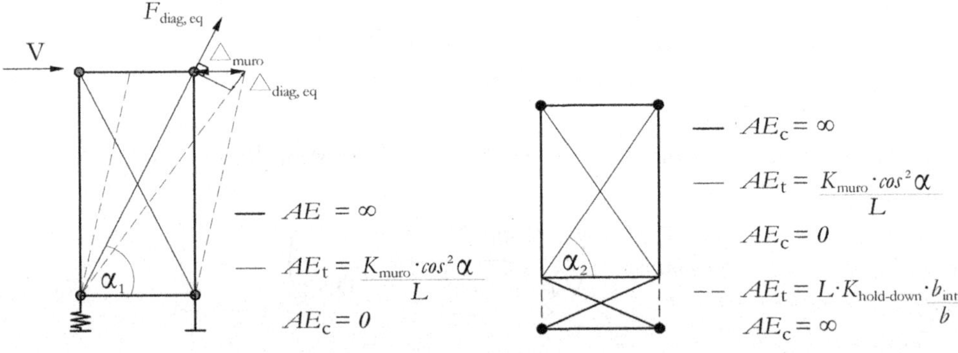

FIGURA 2.4.5.1.3 Modelo de diagonal equivalente con resortes de anclaje explícitos e inherentes.

Este modelo tiene la ventaja respecto de los modelos anteriores, en que puede modelar la respuesta lateral con una precisión aceptable de forma extremadamente eficiente desde el punto de vista del costo computacional. Además, los resortes de las diagonales pueden ser calibrados para reproducir la respuesta no lineal, incluyendo respuesta histerética. Por tanto, el modelo puede ser empleado en análisis de tiempo historia, análisis pushover, etc. A pesar de ello, la principal desventaja del modelo es que no permite emular la rigidez axial, así es que tan sólo se empleará en verificaciones de rigidez y capacidad lateral.

Resorte equivalente

Este modelo es similar al anterior, solo que, en lugar de emplear diagonales, se emplea directamente un resorte que modela la respuesta lateral del muro, ver Figura 2.4.5.1.4. De esta forma, modelamos de nuevo los muros como marcos rígidos perfectamente articulados, y cuya estabilidad lateral depende enteramente del resorte equivalente. La ventaja de este modelo respecto del modelo anterior, es principalmente que no precisamos ninguna calibración ya que directamente tenemos que

$$K_{resorte,eq} = K_{eq,muro} = \left(\frac{8h^3}{E_{pd}A_{pd,borde}b^2} + \frac{h}{1000G_a b} \right)^{-1}$$

La modelación de anclajes/incapacidad para modelar la rigidez axial, es también similar al modelo anterior. Por sus características, este modelo es ideal para realizar análisis computacionalmente costosos, tales como análisis de pushover y especialmente tiempo-historia. Xavier Estrella (2019) ha demostrado que, de hecho, los parámetros histeréticos del modelo SAWS para muros de marco plataforma de pino radiata chileno, son prácticamente proporcionales de acuerdo a la longitud del muro (lo cual es consistente con la linealidad del corte detallada en la Sección 1.6.6). Así es posible estimar los parámetros histeréticos de un muro de marco plataforma fabricado con pino radiata y tableros de OSB chilenos, de acuerdo a su longitud empleando los valores detallados en la Tabla 2.4.5.1.2.

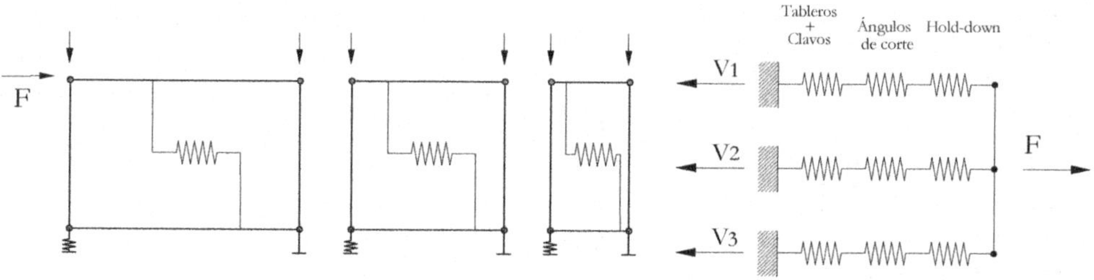

FIGURA 2.4.5.1.4 Modelo histerético con resorte equivalente. En la imagen se ejemplifica el modelo empleado por Rossi et al. (2015) el cual consideraba además de la rigidez axial del hold-down, la rigidez al corte de los ángulos de corte.

TABLA 2.4.5.1.2 Parámetros histeréticos dependientes de la longitud para modelaciones tiempo historia de muros de marco-plataforma fabricados con pino radiata chileno (Estrella et al. 2019).

Muro											
							Parámetros histeréticos de SAWS				
OSB	Espaciamiento de clavos	K_0	r_1	r_2	r_3	r_4	F_0	F_i	δ_u	α	β
	[mm]	(kN/mm/m)					(kN/m)	(kN/m)	(mm)		
Simple	50	2.374	0.072	-0.046	1.000	0.017	10.275	2.048	45.450	0.532	1.139
	100	1.393	0.079	-0.101	1.047	0.015	9.600	1.603	57.300	0.531	1.146
	150	1.080	0.079	-0.090	1.075	0.014	7.104	1.202	55.820	0.522	1.150
Doble	50	2.487	0.097	-0.080	1.002	0.021	26.685	2.935	42.887	0.800	1.150
	100	2.786	0.079	-0.101	1.047	0.015	19.196	3.205	57.300	0.531	1.146
	150	2.159	0.079	-0.090	1.075	0.014	14.208	2.403	55.820	0.522	1.150

2.4.5.2 *Muros de CLT*

Conceptualmente, la modelación de muros de CLT es bastante parecida a la modelación de muros de entramado ligero. En este caso debemos tratar de capturar las rigideces de un elemento tipo placa un poco más complejo desde el punto de vista material, aunque sin conexiones internas ni entramado. Por otra parte, debemos modelar los anclajes propios del sistema y su posible acoplamiento a otros muros. Otro aspecto particular de la modelación del CLT, es que se le otorga una mayor importancia al efecto del rozamiento, ver Sección 1.6.1. Los principales modelos empleados en la práctica se presentan en la Tabla 2.4.5.2.1, posteriormente la discusión se focaliza en resaltar las particularidades de cada uno.

TABLA 2.4.5.2.1 Principales modelos numéricos empleados para modelar muros del sistema de CLT.

Modelo	Ilustración	Principales características
Shell equivalente	$T = $ ríg. vuelco $v = $ ríg. deslizamiento $C = $ ríg. aplastamiento $R = $ ríg. rozamiento	Simplificación del anterior que incluye efecto axial en elemento placa. Mayores limitaciones en cuanto a casos a modelar.
Diagonal equivalente		Rigidez lateral capturada con diagonal equivalente. No captura rigidez axial, pero permite modelar muy eficientemente la carga lateral.

TABLA 2.4.5.2.1 (CONTINUACIÓN)

Resorte equivalente		Similar al anterior pero empleando un único resorte. Es el modelo más simplificado.
Columna equivalente		La columna captura corte y flexión del tablero. Los resortes capturan deslizamiento y vuelco de cuerpo rígido.

Shell equivalente

El modelo de shell equivalente es el modelo más preciso, aunque también el más costoso computacionalmente hablando. Idealmente, el CLT debería modelarse mediante un modelo de placa gruesa laminada basado en la teoría de Mindlin. Las componentes de rigidez correspondientes a dicho modelo, fueron definidas previamente y de forma extensiva en la Sección 1.3.5 por lo que no se detallan nuevamente.

Por supuesto a partir del modelo más completo de shell, es posible realizar diversas simplfiicaciones de acuerdo al problema específico que se pretende modelar. Por ejemplo, si es que el CLT es solicitado únicamente en el plano, podemos aplicar teoría de placas delgadas (eliminando las componentes de corte transversal), así como también emplear directamente elementos membrana con formulaciones carentes de rigidez flexional o torsional fuera del plano, ya que, al fin y al cabo, en el caso más habitual de emplear un CLT simétrico y con capas ortogonales, los esfuerzos estarán desacoplados.

Definamos primeramente un modelo de membrana ortótropo simplificado por un coeficiente de Poisson nulo o muy reducido; las componentes de rigidez del elemento resultan:

$$\begin{pmatrix} n_x \\ n_y \\ n_{xy} \end{pmatrix} = \begin{pmatrix} E_{shell,eq,x} \cdot t_{shell,eq} & \approx 0 & 0 \\ \approx 0 & E_{shell,eq,y} \cdot t_{shell,eq} & 0 \\ 0 & 0 & G_{shell,eq,xy} \cdot t_{shell,eq} \end{pmatrix} \begin{pmatrix} \varepsilon_x \\ \varepsilon_y \\ \gamma_{xy} \end{pmatrix}$$

Tomando un valor de $t_{shell,eq}=t_{CLT}$ debemos seleccionar el módulo elástico vertical como

$$E_{shell,eq,x} \cdot t_{shell,eq} = E_{shell,eq,x} \cdot t_{CLT} = D_{66} = \sum_{i=1}^{n} t_i \cdot d_{11,i} \approx \sum_{i=1}^{n} t_i \cdot E_{x,i}$$

$$E_{shell,eq,x} = \frac{\sum_{i=1}^{n} t_i \cdot E_{x,i}}{t_{CLT}}$$

y análogamente

$$E_{shell,eq,y} = \frac{\sum_{i=1}^{n} t_i \cdot E_{y,i}}{t_{CLT}}$$

Finalmente, el módulo elástico debe seleccionarse de tal modo que

$$G_{shell,eq,x} \cdot t_{shell,eq} = G_{shell,eq,x} \cdot t_{CLT} = D_{88} = k_V \cdot \sum_{i=1}^{n} G_{xy,i} \cdot t_i$$

$$G_{shell,eq,xy} = \frac{k_V \cdot \sum_{i=1}^{n} G_{xy,i} \cdot t_i}{t_{CLT}}$$

Donde k_V es el factor de reducción de la rigidez efectiva definido en la Sección 1.3.7.

De forma alternativa, en ciertos casos podemos definir también un modelo isótropo equivalente ya que, las cargas en y no suelen ser tan relevantes como en x. En este caso, se recomienda emplear el modelo isótropo únicamente cuando el usuario puede asignar un coeficiente de Poisson artificial nulo o cuasi nulo ya que, de otra manera podemos obtener un coeficiente muy irrealista que cause inestabilidad numérica o/y acople indebidamente las respuestas axiales. En tal caso tendríamos entonces

$$E_{shell,eq,iso} = \frac{\sum_{i=1}^{n} t_i \cdot E_{x,i}}{t_{CLT}}; \quad G_{shell,eq,iso} = \frac{k_V \cdot \sum_{i=1}^{n} G_{xy,i} \cdot t_i}{t_{CLT}}; \quad \nu_{shell,eq,iso} \approx 0;$$

Por otro lado, la modelación de rigideces en la línea inferior del muro se abordó de forma exhaustiva en la Sección 1.6.3, por lo que no se presentará nuevamente. Sí que es importante notar que mientras que algunos autores omiten el efecto del rozamiento, otros autores incorporan una resistencia al deslizamiento adicional debida al rozamiento. Con respecto a las posibles uniones muro a muro (UMM), tal y como ha sido detallado en la Sección 1.6.3.5, estas deberían idealmente calcularse como resortes de línea uniformemente distribuidos para los esfuerzos v_{xy} y n_y. Esta es sin duda la forma más adecuada de modelar las UMM, ya que permite considerar tanto la rigidez al corte, como la rigidez a la separación de paneles, y además las fuerzas se distribuyen a lo largo de la línea uniformemente.

Sin embargo, y en caso de que esto no sea posible, es también factible considerar otras formas de modelar las UMM. En la práctica, sucede que muchas veces los paneles que se acoplan son idénticos por lo que es de esperar que la deformación sea simétrica y en tal caso la UMM estará principalmente sometida al corte. En tales casos, la rigidez de corte, además de poder modelarse como un *resorte distribuido*, podría modelarse empleando elementros truss muy rígidos a la compresión, y que unen los muros en su parte inferior y superior, y diagonales (cables) equivalentes a la rigidez total de la línea al corte calculadas de forma similar a lo comentado en la sección anterior para el entramado ligero. Incluso sería posible incorporar un resorte equivalente tratando de distribuir la carga de la UMM a lo largo de la línea vertical del muro. Por supuesto ambas modelaciones alterarán los esfuerzos de los paneles, pero podrían permitir aproximar adecuadamente las deformaciones. En resumidas cuentas, las principales vinculaciones del shell equivalente se resumen gráficamente en la Figura 2.4.5.2.1 junto con posibles métodos para modelar la rigidez de las ULL.

La principal ventaja de este modelo es claramente la capacidad de capturar todas las rigideces de los paneles, así como también modelar de forma sencilla el efecto de las aperturas, singularidades de tensiones, etc. El modelo es por tanto adecuado para modelos de verificación y emulación estáticos y lineales. Este modelo también es aplicable para modelaciones no lineales. En estos casos, debe de asignarse el comportamiento monotónico/histerético correspondiente a las uniones de la linea inferior (hold-downs, ángulos de corte, tornillos), y posibles líneas verticales (UMM). A excepción de la histéresis friccional, todos los modelos histeréticos presentes pueden modelarse con combinaciones de resortes no-lineales comunes con resortes SAWS, tal y como es detallado en la Sección 2.4.4.2.

a. Muro Desacoplado

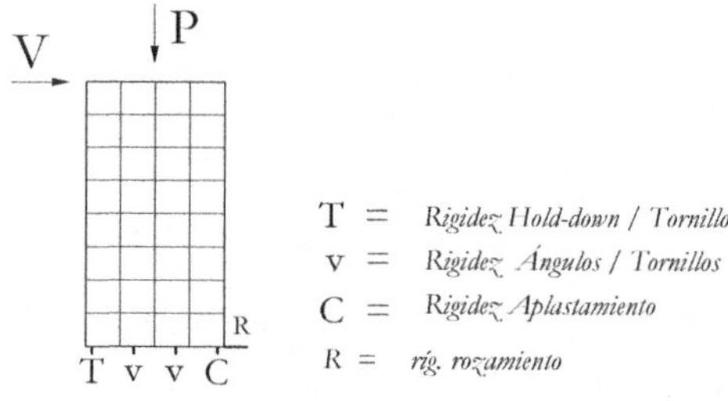

b. Muro Acoplado

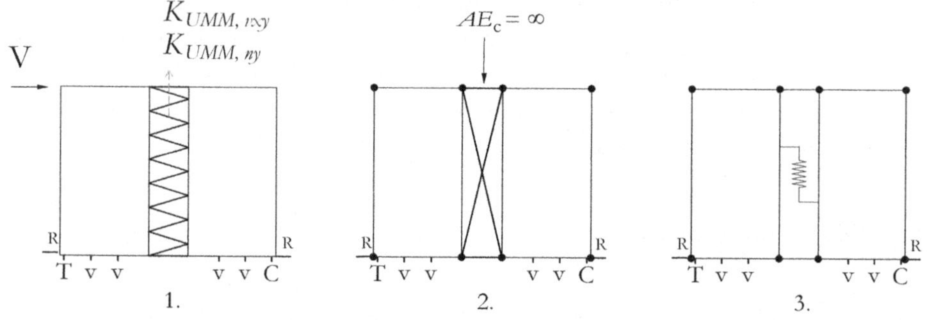

FIGURA 2.4.5.2.1 Resumen de varias posibilidades respecto de la modelación de muros de CLT desacoplados y acoplados con elementos shell equivalentes.

Diagonal equivalente

En este caso modelamos el tablero con un resorte equivalente, de forma análoga a lo detallado en la sección anterior para el entramado ligero. Por ejemplo, considerando la rigidez del modelo de Hummel presentado en la Sección 1.6.1.4 y omitiendo la contribución del resorte de vuelco pues este es modelado explícitamente, tendríamos que la rigidez equivalente del muro a emular con la diagonal ficticia resulta ser

$$K_{eq,muro} = \left(\frac{h^3}{3 \cdot EI_{ef}} + \frac{b}{K_{ángulos} \cdot s_{áng.}} + \frac{h}{G_{ef} \cdot t_{CLT} \cdot b} \right)^{-1}$$

Tal que de igual modo calibramos el área de la diagonal como

$$A_{diag,eq} = \frac{K_{eq,muro} \cdot L_{diag,eq}}{\cos^2 \alpha \cdot E_{diag,eq}}$$

Así tenemos que, para barras de sección circular, el radio resulta

$$r_{diag,eq} = \sqrt{\frac{K_{eq,muro} \cdot b_{muro}}{\pi \cdot \cos^3 \alpha \cdot E_{diag,eq}}}$$

Las mismas consideraciones de modelación de anclaje y posibles UMM comentadas para el modelo shell, son aplicables también para este modelo. La ventaja de este modelo frente al anterior, por supuesto reside en su eficiencia computacional para poder calcular la respuesta frente a cargas laterales. En caso de análisis no-lineal, en este caso la diagonal no precisa de ninguna calibración para capturar la respuesta monotónica/histerética ya que el tablero permanece lineal, y únicamente las vinculaciones de la línea inferior y las líneas verticales caracterizan la respuesta inelástica. La desventaja clara del modelo, es que tan sólo es aplicable para análisis de carga lateral, ya que es incapaz de modelar la rigidez axial, del CLT.

Resorte equivalente

Al marco rígido perfectamente articulado, podemos atribuirle un resorte que considere la totalidad de la rigidez lateral, de forma análoga al sistema de entramado ligero. Para cualquier análisis lateral sea lineal o no, la rigidez del resorte equivalente puede estimarse, por ejemplo, con el modelo de rigidez de Hummel como

$$K_{resorte,eq} = K_{eq,muro} = \left(\frac{h^3}{3 \cdot EI_{ef}} + \frac{b}{K_{ángulos} \cdot s_{áng.}} + \frac{h}{G_{ef} \cdot t_{CLT} \cdot b} \right)^{-1}$$

Las mismas consideraciones de vínculos de los modelos anteriores, son aplicables para este modelo. Las ventajas e inconveinentes son también similares a las del modelo de la diagonal equivalente. Únicamente debe destacarse que, dado que en el caso del CLT la rigidez de equivalente de la diagonal/resorte permanece elástica, la aplicación de una barra diagonal presenta la misma simplicidad que aplicar un resorte.

Modelo de columna equivalente

Tal como se ha descrito en secciones anteriores, por lo general la rigidez de un muro de entramado ligero se deriva de las flexibilidades individuales al corte del tablero, los corrimientos de los clavos, la flexión de los pies derechos de borde (al asumir que estos se comportan como las alas de una columna en I y en voladizo), y el levantamiento de anclajes como consecuencia del movimiento de cuerpo rígido. En resumen, tenemos entonces 2 rigideces acopladas al corte y una rigidez flexional, que suceden en una "columna" compuesta, además de una rigidez de vínculo relacionada con los anclajes. Bajo estas circunstancias la modelación de un muro con una columna compuesta no resulta atractiva pese a que por lo general los muros de corte de entramado ligero los consideramos en el cálculo como muros "desacoplados".

Por el contrario, en los muros de CLT desacoplados, la flexibilidad se asume normalmente como la composición del corte y la flexión del tablero (tratando éste como una columna de sección simple), y dos rigideces de vínculo relacionadas con el vuelco y deslizamiento de cuerpo rígido, ver detalles en la Sección 1.6.3.1.3. Debemos por tanto reconocer que, en el caso de muros de CLT desacoplados, la modelación del muro considerando éste como una columna simple sí que es mucho más atractiva, ya que podemos tratar de hacer corresponder las rigideces de corte y flexionales de la viga con aquellas inherentes del panel, además de modelar la rigidez total frente a vuelco y deslizamiento de cuerpo rígido con resortes de rotación y traslación equivalentes, respectivamente. Algunos autores han propuesto la aplicación de modelos de simples columnas, para poder simular muros desacoplados de CLT e incluso, las rigideces equivalentes de cada piso, véase por ejemplo Ringhofer (2010).

Asumamos una viga isótropa equivalente con Poisson nulo. Bajo estas circunstancias, podemos observar la correspondencia aproximada entre la rigidez flexional del tablero en su plano y la rigidez flexional de una viga equivalente. Tomemos la rigidez flexional efectiva de la viga en voladizo tal que

$$EI_{ef,columna,eq} = E_r \cdot \frac{t_{0,net} \cdot b_{muro}^3}{12} = E_r \cdot \frac{b_{muro}^3 \cdot \sum_{i=1}^{n} \frac{E_i}{E_r} \cdot t_i}{12}$$

O en el caso común de que todas las capas longitudinales tengan el mismo módulo elástico

$$EI_{ef,columna,eq} = E_r \cdot \frac{t_{0,net} \cdot b_{muro}^3}{12} = E_0 \cdot \frac{b_{muro}^3 \cdot t_{i,0}}{12}$$

Definamos pues una columna con un ancho $b = t_{CLT}$ y altura de la sección transversal $h = b_{muro}$, bajo estas condiciones podemos estimar el módulo elástico en la columna como

$$E_{columna,eq} = \frac{t_{i,0}}{t_{CLT}} \cdot E_0$$

De este modo, la rigidez efectiva a la flexión sigue siendo

$$E_{ef,columna,eq}I = \frac{t_{i,0}}{t_{CLT}} \cdot E_0 \cdot \frac{b_{muro}^3 \cdot t_{CLT}}{12}$$

$$= E_0 \cdot \frac{b_{muro}^3 \cdot t_{i,0}}{12} = EI_{ef,columna,eq}$$

Consideremos ahora la rigidez al corte de la misma

$$GA_{ef,columna,eq} = k_V \cdot b_{muro} \cdot \sum_{i=1}^{n} G_i \cdot t_i$$

En caso común de que todas las láminas tengan el mismo módulo de corte

$$GA_{ef,columna,eq} = k_V \cdot G \cdot b_{muro} \cdot t_{CLT}$$

Si tomamos un módulo elástico de corte en la columna de sección $b_{muro} \times t_{CLT}$ tal que

$$G_{columna,eq} = k_V \cdot G$$

Tendremos análogamente la correspondencia

$$G_{columna,eq}A = k_V \cdot G \cdot b_{muro} \cdot t_{CLT} = GA_{ef,columna,eq}$$

Estimemos ahora la flexibilidad lateral de la viga por ambas contribuciones

$$\Delta_{flexión} = \frac{V \cdot h^3}{3 \cdot EI_{ef}}$$

$$\Delta_{corte} = \frac{6}{5}\frac{Vh}{GA_{ef}}$$

Estimando la rigidez lateral equivalente de la columna obtenemos que

$$K_{columna,eq} = \left(\frac{h^3}{3 \cdot EI_{ef}} + \frac{6}{5}\frac{Vh}{GA_{ef}} \right)^{-1}$$

Recordemos ahora la expresión de Hummel para estimar las contribuciones de rigidez del panel excluyendo las rigideces de vínculo por movimiento de cuerpo rígido

$$K_{eq,muro} = \left(\frac{h^3}{3 \cdot EI_{ef}} + \frac{h}{G_{ef} \cdot t_{CLT} \cdot b} \right)^{-1}$$

Observamos que la rigidez lateral es muy similar a excepción del factor 5/6, por lo tanto, modifiquemos el módulo de corte de forma adicional, tal que finalmente

$$E_{columna,eq} = \frac{t_{i,0}}{t_{CLT}} \cdot E_0$$

$$G_{columna,eq} = k_V \cdot G \cdot \frac{6}{5}$$

$$v_{columna,eq} \approx 0$$

Obtendremos exactamente la misma rigidez

$$K_{columna,eq} = \left(\frac{h^3}{3 \cdot EI_{ef}} + \frac{h}{G_{ef} \cdot t_{CLT} \cdot b} \right)^{-1} = K_{eq,muro}$$

Nótese además que la rigidez axial se corresponderá con la rigidez del muro ya que

$$AE_{ef,columna,eq} = \frac{t_{i,0}}{t_{CLT}} \cdot E_0 \cdot b_{muro} \cdot t_{CLT} = E_0 \cdot b_{muro} \cdot t_{i,0} = AE_{x,muro}$$

Por otro lado, la rigidez total equivalente de corte de la línea inferior puede ser incluida como un resorte traslacional equivalente, mientras que la composición de la rigidez de tracción del anclaje y compresión por aplastamiento puede ser compuesta para estimar una rigidez rotacional equivalente, ver detalles en la Sección 1.6.3; de este modo podemos aproximar la rigidez lateral y axial del muro desacoplado de CLT, mediante una simple columna con las vinculaciones que se ilustran en la Figura 2.4.5.2.2.

La ventaja principal de este modelo es que es tremendamente simple tanto por la definición del mismo, como por la eficiencia computacional. También permite la captura de la rigidez axial y lateral de un muro de forma aceptable. Puede también ser empleado para modelación no-lineal ya que toda la inelasticidad se concentra en las rigideces de vínculo. La principal desventaja del modelo es que, tan sólo puede aplicarse para muros desacoplados, los cuales suelen ser menos atractivos en zonas altamente sísmicas. Además, la modelación de elementos tan poco esbeltos con elementos tipo "viga", permite únicamente aproximar las deformaciones reales. En líneas generales este modelo puede ser tremendamente útil en etapas de prediseño.

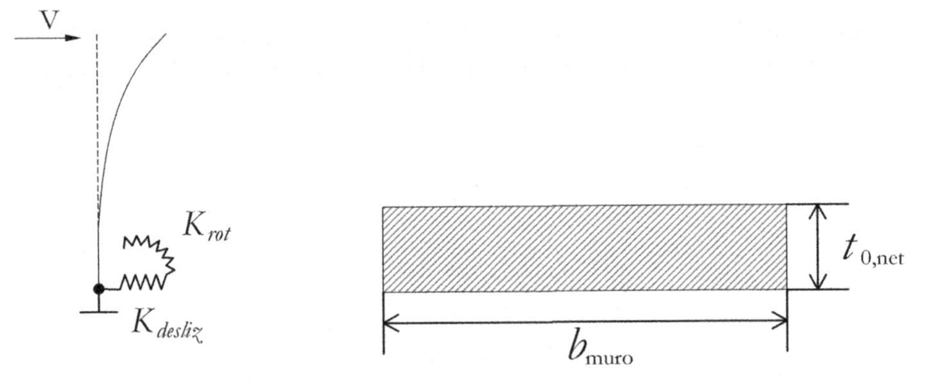

FIGURA 2.4.5.2.2 Modelación de las rigideces laterales y axiales de un muro de CLT desacoplado mediante una columna equivalente y resortes totales de vínculo.

2.4.6 Modelación de diafragmas

La mayoría de los modelos de diafragmas son conceptualmente parecidos a los modelos de muros; presentan sin embargo ciertas particularidades que se resumen en esta sección. Al igual que en la modelación de muros, distinguíamos modelos que permitían modelar la carga axial de aquellos que únicamente permitían modelar la respuesta lateral, una primera diferenciación importante para comprender los alcances de los distintos modelos de diafragmas consiste en diferenciar aquellos modelos que únicamente permiten modelar el traspaso de carga lateral, de aquellos modelos que permiten además modelar la respuesta frente a cargas fuera del plano tales como la carga muerta, viva, nieve o viento en cubierta.

Por lo general, en la práctica el diafragma se considera rígido en análisis que incluyen carga lateral. Esta simplificación es tan empleada como cuestionable. Inicialmente el anáslis siempre debería considerar la flexibilidad del diafragma, por lo menos para probar la veracidad de la hipótesis de diafragma rígido además de estimar fuerzas máximas en cuerdas, colectores, uniones y otros detalles necesarios en el cálculo. La hipótesis de diafragma rígido tampoco permite estimar las fuerzas combinadas en entrepiso y cubierta, producto de la acción combinada de las fuerzas gravitacionales y laterales. Por todo ello, es conveniente realizar cuanto menos un análisis inicial, considerando el diafragma semirrído/flexible y de ser el caso, proseguir el diseño considerándolo rígido.

Algunas cuestiones importantes que el analista debe considerar, para decidir la implementación de modelos de diafragmas de madera, son las siguientes:

- Tipo de análisis a realizar: lateral como elemento que simplemente transmite la carga; lateral considerando la rigidez y carga gravitacional fuera del plano; análisis gravitacional.

- Análisis lineal o no-lineal. Pese a que el diafragma debería permanecer siempre lineal, en análisis no-lineales deberemos emplear modelos comptuacionales que sean poco costosos.

- Consideración de aperturas.

- Consideración de rigideces de las líneas de unión diafragma-muros.

- Disponibilidad de elementos finitos y resortes del software empleado.

- Precisión requerida.

- Disponibilidad de superelementos.

- Tiempo disponible para implementación.

2.4.6.1 *Diafragmas de entramado y CLT*

Lejos de presentar una revisión exhaustiva, en la Tabla 2.4.6.1 se resumen brevemente los principales modelos para modelar diafragmas que se emplean en la práctica.

TABLA 2.4.6.1 Principales modelos numéricos empleados para modelar diafragmas de entramado y CLT.

Modelo	Ilustración	Principales características
Con clavos (entramado)	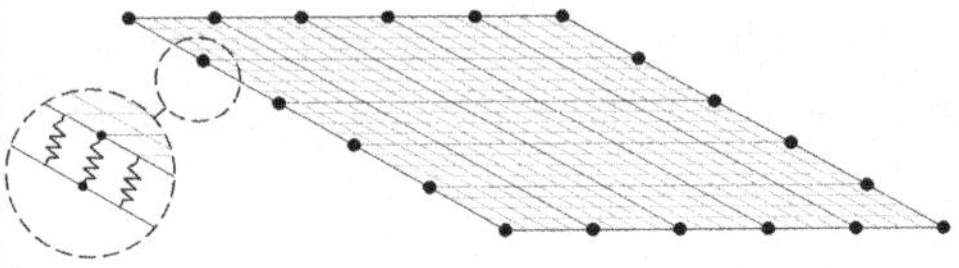	Análogo al de muros. En lugar de anclajes tenemos las uniones que lo vinculan con los elementos verticales. Captura rigidez lateral y flexional.
Superelementos (más típico en entramado)	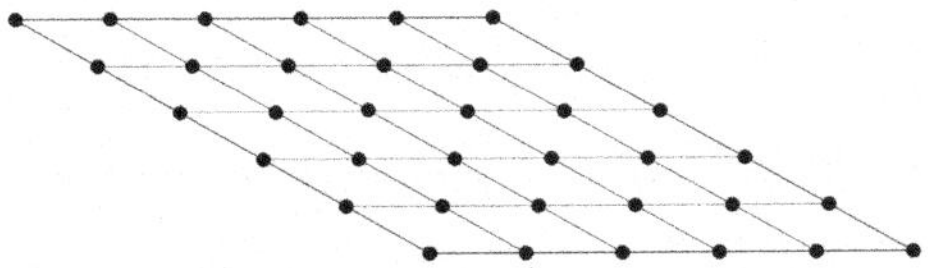	Comportamiento de clavos incluido en formulación de shells. Modelo preciso y computacionalmente factible. Permite modelar aperturas fácilmente. Captura rigidez lateral y flexional.
Shell con líneas de unión (CLT)	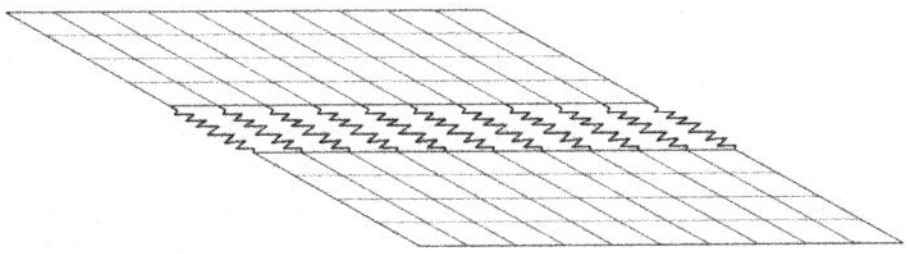	Rigidez lateral y flexional incluida en shell, rigidez de uniones incluida en líneas de unión perimetrales.
Diagonal equivalente (entramado y CLT)	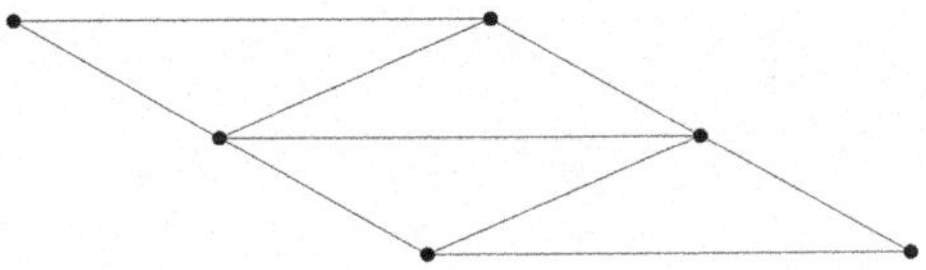	Emparrillado y diagonal ficticia permiten considerar la rigidez lateral de entramados y losas de CLT. No captura rigidez flexional, pero permite modelar muy eficientemente la transferencia de carga lateral.
Shell rígido	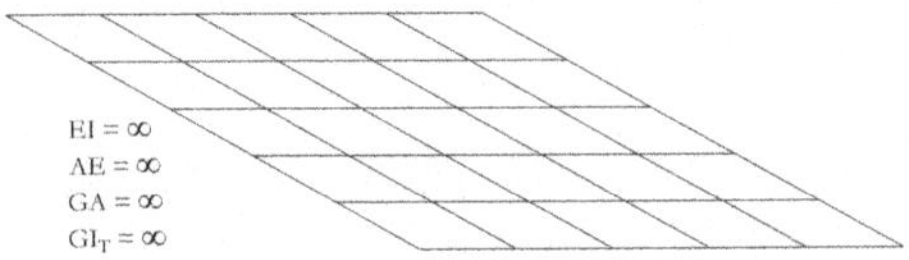 $EI = \infty$ $AE = \infty$ $GA = \infty$ $GI_T = \infty$	Únicamente captura el traspaso de carga lateral proporcional a la rigidez de muros.

Con clavos

Empleado en diafragmas de entramado. Es análogo al de muros, pero en lugar de anclajes tenemos clavos u otros conectores que vinculan al diafragma con los elementos verticales. Dado que el espaciamiento es normalmente regular en cuerdas y colectores, normalmente podemos implementar 2 resortes uniformemente distribuidos sobre cada apoyo con muros; uno correspondiente a la rigidez en la dirección paralela y otro en la dirección perpendicular a la fibra. Alternativamente, podemos emplear formulaciones corrotacionales. También es posible asumir vinculación total (sin semirrigidez) a los elementos verticales, si es que ya que se verificó que la flexibilidad de ese resorte es despreciable.

En la modelación del diafragma, es también importante considerar la flexibiliad de las uniones que ensamblan los elementos que conforman las cuerdas, tal como sucede en la estimación de rigidez analítica ya que esta puede ser una flexibilidad muy relevante en el diafragma. Dado que estos elementos se encuentran principalmente sometidos a tracción/compresión simple, y que habitualmente tan sólo un elemento está trabajando en la doble sobresolera, una opción para modelar las cuerdas sería incorporar simplemente un elemento viga que representa una de las 2 soleras e incorporar resortes longitduinales a un espaciamiento regular, lo que lograría representar la rigidez de las uniones que unen ambas soleras.

Este modelo es computacionalmente muy costoso, pero permite cualquier tipo de análisis incluyendo análisis lateral combinado con análisis gravitacional, inclusión inmediata de aperturas y cualquier detalle constructivo que sea preciso. Sin embargo, en la práctica, al igual que con los muros, se emplea mayormente para verificar la precisión de otros modelos y a veces también para probar la hipótesis de diafragma rígido.

Superelementos

Mayormente empleado en entramados. También es análogo al de muros. Básicamente consiste en la condensación de los grados de libertad del modelo anterior. La vinculación con los elementos verticales es similar al caso anterior. Este modelo es tremendamente útil, ya que permite realizar cualquier tipo de análisis considerando la semirrigidez del diafragma a un costo razonable, e incluyendo las aperturas.

Shell con líneas de unión

Adecuado para modelar la rigidez lateral y flexional de losas de CLT. El comportamiento estructural del CLT se recoge en su totalidad mediante la matriz de rigidez del elemento, según se detalla exhaustivamente en la Sección 1.3.5. Por otra parte, las uniónes de los tableros se modelan mediante líneas de unión, siendo flexibles en tracción y corte (dentro y fuera del plano), pero rígidas en compresión (según la rigidez axial de los tablones perpendiculares). La modelación de rigideces en las líneas de unión del CLT se detalla en profundidad en la Sección 1.6.3. Este modelo tiene la ventaja de que permite capturar todas las rigideces del diafragma, es posible modelar cualquier tipo de geometría irregular, y la dificultad de implementación es muy baja. Sin embargo puede ser computacionalmente costoso.

Diagonal equivalente

El método de la diagonal equivalente para la modelación de diafragmas de CLT, y diafragmas de entramado bloqueados, se detalla en profundidad en Moroder (2016). Este modelo consiste en un emparrillado rectangular articulado, y una diagonal ficticia, también articulada. Todos los elementos son del tipo celosía (truss), de modo que solo incluyen rigidez axial, y no flexional. La captura de la rigidez lateral de diafragmas de entramado y CLT se logra del siguiente modo:

- El *emparrillado rectangular* permite capturar la rigidez axial de vigas de entramado, y la rigidez axial del tablero. Esta última rigidez, incluye la rigidez axial del tablero y también la rigidez al corrimiento de uniones en la dirección perpendicular al perímetro del tablero.

- Las diagonales ficticias permiten capturar la rigidez al corte de los tableros, lo que incluye tanto la rigidez al corte del propio tablero como también la rigidez al corrimiento de uniones en la dirección paralela al perímetro.

En la práctica, la aplicación de este método tiene dos variantes que se detallan a continuación.

CASO 1: aplicación del método empleando una única diagonal por tablero.

En este caso, emulamos toda la rigidez lateral del tablero empleando una única diagonal, tal como se ilustra en la Figura 2.4.6.1.1.

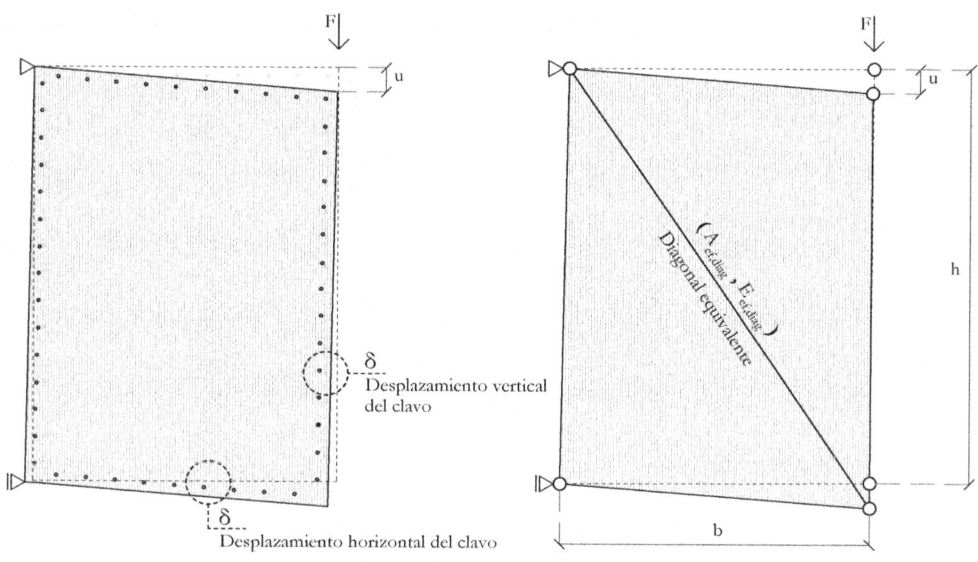

FIGURA 2.4.6.1.1 Caso de modelar toda la rigidez a corte del tablero empleando una única diagonal (basado en Moroder 2016).

La rigidez efectiva al corte que se debe capturar con la diagonal se expresa según la contribución en serie del resorte del tablero y el corrimiento paralelo al perímetro en uniones, tal que

$$(Gt)_{ef} = \cfrac{1}{\cfrac{1}{K_{v,tablero}} + \cfrac{1}{K_{v,\parallel,uniones}}} = \cfrac{1}{\left(\cfrac{1}{Gt} + \cfrac{s}{K_{ser\parallel}} \cdot \left(\cfrac{c_1}{b} + \cfrac{c_2}{h} \right) \right)}$$

Donde Gt es el producto del módulo de corte del tablero (efectivo en caso del CLT) y el espesor bruto del mismo, s es la separación de conectores en el perímetro del tablero, $K_{ser\parallel}$ es el módulo de corrimiento de los conectores en la dirección paralela al perímetro del tablero, b y h son el ancho y alto del tablero, y c_1 y c_2 son el número de líneas de conectores entre tableros adyacentes a lo largo de la altura y ancho del tablero, respectivamente. Para el caso de entramado ligero, por lo general $c_1 = c_2 = 2$. Para CLT c_1 y c_2 típicamente toman valores de *1* o *2*, ver Figura 2.4.6.1.2.

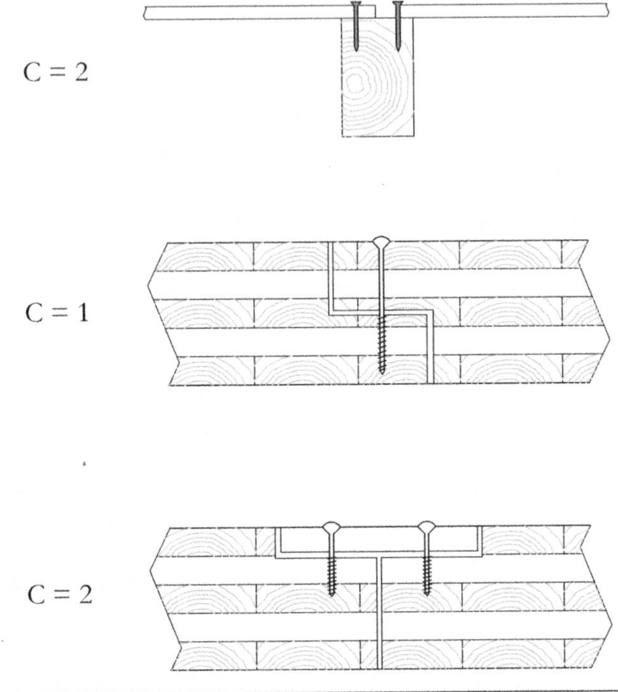

FIGURA 2.4.6.1.2 Parámetros c de líneas de conectores adyacentes, para la estimación de la rigidez de la diagonal ficticia (basado en Moroder 2016).

De este modo, la rigidez axial de la diagonal se determina como

$$E_{ef,diag} = \frac{(Gt)_{ef} \cdot l^2}{hb}$$

y

$$A_{ef,diag} = l = \sqrt{h^2 + b^2}$$

Como puede observrse en la ecuación anterior, se define el área transversal de la diagonal como la longitud de la misma. Esto no tine ningún significado físico, pero permite realizar realizar una simplificación importante, ya que el corte unitario en el tablero v (el cual se asume uniforme), puede obtenerse directamente como la tensión axial en la diagonal tal que

$$v_{tablero} = \sigma_{diag} = \frac{F_{diag}}{A_{ef}} = \frac{F_{diag}}{l}$$

De este modo, al resolver la celosía en el programa de cálculo, tan sólo tendremos que tomar la fuerza calculada en la diagonal, y dividirla por su longitud, para poder estimar el flujo de corte en el tablero.

Por otra parte, las rigideces que deben incluirse en el emparrillado rectangular, se corresponden con la rigidez axial real de las vigas del entramado tal que

$$E_{ef,emparrillado} = E_{viga}$$

$$A_{ef,emparrillado} = A_{viga}$$

En el caso del CLT existen dos posibilidades para modelar la rigidez de los elementos perimetrales a la diagonal. En caso de que el CLT esté conectado sobre vigas gravitacionales, éstas actúan del mismo modo que el envigado de un entramado, así es que deben ser modeladas empleando el área y módulo elástico real de las vigas. Por el contrario, si el CLT no reposa sobre ninguna viga, como rigidez axial debe incorporarse la rigidez axial del tablero tributario. Por ejemplo, en caso de 2 tableros de CLT adyacentes, la rigidez de la viga será la mitad del ancho de cada tablero, multiplicado por el espesor de las láminas lontigudinales y el módulo elástico de las mismas.

Tal como se ha comentado anteriormente, es posible derivar el flujo de corte del tablero por simple división de la fuerza de la diagonal por su longitud. Del mismo modo, también es posible derivar la fuerza en el entramado. En la realidad, el flujo de corte se transmite al entramado de forma progresiva, por la acción de los conectores. En este modelo sin embargo, toda la acción de corte se concentra en las diagonales. Para poder derivar la fuerza sobre el entramado, basta con incrementar la fuerza axial de forma lineal según el corte de la diagonal, tal que el axil en cada elemento de entramado vertical y horizontal resulta

$$N_{viga,vert} = N_{emparrillado} + v \cdot h$$

$$N_{viga,horiz} = N_{emparrillado} + v \cdot b$$

Véase un resumen de todo el proceso de idealización de celosía equivalente y estimación de flujo de corte en tablero y axiles en barras en la Figura 2.4.6.1.3.

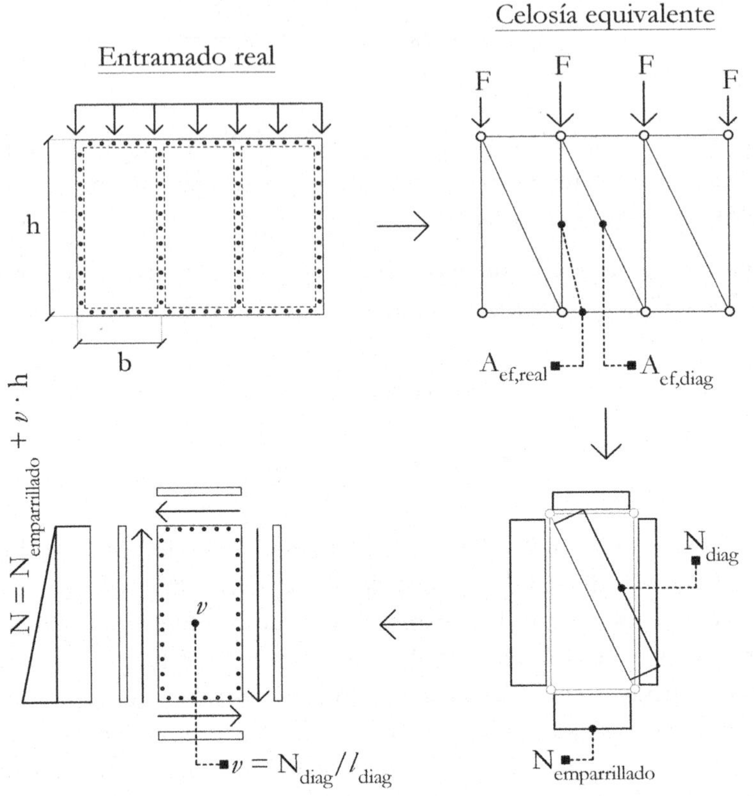

FIGURA 2.4.6.1.3 Resumen del proceso para la derivación de solicitaciones en tablero y entramado a partir de las fuerzas en barras de la celosía equivalente.

CASO 2: aplicación del método empleando varias diagonales por tablero.

Tal como puede apreciarse en la Figura 2.4.6.1.3, es probable que, para paneles esbeltos, o cuando existen irregularidades en el diafragma tales como aperturas, el ángulo de las diagonales se aleje de 45° (disposición ideal), lo que reducirá considerablemente la precisión del modelo. También será necesario subdividir los paneles para cuando incluimos colectores o cuerdas interiores para reforzar las tensiones que se producen alrededor de aperturas, esquinas reentrantes, etc. En estos casos, resulta conveniente discretizar cada tablero en más de una diagonal. En ocasiones, será posible realizar esta subdivisión en diagonales de igual longitud, pero en otras, como por ejemplo en el caso de aperturas u otras singularidades en el diafragma, eso no será posible; véase un ejemplo de subdivisión con diagonales de idéntica longitud, y subdivisión irregular en la Figura 2.4.6.1.4. Resulta por tanto más conveniente, definir el modelo de la celosía equivalente de una forma más generalizada, para cuando el tablero se divide en una o varias diagonales, lo que por otra parte nos permitirá cambiar de forma selectiva la resolución de la celosía tal como se muestra en la Figura 2.4.6.1.4.

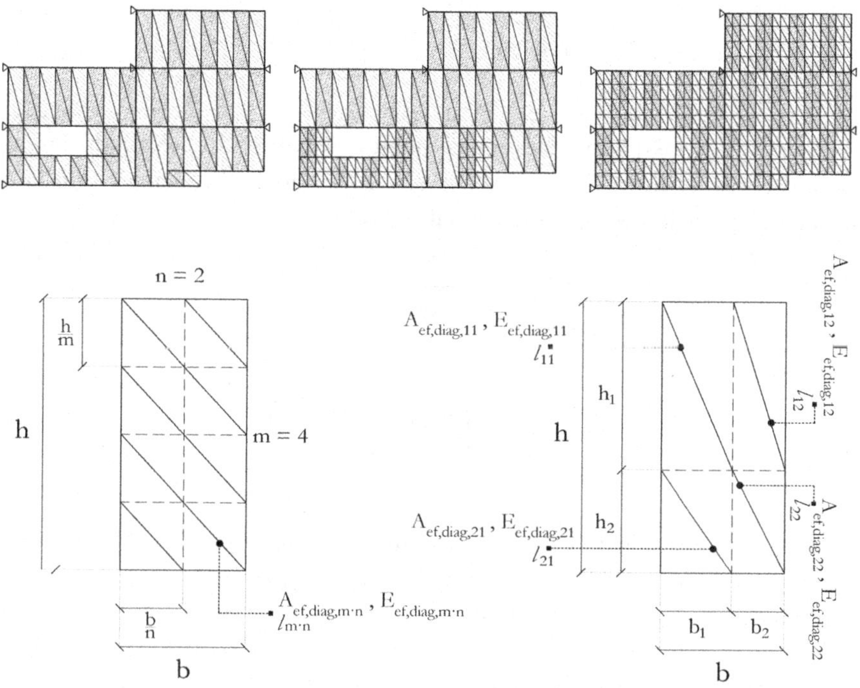

FIGURA 2.4.6.1.4 Subdivisión regular (izquierda) y regular (derecha) de tableros en diversas diagonales para evitar ángulos muy pronunciados en diagonales (basado en Moroder 2016).

Cuando el tablero se divide en diagonales de igual longitud, en una resolución de m filas y n columnas (ver Figura 2.4.6.1.4), podemos definir las propiedades requeridas en cada diagonal como

$$E_{ef,diag,m \cdot n} = m \cdot n \frac{(Gt)_{ef} \cdot l_{m \cdot n}^2}{hb}$$

$$A_{ef,diag,m \cdot n} = l_{m \cdot n} = \sqrt{\left(\frac{b}{n}\right)^2 + \left(\frac{h}{m}\right)^2}$$

Por otra parte, en caso de diagonales desiguales podemos definir las propiedades en cada diagonal de la matriz i,j en las que subdividió el panel como (ver Figura 2.4.6.1.4)

$$E_{ef,diag,ij} = \frac{(Gt)_{ef} \cdot l^2_{diag,ij}}{h_i b_j}$$

$$A_{ef,diag,ij} = l_{ij} = \sqrt{b_i^2 + h_j^2}$$

Una vez definidas las propiedades seccionales, y habiendo calculado las fuerzas correspondientes, el flujo de corte sobre el tablero debe obtenerse como la media del flujo correspondiente a cada diagonal, es decir

$$v_{tablero} = \left(\overline{F_{diag,m \cdot n} \Big/ l_{diag,m \cdot n}} \right)$$

$$v_{tablero} = \left(\overline{F_{diag,ij} \Big/ l_{diag,ij}} \right)$$

Por supuesto, la rigidez delos elementos de entramado (o caso del CLT) sigue definién- dose del mismo modo que en el caso anterior; esto es empleando las rigideces reales de las vigas/rigideces reales axiales del tablero. Sin embargo, la subdivisión provoca que por lo habitual existan también elementos de emparrillado intermedios, que no tienen sentido físico. En especial, los elementos lontigudinales del emparrillado suelen tener sentido físico, sin embargo, es posible encontrar elementos de emparri- llado horizontal intermedio que carecen de sentido físico. En estos casos, la rigidez axial de esos elementos intermedios debe estimarse en el caso del entramado como

$$K_{ef,axial,emparrillado,intermedio} = \frac{1}{\dfrac{1}{\dfrac{E_{90,tablero} \cdot h_{tributaria} \cdot t}{b_{tributaria}}} + \dfrac{1}{n_{tributaria} \cdot K_{ser\perp}}}$$

donde $h_{tributaria}$ se refiere a la altura tributaria del tablero que le corresponde a la viga que carece de sentido físico, $b_{tributaria}$ es la media entre el ancho de la subdivisión y la subdivisión consecutiva $(b_i+b_{i+1})/2$ y $n_{tributaria}$ es el número de conectores a lo largo del alto $h_{tributaria}$. En el caso de una losa de CLT, se asume que la flexibilidad del tablero es nula en relación a la flexibilidad de los conectores tal que

$$K_{ef,axial,emparrillado,intermedio} = \cfrac{1}{\cfrac{1}{(3-c) \cdot n_{tributaria} \cdot K_{ser\perp}}}$$

$$= (3-c) \cdot n_{tributaria} \cdot K_{ser\perp}$$

En resumidas cuentas, el modelo de la diagonal equivalente es un modelo muy interesante no solo para capturar la rigidez lateral de un entramado o losa de CLT, sino también para poder estimar las fuerzas en tableros y envigados. Es un modelo muy eficiente desde el punto de vista computacional, y sencillo de implementar, aunque requiere cierto procesamiento por parte del usuario. Otra ventaja muy importante es que el modelo permite calcular cualquier tipo de diafragma por irregular que este sea, y los elementos que requiere son tremendamente sencillos y pueden incluso ser calculados con una planilla. La desventaja principal de este modelo es que no permite capturar la rigidez flexional, y la derivación de esfuerzos no es tan inmediata como en los modelos anteriores.

Shell rígido

Es el modelo más sencillo posible. Consite en capturar únicamente la transferencia de cargas laterales, en una situación ideal, según rigidez relativa de los elementos verticales. No permite obtener los esfuerzos de diafragma (únicamente pueden ser derivados según las reacciones en los muros o elementos verticales). Por supuesto, tampoco permite capturar la rigidez flexional. Es un modelo tremendamente eficiente por la drástica reducción de grados de libertad. También es el modelo más habitualmente empleado en la práctica, pero su uso debería restringirse únicamente a análisis laterales y cuando la hipótesis del diafragma rígido haya sido verificada.

2.5 Lecturas adicionales

Moroder D (2016) Floor diaphragms in multi-storey timber buildings. Tesis doctoral, Universidad de Canterbury, Christchurch, Nueva Zelanda.

Bader et al. en Sandhaas C, Munch-Andersen J y Dietsch P (2018) Design of Connections in Timber Structures. Shaker Verlag, Aachen, Alemania.

Schweigler (2018) Nonlinear modeling of reinforced dowel joints in timber structures: a combined experimental-numerical study. PhD Thesis. Technische Universität Wien. Viena, Austria.

Hummel J (2017) Displacement-based seismic design for multi-storey cross laminated timber buildings. PhD Thesis. Kassel University Press GmbH. Kassel, Alemania.

Vargas Parada JA y González I (2019) Método simplificado para modelación del sistema marco-plataforma de madera utilizando un programa computacional de elementos finitos. Universidad Andrés Bello, Santiago, Chile.

Cárcamo S (2018) Modelación mediante elemento área de un muro de marco plataforma. Tesis de magíster. USM y PUC, Valparaíso y Santiago, Chile.

CAPÍTULO 3

FUNDAMENTOS DEL DISEÑO ANTI-INCENDIOS

MAURICIO REY GONZÁLEZ (INGENIERO CIVIL ESTRUCTURAL,
UNIVERSIDAD DE CHILE, SANTIAGO CHILE)

3.1 INTRODUCCIÓN

El desempeño estructural de los elementos de madera durante un incendio es sin duda una de sus principales virtudes. Por el contrario, su naturaleza combustible es una de las principales razones por las cuales gran parte de los códigos de edificación y normativas alrededor del mundo restringen o limitan su utilización como material de construcción en altura. La seguridad contra incendios es sin duda parte del esqueleto fundamental de la seguridad de la vida en edificios, y, por tanto, para incrementar el uso de la madera, debe asegurarse como primera condición fundamental.

En general, el conocimiento relativo al comportamiento al fuego de estructuras de madera y la cantidad investigación es bastante limitada en comparación a los otros materiales tradicionales de construcción. En los últimos 20 años se han llevado a cabo un gran número proyectos alrededor del mundo que buscan proveer de información de diseño para la utilización segura de este material en edificios.

Actualmente se están desarrollando una serie de proyectos de investigación a nivel mundial, que, en conjunto con las nuevas técnicas de análisis y conceptos de ingeniería de incendios, van a permitir generar metodologías nuevas y avanzadas para el diseño de estructuras de madera expuestas al fuego. El espectro de proyectos que se han llevado a cabo, o que aún siguen en pleno desarrollo, abarcan desde el diseño de metodologías de cálculo simplificadas de sistemas de madera para escenarios de incendio, calibración de sus propiedades térmicas, propiedades resistentes en función de la temperatura, autoextinción y dinámica de incendios en compartimentos con envolventes de madera, entre otros. Todo lo anterior, con el objetivo común de generar información de diseño para el desarrollo de códigos estructurales y de seguridad de incendios, con el objetivo de incrementar la utilización de la madera como el material preferente de construcción sustentable.

En este capítulo se presenta el diseño de estructuras frente a incendios desde una perspectiva global. El campo que es objeto de estudio es tremendamente extenso, por lo que los conceptos no se presentarán de forma exhaustiva, y además se tratará de restringir las referencias normativas. Es imprescindible, que el lector se haya familiarizado con el Capítulo 13 del libro *"Fundamentos del diseño y la construcción con madera"* antes de abordar las secciones sucesivas.

3.1.1 *Alcance*

En el Capítulo 13 del libro *"Fundamentos del diseño y la construcción con madera"*, se hizo una breve introducción respecto del comportamiento de la madera ante el fuego, los requerimientos que deben cumplirse, así como un breve repaso de las metodologías normativas existentes de verificación de resistencia al fuego. Principalmente, en lo relativo a la función de integridad.

Este capítulo pretende introducir al lector a la ingeniería de incendios y a sus conceptos fundamentales, al mismo tiempo que se presenta el estado actual del análisis de estructuras de madera expuestas al fuego. Se inicia el capítulo con algunos principios fundamentales en relación con la ingeniería de incendios, para luego recalcar la importancia de la resistencia estructural al fuego, como una sub-rama fundamental de esta.

El objetivo principal de este capítulo no es presentar los códigos estructurales y sus metodologías de análisis, si no en entregar una serie de herramientas existentes de análisis estructural de elementos de madera expuestos al fuego, para luego ser capaz de hacer una evaluación ingenieril racional sobre como enfocar su análisis para cada situación particular.

3.1.2 *Enfoque*

Este capítulo está enfocado a ingenieros estructurales, y diseñadores en general, que requieran estudiar el desempeño de estructuras de madera ante la situación accidental de incendio. La ingeniería de incendios es sin duda extensa, y, por tanto, este capítulo solo es superficial respecto a su cobertura, pero suficiente como punto de partida para que los ingenieros de las distintas áreas se familiaricen con esta. Si el lector desea profundizar en estas materias, el libro en diseño estructural en incendios de Andrew H. Buchanan (2017) suele ser un excelente punto de partida, mientras que la guía SFPE (2016) tiene ya un gran volumen de información relativa a la ingeniería contra incendios y todos los tópicos relacionados con esta.

3.2 CONTEXTO GENERAL DE LA INGENIERÍA CONTRA INCENDIOS

Durante muchos años los incendios eran considerados un problema limitado meramente mediante las brigadas contra incendios. Hoy en día, en los países más desarrollados se reconoce que para controlar el riesgo de incendio y al mismo tiempo disminuir el daño ante su eventualidad, el problema debe ser solucionado durante etapa de diseño de los edificios y estructuras, lo que abre paso a la llamada ingeniería de incendios.

La ingeniería de incendios tiene que ver con la aplicación de principios científicos e ingenieriles que tienen como objetivo principal la protección de la vida (y eventualmente la propiedad) ante la eventualidad de un incendio, y los efectos que este pudiera tener.

3.2.1 *Seguridad contra incendios*

Durante el diseño, el ingeniero de seguridad contra incendios puede utilizar diferentes métodos para evaluar el desempeño de su estrategia. Típicamente, existen dos enfoques para esta evaluación, el diseño de la estrategia contra incendios puede estar basado en una solución prescriptiva (la más utilizada), o bien basada en desempeño. Para la primera, los requisitos funcionales se consideran apropiados si es que estos cumplen con soluciones instauradas para cumplirlos, usualmente extraídas de los códigos de construcción de cada país, mientras que, para el segundo caso, el desempeño del diseño se evalúa a través de un análisis de ingeniería *ad-hoc*. Usar un enfoque basado en desempeño generalmente permite más flexibilidad en el diseño, ya que el ingeniero de protección contra incendios puede utilizar herramientas de ingeniería para obtener un diseño "equivalente" al de la solución prescriptiva, posiblemente con un menor costo asociado.

Lo común entre ambas filosofías, es que es necesario definir sus objetivos en primera instancia. Estos podrían ser los mismos, o bien diferir entre ellos.

Objetivos de la seguridad frente a incendios

Los objetivos principales que suelen definirse en el contexto de la seguridad contra incendios son limitar, dentro de los límites aceptables, la probabilidad de fatalidades, una posible destrucción de la propiedad, y daños medioambientales catastróficos. El balance entre la seguridad de la vida y la protección contra incendio varía entre los distintos países, dependiendo del tipo de edificio, y de su ocupación. Sin embargo, hoy en día la tendencia de los códigos nacionales de edificación es el énfasis en la protección de la vida sobre la propiedad, en la medida que no se vean afectados terceros. Por otro lado, en una filosofía de diseño basada en desempeño, un objetivo secundario podría ser prevenir pérdidas financieras ante la eventualidad de un incendio.

Seguridad ante la pérdida de vidas

El más común de todos los objetivos es la protección de la vida y asegurar la evacuación de los ocupantes, lo que debe cumplirse mandatóriamente en cualquier filosofía de diseño. Para esto, se debe proveer de dispositivos de alarma, para minimizar los tiempos de alerta y pre-movimiento, y proveer vías de escape seguras, lo que implica limitar distancias de recorrido, dimensionar correctamente las salidas y proveer con algún nivel de protección contra el humo y fuego las vías de escape o bien los compartimentos adyacentes. En algunos casos, puede ser necesario desarrollar una estrategia que contemple, no necesariamente una evacuación hacia el exterior, si no horizontal progresiva hacia compartimentos seguros, lo que podría darse en casos en donde los ocupantes no pueden salir, como en hospitales o cárceles. Finalmente, debe considerarse la protección de la vida de los terceros que podrían estar involucrados en edificios adyacentes, como también la de brigadas de bomberos.

Protección de la propiedad

La protección de la propiedad tiene que ver con minimizar el nivel de daño que podría provocar un incendio ya sea en la estructura o bien en el contenido de esta. Con ello se pretende evitar pérdidas económicas significativas, mientras que a veces la continuidad de la operación del inmueble y su contenido pueden ser la razón por la cual se solicitan requisitos superiores a los estandarizados.

Estrategias de seguridad frente a incendios

Una vez que están definidos los objetivos, se procede a elaborar la estrategia de seguridad contra incendios. Este concepto es probablemente el más importante de todos, y, sin embargo, tiende a relegarse a un segundo plano. Uno de los grandes inconvenientes de hoy en día, dentro del contexto de la ingeniería de incendios, es que se tiende a resolver problemas particulares sin ni siquiera tener una mirada global del porqué hacemos lo que hacemos. Esto surge como consecuencia de la gran prescritividad de los códigos de construcción actuales, los cuales a menudo olvidan, los fundamentos que están detrás de cada uno de los requerimientos.

Pongamos el ejemplo de un incendio dentro de un edificio alto. La primera pregunta que nos podríamos hacer es: ¿cuál es la probabilidad de que haya un incendio? Tomando como referencia charla realizada por el ingeniero de seguridad de incendios Marcial Salaverry (Salaverry. M. 2018):

La respuesta a esta pregunta es simple, la probabilidad es igual a 1. Un incendio en alguna de sus magnitudes va a ocurrir. Ahora, en la gran mayoría de los casos (99%), el edificio responderá de manera apropiada. Los sistemas de alarma y detección se activarán y los rociadores, en conjunto con la protección pasiva mantendrán el incendio confinado hasta el consumo total de la carga combustible, o bien hasta la llegada de la brigada de incendios. Sin embargo, la probabilidad mínima de que ocurra un desastre existe, y el diseño debe contemplarlo.

Entonces, una vez que entendemos las consecuencias de un incendio, podemos preguntarnos, ¿Qué hacemos para prevenir sus consecuencias? Si no se hace nada, el resultado probablemente sea catastrófico, por lo que nos vemos obligados a implementar una *Estrategia de Seguridad contra Incendios*, la que considera una serie de puntos.

El primero y más importante, es la seguridad de la vida, por lo que debemos preocuparnos primeramente de la evacuación segura de los ocupantes. Para esto, debemos preocuparnos primero de que los ocupantes sean capaces de percibir la emergencia cuanto antes, por lo que es necesario instalar un sistema de *detección y alarma* como el de la Figura 3.2.1.1, una vez hecho esto, es posible comenzar con la evacuación.

Ahora, ¿hacia dónde se evacúan los ocupantes?; podríamos considerar en primera instancia evacuar todos los ocupantes hacia el exterior, siendo este considerado como una zona segura. Esto sería factible si estuviéramos analizando el caso de un edificio de muy baja altura, no así uno de mediana o gran altura, en donde las distancias de recorrido son ampliamente mayores. Lo que debe entonces hacerse, es dotar las escaleras *compartimentación*, una envolvente resistente al fuego (presentada posteriormente), y, por ende, reducimos considerablemente las distancias de recorrido hacia una zona segura (ver Figura 3.2.1.1). De manera adicional, estas escaleras podrían estar presurizadas, para evitar así la entrada del humo a las mismas.

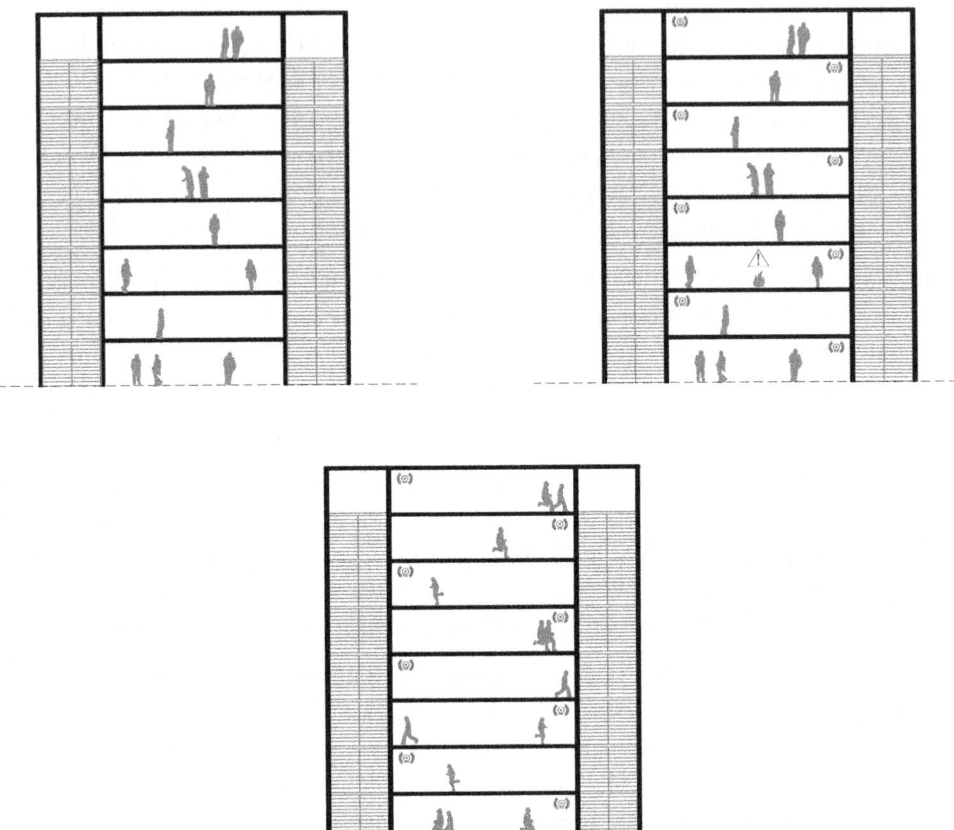

FIGURA 3.2.1.1 Posible estrategia para la protección de la vida contra incendios en un edificio en altura.

Ahora que sabemos hacia dónde dirigir los ocupantes, surge la pregunta: ¿cómo dimensionamos las escaleras para el proceso de evacuación? La respuesta es que, para un edificio en altura, no es posible dimensionar las escaleras de tal manera de asegurar la evacuación global simultánea del edificio. En este caso, se realiza lo que se denomina una *evacuación por fases*, en donde se evacua el edificio de manera progresiva, priorizando aquellos compartimentos con mayor riesgo de verse expuestos a las consecuencias del siniestro. Esto implica la existencia de un sistema de comunicación que va a permitir la *coordinación de la evacuación*, y por ende hacer que los ocupantes se comporten de manera racional y ordenada.

Con todo lo anterior, tenemos ya una evacuación coordinada de los ocupantes hacia las zonas verticales de seguridad, y eventualmente hacia la calle. Sin embargo, si es que no hemos tomado medidas adicionales de protección, ocurrirá que el compartimento yacerá lleno de humo (aquel en donde comenzó el incendio), y nada evitará que este se propague hacia el compartimento superior, luego al siguiente, y así sucesivamente, tal como se muestra en la Figura 3.2.1.2. Bajo este escenario, nuestra evacuación por fases se vuelve completamente inefectiva, ya que no podemos asegurar que los ocupantes que deben esperar permanezcan con vida, lo que nos conduce hacia el concepto de *compartimentación*.

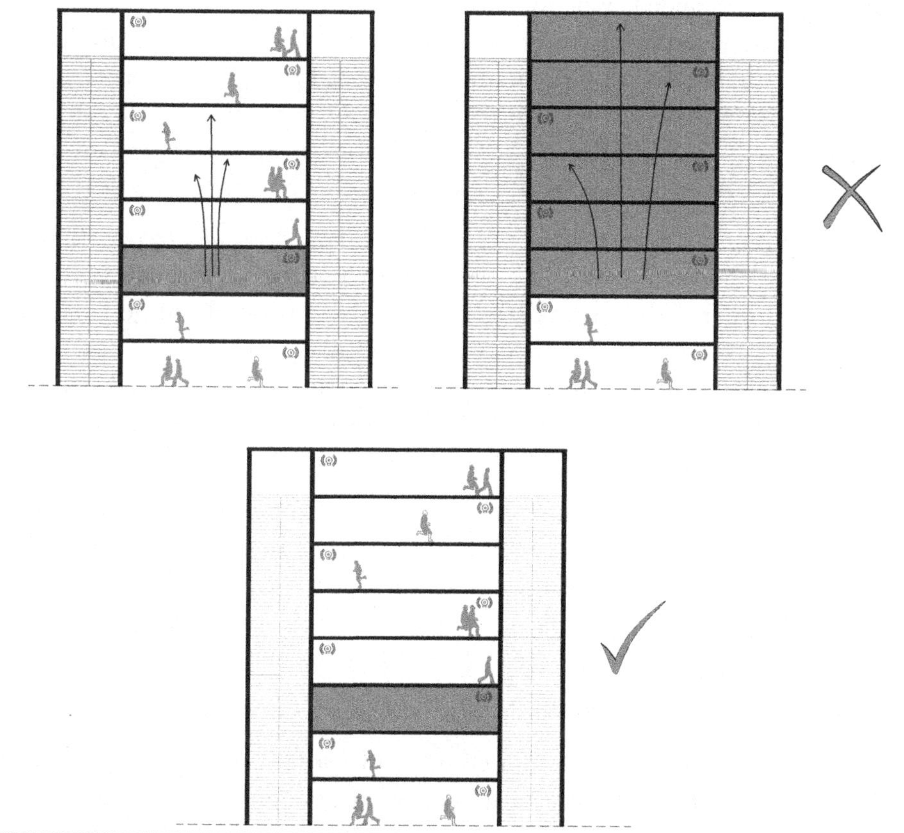

FIGURA 3.2.1.2 La ausencia de compartimentación vertical invalida cualquier estrategia de evacuación por fases en altura.

En conclusión, como existe un universo de ocupantes que debe esperar antes de entrar en proceso de evacuación, la estructura debe diseñarse de tal manera de que el incendio, y el humo, queden contenidos en su lugar de inicio, y no se propague ni hacia arriba, ni hacia abajo si no que permanezca hasta quemar toda la carga combustible, lo que se logra con la compartimentación vertical. En un edificio de altura, la compartimentación vertical es crítica, por lo que básicamente se debe *enlentecer la propagación del incendio* y al mismo tiempo *minimizar o eliminar la propagación del humo*. El escenario deseado entonces, el que se ilustra en la parte inferior de la Figura 3.2.1.2. En tal caso, sí podremos afirmar que la estrategia de protección de la vida ha sido exitosa al *aislar* el incendio y permitir la evacuación.

Para agregar redundancia a la estrategia de evacuación incrementando las posibilidades de éxito, utilizamos le *mecanismos de respuesta activa*, siendo estos referidos como aquellos mecanismos que directamente luchan contra el fuego, como por ejemplo la supresión con rociadores automáticos. Es importante notar, que estos mecanismos activos se utilizan como una redundancia del sistema. Los principales medios para asegurar la protección de la vida son la *evacuación y la compartimentación*. ¿Por qué se considera, pues, una redundancia? Porque los sistemas activos no son infalibles, y, por tanto, no es aceptable, en ninguna circunstancia, que los ocupantes mueran, porque uno de estos sistemas no funcionó correctamente. Otra redundancia la constituyen por supuesto las brigadas de incendio, sin embargo, recurrir o depender de estos, ya implica una falla en la estrategia, ya que estos son la última línea de defensa.

Otro de los principales medios de protección es la *integridad estructural*. Todo lo anterior carece por completo de sentido si la estructura colapsa, por lo que debe asegurarse la integridad en primera instancia. Es aquí donde surge la siguiente pregunta: ¿qué es razonable exigirle a la estructura, para asegurar tanto la integridad estructural como la compartimentación vertical? Es aquí donde surgen los conceptos de severidad y resistencia al fuego, los cuales se abarcan en la sección 3.2.2 del presente capítulo.

En resumen, un diseño apropiado, y al mismo tiempo una adecuada mantención, permitirá disponer una estrategia robusta, y es así como se resuelve el problema considerado inicialmente. El planteamiento anterior corresponde a una estrategia de seguridad contra incendios eficaz, bajo la premisa de un edificio en altura. Sin embargo, este no este no es siempre el caso por lo que deberíamos cuestionarnos:

- ¿Es la estrategia anterior, válida para cualquier ocupación?

- Si disponemos una gran planta/fábrica industrial de dos pisos, ¿es válida la estrategia anterior?, ¿es necesaria una evacuación por fases?, ¿cuánto tiempo tardarán los ocupantes en evacuar este tipo de recintos?, ¿la estructura debería ser capaz de resistir lo mismo que en el caso de un edificio en altura?

- En un hospital, ¿es válida la estrategia anterior?, ¿pueden todos los ocupantes evacuar hacia el exterior sin complicaciones?

No se pretende contestar todas estas preguntas, si no generar conciencia del cuestionamiento que, más allá de las prescripciones normativas, resulta vital en el diseñador de una estrategia de protección frente a incendios. El objetivo de todo el análisis anterior es entender los fundamentos de porqué se requiere una estrategia, y qué debemos preguntarnos. Una buena estrategia es desarrollar arboles de decisión que permitan visualizar los objetivos de la estrategia de manera esquemática y simplificada, tal como los que se muestran en la Figura 3.2.1.3.

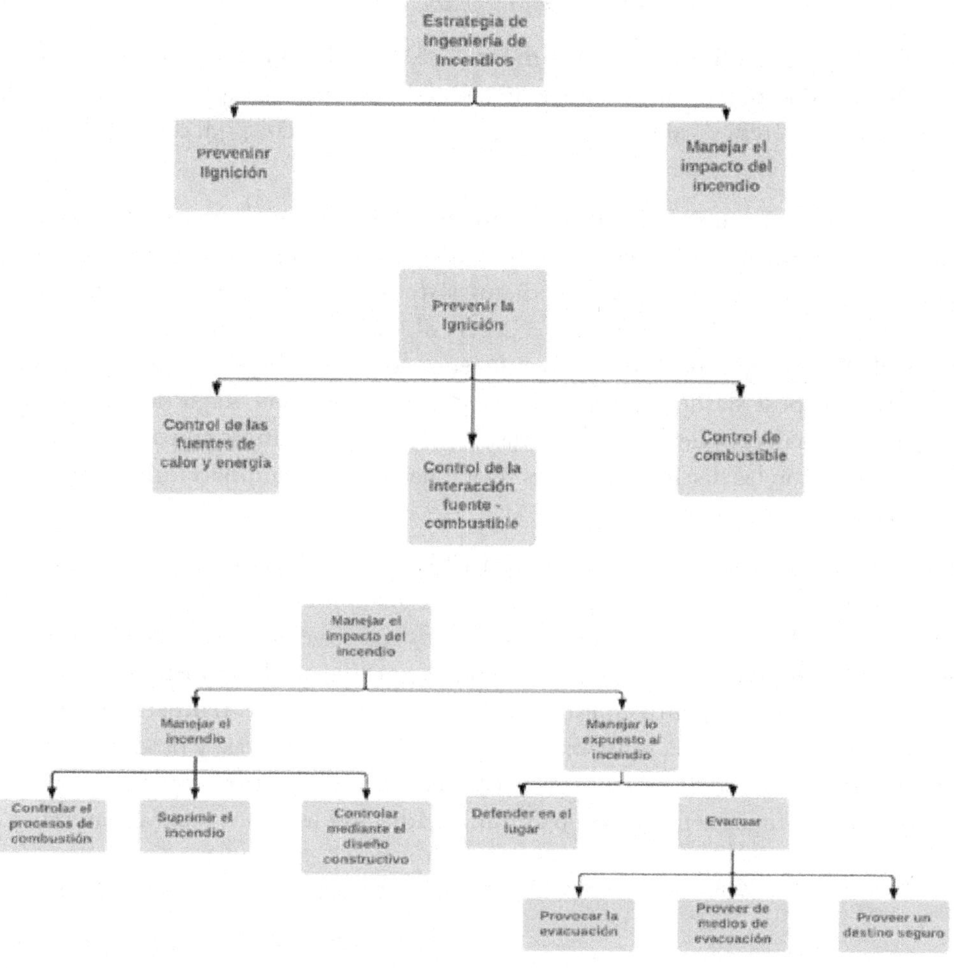

FIGURA 3.2.1.3 Diagrama de árbol conceptual para trazar una estrategia de seguridad contra incendios (basado en Buchanan 2017).

3.2.2 Dinámica de incendios

En esta sección se introducen algunos de los fundamentos principales relacionados con incendios en compartimentos. Se introducen conceptos como la carga combustible, tipos de incendio y transferencia de calor hacia las estructuras. Para profundizar en los aspectos que en esta sección se presentan, se recomienda consultar los textos Buchanan (2017) y Drysdale (2011).

3.2.2.1 *Proceso de desarrollo un incendio*

El término "incendio de compartimento" se utiliza para describir un incendio confinado en un recinto típico asociado a un edificio, por ejemplo, una habitación. El volumen referencial al cual se asocia este "recinto típico" podría estar alrededor de los 100 m³ (Drysdale 2011)

La Figura 3.2.2.1 muestra de manera esquemática una curva de tiempo-temperatura típica durante el desarrollo completo de un incendio en un compartimento, considerando que este no fue afectado mediante sistemas activos. No todos los incendios responden a la curva de la Figura 3.2.2.1; algunos, por ejemplo, no alcanzan la etapa de flashover, o bien no tienen suficiente combustible para generar una etapa de incendio post flashover desarrollada y solo tienen una etapa de crecimiento seguida de un decaimiento. En la Tabla 3.2.2.1, se nombran las etapas del incendio en conjunto con las distintas acciones relacionadas con el comportamiento humano y de los sistemas pasivos y activos.

Un incendio se genera cuando un combustible se pone en contacto con oxígeno y al mismo tiempo una fuente de calor que lo lleve a la ignición. La etapa previa y hasta que se genera la ignición se denomina *etapa incipiente*. La etapa posterior a la ignición, se denomina etapa de *crecimiento* del incendio. A pesar de que la temperatura promedio dentro del compartimento en esta etapa es bastante baja, las temperaturas locales alrededor de la zona de la ignición son considerablemente altas, y producen que los materiales inmediatamente adyacentes comiencen a combustionar, permitiendo que las llamas se propaguen y generen aún más radiación hacia los demás materiales.

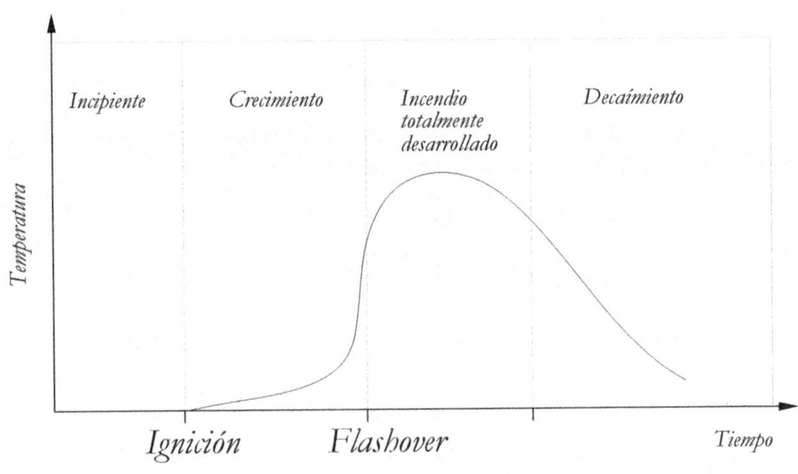

FIGURA 3.2.2.1 Diagrama de árbol conceptual para trazar una estrategia de seguridad contra incendios (basado en Buchanan 2017).

TABLA 3.2.2.1 Resumen de los distintos periodos desarrollados durante un incendio (basado en Buchanan 2017).

	Periodo incipiente	Crecimiento	Combustión	Decaimiento
Comportamiento del fuego	Calentamiento del combustible	Desarrollo controlado por el combustible	Desarrollo controlado por la ventilación	Desarrollo controlado por el combustible
Comportamiento humano	Evitar ignición	Extinguirlo a mano, escapar	Muerte	-
Detección	Detectores de humes	Detectores de humos, de calor y otros	Humo y llamas externas	-
Control activo	Evitar ignición	Extinción con rociadores o brigadas. Control de humo	Brigadas	-
Control pasivo	Controlar los materiales	Selección de materiales con resistencia a la propagación	Proveer resistencia estructural para evitar colapso	

Los gases calientes ascienden por convección y comienzan a generar una capa de humo caliente que irradia calor hacia todas las superficies del compartimiento. Una vez que esta capa llega a una temperatura aproximada de 600 °C, la radiación hacia estos materiales aumenta a tal nivel, que genera la ignición y combustión simultánea de todas las demás superficies expuestas, dando paso a la etapa de *incendio totalmente desarrollado*. Esta transición desde la etapa de crecimiento, hacia la etapa de incendio totalmente desarrollado se denomina frecuentemente en la literatura como *flashover*. Cualquier ocupante que no haya podido escapar antes del flashover es muy improbable que sobreviva. En esta etapa se alcanzan típicamente temperaturas de 900 °C a 1000 °C, pero bajo algunas condiciones estas temperaturas pueden ser aún más altas (Drysdale 2011). Es durante el periodo de incendio totalmente desarrollado donde la estructura se ve más afectada.

Durante el periodo de crecimiento, la tasa de combustión está controlada por la naturaleza de las superficies combustibles, y la cantidad de oxígeno disponible no suele ser una limitante. Por otro lado, en la etapa de incendio totalmente desarrollado, al estar todas las superficies en proceso de combustión, la tasa de liberación de calor de estas está controlada por la ventilación disponible en el compartimento. La última fase corresponde al periodo de *decaimiento*, en donde la temperatura producto de un agotamiento de la carga combustible del compartimento.

En compartimentos con superficies de madera expuesta, el decaimiento puede enlentecerse debido a que a veces la madera se sigue quemando sin la presencia de las llamas, proceso denominado como *combustión latente* (*smoldering*). Además, se ha observado que existe la posibilidad de que se produzca un segundo flashover debido al desprendimiento de láminas de productos de madera laminados, lo que deja madera virgen expuesta directamente a las altas temperaturas.

3.2.2.2 *Energía y carga de combustible*

La mayoría de los materiales combustibles en los edificios es de naturaleza orgánica, con sus moléculas consistiendo principalmente de átomos de carbono e hidrógeno. Este material involucrado puede ser parte de la estructura del edificio, de los revestimientos o bien del contenido no permanente de los recintos.

La energía de estos materiales es liberada en la forma de calor, desde el comienzo del incendio. La tasa de liberación de calor de una reacción de combustión depende del tipo de combustible, el tamaño del incendio y de la cantidad de aire disponible. El *calor de combustión* es la cantidad de calor liberado durante la combustión completa de una unidad de masa del combustible. En la Tabla 3.2.2.2, se muestran los valores de calor de combustión de algunos de los combustibles más comunes.

TABLA 3.2.2.2 Calor de combustión ΔH_c de algunos de los materiales combustibles más comunes en edificios (basado en Buchanan 2017).

Material	ΔH_c (MJ/kg)
Madera	17,5
Otros materiales celulósicos (ropa, papel, etc.)	20,0
Alcoholes	30,0
Políester	30,0
PVC	20,0

Para el caso particular de la madera, que contiene humedad en condiciones normales, el calor de combustión efectivo ΔH_{cn} (MJ/kg) se puede calcular a partir del contenido de humedad (m_c) como:

$$\Delta H_{c,n} = \Delta H_c(1 - 0{,}01 \cdot m_c) - 0{,}025 \cdot m_c$$

Entonces, la máxima cantidad de energía que se podría liberar durante la combustión de un material es la energía térmica contenida en su combustible:

$$E = m \cdot H_c$$

Por otro lado, la cantidad de material combustible en un recinto es comúnmente expresado en términos de la densidad de carga combustible por metro cuadrado de piso:

$$e_f = E/A_f$$

donde A_f es el área del combustible (m²). En algunos otros casos, se suele expresar por metro cuadrado de la superficie total del compartimento:

$$e_f = E/A_T$$

Los valores de densidad de carga combustible suelen variar entre 100 a 10.000 MJ/m² de piso. Los códigos de edificación de los distintos países entregan valores de densidad de carga combustible para la clasificación de edificios o recintos.

La carga combustible de diseño se debe calcular de manera similar a como se calculan las solicitaciones de diseño sísmicas. Como tal, la carga de combustible podría ser definida como aquella que contiene una probabilidad menor a un 10% de ser excedida en 50 años. La carga combustible es uno de los múltiples parámetros que se utilizan para caracterizar un incendio.

Finalmente, es necesario introducir el concepto de *tasa de liberación de calor*. Este concepto es tan importante, que ha sido descrito como el parámetro más relevante a la hora de caracterizar la intensidad de un incendio. La tasa de liberación promedio puede representarse en su manera más simple como:

$$\dot{Q}_c = E/t$$

Donde E es la energía total contenida en el combustible y t es la duración del proceso de combustión. Una definición un tanto más elaborada viene dada por (Drysdale 2011):

$$\dot{Q}_c = \chi \cdot \dot{m}'' \cdot A_f \cdot \Delta H_c \; [kW]$$

En donde $\dot{m}''$ es la tasa de combustión (g/m²*s), A_f es el área del combustible (m²), ΔH_c (kJ/g) es el calor de combustión de los volátiles y X es un factor menor que 1.0 que considera la combustión incompleta de estos.

Si bien las técnicas de la termoquímica proveen de información esencial en relación con la cantidad de calor liberado en una reacción de combustión completa, es complejo dar con un factor de corrección que considere la combustión incompleta de todos los materiales que están presentes en un incendio. Aun así, la tasa de liberación de calor es necesaria para varios cálculos ingenieriles, como, por ejemplo, la estimación de largos de llama, temperaturas bajo el cielo en un incendio, o el potencial de flashover de un compartimento, pueden obtenerse en diversas referencias como por ejemplo en Drysdale (2011). La fórmula anterior es útil, pero además requiere utilizar un valor apropiado de $\dot{m}''$.

Actualmente se utiliza una metodología experimental que permite determinar $\dot{Q}_c$, la cual se basa en el hecho de que, para la gran mayoría de los combustibles, es constante si es que se expresa en término del oxígeno consumido. Esto da origen al cono calorimétrico, el cual se utiliza hasta el día de hoy para medir la tasa de liberación de energía de multitud de sólidos y líquidos.

3.2.2.3 *Tipos de incendios e incendios de diseño*

Incendios pre- y post-flashover

Los incendios en compartimentos pueden describirse de manera separada en incendios pre-flashover y post-flashover. El entendimiento de los incendios pre-flashover cobra importancia debido a que se encuentran en lo temporal, en el lapso para el cual es posible evacuar y sostener la vida durante un incendio, mientras que el conocimiento respecto a la etapa post-flashover tiene que ver con poder calcular de la mejor manera la severidad del incendio hacia los elementos estructurales, entendiendo que es en esta etapa en donde se generan las condiciones más exigentes hacia la estructura.

En la etapa pre-flashover podemos tener un material combustible ardiendo en el exterior, o bien dentro de un compartimento. En el caso de un material ardiendo en un espacio abierto, un penacho de humo y gases calientes se forma directamente sobre las llamas, enfriándose en la medida que asciende, debido a la gran cantidad de aire entrando hacia este. Si se deja un objeto, como por ejemplo un sofá, combustionar libremente, la tasa de liberación de calor crecerá de manera exponencial hasta llegar a un pico, para luego entrar en una breve fase de estacionaria y eventualmente decaer. Existe mucha información de tasas de liberación de calor de distintos elementos y materiales, provenientes experimentos realizados en calorímetros; por ejemplo, en la Figura 3.2.2.3.1 se ilustran las curvas de liberación de calor típicamente medidas en diferentes elementos de mobiliario.

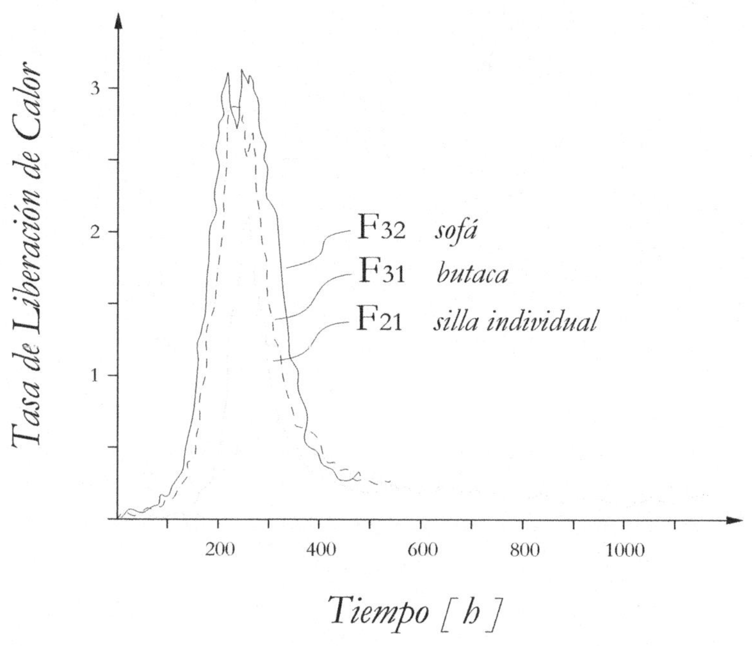

FIGURA 3.2.2.3.1 Típicas tasas de liberación de calor medidas en objetos comunes del mobiliario (basado en Buchanan 2017).

Cuando un objeto se combustiona dentro de un compartimento, el fenómeno es distinto. El penacho de humo no se enfría verticalmente hasta alcanzar la temperatura ambiente, si no que este alcanza el techo del compartimento y comienza a formar una capa horizontal de humo y gases calientes, alcanzando eventualmente el flashover. La Figura 3.2.2.3.2 muestra la etapa temprana de un incendio, aun cuando solo un ítem se está quemando. Aquí, la energía liberada por el incendio actúa como una bomba, haciendo que el aire frio entre y alimente el proceso de combustión, mientras que se empujan hacia afuera los productos de combustión por la parte superior de la apertura. Bajo esta situación, la naturaleza de los revestimientos de los muros, piso y techo pueden tener una gran influencia en el crecimiento y desarrollo de un incendio (como la madera, por ejemplo).

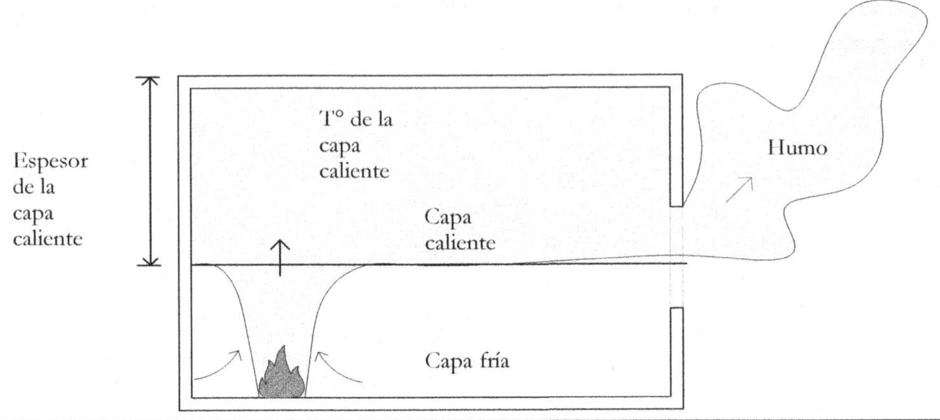

FIGURA 3.2.2.3.2 Etapa temprana de un incendio en compartimento (basado en Buchanan 2017).

A pesar de las incertidumbres asociadas a los procesos de combustión y de propagación del incendio, se ha evidenciado que las tasas de desarrollo de una buena parte de los incendios se aproximan a crecimientos parabólicos, de acuerdo con la siguiente ecuación:

$$Q = \alpha t^2$$

En donde α es el coeficiente que determina lo rápido o lento que será el crecimiento del incendio. Este coeficiente varía en un rango entre 10^{-3} kW/s^2 para incendios de crecimiento lento, hasta 1 kW/s^2 para incendios de crecimiento ultra rápido (Drysdale 2011), ver Figura 3.2.2.3. Los incendios "t^2" pueden utilizarse para construir incendios de diseño en la etapa de pre-flashover, como input para calcular el crecimiento del incendio inicial en el compartimento.

Si el incendio mostrado en la Figura 3.2.2.3.2 crece sin ser intervenido, asumiendo que existe suficiente combustible y ventilación, podría generarse un *flashover* y luego un incendio totalmente desarrollado. Las condiciones necesarias para que ocurra esto son descritas en detalle en Drysdale (2011).

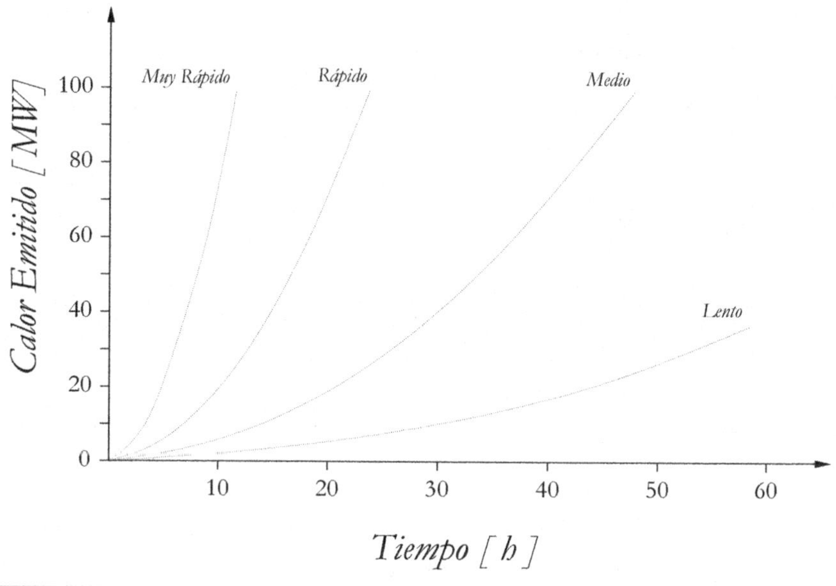

FIGURA 3.2.2.3.3 Tasas de liberación de calor para incendios tipo αt^2.

Luego del *flashover*, el comportamiento del incendio cambia drásticamente. Como se mencionó anteriormente, la información más importante para el diseño de estructuras en situación de incendio se genera a partir de esta etapa, teniendo en cuenta principalmente las temperaturas alcanzadas dentro del compartimento, así como también las tasas de combustión, ya sea para incendios post-flashover controlados por la ventilación o bien controlado por el combustible (lo que podría darse en compartimentos grandes y bien ventilados). Las tasas de combustión características de estas dos situaciones son descritas de manera detallada en Buchanan (2017) y Drysdale (2011).

Temperaturas alcanzadas en un incendio

La estimación de temperaturas en incendios en compartimentos ha sido un desafío no menor en la historia de la ingeniería de incendios, y es de suma importancia dentro del contexto del diseño estructural en situación de incendio. Como se mencionó en la sección 3.2.2.2, las temperaturas pico típicamente alcanzadas son del orden de los 1000 °C. La temperatura en cualquier instante depende del balance entre el calor liberado dentro del compartimento y las pérdidas de calor por radiación y convección a través de las aperturas, como también por conducción en muros, piso y techo.

La Figura 3.2.2.4 muestra la forma típica de una serie de curvas tiempo-temperatura experimentales, medidas por Butcher et al. (1966). En esta misma figura se muestra la curva recogida en la ISO 834, habitualmente denominada como *curva estándar*, con la cual se ensayan la mayoría de los materiales en términos de resistencia al fuego.

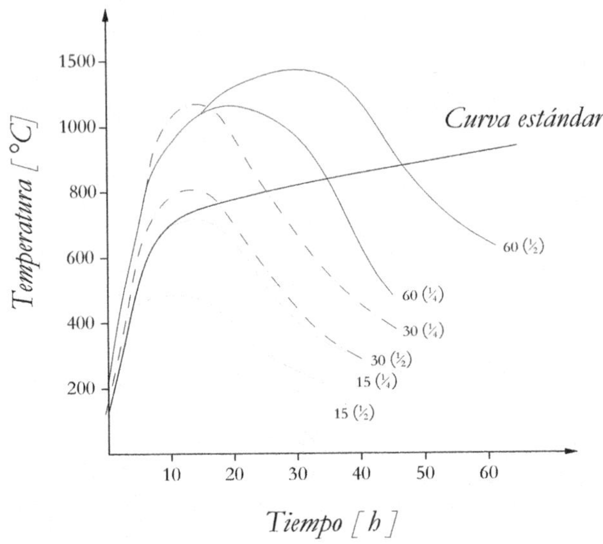

FIGURA 3.2.2.4 Curvas de tiempo-temperatura experimentales (basado en Butcher et al. 1966).

Otras curvas tiempo-temperatura muy relevantes en la literatura, son las denominadas *curvas suecas*, desarrolladas por Magnusson y Thelandersson (1970), ver Figura 3.2.2.5. Cada grupo de curvas representa un distinto factor de ventilación, F_V, y en cada grupo se facilitan distintas curvas para diferentes valores de carga combustible, en MJ/m^2, considerando la superficie total del compartimento, no solamente la del piso. El factor de ventilación se utiliza frecuentemente para describir la cantidad de ventilación que tiene un compartimento, y viene dado por la siguiente ecuación:

$$F_V = \frac{A_v \sqrt{H_v}}{A_t}$$

En donde A_v es el área de la apertura de la ventana (m^2, H_v es su altura y A_t es el área total de las superficies del compartimento. Si hay más de una apertura de ventana, A_v sería el área total de estas, mientras que H_v sería el valor promedio de las alturas de estas ponderadas por su área.

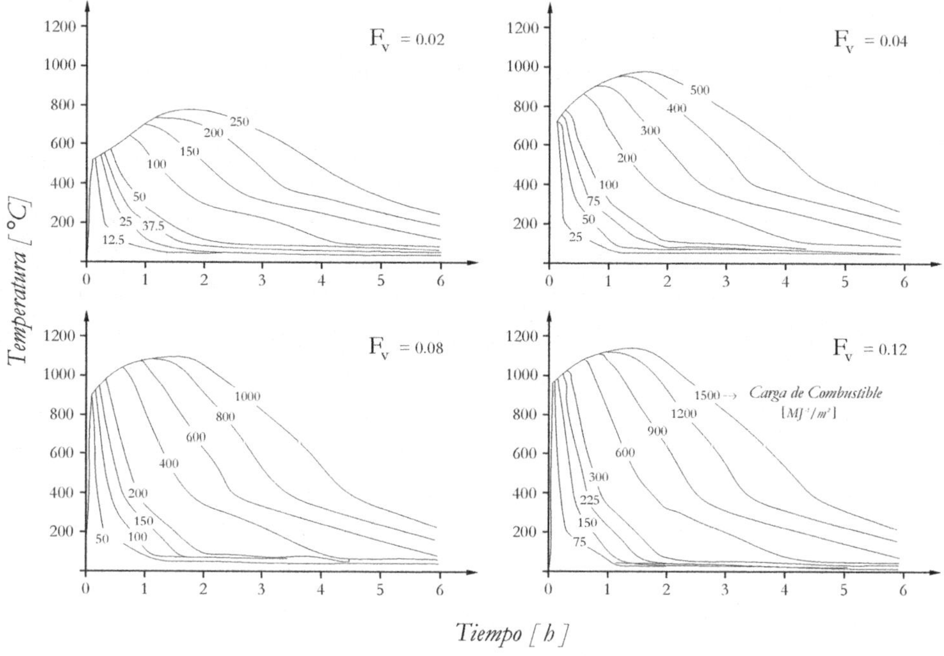

FIGURA 3.2.2.5 Grupos de curvas suecas de tiempo-temperatura según factor de ventilación (F_V). En cada grupo de distinguen diferentes curvas según la carga de combustible en MJ/m² de superficie total (basado en Magnusson y Thelandersson 1970).

Como puede observarse en la Figura 3.2.2.5, los incendios bien ventilados combustionan más rápidamente que aquellos con ventilación desfavorable, también alcanzan temperaturas más altas, pero tienen una menor duración. Por otro lado, cuando el factor de ventilación permanece constante, la tasa de combustión depende netamente del tamaño de las aperturas, y a mayores valores de carga combustible se obtienen incendios en general de mayor temperatura y duración, antes de que comience la fase de decaimiento. Para más detalles acerca del desarrollo de curvas tiempo temperatura, se recomienda consultar el SFPE Handbook (2016).

Incendios de diseño

Una vez que se han definido los objetivos de la estrategia de protección, y al mismo tiempo los criterios de desempeño (temperaturas críticas, compartimentación, prevenir flashover, etc.), el ingeniero de protección contra incendio debe escoger los *escenarios de incendio*. En general, estos escenarios deben responder a un compromiso intermedio entre el escenario más probable (pero quizás no el más exigente) y el peor incendio posible (pero quizás el menos probable). Para cada escenario, se define entonces un *incendio de diseño*.

Para poder seleccionar el incendio de diseño para cada escenario, deben tenerse en cuenta una serie de factores influyentes como los que se resumen en la Tabla 3.2.2.3. Debe notarse en este punto, que la selección de las *condiciones de contorno* es quizá el aspecto más complicado de la ingeniería de la protección frente al fuego, por la subjetividad que a menudo se requiere. Algunos países como por ejemplo en Alemania, las condiciones de contorno se encuentran más bien prescritas en normas específicas, lo que deja poco lugar a la subjetividad, pero por el contrario en algunos escenarios, el empleo de condiciones muy estandarizadas podría no ser adecuado. Para la realización de diagramas racionales que permitan definir adecuadamente un incendio de diseño, se recomienda consultar Staffanson (2010).

Una vez que el incendio se ha descrito de manera cualitativa, este debe cuantificarse, con el objetivo de poder medir sus consecuencias. En general, el incendio de diseño es descrito a través de una relación entre la tasa de liberación de calor (HRR, *heat reléase rate*) y el tiempo, al mismo tiempo que se determinan los tiempos característicos de cada una de las etapas ya descritas (ignición, crecimiento, flashover, totalmente desarrollado y decaimiento). Un ejemplo de cuantificación de un incendio de diseño se muestra en la Figura 3.2.2.6.

TABLA 3.2.2.3 Factores esenciales en la determinación de un incendio de diseño (Staffanson 2010).

Tipo de características	Factores influyentes
Del edificio	Dimensiones, geometría, materiales y método constructivo.
De la envolvente	Tabiques y terminaciones, ventilación forzada o natural, propiedades térmicas.
Ambientales	Temperatura exterior, viento.
Del combustible	Tipo de combustible, cantidad, ocalización, inclusión en tabiques y losas.
Del escenario de diseño	Fuentes de ignición, localización de la ignición, combustible que participa en la ignición, tipo de crecimiento del incendio, amenazas extraordinarias, ocurrencia de eventos influenciadores tal como rotura de ventanas.

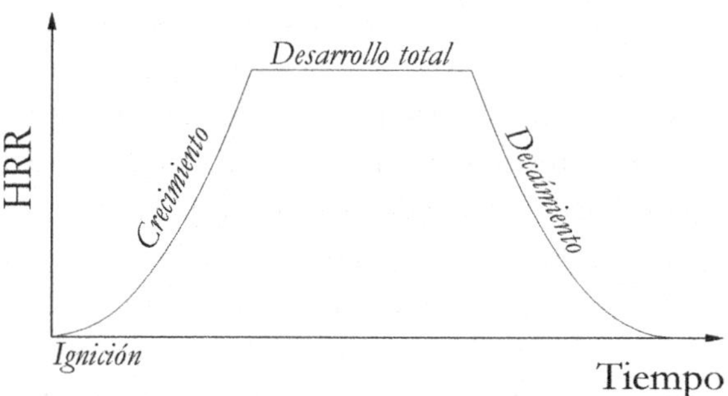

FIGURA 3.2.2.6 Ejemplo de cuantificación de un incendio de diseño mediante la definición de la tasa de liberación de calor en el tiempo en cada uno de los estados de desarrollo del incendio (basado en Staffanson 2010).

La estimación de los tiempos característicos de cada una de las etapas se basa principalmente en las características de los combustibles involucrados y posiblemente del compartimento en sí. Las distintas formas de abarcar el problema de identificar las características de combustión los productos son típicamente las siguientes:

1) Utilizar ensayos existentes del producto (típicamente tasas de liberación de calor).

2) Utilizar ensayos existentes de productos similares.

3) Utilizar metodologías de cálculo basadas en las propiedades de combustibilidad del producto medidas a través de otros ensayos.

4) Utilizar modelos matemáticos de propagación de llama y desarrollo del incendio.

El resultado final del incendio de diseño, podría ser una curva parecida a la de la Figura 3.2.2.3.1. en caso de no haber flashover, o bien podría ser una de las curvas suecas representadas en la Figura 3.2.2.5, he incluso se podría concluir que la curva más idónea podría ser la curva estándar con la que se ensayan los materiales (Figura 3.2.2.4), entre otras.

3.2.3 Transferencia de calor

Para poder comprender el fenómeno del fuego es necesario comprender los principales mecanismos de transferencia de calor, lo que se resume someramente en esta sección. Existen tres mecanismos básicos de transferencia de calor, conducción, convección y radiación (ver Figura 3.2.3.1), los que pueden ocurrir de manera conjunta o bien separada, dependiendo de las circunstancias. Si bien es probable que los tres mecanismos contribuyan a la transferencia de calor durante un incendio, a menudo uno predomina sobre los demás en una determinada etapa o en una determinada ubicación dentro del incendio.

La conducción suele ser el mecanismo dominante de transferencia en sólidos de porosidad baja o moderada. Este tipo de transferencia es especialmente importante en problemas relacionados con los mecanismos de ignición y propagación de llama, como también en la resistencia al fuego, en donde se requiere determinar la transferencia de calor hacia la envolvente del compartimento y hacia dentro de los elementos estructurales mismos. La transferencia de calor por convección está asociada con el intercambio de calor entre un gas o un líquido y un sólido, y comprende el movimiento del propio fluido. Este mecanismo ocurre en todas las etapas de un incendio, pero es particularmente importante en la etapa temprana, en donde la transferencia de calor por radiación aun es baja. Finalmente, a diferencia de la conducción y la convección, la transferencia de calor por radiación no requiere de la intervención de un medio, ya que la transferencia de energía se realiza a través de ondas electromagnéticas. Suele considerarse, que la radiación es el mecanismo de transferencia de dominante a partir de que el diámetro de la superficie afectada por las llamas es mayor o igual a 0.3 metros, lo que determina el crecimiento y propagación del fuego en los compartimentos. Este mecanismo es, además, aquel mediante el cual los objetos situados a cierta distancia del fuego pueden ser igualmente calentados y llevados al punto de ignición.

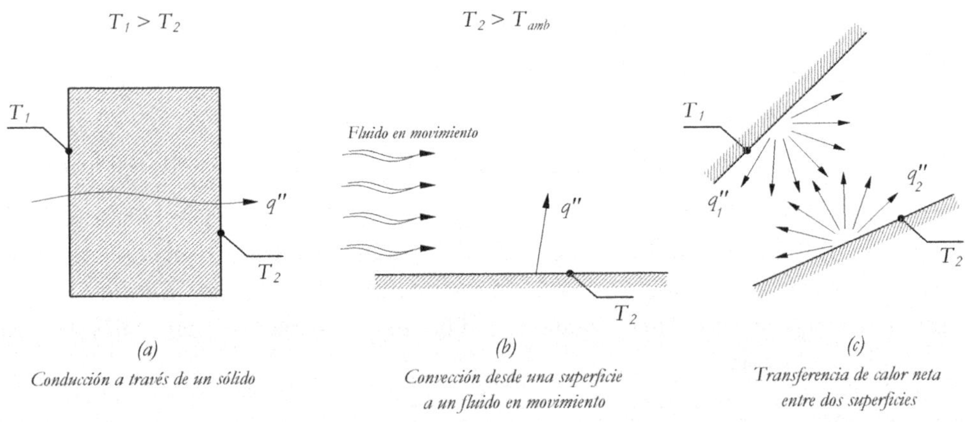

FIGURA 3.2.3.1 Los tres mecanismos de transferencia de calor (después de Incropera et al. 2006).

A continuación, se detallan con un poco más de profundidad cada uno de estos tres mecanismos.

Conducción

Es el mecanismo de transferencia de calor en sólidos, el cual involucra procesos atómicos y de actividad molecular. En aquellos materiales que son buenos conductores, el calor es transferido a través de interacciones que involucran electrones libres, por lo que en general, aquellos materiales que son buenos conductores eléctricos son también buenos conductores de calor.

Se requiere de una serie de propiedades térmicas para el cálculo de transferencia de calor en sólidos. Estas son la densidad, el calor específico y la conductividad térmica. La densidad ρ es la masa del material (en kg/m^3). El calor especifico c_p es la cantidad de calor requerido para calentar una unidad de masa en un grado (con unidades de J/kgK). La conductividad térmica k representa la cantidad de calor transferido por una unidad de espesor del material por diferencia de unidad de temperatura. Hay dos propiedades usualmente útiles que son derivadas de las anteriores. Estas son la *difusividad térmica*, dada por

$$\alpha = \frac{k}{\rho\, c_p} \,,$$

y la *inercia térmica*, dada por $k\rho c_p$. Para una carga combustible dada, aquellos compartimentos envueltos en materiales con baja inercia térmica experimentan mayores temperaturas interiores que aquellos con envolvente con alta inercia térmica.

En estado estacionario, la transferencia de calor por conducción es directamente proporcional al gradiente de temperatura entre dos puntos, con una constante de proporcionalidad, que corresponde a la conductividad térmica ya introducida en el apartado anterior (ley de Fourier):

$$\dot{q}'' = k\,\frac{dT}{dx}$$

Donde $\dot{q}''$ es el flujo de calor por conducción (W/m^2), y k es la conductividad térmica (W/mk), T es la temperatura (en °C o K) y x es la distancia en dirección del flujo de calor, en metros.

Convección

La convección es el mecanismo de transferencia de calor que se produce por el movimiento de fluidos, ya sea líquidos o gaseosos. Este mecanismo de transporte es el predominante en el transporte vertical del humo y gases calientes hacia el techo del compartimento o hacia la ventana. Los cálculos de transferencia de calor por convección involucran en general el flujo de calor desde un sólido a un fluido. Habitualmente este mecanismo es simplificado considerando simplemente un coeficiente de transferencia por convección efectivo (h_c, en W/m^2K) que depende del sólido y el fluido en cuestión, como también de la orientación de la superficie, tal que

$$\dot{q}'' = h_c \Delta T$$

siendo ΔT la diferencia de temperatura entre el sólido y el fluido. El Eurocódigo 1 Parte 2 recomienda un coeficiente de transferencia de calor por convección de 25 $W/m^2\ K$ para exposiciones de incendio estándar, para la curva de hidrocarbonos recomienda 50 $W/m^2\ K$, y para incendios naturales (paramétricos), se recomienda emplear 35 $W/m^2\ K$.

Radiación

La radiación térmica involucra la transferencia de calor por medio de ondas electromagnéticas, las que pueden viajar en el vacío o bien a través de un sólido o liquido transparente. Este mecanismo es importante en incendios, debido a que es el mecanismo principal de transferencia de calor desde las llamas a las superficies combustibles. A medida que un cuerpo se calienta y su temperatura aumenta, este perderá calor parcialmente por convección y por radiación. Dependiendo de la emisividad y del coeficiente de transferencia de calor por convección h_c, la convección predomina a temperaturas bajas (150 - 200 °C), pero sobre los 400 °C, la radiación suele dominar.

El flujo de calor radiante $\dot{q}''$ (W/m^2) hacia una superficie, en un determinado punto, está dado por:

$$\dot{q}'' = \varphi \varepsilon_e \sigma T_e^4$$

En donde φ corresponde a un factor de configuración, ε_e es la emisividad de la superficie que emite, σ es la constante de Stefan-Boltzmann ($5.67x10^{-8}\ W/m^2\ K^4$) y T_e es la temperatura absoluta de la superficie que emite (K). El flujo de calor resultante desde la superficie que emite hacia la que recibe está dado por:

$$\dot{q}'' = \varphi \varepsilon \sigma (T_e^4 - T_r^4)$$

En donde T_r es la temperatura de la superficie que recibe (K), y ε la emisividad resultante de las dos superficies, dada por:

$$\varepsilon = \frac{1}{\dfrac{1}{\varepsilon_e} + \dfrac{1}{\varepsilon_r} - 1}$$

La emisividad indica la eficiencia de la superficie emisora como fuente radiante, con un valor entre *0* y *1*. Un cuerpo negro emite con una emisividad de *1*. En situaciones de incendio, la mayoría de las superficies calientes, particular de humo o bien llamas luminosas tienen una emisividad entre *0.7-1.0*.

El factor de configuración φ (*view factor*), es una medida de cuan visto el emisor es vislumbrado por la superficie receptora. En la situación general representada en la Figura 3.2.3.2, el factor de configuración para la radiación incidente en el punto 2, a una distancia r de la superficie radiante de área A resulta ser:

$$\varphi = \int_{A1}^{\cdot} \frac{\cos \theta_1 \cos \theta_2}{\pi r^2} dA_1$$

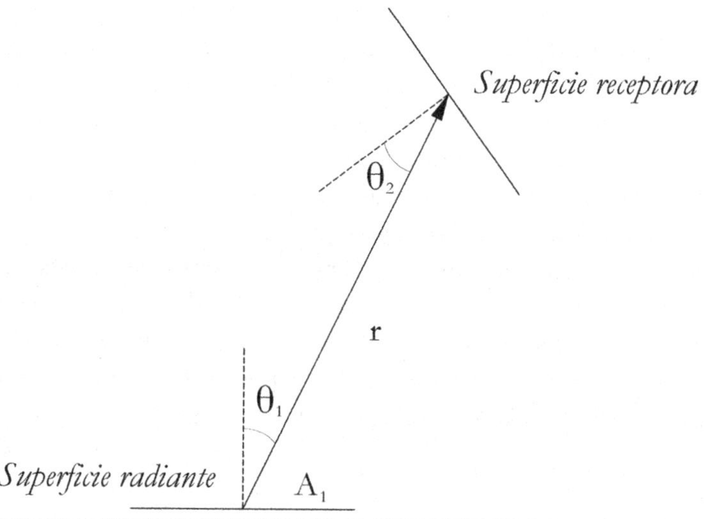

FIGURA 3.2.3.2 Parámetros geométricos considerados habitualmente para el cálculo del factor de configuración en la transferencia por radiación.

Para detalles acerca de los valores típicamente considerados del factor de configuración en varias situaciones, y también distintos valores de emisividad, se recomienda consultar Drysdale (2011). Habitualmente, en incendios en compartimentos, los flujos de calor incidentes en la estructura varían entre 30 hasta 80 kW/m^2.

3.2.4 *Severidad y resistencia al fuego*

En la Sección 3.2.1 se introdujo el concepto de estrategia de ingeniería de incendios, y la importancia de la compartimentación e integridad estructural durante el desarrollo de un incendio. En esta sección se pretende dar respuesta a la pregunta planteada sobre qué es lo que debiéramos exigirle a esta estructura para asegurar su correcto desempeño, y es aquí donde se originan los conceptos de resistencia y severidad del fuego. Si el concepto de estrategia se estableció como uno de los más importantes a recordar de este capítulo, probablemente estos dos nuevos conceptos tienen el mismo peso. Entender la resistencia y severidad al fuego es extremadamente fundamental en el contexto del análisis de estructuras de madera expuestas al fuego, ya que existen ciertas diferencias en comparación con aquellos análisis que involucran a los materiales tradicionales de construcción como son el acero y el hormigón, y que repercuten en la manera en que debe abarcarse el problema. Para esto, y una vez expuesta la importancia del rol del desempeño estructural en un incendio, la pregunta que debe abordarse es: ¿cómo se resolvió el problema para determinar cuánto debe resistir una estructura?

El concepto de ingeniería contra incendios, y todo lo que ello implica, fue evolucionando de manera progresiva en la historia. Los antecedentes históricos de la materia se remontan a incendios catastróficos ocurridos en las grandes ciudades como, Londres, Chicago, etc. En aquellos tiempos, aún no se entendían los incendios y, por ende, nadie era capaz de crear una estrategia. Fue solo hacia fines de los años 1900 en donde se manifestó la necesidad de implementar medidas y desarrollar la legislación correspondiente. Estas normas surgieron de la experiencia de las brigadas de incendio y arquitectos, que, en esencia, no entendían el fuego en sí. El fuego es un proceso de combustión que involucra la mecánica de fluidos, transferencia de calor y otros conceptos que en eso tiempo no eran del todo entendidos. Existía poco entendimiento respecto del comportamiento humano, dinámica incendios y desempeño estructural a altas temperaturas, y, por tanto, con poco conocimiento, se llegó intuitivamente a una lista de reglas, tales como:

* Distancias de separación entre edificios

* Compartimentación

* Tamaño de las ventanas y separación entre ellas

* Distancias de recorrido máximas

* Protección pasiva contra incendios

* Resistencia al fuego

Es en este mismo contexto en donde se creó el concepto de *resistencia al fuego*, el cual surgió, en parte, por la inquietud del mal desempeño estructural que presentaban las estructuras de acero ante un incendio. Entendiendo entonces cual era el rol de la protección estructural contra incendios, la pregunta ahora era cómo resolverlo.

La solución a lo anterior fue evaluar las estructuras ante el incendio más severo probable. Entonces, en las cercanías de los años 1900 se realizaron una serie de ensayos intentando replicar el incendio más caliente que se pudiera obtener, con lo que se obtuvieron una serie de curvas de tiempo temperatura. La envolvente de estas curvas, ver Figura 3.2.4.1, es hoy en día la denominada curva de incendio estándar, con la cual se ensayan la mayoría de los materiales de construcción.

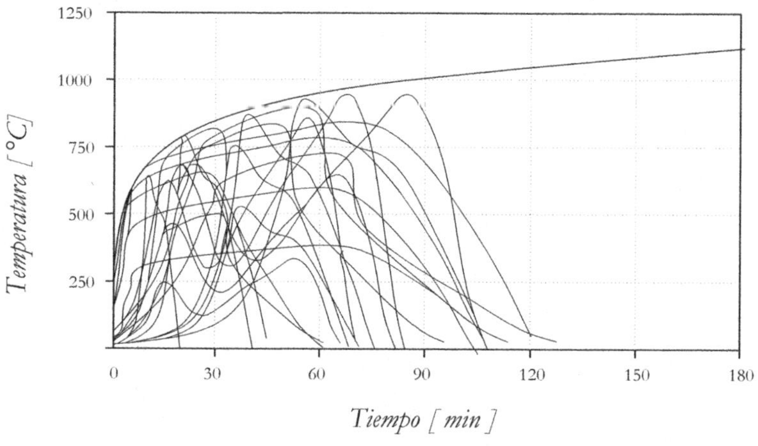

FIGURA 3.2.4.1 Obtención de la curva estándar a partir de la envolvente de los incendios más severos probables.

En resumen, ningún incendio probable, podría ser más caliente que lo indicado en la curva estándar. De este modo, podríamos determinar la resistencia al fuego de un elemento, como *aquel tiempo bajo la acción de la curva estándar para el cual este sigue cumpliendo su función*, ya sea estructural o bien de compartimentación. La pregunta ahora que surge es, ¿contra qué tiempo comparamos esta resistencia al fuego?

La respuesta no es sencilla, entre otras cosas, porque, aunque se ensayen los materiales empleando la envolvente más caliente, las condiciones del laboratorio pueden ser más favorables que las que pueden suceder en un compartimento real, de modo que, de hecho, la temperatura alcanzada en un *incendio real* puede ser superior a un incendio estándar.

Bajo estas circunstancias, se buscó un tiempo de exposición a la curva estándar que fuera representativo del impacto que un incendio real pudiera tener en una estructura, lo que se conoce como *severidad del incendio*. Muchos investigadores dedicaron gran parte de tu tiempo en investigar esta área. Los primeros conceptos fueron desarrollados por Ingberg (1928), quien llevó a cabo una serie de ensayos en donde identifico a la carga combustible (densidad de carga combustible por área total de suelo) como un factor importante en la determinación de la severidad del incendio. Ingberg propuso que la severidad de un incendio podía relacionarse con el requerimiento de resistencia al fuego (bajo curva estándar) utilizando la denominada *hipótesis de áreas iguales*, en donde se asume que si las áreas bajo las curvas de tiempo temperatura (sobre una temperatura base de 300 °C) de ambos incendios, entonces las severidades (afección estructural) son iguales. Si una de estas curvas es la curva estándar, entonces se puede realizar una equivalencia entre la resistencia al fuego (tiempo en minutos) y la severidad de este tal como ser representa en la Figura 3.2.4.2.

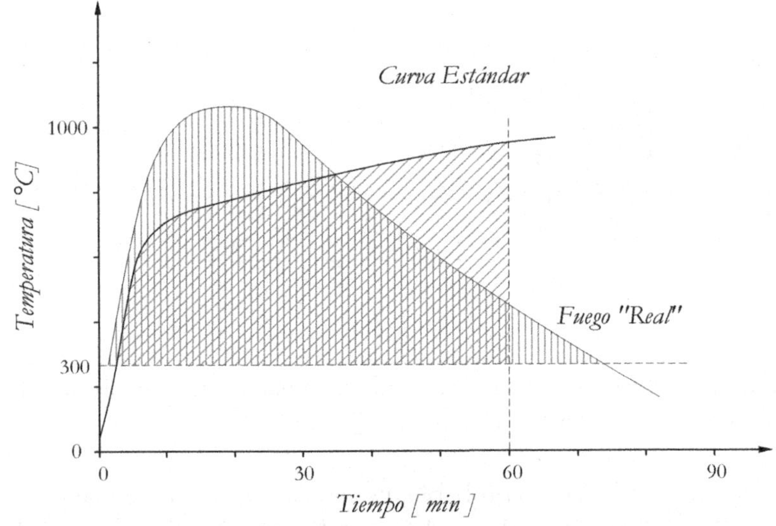

FIGURA 3.2.4.2 Representación de la hipótesis de áreas iguales propuesta por Ingberg para considerar la equivalencia entre la serveridad de un incendio real y un incendio estándar. En este ejemplo específico, el área bajo la curva real y sobre los 300 °C, es idéntica al área bajo la curva estándar al alcanzar 60 minutos. Podemos por tanto afirmar que la resistencia al fuego es de 60 minutos (basado en Ingberg 1928).

Posteriormente, Ingberg desarrolló una tabla relacionando carga combustible y severidad del fuego, ver Tabla 3.2.4, en el compartimento para el cual se desea obtener el requerimiento de resistencia al fuego. Este es el origen, a partir del cual surgieron las primeras tablas de resistencia al fuego de los códigos de construcción existentes. Por ejemplo, en el Capítulo 13 del libro *"Fundamentos del diseño y la construcción con madera"*, se presentan los requerimientos de resistencia al fuego contemplados en la normativa chilena. Si bien no hay una justificación teórica de la hipótesis de áreas iguales, no han ocurrido fallas significativas en edificios que demuestren que la metodología es insegura. En el transcurso de la historia se desarrollaron varias hipótesis y formulaciones de equivalencia estándar. Algunas de estas pueden consultarse en Ingberg (1928), BRANZ (2014), Thomas y Buchanan (1997) y Harmathy (1987).

TABLA 3.2.4 Relación de carga de combustible y severidad del fuego en compartimentos (basado en Ingberg, publicado en (Drysdale 2011).

Carga de combustible (equivalente en m^2 de área en construcciones de madera) (kg/m^2)	Calor equivalente (MJ/m^2)	Duración equivalente en la curva estándar (h)
49	900	1
73	1340	1,5
98	1800	2
146	2690	3
195	3590	4,5
244	4490	6
293	5390	7,5

Por lo tanto, el tiempo de requerido de resistencia al fuego que se le exige a las partes del edificio (estructuras y elementos de compartimentación) está asociado al tiempo en el cual el incendio consume toda la carga combustible del compartimento, lo que resulta en el *peor incendio probable para la mayor duración posible de tiempo*. Así es que a la pregunta ¿puede ser peor?, debe considerarse que no, no puede serlo. No puede ser más largo, debido a que ya se quemó todo el combustible disponible, y no puede ser más caliente, debido a que representa la envolvente de las curvas de la Figura 3.2.4.1.

La pregunta clave en el contexto de la construcción en madera es ahora la siguiente: ¿qué ocurre cuando tenemos un compartimento estructurado con madera? La respuesta a esta pregunta depende de una serie de variables (método constructivo, cantidad de madera expuesta, etc.), lo que se detalla posteriormente en el capítulo. Por el momento, es importante poder identificar los posibles problemas que pudieran existir cuando le exigimos los requerimientos de resistencia al fuego a un compartimento estructurado con madera expuesta, entendiendo que la hipótesis de estos requerimientos se basa en el consumo total de la carga combustible, y como es de saber, la madera tiene esta característica.

Los ensayos de resistencia al fuego tienen su propia historia, se han ido mejorando las metodologías de ensayo y los instrumentos de medición que se utilizan, con el objetivo de ir harmonizando los ensayos entre los distintos países. Hoy en día no solo existe el típico ensayo de resistencia al fuego si no que se han desarrollado diversas metodologías que permiten medir el desempeño de los sistemas de protección pasiva, y las características de combustibilidad y producción de humo, entre otras.

Por otro lado, en la última década han comenzado a destacar las metodologías analíticas de cálculo de resistencia al fuego de los distintos materiales. Los Eurocódigos estructurales son un ejemplo de estos, ya que tienen documentos específicos para cada material (acero, hormigón y madera). La tendencia es utilizar cada vez más las metodologías analíticas, entendiendo que los ensayos de resistencia al fuego suelen ser costosos y no siempre representativos del desempeño real de los materiales ante un incendio. No obstante, los ensayos se utilizan de manera masiva para certificar sistemas de protección y ensayar materiales, por lo que son importantes para el desarrollo y la innovación de la industria de la construcción y de protección contra incendios.

3.3 Comportamiento al fuego de la madera

Conocer el comportamiento de la madera frente al fuego es fundamental para entender su desempeño estructural. Entender su ignición, combustión con llama, combustión lenta (sin llama), y su autoextinción, es clave para poder predecir tanto el comportamiento estructural de la madera como también la dinámica de incendios en compartimentos con madera expuesta. En esta sección se presentan algunos conceptos fundamentales de la reacción de la madera frente al fuego. Los procesos asociados a la combustión y pirólisis de la madera son complejos y, por tanto, lo que se abarca es meramente superficial, pero suficiente para el propósito de este capítulo.

3.3.1 *Pirolisis y descomposición de la madera*

La descomposición de la madera y su proceso de combustión fueron explicados en detalle en el Capítulo 13 del libro *"Fundamentos del diseño y la construcción con madera"* por lo que no se detallan nuevamente en esta sección.

3.3.2 *Perfiles de temperatura*

Los proyectos experimentales que han intentado medir temperaturas al interior de la madera pueden dividirse principalmente en dos; aquellos que miden temperaturas internas en muestras de madera de dimensiones menores expuestas a flujos de calor bien cuantificados, y aquellos que miden temperaturas internas en elementos de madera a escala expuestos a incendios.

La principal ventaja de utilizar la primera opción es que se tienen condiciones de contorno bien definidas. Las pérdidas de calor por convección y radiación pueden cuantificarse de mejor manera que en un horno de ensayos, mientras que el flujo de calor puede ser medido fácilmente con los equipos existentes de hoy en día. En términos de repetibilidad, los ensayos con cono calorimétricos son fácilmente replicables, mientras que en los hornos las condiciones son menos controladas, y, por ende, menos repetibles. Finalmente, la posibilidad de medir otras variables además de la temperatura, como tasas de pérdida de masa, tasas de liberación de calor y tiempos de ignición, como también el análisis de los gases de combustión, permite obtener un mejor entendimiento de la pirolisis de la madera.

La segunda opción es medir el desarrollo de temperaturas en profundidad, en elementos de madera de dimensione reales expuestos a incendios, ya sea naturales, en compartimentos de madera pre-construidos, por ejemplo, o bien en hornos de ensayo siguiendo la curva estándar de tiempo temperatura. Como la curva estándar es por defecto la forma en que se validan y certifican los elementos de construcción en los distintos países, la mayor cantidad de estudios se ha hecho bajo estas condiciones. Entendiendo que las metodologías de diseño estructural actuales (normativas) se basan en el incendio estándar, y entendiendo que probablemente siga siendo así al menos en la próxima versión del Eurocódigo EN 1995-1-2 (ocurre también en Norteamérica), vale la pena mencionar algunos resultados en este contexto.

Cuando la madera se somete a las temperaturas de un incendio, su superficie expuesta comienza a quemarse y luego convertirse en una capa carbonizada. La temperatura de la región más externa de la capa carbonizada es cercana a la del incendio, pero tiene un gradiente térmico muy pronunciado a través de esta misma, hacia el interior. La interfaz entre la madera carbonizada y la madera remanente es muy distintiva, correspondiente a una temperatura de aproximadamente 300 °C (en Norteamérica suele utilizarse 288 °C).

Hacia el interior de la capa carbonizada existe una sección de madera cuya temperatura excede la temperatura ambiente. Históricamente, se ha aceptado que el espesor de esta capa caliente es de aproximadamente 35 milímetros (cuando se somete a incendio estándar).

Las ecuaciones de perfiles de temperaturas utilizadas en guías de diseño e implícitamente en algunas normas estructurales, son ecuaciones que entregan el perfil de temperaturas en función de la profundidad, desde la interfaz de la capa carbonizada hacia el interior de la madera. Estas ecuaciones utilizan una temperatura fija para la interfaz madera-madera carbonizada (300 °C, por ejemplo) y una profundidad de penetración de la temperatura constante.

De acuerdo con lo expuesto en White y Janssens (1994), la temperatura a una distancia x del frente de carbonización, para un elemento de madera que se comporta como un sólido semi-infinito, puede determinarse como:

$$T = T_i + (T_p - T_i) \cdot \left(1 - \frac{x}{a}\right)^2$$

Donde T_i es la temperatura inicial, T_p es la temperatura del frente de carbonización y a es la penetración térmica en mm. El valor de T_p suele tomarse como 300 °C, mientras que el valor de a suele aproximarse a 35mm (en el Eurocódigo 5 - Parte 2 le fue asignado un valor de 40mm). Es importante recalcar que estas ecuaciones asumen que ya está formada la capa carbonizada en la madera, lo que implica que los procesos de pirolisis y la tasa de pérdida de masa se encuentran en su fase estacionaria.

La ecuación anterior implica que para espesores residuales mayores que 35 milímetros, o bien 40 milímetros, de un elemento de CLT, por ejemplo, no puede esperarse un aumento de temperatura en la cara no expuesta. Por otro lado, dentro del contexto de los ensayos de resistencia al fuego, el espesor mínimo desde el frente de carbonización hasta la cara no expuesta para que no se observe un aumento promedio de 140 °C (requisito de la *función de aislación*) es de 12 milímetros de acuerdo con la fórmula anterior, sin embargo, el elemento de madera ya no estaría comportándose como un sólido semi-infinito y, por tanto, el espesor requerido es en estricto rigor mayor a estos 12 milímetros. En este caso, debe definirse un espesor mínimo razonable, que además soporte, al menos, su propio peso.

3.3.3 *Propiedades termo-mecánicas a altas temperaturas*

En el diseño mediante procedimientos de cálculo, el desempeño de estructuras de hormigón y acero expuestas al fuego se verifica realizando secuencialmente un análisis térmico y luego un análisis estructural tomando en cuenta las propiedades termo-mecánicas de ambos materiales. En estructuras de madera, el análisis térmico suele reemplazarse por un análisis basado en la carbonización de la madera y sus propiedades mecánicas a temperatura ambiente, por ejemplo, según lo dispuesto en el Eurocódigo 5 - Parte 2.

Para análisis avanzados, este mismo código contiene las propiedades térmicas y termo-mecánicas de la madera. Desafortunadamente, a diferencia de otros materiales como el acero y el hormigón, las propiedades térmicas de la madera son propiedades efectivas, y en este caso son válidas solo para escenarios de incendio estándar, lo que limita su utilización.

3.3.3.1 *Propiedades térmicas*

Debido a la naturaleza compleja de los procesos de transferencia de calor en la madera y en su fase carbonizada, históricamente ha sido necesario utilizar las propiedades térmicas efectivas en vez de aquellas físicamente correctas para la modelación simplificada de elementos de madera expuestos al fuego (incendio estándar generalmente). Si bien hasta el día de hoy se ha demostrado que las propiedades efectivas permiten predecir el comportamiento de la madera con bastante precisión en escenarios de incendio estándar, para escenarios distintos de este (incendios naturales), estas no suelen ser correctas.

Las propiedades térmicas importantes suelen incluir principalmente al calor específico y a la conductividad térmica. La expansión térmica suele ser relevante en el diseño de estructuras de acero expuestas a incendio, sin embargo, es generalmente aceptado que puede despreciarse en el caso de la madera, en donde la expansión (o contracción) por variación del contenido de humedad suele cobrar mayor importancia.

La conductividad térmica de la madera es considerablemente menor que otros materiales comunes de construcción (sin contar los materiales aislantes). Los valores publicados de conductividad térmica de la madera en función de la temperatura varían considerablemente entre distintos autores. En la Figura 3.3.3.1.1 se muestra la dependencia de la conductividad térmica de la madera con la temperatura, proveniente del Eurocódigo 5 - Parte 2, obtenida por König y Walleij (1999).

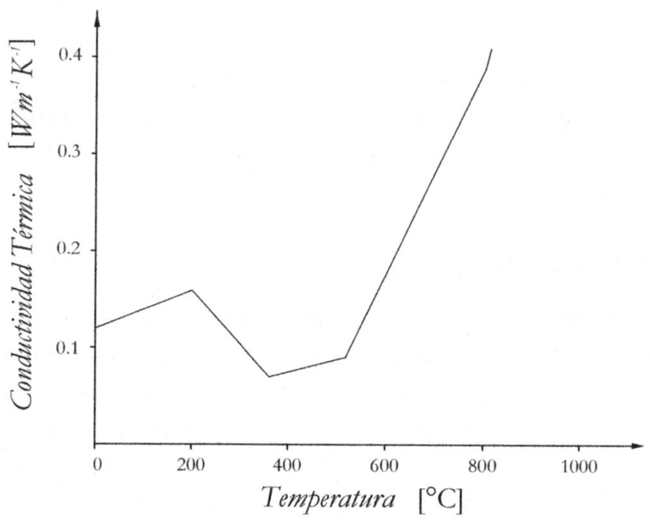

FIGURA 3.3.3.1.1 Variación de la conductividad térmica en la madera prescrita en el EC5. Los valores fueron obtenidos bajo la acción de curvas estándar.

El calor específico, c, se define como la cantidad de energía necesaria para incrementar la temperatura de una unidad de masa en un grado. Depende fuertemente de la temperatura de la madera, como también del contenido de humedad de esta, ya que el agua tiene uno de los mayores valores de calor específico dentro de las sustancias más comunes. Por otro lado, el efecto en la variación en la especie o densidad suele considerarse despreciable. La Figura 3.3.3.1.2 muestra la dependencia del calor específico de la madera con la temperatura del EC5.

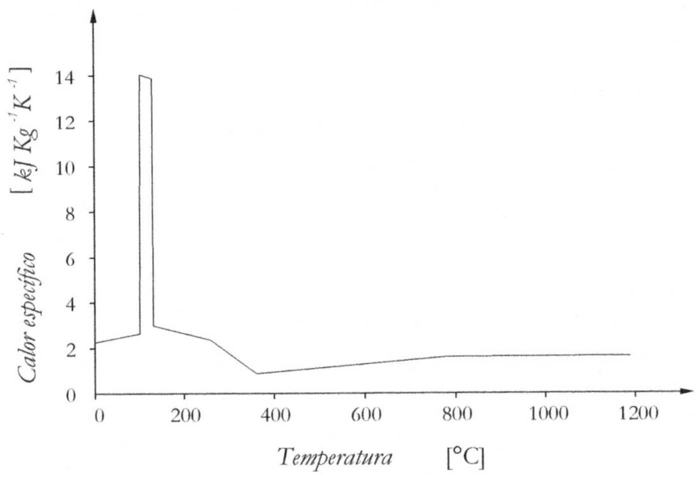

FIGURA 3.3.3.1.2 Variación de la capacidad específica en la madera prescrita en el EC5. Los valores fueron obtenidos bajo la acción de curvas estándar.

El pico observado en los 100 °C da cuenta del calor necesario para evaporar la humedad de la madera. En Thi et al. (2016) se presentan comparaciones entre distintos autores respecto de las propiedades térmicas de la madera presentadas en los apartados anteriores.

3.3.3.2 *Propiedades mecánicas*

En Gerhards (1980) se presenta una revisión exhaustiva sobre el efecto del contenido de humedad y la temperatura sobre las propiedades mecánicas de la madera. Las propiedades de la madera son afectadas por el vapor de agua a los 100 °C, la madera se comienza a pirolizar a los 200 °C y pasa a su fase carbonizada a los 300 °C, por lo tanto, el rango de interés para efectos de estudiar la diminución de sus propiedades mecánicas esta entre la temperatura ambiente y los 300 °C.

Propiedades resistentes paralelas a la fibra

En la Figura 3.3.3.2 se muestran las relaciones del módulo de elasticidad, la resistencia a la compresión paralela, la resistencia a la tracción paralela y la resistencia al corte longitudinal, con la temperatura (ante un escenario de incendio estándar), prescritas en el EC5. Relaciones similares pueden encontrarse en Buchanan (2017).

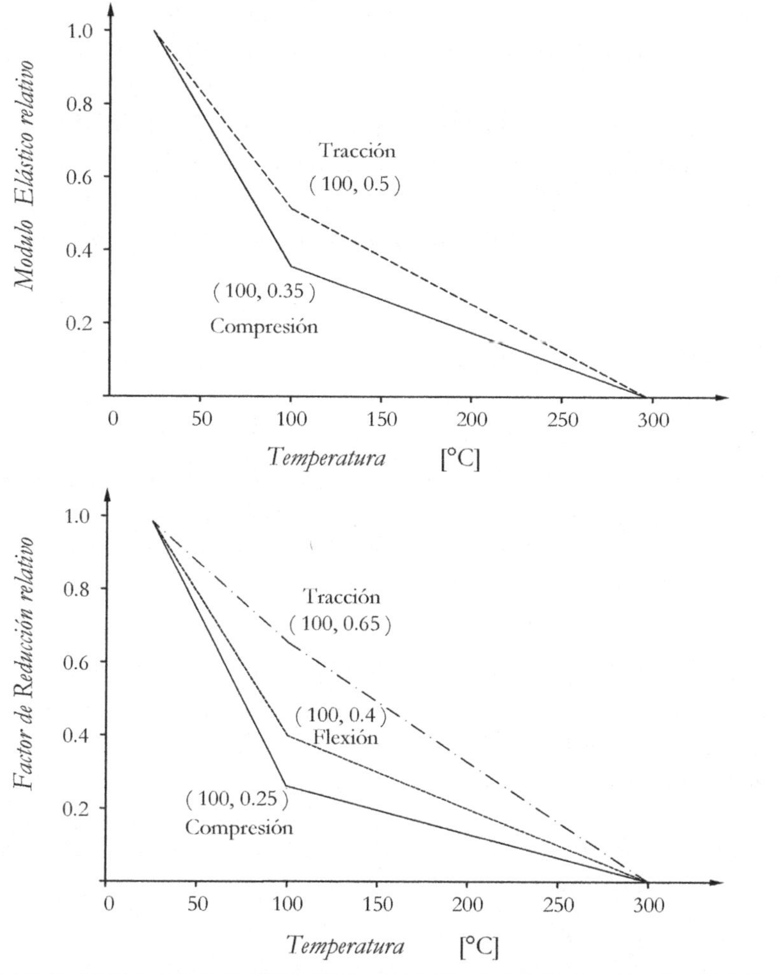

FIGURA 3.3.3.2 Relaciones mecánicas respecto de la temperatura ambiente prescritas en el EC5.

Respecto a la variación con la temperatura de las propiedades resistentes perpendiculares a las fibras de la madera, el Eurocódigo 5 - Parte 2 establece que para esfuerzos de compresión perpendiculares a la fibra se puede utilizar la misma relación que aquella para compresión paralela a la fibra. Para solicitaciones de corte con ambas componentes de esfuerzo perpendiculares a la fibra (cortante de rodadura), se puede utilizar la misma relación de reducción de propiedades mecánicas que la de compresión paralela a las fibras.

3.3.4 *Velocidades de carbonización*

La falla estructural de elementos de madera puede ocurrir principalmente debido a dos mecanismos. Por un lado, la resistencia mecánica de un elemento o unión puede verse reducida debido a cambios en las propiedades mecánicas internas de la madera producto del aumento de la temperatura, mientras que a mayores temperaturas y tiempos de duración (de una solicitación térmica o bien un incendio), los elementos estructurales de madera pueden colapsar producto de la reducción de su sección transversal debido a la carbonización de la madera. Es por este segundo mecanismo que la velocidad de carbonización ha sido uno de los parámetros más estudiados desde los inicios de las investigaciones del comportamiento de la madera expuesta al fuego.

La tasa de pérdida de masa durante la combustión de la madera tiene dos regímenes bien diferenciados: uno es cambiante y el otro estacionario. En efecto, se ha demostrado que, durante la segunda fase, la velocidad de carbonización es aproximadamente constante, o bien puede asumirse así. Es bajo esta hipótesis con la cual se han desarrollado gran parte de las metodologías de diseño simplificadas para el análisis estructural de elementos de madera expuesto al fuego. Sin embargo, no debe despreciarse la fase de calentamiento inicial, la cual pudiera causar un colapso de la estructura a temperaturas relativamente bajas, en particular en las uniones con conectores o placas de acero.

En Leikanger (2010) se presenta una investigación intensiva respecto de la velocidad de carbonización de la madera. A través de una revisión bibliográfica extensa se lograron identificar todos los factores externos y de propiedades del material que pudieran afectar este parámetro:

- Densidad

- Contenido de humedad

- Contenido de lignina

- Permeabilidad

- Dirección de las fibras de la madera

- Factor de contracción de la capa de carbón

- Oxidación de la capa de carbón

- Espesor

- Superficie expuesta

- Orientación de la muestra

- Solicitación térmica

- Concentración de oxígeno

- Condiciones de ventilación

Todas estas propiedades tienen un efecto significativo en la velocidad de carbonización, ya sea de forma individual o combinada. En Leikanger (2010) también se presentan tablas que muestran las correlaciones calculadas entre la velocidad de carbonización y los factores mencionados, en función de un gran número de investigaciones experimentales revisadas, en donde pudo concluirse lo siguiente:

- La velocidad de carbonización aumenta a menor densidad, y mayor permeabilidad.

- Cuanto mayor es el contenido de humedad, menor es la velocidad de carbonización.

- La diferencia en la velocidad de carbonización en maderas de coníferas y latifoliadas no es tan evidente.

- La permeabilidad es claramente una propiedad influyente, ya que la velocidad de carbonización es mayor en especies con mayor profundidad de penetración

- La velocidad de carbonización aumenta en la medida que aumenta el flujo de calor externo, la ventilación y la cantidad de oxígeno en el aire.

De forma complementaria, en Leikanger (2010) se analizan los distintos modelos de velocidad de carbonización utilizados en algunas normas de diseño y documentos técnicos, con el fin de presentar cuáles de los factores anteriormente listados son tomados en consideración. En la Tabla 3.3.4.1 se presentan las tasas de carbonización prescritas en el EC5. Adicionalmente, en la Tabla 3.3.4.2, se distinguen distintos modelos de velocidad de carbonización en función de diversos parámetros y factores influyentes, mientras que en la Tabla 3.3.4.3 se presentan las ecuaciones de velocidad de carbonización que implementan los distintos códigos normativos o documentos técnicos.

Los modelos que se presentan se corresponden a piezas relativamente robustas de madera aserrada o bien MLE, tanto para velocidades de carbonización unidimensionales como bidimensionales. Las velocidades de carbonización unidimensionales se utilizan para el caso de elementos tipo losa, como podría ser un elemento de CLT (ver detalles en la Sección 3.4.5), mientras que las velocidades bidimensionales son para elementos sometidos a incendio en más de una cara, y, por lo tanto, se debe considerar el redondeo de sus aristas furto del calentamiento incrementado en estas.

TABLA 3.3.4.1 Valores de las tasas unidimensionales (β_0) e hipotéticas (β_n) de carbonización para varios productos estructurales según el EC5.

	β_0 mm/min	β_n mm/min
a. Coníferas y Haya		
MLE con dens. característica $\geq$290 kg/m³	0,65	0,7
Madera aserrada con dens. característica $\geq$290 kg/m³	0,65	0,8
b. Latiofiladas		
MLE o madera aserrada con dens. característica $\geq$290 kg/m³	0,65	0,7
MLE o madera aserrada con dens. característica $\geq$450 kg/m³	0,50	0,55
c. LVL		
Con dens. característica $\geq$500 kg/m³	0,65	0,7
d. Paneles[a]		
Terciado	1	-
Otros tipos de paneles	0,9	-

[a] Con dens. característica superior a 450 kg/m³ y espesor mínimo de 20 mm.

TABLA 3.3.4.2 Distinción de los modelos de velocidad de carbonización en función de diversos parámetros (modificado de Leikanger 2010).

Referencia	Año	Tipo de exposición al fuego			Factores incluidos en los modelos
		ECs	ASTM	Otro*	
Unidimensional					
EC 5a	2004	x			Coníferas/latifoliadas, densidad, solida o laminada
Schaffer	1967		x		Densidad seca, contenido de humedad, especie
White & Nordheim	1992		x		Densidad seca, contenido de humedad, especie, permeabilidad
Babrauskas	2005	x	x		Densidad, concentración de oxígeno, flujo de calor, duración del incendio
Yang et al.	2008			x	Densidad, flujo de calor incremental con el tiempo
Bidimensional					
EC 5b (Europa)	2004	x			Coníferas/latifoliadas, densidad, solida o laminada
AWC (EEUU)	2003		x		Duración del incendio
AS 1720.4 (AUS)		x			Densidad de la madera

Flujo de calor incremental con el tiempo (Yang et al uso 0.07, 0.113, 0.208, 0.306 y 0.425 kW/m²s).

TABLA 3.3.4.3 Modelos de velocidad de carbonización (modificado de Leikanger 2010).

Referencias, comentarios y limitaciones	Ecuación
Unidimensional, incendio estándar EC1	
EN 1995-1-2 Modelo a (EC 5a)	β_0 de Tabla 3.3.4.1.
Unidimensional, incendio ASTM E119	
Schaffer Velocidad de carbonización se convierte a [mm/min] con $\beta = 25.4/\tilde{\beta}$	Douglas fir $\tilde{\beta} = 2[(27.726 + 0.578\omega)\rho_{seca}$ $+4.187$ [min/inch] Southern Pine $\tilde{\beta} = 2[(5.832 + 0.12\omega)\rho_{seca}$ $+12.862$ [min/inch] White Oak $\tilde{\beta} = 2[(20.036 + 0.403\omega)\rho_{seca}$ $+7.519$ [min/inch]
White & Nordheim (W & N)	$\beta = 0.1526 + 0.508\rho_{seca} + 0.1475f_c + Z_f\omega$
Babrauskas Aplicable a incendios estándar EC1 o ASTM E119	$\beta = 113k_{O2}\dfrac{(\bar{\dot{q}}'')^{0.5}}{\rho t^{0.3}}$ $k_{O2} = 1$ para concentraciones altas de O2, 0.8 en $8-10\%$ y 0.55 para 4% de concentración de oxígeno
Unidimensional - Otros	
Yang et al Para flujos de calor incrementales con el tiempo.	$\beta_\gamma = 136\gamma^{0.51}\rho^{-0.76}$ [mm/min]
Bidimensional - incendio estándar EC1	
EN 1995-1-2 Modelo b (EC 5b) Velocidad de carbonización nominal	β_n de Tabla 3.3.4.1.
Bidimensional - incendio estándar ASTM E119	
American Wood Council (AWC) - 2018	$\beta_t\left[\dfrac{in}{hr}\right] = \dfrac{\beta_n[1\ hr]}{[1\ hr]^{0.187}}$ $a_{char} = \beta_t t^{0.813}, \beta_n = 1.5\left[\dfrac{inch}{hr}\right]$
Bidimensional - incendio estándar AS 1530.4	
AS 1720.4 (Australia)	$\beta_n = 0.4 + \left(\dfrac{280}{\rho_k}\right)^2$

Las velocidades de carbonización en elementos de madera inicialmente protegidos se presentan en la siguiente sección, mientras los modelos específicos, por ejemplo, para madera contralaminada CLT y otros productos se presentan en la Sección 3.4.

3.3.4.1 *Velocidades de carbonización en elementos inicialmente protegidos*

Los códigos estructurales internacionales abordan la protección de la madera de distintas formas. Algunos asignan tiempos constantes de protección en función del espesor y tipo de protección aplicada, mientras que otros optan por una metodología más elaborada.

En Estados Unidos, por ejemplo, se permite incrementar la resistencia al fuego de elementos estructurales de madera mediante la adición de capas protectoras de yeso cartón tipo X, a las que se le asignan tiempo de adición de resistencia al fuego, por sobre la calculada inicialmente, lo que resulta bastante práctico. Estos tiempos de adición se presentan en la Tabla 3.3.4.1.

TABLA 3.3.4.1 Tiempos de adición de resistencia al fuego para la protección de elementos de madera con yeso cartón según procedimientos norteamericanos.

Descripción	Espaciamiento máximo de conectores (")	Tiempo de adición de resistencia al fuego por capa (min.)
1/2" Yeso cartón tipo X	12	30
5/8" Yeso cartón tipo X	12	40

Otro enfoque, es aquel presentado en el EC5, o bien aquel presentado por Östman (2010), el cual refleja un comportamiento algo más realístico, el cual se explica secuencialmente a continuación:

- Cuando se protege la madera con alguna capa protectora lo que se logra en un inicio es el retraso en el inicio de la carbonización, el cual se denomina t_{ch}.

- La falla del revestimiento de protección t_f, se caracteriza por dos fenómenos distintos, el desprendimiento físico del mismo, o bien el tiempo asociado a un marcado incremento en la velocidad de carbonización.

- La carbonización de la madera puede comenzar antes de que falle la protección, a una velocidad de carbonización "reducida" por un factor $k_2 < 1$,con respecto a la situación sin protección (ver Tabla 3.3.4.3), la que prevalece hasta la falla de la protección en el tiempo t_f.

- Después de la falla del revestimiento (en el tiempo t_f), la velocidad de carbonización se incrementa sobre los valores de velocidad de carbonización para el caso sin protección (ver Tabla 3.3.4.3). Este incremento suele considerarse mediante un factor $k_3 = 2$, y prevalece hasta un tiempo t_a.

- En el tiempo t_a, cuando la profundidad de carbonización es equivalente a aquella para el caso cuando el elemento no está protegido, o bien es igual a 25 milímetros, el que sea menor, la velocidad de carbonización vuelve a su valor "normal".

Las diferentes fases de protección explicadas en los apartados anteriores se representan en la Figura 3.3.4.1.

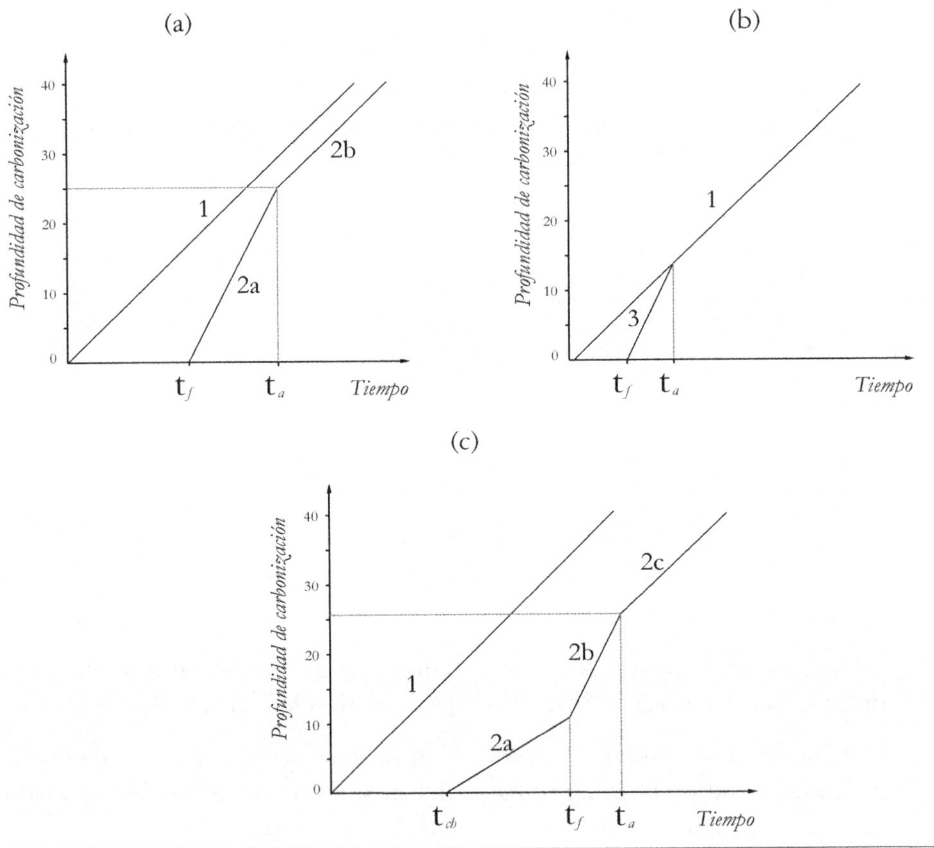

FIGURA 3.3.4.1 Velocidades de carbonización en elementos inicialmente protegidos según el EC5. Ver una explicación de los diferentes parámetros en los párrafos inmediatamente posteriores.

A continuación, se explican los diferentes parámetros de la Figura 3.3.4.1:

Gráfico (a): La recta 1 representa la profundidad de carbonización en función del tiempo para el caso normal sin protección. La recta 2 representa el avance de la carbonización en elementos protegidos, cuando $t_{ch} = t_f$. En este caso, la recta 2a representa el intervalo de tiempo $t_f \leq t \leq t_a$ en el cual la velocidad de carbonización se duplica (se multiplica por el factor k_3), hasta alcanzar una profundidad de carbonización de 25 mm en t_a, instante en el cual se normaliza la velocidad de carbonización (recta 2b).

Gráfico (b): El revestimiento de protección no provee ningún beneficio si es que esta falla anticipadamente, como se muestra en el gráfico (b), en donde la velocidad de carbonización después de t_f se duplica y no alcanza a generar una capa carbonizada de 25 mm antes de intersectar la recta 1. En este caso, la protección se desprecia.

Gráfico (c): Este gráfico representa el caso en que la madera comienza a carbonizarse previo a la falla del revestimiento. Es decir, $t_{ch} < t_f$. La recta 2a representa el intervalo de tiempo en donde la velocidad de carbonización se reduce por un factor k_2, hasta la falla del revestimiento en el tiempo t_f. Luego, la recta 2b representa el intervalo de tiempo $t_f \leq t \leq t_a$ en donde la velocidad de carbonización se duplica, hasta generar una capa de 25 mm en t_a. En este instante, la velocidad de carbonización se normaliza para un tiempo $t > t_a$, lo que viene representado por la recta 2c.

El EC5 entrega los siguientes valores para el tiempo de inicio de carbonización t_{ch}, en placas de yeso cartón con tratamiento de juntas o bien con una separación máxima de 2mm.

$$t_{ch} = 2.8h_p - 14$$

En donde h_p corresponde al espesor de la placa de yeso cartón, en milímetros.

- Si se protege con dos capas de yeso cartón estándar, se considera el espesor total de la capa mas externa, más el 50% del espesor total de la capa interna.

- Si se protege con dos capas de yeso cartón resistente al fuego, se considera el espesor total de la capa más externa, más el 80% del espesor total de la capa interna.

También en el EC5, se entregan valores de inicio de carbonización para tableros de madera y aislación con lana de roca.

Respecto al tiempo t_a:

- Para $t_{ch} = t_f$, corresponde a:

$$t_a = min \begin{cases} 2t_f \\ \dfrac{25}{k_3\beta_n} + t_f \end{cases}$$

- $t_{ch} < t_f$, corresponde a:

$$t_a = \frac{25 - (t_f - t_{ch})k_2\beta_n}{k_3\beta_n} + t_f$$

El Eurocódigo 5 - Parte 2 no provee tiempos de falla de revestimientos.

En la nueva guía técnica de seguridad de incendios en edificios de madera (SP 2010) se proveen ecuaciones empíricas mejoradas para tiempos de inicio de carbonización t_{ch} y tiempos de falla de placas de yeso cartón t_f. Los tiempos de falla de los revestimientos de protección se asocian al tiempo, desde que comienza el ensayo, hasta que se cae por lo menos el 1% de la superficie de este. Complementariamente, en Just et al. (2010) y Kraudok et al. (2015) se presentan investigaciones extensas, en lo relativo a tiempos de falla de revestimiento de yeso cartón en función de una gran base de datos de ensayos realizados en Europa.

3.3.4.2 *Velocidades de carbonización en elementos de sección transversal de pequeñas dimensiones*

Tal como se explicó en la sección anterior, después de la falla del revestimiento la carbonización se incrementa considerablemente. El problema es que, cuando se construye mediante entramados de madera livianos, las secciones transversales de los elementos de madera (pies derechos, soleras, viguetas y puntales) no suelen ser lo suficientemente grandes como para que se alcance a normalizar dicha tasa de carbonización. Adicionalmente, estas menores dimensiones producen que los elementos de madera se calienten en toda su profundidad; es decir no se alcanza a generar un perfil de temperaturas, por lo que finalmente estos elementos fallan de manera anticipada. Esto debe tenerse en consideración, además de la presencia de aislación en la cavidad del entramado, ya que esta puede influenciar el modo en que se carboniza la madera (SP 2010).

En la Sección 3.4.2.6 se presentan los fundamentos de diseño de entramados ligeros de madera.

3.3.4.3 *Filosofía de protección de entramados ligeros y madera masiva*

Con respecto a su comportamiento frente al fuego, los métodos de construcción con madera podrían dividirse esencialmente en dos: la construcción con entramados ligeros, y la construcción con entramados pesados y madera masiva. Estos métodos tienen respuestas muy distintas ante un escenario de incendio, por lo que la forma en que se resuelve la protección contra el fuego es única y exclusiva para cada uno.

Por un lado, si es un sistema basado en entramados ligeros, la resistencia al fuego la proveerán exclusivamente los revestimientos de protección de estos, usualmente placa de yeso cartón, y el incendio dentro del compartimento (revestido con yeso cartón) se comporta tal como se indicó en los apartados anteriores de este capítulo. Bajo estas situaciones es necesario diseñar el revestimiento de protección de tal manera que los elementos de madera no se vean afectados por el fuego, ya que, como se mencionó en la sección anterior, los elementos individuales no tienen secciones transversales lo suficientemente robustas como para tener resistencia al fuego estructural por sí mismos.

Por otro lado, si tenemos un sistema constructivo en base a entramado pesado (MLE y similares) o con madera masiva (CLT y similares), disponemos principalmente de dos opciones. La primera, es hacer exactamente lo mismo que en el caso anterior, y proteger los elementos de tal manera que no se vean afectados por el fuego, sin embargo, en este escenario no se estaría aprovechando el buen desempeño estructural que tiene la madera ante un incendio. La segunda opción, que suele ser de mayor agrado para los arquitectos, es dejar la madera a la vista, y, por tanto, expuesta. En este último escenario debe considerarse lo siguiente:

- La resistencia al fuego de los elementos en este caso no la proveen los revestimientos de protección, sino que es exclusivamente aportada por los miembros de madera. Dicha resistencia debe calcularse mediante las metodologías de diseño existentes, ya sea simplificadas o bien avanzadas.

- El hecho de tener madera expuesta en el compartimento pone en jaque los fundamentos en los que se basan los conceptos de resistencia y severidad al fuego que fueron presentados en la Sección 3.2.4, lo que por tanto requiere consideraciones adicionales, las cuales se detallan en la siguiente sección.

3.3.4.4 *Incendios en compartimentos con envolvente de madera y auto-extinción*

No cabe duda de que la creciente demanda en la utilización de sistemas de madera ha comenzado a exigir una enorme presión sobre las entidades reguladoras, para que introduzcan cambios en la reglamentación existente y que permitan incrementar el uso de la madera como material de construcción de viviendas en altura. Dentro del mismo contexto, tanto los arquitectos como ingenieros aspiran a tener recintos con madera expuesta, con tal de aprovechar al máximo la bondad del material. Lo cierto es, que cualquier intento de cumplir las dos aspiraciones anteriores, deben abordarse dos cuestiones fundamentales:

- La reglamentación existente en materia de seguridad de incendios basa gran parte de su estrategia en los requerimientos de la resistencia al fuego. Como se explicó en la Sección 3.2.4, estos requerimientos están basados de manera implícita en el consumo total de la carga combustible en un compartimento. Como la madera es en estricto rigor, combustible, la definición de consumo total de carga combustible deja de ser válida a menos que se logre demostrar que luego del consumo total de la carga combustible móvil, la madera logra auto-extinguirse.

- Las disposiciones existentes de seguridad de incendio que buscan prevenir la propagación vertical del fuego consideran de cierta forma que el combustible en un compartimento está limitado al suelo. En compartimentos con madera expuesta en sus paredes y cielo (compartimentos de CLT, por ejemplo), el área de combustible disponible es mayor y ya no solo se limita al suelo, lo que genera un exceso de gases provenientes de la pirólisis y consecuentemente un penacho externo de mayor intensidad y tamaño. Las nuevas disposiciones reglamentarias deben ser suficientes para prevenir el efecto anterior, y, por ende, la propagación vertical del fuego.

En los últimos 10 años se han desarrollado una serie de proyectos de investigación en varias partes del mundo que buscan resolver la auto-extinción de la madera y la dinámica de incendios en compartimento con madera estructural expuesta. El lector puede obtener más información acerca de estos proyectos en Emberley et al. (2016 y 2017), Zelinka et al. (2018) o Su et al. (2018).

El presente capítulo no pretende abordar en detalle estos tópicos, ya que el énfasis está en el análisis estructural, sin embargo, se recalcan como fundamentales y prioritarios para seguir avanzando en la incorporación de disposiciones reglamentarias que permitan regular y proteger adecuadamente edificios de madera.

Los resultados hasta ahora han sido alentadores, y se ha logrado demostrar que bajo ciertas condiciones la madera se auto-extingue (Emberley et al. 2016). Al mismo tiempo, se han comenzado a relajar las regulaciones respecto a la edificación con madera. En Estados Unidos, por ejemplo, la siguiente versión del IBC (International Building Code) incorporará una serie de opciones para edificar con madera masiva, limitando su exposición en muros y pisos en función de la superficie total del compartimento. Esto, surge como resultado de los ensayos realizados en algunos de los proyectos comentados anteriormente, los que demostraron que, la contribución al incendio de la envolvente con CLT depende, entre otras cosas, de la cantidad de superficie expuesta, el adhesivo utilizado y las condiciones de ventilación del recinto. En función de estos resultados, se crearon nuevos tipos de construcción para el IBC (International Building Code), que, en resumen, involucran recintos ya sea totalmente encapsulados (*EMTC, Encapsulates Mass Timber Construction*), parcialmente encapsulados (*Partially Encapsulated*), o bien totalmente expuestos (*Fully Exposed*), cuyas exigencias de altura y de seguridad de incendio aumentan en la medida que incrementa la cantidad de madera expuesta.

En las siguientes secciones se aborda el problema de análisis estructural en situación de incendio, enfocado en estructuras de madera. Se utilizan todas las propiedades y características presentadas en la presente Sección 3.3. Debe recalcarse que gran parte de las metodologías actuales se basan en el escenario de incendio estándar, por lo que el lector debe ser capaz de identificar cuáles son las premisas y limitaciones detrás de este supuesto.

3.4 ANÁLISIS DE INTEGRIDAD ESTRUCTURAL EN SITUACIÓN DE INCENDIO

Los edificios están construidos a partir de varios elementos constructivos, tales como muros, entrepisos y techos, y elementos como vigas y columnas. Para evitar el colapso, se debe asegurar que estos elementos mantengan su función portante durante la duración del incendio. El análisis, en general, debe enfocarse a verificar la resistencia estructural de cada uno de los elementos, al mismo tiempo que se realiza un análisis global de la estructura, en donde se tomen en cuenta los esfuerzos adicionales que pudieran producirse debido a las dilataciones térmicas restringidas.

El diagrama de flujo de la Figura 3.4 representa de manera general el proceso de diseño de estructuras expuestas a incendio. En los apartados anteriores se hizo una breve introducción a los conceptos de ingeniería de incendios, incendios de diseño, transferencia de calor, etc. Al mismo tiempo se entregaron referencias para que el lector pueda profundizar en estos temas. De aquí en adelante el enfoque estará en presentar la metodología de diseño estructural general en situación de incendio, como también el caso particular de estructuras y elementos de madera.

FIGURA 3.4 Esquema de cálculo de la resistencia al fuego estructural en caso de incendio (basado en Buchanan 2017).

3.4.1 *Diseño estructural en frío*

Antes de describir el procedimiento de análisis estructural ante un escenario de incendio, es importante esquematizar el diseño a temperatura ambiente, lo cual se abordó en capítulos anteriores, para así definir algunos términos básicos e identificar diferencias. Los pasos para el diseño a temperatura ambiente son básicamente lo siguiente:

- Establecer los requerimientos funcionales del edificio

- Realizar un diseño conceptual del sistema estructural

- Pre-dimensionar los elementos

- Estimar las cargas aplicadas en la estructura

- Realizar un análisis estructural para determinar fuerzas y esfuerzos internos

- Verificar que la resistencia de diseño de todos los elementos sea suficiente.

- Repetir lo pasos anteriores en caso de que sea necesario.

3.4.1.1 *Solicitaciones en frío*

Considerando el formato por tensiones admisibles, y únicamente las cargas vivas y muertas, la combinación típicamente utilizada es:

$$L_w = G + Q$$

En donde G está asociada a las cargas permanentes y Q a las solicitaciones variables, o cargas vivas. Se utilizan también para otras circunstancias combinaciones que incorporan el viento, sismo y nieve, entre otras. Considerando el formato LRFD o ELU, algunas de las combinaciones típicas (considerando solo cargas vivas y muertas) son las siguientes:

$$L_u = 1{,}35 \cdot G_k \text{ o } L_u = 1{,}35 \cdot G_k + 1{,}5 \cdot Q_k \text{ (Caso EC5)}$$

$$L_u = 1{,}4 \cdot G_k \text{ o } L_u = 1{,}2 \cdot G_k + 1{,}6 \cdot Q_k \text{ (Caso Norteamérica)}$$

$$L_u = 1{,}35 \cdot G_k \text{ o } L_u = 1{,}2 \cdot G_k + 1{,}5 \cdot Q_k \text{ (Caso Australia/Nueva Zelanda)}$$

En donde G_k es la carga muerta característica y Q_k la carga viva característica (típicamente calculadas para que tengan una probabilidad de un 5% de ser excedidas en 50 años). Cada una de las cargas se mayora por factores de carga o *factores parciales de seguridad* (γ_G, γ_Q en Eurocódigos).

3.4.2 *Diseño estructural en situación de incendio*

El diseño estructural al fuego es conceptualmente similar al diseño estructural a temperatura ambiente. Antes de realizar cualquier diseño, deben definirse los objetivos y determinar la severidad del incendio de diseño. El diseño se puede llevar a cabo ya sea siguiendo el formato de diseño por tensiones admisibles o bien a estados límites/LRFD.

Las principales diferencias respecto del diseño a temperatura ambiente, es que en situación de incendio (Buchanan 2017):

- Los estados de carga son menores.

- La expansión térmica de los materiales puede inducir esfuerzos internos y deformaciones adicionales. En el caso de elementos de madera, suelen ser despreciadas.

- Las propiedades resistentes de los materiales pueden verse reducidas producto del aumento de las temperaturas.

- Se pueden utilizar factores de seguridad minorados, considerando la baja probabilidad del evento de incendio.

- Para el caso de la madera, las secciones transversales pueden verse reducidas producto de la carbonización.

La ecuación de diseño fundamental requiere que las cargas aplicadas sean menores que la capacidad resistente de la estructura, durante la duración del incendio. Esto requiere satisfacer la ecuación de diseño:

$$U_{fuego} \leq \emptyset_{fuego} R_{fuego}$$

donde U_{fuego} es la combinación de carga de diseño para el escenario de incendio, R_{fuego} es la capacidad resistente al instante t de análisis, y ϕ_{fuego} es el factor de reducción de las propiedades resistentes en un incendio. El factor de reducción toma en cuenta la incertidumbre en la estimación de las propiedades resistentes y dimensiones de las secciones. El diseño en situación de incendio está basado en la resistencia esperada más probable, por lo que gran parte de los códigos internacionales especifican un factor de reducción $\phi_{fuego} = 1$. En la Figura 3.4.2 se muestra como los esfuerzos internos en la madera van aumentando producto de la disminución de la sección transversal, a diferencia del acero, en donde estos se mantienen, en general, constantes.

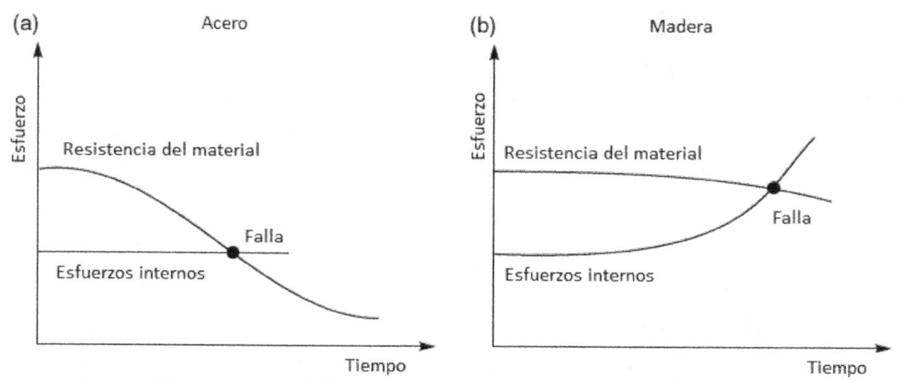

FIGURA 3.4.2 Comparación de fallas en acero y madera como consecuencia de la evolución entre las propiedades resistentes y esfuerzos internos.

3.4.2.1 *Solicitaciones en caso de incendio*

En la eventualidad accidental de un incendio, las cargas probables esperadas son considerablemente menores que aquellas del diseño a temperatura ambiente. Las combinaciones de carga establecidas para la eventualidad de un incendio a estados límite/LRFD suelen ser típicamente

$$L_f = G_k + 0{,}5 \cdot Q_k \text{ o } L_f = G_k + 0{,}9 \cdot Q_k \text{ (Caso EC5)}$$

$$L_f = 1{,}2 \cdot G_k + 0{,}5 \cdot Q_k \text{ (Caso Norteamérica)}$$

$$L_f = G_k + 0{,}4 \cdot Q_k \text{ o } L_f = G_k + 0{,}6 \cdot Q_k \text{ (Caso Nueva Zelanda/Australia)}$$

Tanto para el Eurocódigo como para la norma de Australia/Nueva Zelanda, se proveen dos combinaciones de carga, una para ocupaciones de bodega con cargas vivas semi-permanentes (ecuaciones del lado derecho) y la otra para el resto de las ocupaciones. Se puede observar que las cargas en la eventualidad de un incendio son considerablemente menores en comparación con combinaciones de cargas en frío (Sección 3.4.1.1), sobre todo en miembros que fueron diseñados principalmente para combinaciones de carga que incluyen viento, sismo o nieve. Se recomienda revisar las normas nacionales respectivas para verificar casos especiales no detallados en esta sección. Para el formato de diseño por tensiones admisibles, suele utilizarse la combinación de carga fundamental, como es el caso del diseño en madera en Estados Unidos:

$$L_w = G + Q$$

3.4.2.2 *Propiedades de los materiales*

Las propiedades tanto térmicas como mecánicas de los materiales se conocen generalmente bien a temperatura ambiente. En situación de incendio, se deben considerar aquellas propiedades correspondientes al tiempo de análisis t, en el cual las temperaturas son las del incendio de diseño. Por otro lado, para el caso particular de la madera, se considera razonable relajar los factores de seguridad que castigan las tensiones admisibles del material.

3.4.2.3 *Reducción de propiedades mecánicas*

La resistencia y el módulo de elasticidad de todos los materiales disminuye con las altas temperaturas, lo que debe ser incorporado en procesos de diseño. En general, basta con multiplicar la propiedad resistente correspondientes por un factor de reducción. Esto es lo que se hace en el diseño en acero, por ejemplo. Para el caso de la madera, las propiedades mecánicas en función de la temperatura dependen de la orientación de la fibra, así como del tipo de solicitación.

En las Secciones 3.3.3.1 y 3.3.3.2 se presentaron las propiedades térmicas y mecánicas de la madera como función de la temperatura. En general, las metodologías de diseño en madera expuesta al fuego actuales incorporan el efecto del calentamiento por medio de dos enfoques que se describen a continuación.

El primero, consiste en considerar directamente la disminución de las propiedades resistentes de la madera detrás del frente de carbonización, combinando el perfil de temperaturas con la reducción de las propiedades resistentes en función de las temperaturas expuestas en la Sección 3.3.3.2, lo que permite definir las curvas que se muestran en la Figura 3.4.2.3.1.

Como se puede observar en la Figura 3.4.2.3.1, las propiedades resistentes se reducen considerablemente en los 25 mm detrás del frente de carbonización. EC5, en uno de sus métodos, permite la opción de utilizar un enfoque como este, denominado como el *método de propiedades resistentes reducidas* (ver detalles en el Capítulo 13 del libro *"Fundamentos del diseño y la construcción con madera"*. Actualmente no es el método preferido, y algunos autores están proponiendo eliminarlo del EC5.

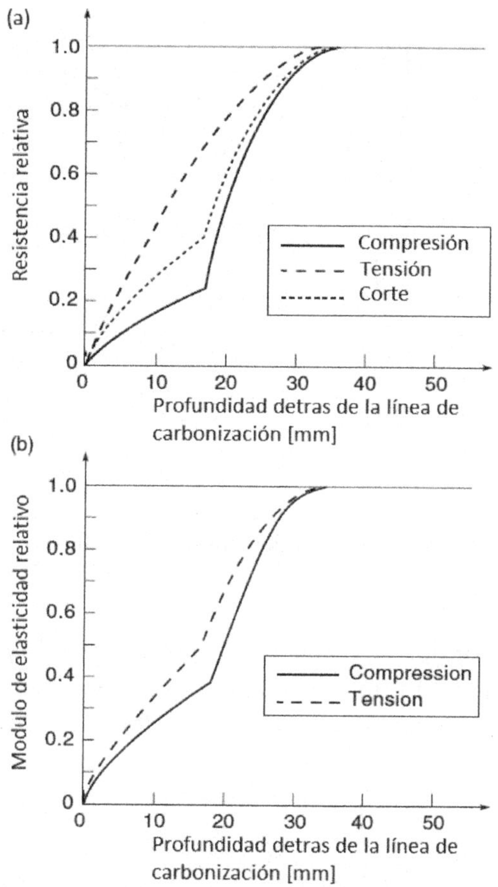

FIGURA 3.4.2.3.1 (a) Reducción de resistencias detrás del frente de carbonización y (b) reducción de la rigidez detrás del frente de carbonización.

El segundo enfoque, y el más popular, es el *método de la sección eficaz*, el cual consiste en realizar el cálculo con propiedades mecánicas a temperatura ambiente, pero reduciendo aún más la sección del elemento de madera por concepto de carbonización (ver Capítulo 13 del libro *"Fundamentos del diseño y la construcción con madera"*). La sección se reduce en un ancho adicional por un espesor de resistencia nula , procedimiento que se presenta de manera esquematizada en la Figura 3.4.2.3.2.

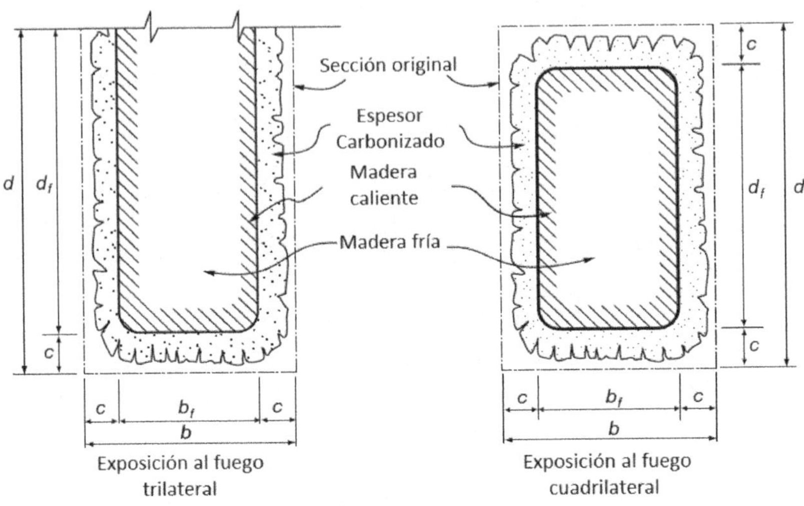

FIGURA 3.4.2.3.2 Esquema conceptual del diseño simplificado según el método de la sección residual.

El EC5 define el espesor de resistencia nula equivalente a 7 mm (para tiempos de exposición mayores que 20 minutos, mientras que, para tiempos menores, los 7 milímetros se reducen proporcionalmente hasta cero)

$$d_{eff} = d_{char} + 7mm$$

mientras que el código australiano define un espesor de 7,5 milímetros. Cabe destacar que actualmente los 7 milímetros definidos como el espesor de resistencia nula se encuentran en fase de revisión y probablemente sea modificado para la próxima versión del Eurocódigo 5 - Parte 2.

En Estados Unidos, en la última versión de la NDS (ANSI/AWC NDS. 2018), incorpora el efecto del calentamiento de la madera detrás del frente de carbonización aumentando el espesor de carbonización en un 20%, por lo que:

$$d_{eff} = 1.2 d_{char}$$

Importante es notar por lo tanto que, el espesor de madera que efectivamente resiste el fuego no es constante y depende, de los siguientes parámetros:

- Las dimensiones de la sección transversal

- El tiempo de exposición al fuego

- El perfil de temperaturas desarrollado en la madera (penetración térmica)

- El tipo de solicitación (flexión o compresión)

Una manera correcta de medir el espesor de resistencia nula sería comparar (1) la capacidad resistente de la sección transversal calentada, con las propiedades dependientes de la temperatura del material, y por ende con una distribución de esfuerzos no lineal, con (2) un enfoque lineal-elástico del mismo material con propiedades de temperatura ambiente. Se podría realizar esta comparación utilizando resultados ya sea de simulaciones computaciones avanzadas de madera expuesta al fuego, o bien de ensayos de resistencia al fuego, con los resultados de los métodos a temperatura ambiente dados por algún código estructural existente; a continuación, se resume una metodología para determinar la capa de resistencia nula.

3.4.2.3.1 Determinación del espesor de la *capa de resistencia nula*

Basándonos en el comportamiento de la madera expuesta al fuego, se describe un procedimiento general para la determinación del espesor de la "capa de resistencia nula". Asumiendo que conocemos la resistencia en flexión a temperatura ambiente f_b (usualmente se conoce o la proveen las normas estructurales), se debe cumplir que la resistencia en flexión a temperaturas de incendio de la sección residual M_{fi} (obtenida ya sea mediante ensayo o bien modelaciones avanzadas) es igual a la resistencia en flexión de la sección residual efectiva M_{ef}:

$$M_{fi} = M_{ef}$$

Si la sección residual efectiva tiene una altura de efectiva h_{ef} y un espesor efectivo b_{ef}, y utilizando la resistencia en flexión a temperatura ambiente, se tiene que:

$$M_{fi} = \frac{b_{ef}h_{ef}^2}{6}f_b$$

Por lo tanto, el espesor de la "capa de resistencia nula" d_o de la viga puede determinarse usando la teoría elástica lineal como:

$$M_{fi} = \frac{(h_{fi} - 2d_0)(h_{fi} - 2d_0)^2}{6}f_b \quad (viga\ expuesta\ en\ sus\ 4\ lados)$$

$$M_{fi} = \frac{(b_{fi} - 2d_0)(h_{fi} - d_0)^2}{6}f_b \quad (viga\ expuesta\ en\ 3\ de\ sus\ lados)$$

El enfoque anterior se puede desarrollar también para elementos solicitados en tracción y en compresión. Se puede desarrollar un enfoque similar para elementos solicitados en tracción y en comprensión.

En virtud de una extensa revisión bibliográfica, en la Tabla 3.4.2.3.1 se presentan posibles valores para el espesor de la *capa de resistencia nula* que pudieran ser más seguros que utilizar simplemente valor genérico de $d_0 = 7mm$. Estos valores no están asociados a ninguna norma y son meramente una recomendación.

TABLA 3.4.2.3.1 Valores sugeridos para determinar el espesor de la capa de resistencia nula de acuerdo con el tiempo de solicitación y tipo de resistencia requerida. Los valores de la tabla son más conservadores que emplear un valor genérico de $d_0 = 7mm$.

d_0	Resistencia al fuego requerida			
Tipo de solicitación	F30	F60	F90	F120
Tracción	7	10	10	15
Flexión y corte	7	10	15	15
Compresión	7	15	15	15

3.4.2.3.2 Variabilidad de las propiedades materiales

En la gran mayoría de los códigos estructurales internacionales las propiedades resistentes de la madera se asocian a los percentiles del 5% de las poblacionales de análisis para la obtención de las propiedades resistentes de una especie. En el diseño estructural para la eventualidad de un incendio, algunos de estos códigos modifican esta resistencia característica para temperatura ambiente, a una menos restrictiva. Lo que se justifica por la baja probabilidad de ocurrencia de un incendio. En el EC5, por ejemplo, se mayora al percentil del 20%. Por lo tanto, la resistencia de diseño se incrementa por el factor de incremento al percentil 20%:

$$f_{20} = k_{fi} f_{0.05}$$

El valor de k_{fi} entregado por el EC5 equivale a 1,25 para madera aserrada solida y 1,15 MLE. En el código de diseño estructural norteamericano, en donde se utiliza el formato de diseño por tensiones admisibles, se utiliza la resistencia última promedio para el diseño en situación de incendio, por lo que las resistencias asociadas al percentil de exclusión del 5% de diseño se deben multiplicar por los factores que se resumen en la Tabla 3.4.2.3.2.

TABLA 3.4.2.3.2 Factor de ajuste para transformar tensiones admisibles (95%) a resistencias últimas promedio (50%) en verificaciones de incendio.

Verificación	K_{fuego}
Flexión	2,85
Tracción	2,85
Compresión	2,58
Veulco lateral-torsional	2,03
Pandeo por compresión	2,03

Debe notarse que los factores de la Tabla 3.4.2.3.2 contienen dos componentes. El primero es el factor de ajuste (FA) del diseño por tensiones admisibles, el que ajusta por efectos de duración de carga y seguridad. Mientras que la segunda componente es aquella que transforma el valor característico del 5% al valor promedio.

3.4.2.4 *Procedimiento de diseño de elementos de madera aserrada y MLE*

En términos generales, la metodología de análisis de elementos de madera expuestos al fuego debe contemplar los siguientes puntos:

1. Estimación de las solicitaciones para la combinación de cargas correspondiente a incendios. Esta debe estar alineada con el formato de diseño que se está utilizando, ya sea diseño por tensiones admisibles o bien por resistencia a estados últimos.

2. Escoger ya sea una metodología simplificada para calcular la resistencia del elemento, o bien a través de métodos computacionales avanzados.

3. Si se escoge la metodología simplificada, para el instante t de análisis de duración del incendio se debe calcular:

   3.1 El retraso en el inicio de la carbonización en el caso de elementos inicialmente protegidos. Si el retraso del inicio de la carbonización t_{ch} es mayor al tiempo de análisis, quiere decir que no hay carbonización, y se debe seguir con el punto 3.3.

   3.2 El espesor carbonizado, incorporando alguno de los modelos de carbonización presentados en apartados anteriores, y considerando además velocidades de carbonización modificadas en el caso de elementos inicialmente protegidos, con sus respectivos tiempos característicos.

   3.3 Calcular el espesor de la *capa de resistencia nula* d_o para considerar la disminución de las propiedades resistentes del material por el aumento de temperaturas. La *capa de resistencia nula* se puede obtener de los códigos estructurales oficiales, la Tabla 3.4.2.3.1, o puede calibrarse ya sea a través de ensayos de resistencia al fuego, o bien modelaciones computacionales avanzadas

3.4 Considerar la mayoración los esfuerzos resistentes de la madera por concepto probabilístico. Dado que la probabilidad de un incendio ya es baja, es comúnmente aceptado en las metodologías de diseño existentes incorporen un factor de amplificación para llevar las resistencias características (o admisibles en caso de diseño ASD) a resistencias asociadas a percentiles mas favorables.

3.5 Considerando las propiedades estáticas de la sección relevantes para el tipo solicitación que se tenga presente, y en función del esfuerzo resistente de diseño del punto anterior calcular la resistencia de la sección.

4. De escogerse la metodología avanzada deben considerarse las propiedades tanto térmicas como mecánicas de la madera en función de la temperatura. Debe tenerse en cuenta que estas propiedades, definidas en algunos códigos estructurales, suelen ser propiedades efectivas, siendo válidas solo para escenarios de incendio estándar. Una vez definidas, y conociendo la solicitación térmica del incendio, se proceden a calcular las temperaturas desarrolladas al interior de la madera y al mismo tiempo la resistencia de la sección considerando las propiedades mecánicas reducidas (ver Figura 3.4).

5. Finalmente se debe verificar que la resistencia calculada del elemento es mayor que la solicitada. De no serlo, debe considerarse un redimensionamiento, o bien un mejoramiento del sistema de protección del elemento.

3.4.2.5 *Procedimiento de diseño de elementos de CLT*

Los materiales ingenieriles de madera laminados se han vuelto extremadamente populares en la última década. La madera contralaminada (CLT) ha sido estudiadas de manera extensiva respecto de su comportamiento al fuego, debido a la robustez que tienen sus elementos y la facilidad en su fabricación. El CLT ofrece resistencias de flexión y corte competitivas con respecto al hormigón, sin embargo, su comportamiento al fuego del CLT ha sido discutido frecuentemente y ha surgido mucha preocupación en relación con la seguridad de la vida y la propiedad en aquellas estructuras que lo incorporan.

La madera contralaminada de CLT es un producto ingenieril que involucra una combinación principalmente de dos componentes: la madera y el adhesivo. Resulta evidente concluir entonces que, el desempeño estructural del CLT, tanto a temperatura ambiente como de incendio, depende de ambos componentes. Es bajo esta hipótesis que el comportamiento al fuego del CLT no puede asumirse idéntico al de la madera aserrada sólida, ya que los adhesivos, al igual que la madera, disminuyen considerablemente sus características estructurales con el aumento de temperatura.

En la Sección 3.3.4.4 se discutió acerca de los incendios en compartimentos con envolvente de madera y las consecuencias que tienen respecto a la reglamentación actual de seguridad de incendios, la cual se basa gran parte de su estrategia en los requerimientos de resistencia al fuego. No se pretende abordar esta problemática de manera exhaustiva, ya que el enfoque de este capítulo está en el análisis estructural, sin embargo, cuando sea relevante, se harán menciones respecto a esta.

El concepto de diseño fundamental de elementos de madera expuestos al fuego presentado en la sección anterior no cambia en su esencia conceptual, pero deben incorporarse algunas disposiciones adicionales. Son dos las principales diferencias respecto de la metodología general:

- En términos simplificados, la principal diferencia entre el comportamiento al fuego de la madera aserrada y la de la madera contralaminada CLT es la presencia del adhesivo, y su influencia en las velocidades de carbonización y propiedades mecánicas, dado que existe la probabilidad de la caída prematura de las laminas del CLT. Este efecto ha sido denominado en la literatura como *delaminación*. La delaminación, Figura 3.4.2.5, es el proceso en el cual las láminas del CLT se separan de forma prematura durante la duración del incendio producto de la falla del adhesivo, dejando expuesta la madera virgen (sin carbonizar). Como consecuencia, se ha demostrado que una vez que esto ocurre, tanto la tasa de liberación de calor (HRR) como las temperaturas dentro del pueden compartimento aumentar considerablemente.

- Por otro lado, debido a la delaminación, la capa de resistencia nula d_0 es variable con el tiempo y depende también fuertemente del desempeño del adhesivo también, por lo que no puede asumirse igual que en el caso de madera aserrada sólida.

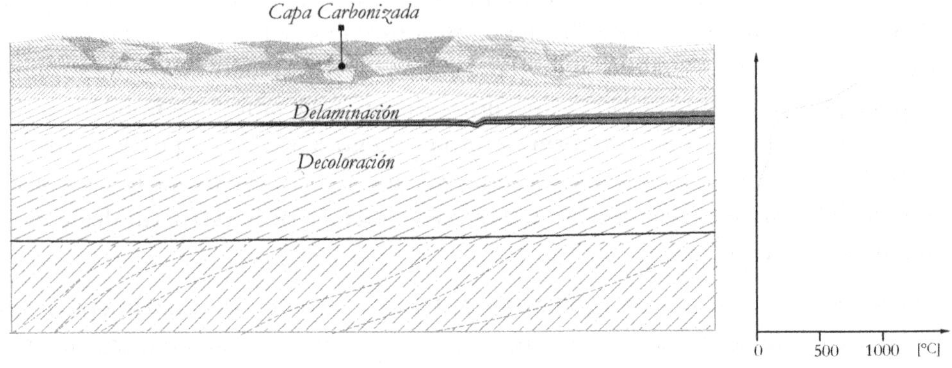

FIGURA 3.4.2.5 Fenómeno de delaminación del CLT durante la exposición al fuego (basado en Bartlett et al. 2015).

A no ser que pueda demostrarse que el adhesivo utilizado no produce delaminación, el diseño estructural de elementos de CLT expuestos al fuego debe ser capaz de incorporar este efecto. Actualmente en Europa no existe una metodología normativa oficial para el diseño de elementos de CLT expuestos al fuego. La guía técnica de seguridad de incendios en edificios de madera en Europa (SP 2010) incorpora en uno de sus capítulos una metodología nueva. En el siguiente punto se presentan algunas de sus principales particularidades.

3.4.2.5.1 Concepto de diseño según el método europeo

Esta metodología está basada en la misma filosofía de diseño que la del EC5, y sigue los mismos procedimientos que el método de la sección residual efectiva:

- Es aplicable en paneles CLT con un número impar de láminas, con un espesor mínimo de 15 milímetros.

- Las uniones entre paneles CLT adyacentes se asumen capaces de transferir fuerzas de corte entre estos, pero no así momentos, ante un escenario de incendio.

- Tal como se calcula en frío, en esta metodología solo las láminas longitudinales aportan capacidad.

- Como en este caso la reducción de la sección transversal residual por concepto de disminución de las propiedades mecánicas (capa de resistencia nula) puede incluir aquellas capas que no aportan a la resistencia de flexión, se utiliza un espesor adicional s_0 para compensar dicho efecto, tal como se muestra en el esquema de la Figura 3.4.2.5.1.1.

Es decir, que para esfuerzos tales como tracción, compresión o flexión, en donde habitualmente se asume que las láminas perpendiculares no trabajan (ver detalles en el Capítulo 1), disponemos de un espesor adicional que permite proteger las láminas longitudinales que sí trabajan.

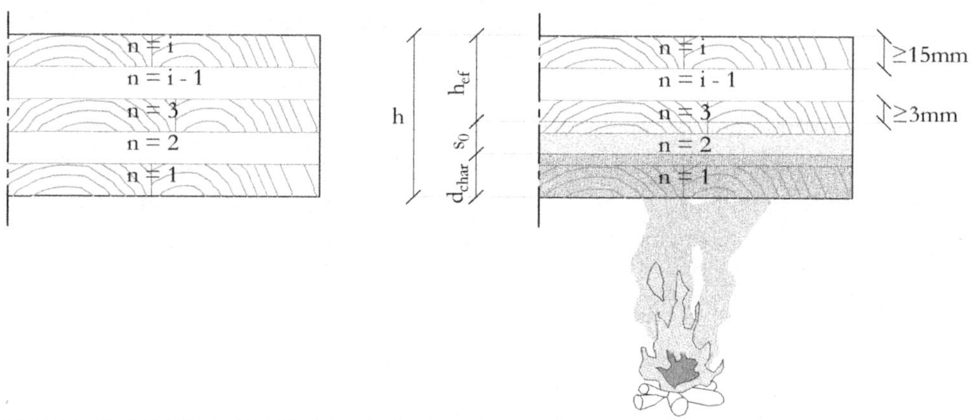

FIGURA 3.4.2.5.1.1 Posible método para calcular CLT en situación de incendio considerando un espesor adicional, s0, en concepto de láminas transversales que no aportan resistencia (basado en SP 2010).

Carbonización

La carbonización se determina de manera análoga al caso de madera aserrada sólida, tanto para elementos no protegidos como aquellos inicialmente protegidos. Para considerar el efecto de la falla del adhesivo también se debe calcular el escenario con delaminación, en donde la lámina falla una vez que el frente de carbonización llega a la interfaz de encolado, y se expone a la velocidad de carbonización amplificada por el factor k_3, y se procede de manera análoga a la para elementos de madera protegidos, hasta alcanzar el tiempo final de análisis, ver Figura 3.4.2.5.1.2.

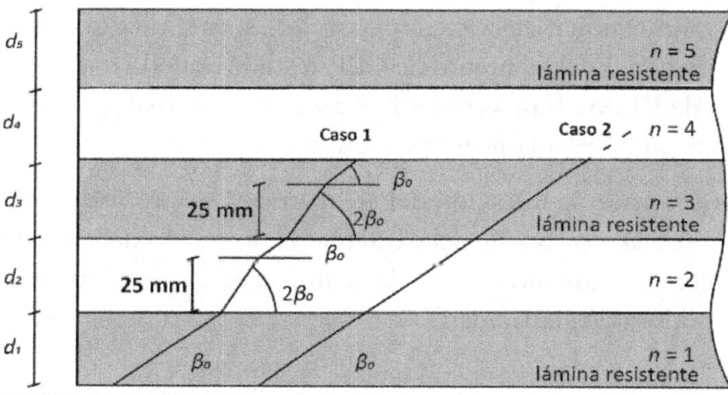

FIGURA 3.4.2.5.1.2 Modelo de carbonización de elemento de CLT en flexión, considerando la caída de las láminas.

Reducción de propiedades mecánicas

Se considera la misma reducción por concepto de capa de resistencia nula, pero reemplazando d_0 por s_0. Los valores de s_0 para paneles de CLT con 3, 5 y 7 láminas, ya sea para sistemas de piso o muros, son presentados en SP (2010).

Nuevos desarrollos

Actualmente, se desarrolló un extenso programa de investigación para dar con un nuevo método de cálculo de carbonización en el CLT, en Europa. Mientras que dicho método no esté formalmente normalizado, se recomienda consultar Klippel y Schmid (2018).

3.4.2.5.2 Concepto de diseño según el método estadounidense

En la NDS (ANSI/AWC NDS. 2018) se presenta la metodología de diseño de elementos de CLT expuestos al fuego, la cual es válida solo para paneles expuestos a la curva de incendio estándar de la norma ASTM E119. El cálculo de la resistencia al fuego estructural bajo este método se basa conceptualmente en los siguientes 5 pasos:

- *Paso 1*: Calculo del tiempo de caída de las laminas. Utilizando la velocidad de carbonización nominal del modelo norteamericano (1.5 [in/hr]) se debe calcular el tiempo requerido para alcanzar cada una de las interfaces de encolado del CLT, para luego determinar el número de láminas que efectivamente se caen, redondeando al entero menor.

- *Paso 2*: Cálculo de la profundidad de carbonización efectiva. Se calcula el espesor carbonizado en función de la cantidad de láminas que potencialmente pueden caerse, en función de un modelo de carbonización por pasos (ver CLT Handbook 2017).

- *Paso 3*: Determinación de la sección residual efectiva. Se determina la altura de la sección residual efectiva, a partir del espesor de carbonización efectivo y la altura inicial del elemento de CLT, restado aquella fracción que quede de una capa de lámina transversal a la dirección principal de flexiona (las que se suponen no aportan a la resistencia en flexión).

- *Paso 4*: Encontrar la ubicación del eje neutro y las propiedades estáticas de la sección residual efectiva. Se debe calcular la ubicación del eje neutro, teniendo en consideración que no siempre las láminas en el elemento de CLT tienen el mismo módulo de elasticidad.

- *Paso 5*: Cálculo de la resistencia al fuego del elemento CLT. Se calcula el momento resistente del elemento de CLT utilizando las reglas a temperatura ambiente.

Cabe destacar que, en Estados Unidos, para medir el desempeño de los adhesivos y verificar si estos exhiben o no delaminación, se desarrolló un método de ensayos particular, asociado a la norma ANSI/APA PRF 320-2018.

3.4.2.6 *Procedimiento de diseño de entramados ligeros de madera*

Como fue mencionado en la sección 3.3.4.2, los elementos de madera que forman parte de los entramados ligeros tienen secciones transversales de menores dimensiones, lo que repercute negativamente en su desempeño estructural a temperaturas de incendio. Por tal, el diseño de estos elementos tiene un enfoque algo distinto.

En el Capítulo 13 del libro *"Fundamentos del diseño y la construcción con madera"*, se hizo una breve introducción a los requerimientos de resistencia al fuego y a las tres componentes que se evalúan en los ensayos; capacidad de soporte de carga, aislamiento térmico, estanqueidad y finalmente no emisión de gases inflamables. Los entramados de madera ligeros son utilizados también como elementos de compartimentación y, por tanto, deben cumplirlos todos.

En el diseño y optimización de entramados de madera, las siguientes reglas son fundamentales para la maximización de la resistencia al fuego:

- Existe una jerarquía en la contribución de la resistencia al fuego de las distintas capas del entramado.

- La mayor contribución a la resistencia al fuego la provee la capa expuesta al fuego mas externa, tanto para el criterio de aislación térmica como para la falla del revestimiento mismo (desprendimiento).

- La aislación ubicada en la cavidad de aire mejora la resistencia al fuego de los elementos de madera que componen el sistema estructural del entramado. La mejor protección se logra cuando la aislación protege las caras transversales de los elementos de madera.

Las opciones para evaluar tanto la integridad estructural como la función de separación de los entramados suelen ser generalmente dos:

Ensayos de resistencia al fuego y listados oficiales

Los ensayos de resistencia al fuego son usualmente la opción por excelencia, ya que permiten ensayar la solución exacta con la carga deseada ante un incendio estándar que usualmente es suficiente para efectos de incendios en compartimentos (hasta hoy en día es aceptado esto). Lamentablemente los ensayos suelen ser costoso y están asociados netamente a la solución ensayada.

Los listados oficiales son cada vez mas recurrentes hoy en día ya que en la medida que aumenta la base de datos de soluciones ensayadas se incrementa la capacidad de realizar análisis comparativos que permiten asimilar la solución estudiada con una ensayada anteriormente. Un estudio de esta índole debe ser realizado con criterio ya que son muchos los factores influyentes e idealmente debe ser realizado por un profesional competente.

Metodologías de cálculo

En la última década se han desarrollado metodologías de cálculo para evaluar tanto la integridad estructural como la capacidad de aislación térmica de los entramados de madera, las que usualmente se calibran combinando ensayos con análisis de elementos finitos. Siguiendo esta misma línea, existen varios niveles de complejidad en estas metodologías, desde ecuaciones empíricas, metodologías basadas en el método aditivo de componentes y finalmente aquellas puramente basadas en análisis termo-mecánicos mediante elementos finitos.

Lo cierto es, que el día de hoy son pocas las metodologías que han logrado hacerse oficiales, ya que el problema físico no es trivial. O bien son muy conservadoras, llevando a soluciones muy costosas, o son extremadamente complejas y aun no lo suficientemente precisas como para ser incorporadas en normas o códigos oficiales.

3.4.2.6.1 Capacidad de soporte de carga (integridad estructural)

El criterio de capacidad de soporte de carga requiere que los elementos del entramado de madera mantengan su integridad estructural durante la duración del incendio estándar. Descartando los ensayos de resistencia al fuego, son dos los enfoques con que puede abarcarse el problema:

Método del inicio de la carbonización

Como un método alternativo se puede calcular la resistencia estructural al fuego al sistema constructivo demostrando que, durante el tiempo requerido, los elementos de madera del entramado no se carbonizan, utilizando la temperatura de inicio de carbonización de 300 °C. Si los elementos son lo suficientemente robustos y están correctamente reforzados para el pandeo, esta metodología asegura que el sistema constructivo no falle durante el tiempo requerido. Sin embargo, como se mencionó en apartados anteriores, si los elementos son considerablemente esbeltos, estos pudieran fallar a temperaturas menores que los 300 °C, lo que se considera poco probable considerando las dimensiones comerciales típicas que se ocupan para este tipo de sistemas.

El tiempo de inicio de carbonización t_{ch} se calcula en este caso con las fórmulas mostradas en la sección 3.3.4.1, o bien puede determinarse a través de ensayos en hornos de pequeña escala. La norma en EN 13381-7 está siendo desarrollada para tales efectos.

Método de cálculo de la capacidad estructural de los elementos

En este caso, se calcula directamente la resistencia de la sección residual de los elementos del entramado de madera. Las formas típicas de secciones residuales se muestran en la Figura 3.4.2.6.1 para elementos con aislación en sus costados o bien sin esta.

Lo que ocurre conceptualmente es que para la etapa previa a la falla del último revestimiento de protección $t < t_f$, el comportamiento de las aislaciones térmicas tanto rígidas como de relleno, ya sea con lana de roca o lana de vidrio, es aproximadamente igual. Sin embargo, una vez que el revestimiento falla y la aislación se ve expuesta directamente al fuego, la aislación con lana de vidrio se descompone rápidamente, por lo que se pierde su capacidad protectora. Por el contrario, la aislación con lana de roca, siempre y cuando permanezca fijada, continúa protegiendo a los elementos de madera en sus costados.

El Eurocódigo 5 Parte 2 (EN 1995-1-2) en sus anexos C y D incorpora estos conceptos a través de metodologías de cálculo para resistencias al fuego de hasta 60 minutos. En (SP 2010) se incorpora un método mejorado respecto al del Eurocódigo 5 Parte 2.

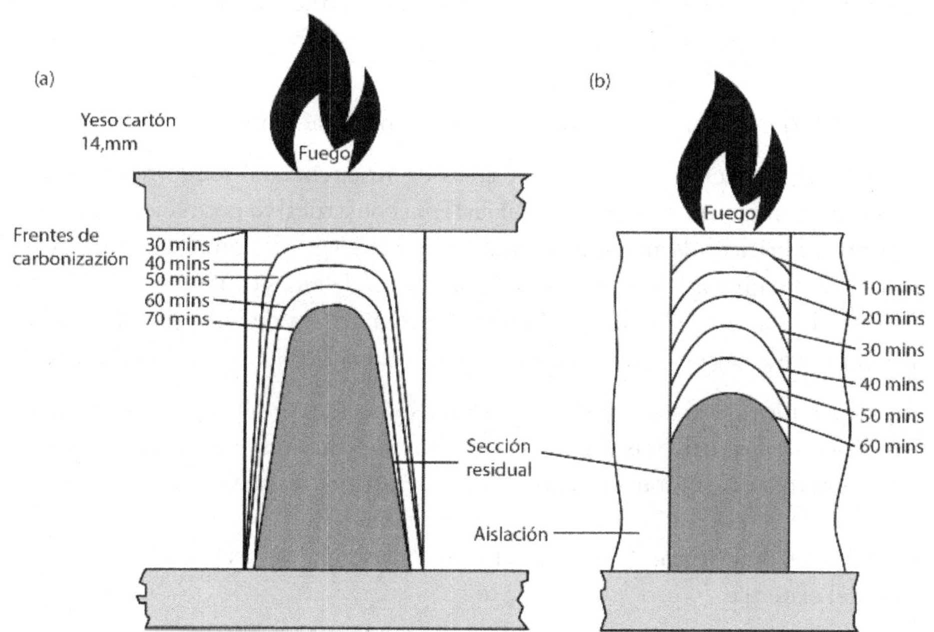

FIGURA 3.4.2.6.1 Perfiles de carbonización medidos en elementos de entramados de madera expuestos al incendio estándar. (a) Montantes de madera sin aislación en sus costados con una capa de yeso cartón de 14.5 milímetros. (b) Montantes de madera con aislación en sus costados y sin protección en su lado expuesto al fuego (modificado a partir de Buchanan 2017).

El método de cálculo, sin embargo, es análogo a aquel mostrado en 3.4.2.4 para elementos de madera aserrada o madera laminada encolada (MLE), considerando una velocidad de carbonización nominal de acuerdo con la siguiente definición:

$$\beta_n = \beta_0 k_s k_n k_p$$

En donde k_s es un factor que toma en cuenta el efecto del ancho "b" de los montantes de madera, siendo igual a la unidad si b > 90 milímetros. El factor k_n lo que hace es transformar la sección irregular mostrada en la Figura 3.4.6.1 (b) en una sección rectangular equivalente, mientras que el factor k_p da cuenta del efecto de la protección del revestimiento en la velocidad de carbonización.

Posterior al cálculo de β_n se procede de manera análoga a los expuesto en 3.4.2.4, utilizando ya sea el método de la sección residual efectiva o bien el de las propiedades mecánicas reducidas. En el Eurocódigo 5 - Parte 2 y en SP (2010) se entregan los valores para calcular ya sea el espesor de resistencia nula d_o o bien el factor de modificación por temperatura $K_{mod,fi}$, para el caso de sistemas de entramados de madera, los que en este caso son distintos que para elementos de madera aserrada de grandes dimensiones. Como se puede apreciar, la filosofía de diseño sigue siendo exactamente la misma, que es lo que el lector debiera retener.

3.4.2.6.2 Función de compartimentación (aislación térmica)

El criterio de aislación térmica en ensayos de resistencia al fuego requiere que la temperatura en la cara no expuesta del sistema constructivo permanezca bajo cierta temperatura critica, de manera de que no haya riesgo de ignición de objetos del otro lado del recinto. En el contexto de la norma de ensayos ISO 834 (o NCh935. Of97 en Chile), se considera que la temperatura critica de falla para el criterio de aislación térmica es de 140 °C en promedio o bien 180 °C de manera puntual.

Las propiedades de aislación de los sistemas constructivos dependen del arreglo geométrico de las distintas capas y elementos soportantes. En general, sobre todo en sistemas que incorporan aislación, la temperatura máxima en la cara no expuesta se da lejos de la ubicación de los montantes de madera. La transferencia de calor en esta región es prácticamente unidimensional, desde la cara expuesta al fuego hasta detrás del sistema.

Métodos aditivos de componentes

En el Capítulo 13 del libro *"Fundamentos del diseño y la construcción con madera"*, en el capítulo de fuego, se presento el método aditivo de componentes, en particular el método adoptado por el IBC de Estados Unido.

Los fundamentos de estos métodos surgieron originalmente a partir de las 10 reglas de resistencia al fuego establecidas por Tibor Harmathy en el año 1965. A partir de ese momento, los métodos CAM, por sus siglas en inglés, han ido desarrollándose con distintos niveles de complejidad en la medida que han ido mejorando los métodos de análisis.

Estos métodos son llamados aditivos de componentes por la simple razón que calculan la resistencia al fuego de sistemas constructivos mediante la suma de las contribuciones de cada una de las capas presentes.

La particularidad del método suizo, el cual se describe a continuación, es que toma en cuenta la posición en la que se encuentran las capas respecto a la cara expuesta y la influencia de las capas adyacentes sobre la capa de análisis, y, por ende, describe el desempeño real de estas de manera mas precisa.

El Nuevo Método Suizo Aditivo de Componentes

Con el objetivo de mejorar el alcance y la precisión el método aditivo de componentes del Eurocódigo 5 - Parte 2 (Anexo E), en Suiza se desarrollo un extenso proyecto de investigación que combinó ensayos experimentales con análisis térmicos mediante elementos finitos.

Fundamentalmente, el método considera que la resistencia al fuego es la suma de las contribuciones de cada una de las capas presentes (revestimientos, aislaciones o capas de aire), considerando distintas trayectorias de transferencia de calor (ver Figura 3.4.2.6.2.1):

$$t_{ins} = \sum_{i=0}^{n-1} t_{prot,i} + t_{ins,n}$$

En donde

$$\sum_{i=0}^{n-1} t_{prot,i}$$

es la suma de los tiempos de protección de las capas predecesoras a la última capa en minutos, mientras que $t_{ins,n}$ es el tiempo de aporte de la última capa, el cual se considera netamente de aislación térmica.

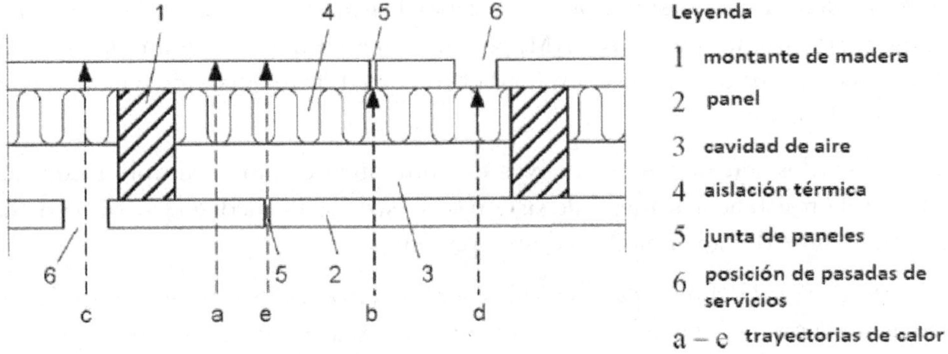

FIGURA 3.4.2.6.2.1 Esquema representativo del Nuevo Método Suizo Aditivo de Componentes. Se muestran las distintas trayectorias de calor a ser evaluadas (modificado a partir de SP 2010).

en donde $t_{prot,i}$ y $t_{ins,n}$ están en función de los siguientes parámetros.

$$t_{prot,i} = t_{prot,i}\{t_{prot,o,i}, k_{pos,exp,i}, k_{pos,unexp,i}, \Delta t_i, k_{j,i}\}$$

$$t_{ins,n} = t_{ins,n}\{t_{ins,o,n}, k_{pos,exp,n}, \Delta t_n, k_{j,n}\}$$

Los valores $t_{prot,o,i}$ son los valores básicos de protección de cada una de las capas sin la influencia de las adyacentes, y están asociados a las metodologías de ensayo de las normas EN 13501 - 2 y EN 14135. Básicamente, representan el tiempo en que aumenta la temperatura promedio en la interfaz entre la capa en estudio y un tablero de partículas en 250 °C o 270 °C puntual máxima; ver Figura 3.4.4.6.2.2.

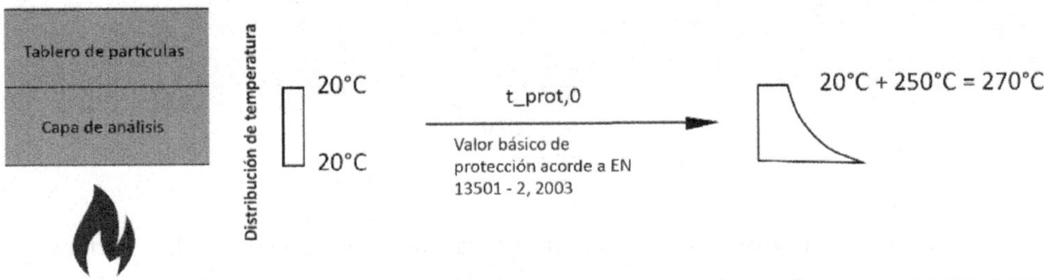

FIGURA 3.4.2.6.2.2 Representación esquemática de los valores básicos de protección de los revestimientos de protección en sistemas de entramados de madera (modificado a partir de SP 2010).

En cambio, los valores $t_{ins,n}$ corresponden a la resistencia al fuego de una capa singular sin la influencia de la capa predecesora, es decir, el aumento de la temperatura promedio en 140 °C en su cara no expuesta o bien de 180 °C puntual máxima (Figura 3.4.4.6.2.3).

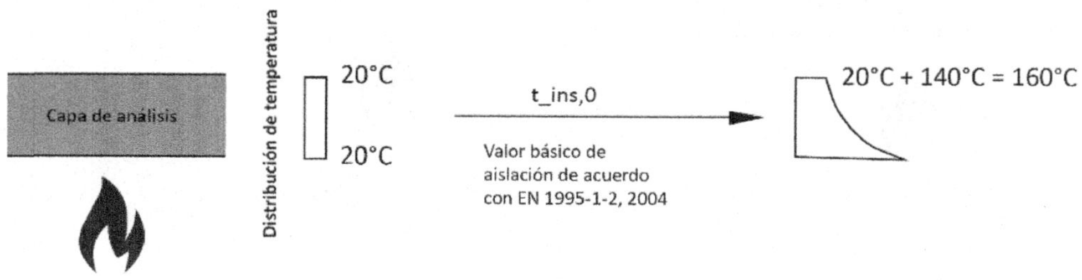

FIGURA 3.4.2.6.2.3 Representación esquemática de los valores básicos de aislación de los revestimientos de protección en sistemas de entramados de madera (modificado a partir de SP2010).

Por otro lado, los parámetros $k_{pos,exp,i}$ y $k_{pos,unexp,i}$, denominados coeficientes de posición son los que toman en cuenta la influencia de las capas adyacentes sobre la capa en estudio. El significado físico de los coeficientes de posición se ilustra en la Figura 3.4.4.6.2.4. Por simplicidad, se consideran capas de igual espesor, densidad y valores básicos de protección ($t_{prot,o,1} = t_{prot,o,2} = t_{prot,o,3}$).

La segunda capa está protegida por la primera. Se asume conservadoramente que, después de la falla de la primera (aumento promedio de 20 °C detrás de esta) al tiempo $t = t_{prot,1}$, la segunda capa queda expuesta al fuego directamente. La diferencia respecto con la condición inicial de la primera capa expuesta al fuego, es que la temperatura de la segunda ahora es de 270 °C, y la temperatura detrás de la segunda capa, es mayor o igual a 20 °C, lo que depende de la materialidad y espesor de esta. Adicionalmente, la temperatura en el compartimento al tiempo $t = t_{prot,1}$ es aún mayor. Por esta razón, la contribución a la resistencia al fuego de la segunda capa es menor, es decir $t_{prot,2} < t_{prot,1}$. Finalmente, la tercera capa es la última, y aplica en este caso calcularle el valor de aislación $t_{ins,3}$.

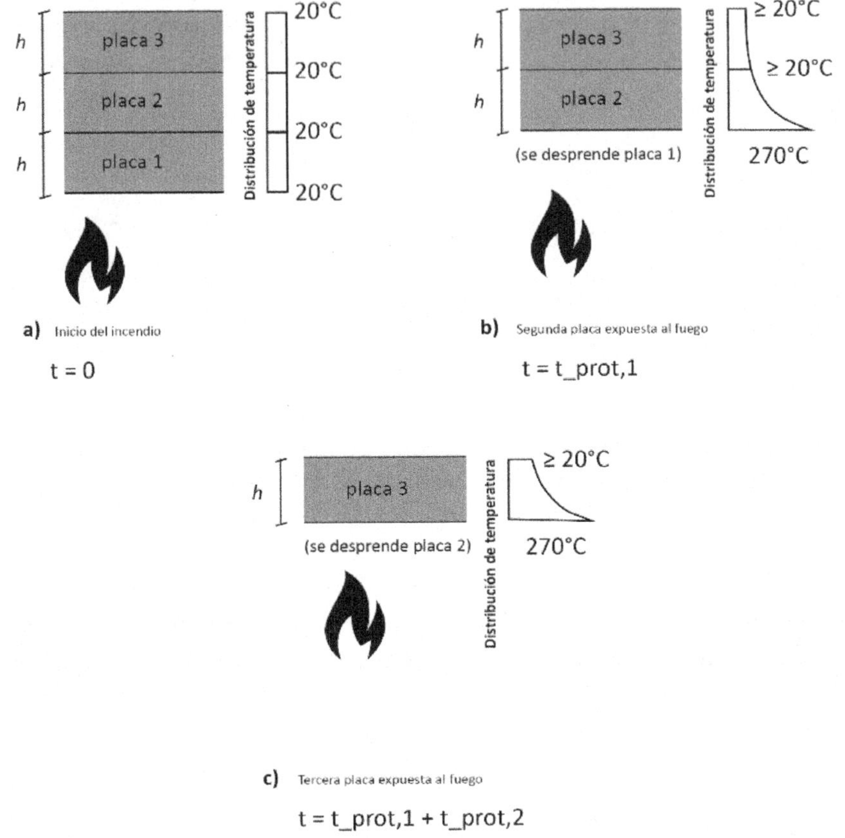

FIGURA 3.4.2.6.2-4 Representación física de los coeficientes de posición (modificado a partir de SP 2010).

Finalmente, para poder reflejar el mejor comportamiento que tienen las placas de yeso cartón resistentes al fuego (tipo F en Europa, tipo X en Estados Unidos y tipo RF en Chile), se considera el parámetro Δt_i. La razón de incorporarlo radica en que térmicamente las placas de yeso cartón RF y las estándar ST son idénticas, sin embargo, las placas RF tienen un mejor desempeño debido a la incorporación de fibras en su interior, lo que mejora el tiempo de falla t_f de estas. El método actual asume que para sistemas de muro estas placas no se caen hasta alcanzar una temperatura de 600 °C en su cara no expuesta al fuego.

Este método aditivo de componentes es explicado en detalle en la guía técnica de Europa relativa a la seguridad de incendios en edificios de madera (SP 2010), y en esta se definen los valores de todos los coeficientes anteriormente mencionados.

3.4.2.6.3 Detalles constructivos

Los detalles constructivos pueden tener una influencia significativa en la resistencia al fuego de los entramados de madera:

- *Número de capas.* La utilización de múltiples capas de yeso cartón de menor espesor puede resultar en un sistema mas ligero y menos costos, sin embargo, estas no proveen la misma resistencia al fuego que una sola capa del mismo espesor, debido a que la caída de las capas delgadas abre paso a una solicitación térmica mucho mas intensa en la capa siguiente y su aporte se minimiza.

- *Fijación de las placas.* Las placas de yeso cartón se deben fijar a los elementos de madera para que estas permanezcan de pie durante la duración del incendio. La mayoría de las placas se sostienen utilizando tornillos especiales. En este caso, los tornillos debiesen estar lo más cercano posible entre ellos (respetando el espaciamiento mínimo) y lo más lejanos posible del borde de las placas.

- *Montantes de madera muy esbeltos.* Reducen considerablemente la distancia a los bordes cuando se atornillan dos placas a estos. En la Figura 3.4.2.6.3.5 se ilustra lo reducida que puede ser esta distancia cuando se juntan dos placas en un montante de 38 milímetros. La distancia de 10 milímetros cumple con los requerimientos de muchos códigos de construcción, sin embargo, los ensayos demuestran que si esta distancia se incrementa a al menos 35 milímetros la resistencia al fuego puede aumentar considerablemente.

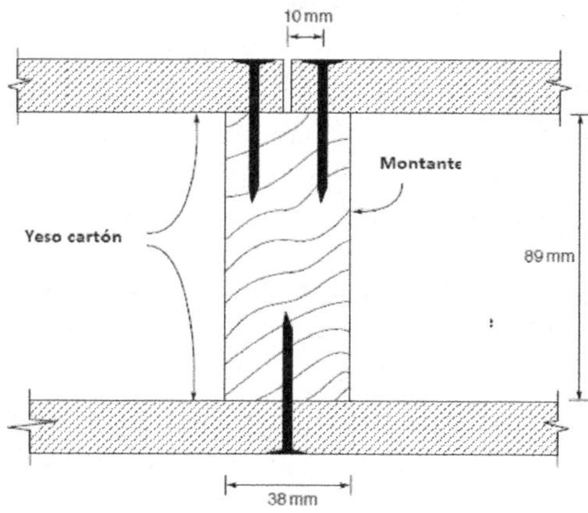

FIGURA 3.4.2.6.3.5 Fijación de placas de yeso cartón a un montante de 38 milímetro de ancho (modificado a partir de Buchanan 2010).

- *Penetraciones*. Una preocupación no menor son las penetraciones de servicios a través de los muros resistentes al fuego. Este problema se reduce considerablemente si las cavidades de aire son rellenadas con lana de roca. Particularmente para las cajas eléctricas (arranques de enchufe) que se instalan en los muros, se pueden incorpora bloques de madera o placas de yeso cartón adicionales, tal como se muestra en la Figura 3.4.2.6.3.6.

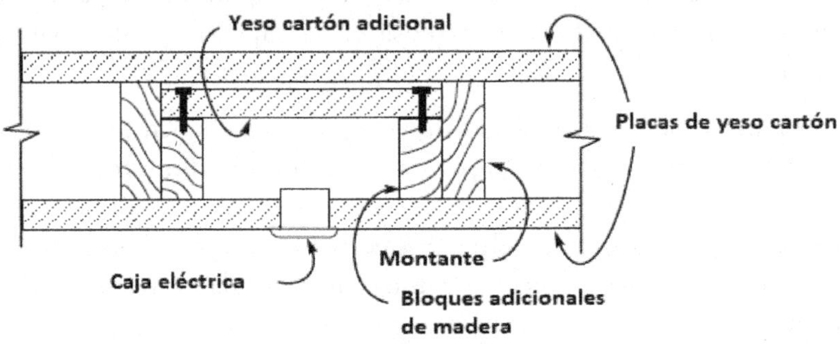

FIGURA 3.4.2.6.3.6 Detalle de protección adicional del sistema constructivo en las cajas eléctricas (modificado a partir de Buchanan 2010).

3.4.2.7 *Diseño de uniones*

La capacidad estructural de las estructuras depende de la resistencia y de la rigidez de sus elementos, así como también de las uniones entre estos. Durante un incendio, dicha condición se debe seguir cumpliendo durante el tiempo de duración de análisis. Históricamente, las investigaciones respecto del desempeño de estructuras de madera expuestas al fuego se enfocaron en estudiar primordialmente la resistencia estructural de elementos de madera aislados. En lo que respecta a las conexiones de madera y su desempeño al fuego, la mayoría de la información se ha producido en los últimos 10 años, y gran parte de esta trata sobre conexiones entre madera-madera y madera-acero con pasadores y pernos metálicos.

Respecto al comportamiento de las conexiones expuestas al fuego, hay ciertos aspectos que pueden generalizarse. El problema principal radica en que las conexiones combinan el comportamiento de la madera con el del acero, del que están compuestos los conectores mecánicos metálicos y las placas externas. Como es conocido, el acero no tiene un buen comportamiento al fuego debido a sus propiedades térmicas y mecánicas a altas temperaturas, lo que repercute en dos aspectos:

- La alta conductividad térmica genera un transporte de calor hacia el interior de la madera, el cual disminuye las propiedades mecánicas de esta por concepto de temperatura, además de carbonizarla. Cuanto mayor es la superficie expuesta de acero en el exterior, mayor será la intensidad del calor transportado hacia el núcleo frio de la madera, razón por la cual las conexiones con pasadores tienen un mejor comportamiento al fuego que aquellas con pernos de acero, los que tienen cabezas grandes. Debido a este efecto, los espaciamientos entre conectores cobran mayor importancia en el diseño anti-incendios.

- Por otro lado, la resistencia de la conexión depende, en parte, de la capacidad de los conectores metálicos utilizados. Si estos conectores se exponen a temperaturas de incendio, sus propiedades mecánicas se reducen rápidamente, reduciendo la capacidad resistente de la conexión considerablemente.

Los dos puntos anteriores hacen que el problema sea difícil de abordar. Una de las filosofías de diseño de conexiones podría consistir en exigir una resistencia al fuego mayor que la de los elementos principales. En los códigos estructurales estadounidenses y australianos, por ejemplo, la resistencia al fuego de las conexiones se desprecia, y, por tanto, estas se deben proteger de tal manera que el sistema de protección debe aportar la totalidad de la resistencia al fuego requerida, el cual puede estar materializado con yeso cartón, madera, una combinación de estos, o bien otro material certificado con ensayos. Se recomienda la utilización de este enfoque en el diseño de uniones de madera en situación de incendio.

Complementariamente, tanto el código británico BS 5268 - 4.1: 1978 como la norma australiana AS 1720.4 permiten, o bien recomiendan, la protección por medio del incrustamiento de los conectores metálicos hasta una profundidad equivalente a aquella calculada como el espesor de carbonización efectivo (incluyendo el espesor de la capa de resistencia nula), para luego tapar los orificios remanentes con tapones de madera.

El EC5 provee dos métodos para el cálculo de la resistencia al fuego de uniones expuestas al fuego hasta 60 minutos. En este mismo código, se entregan reglas de diseño para conexiones materializadas con clavos, tornillos, pernos, pasadores, conectores de anillo y conectores con placas metálicas. La primera metodología es simplificada, y la segunda se basa en el método de propiedades mecánicas reducidas. En los apartados sucesivos, se presenta únicamente la metodología simplificada, para la metodología basada en las propiedades reducidas se recomienda consultar el EC5.

Reglas simplificadas para uniones protegidas y desprotegidas con miembros laterales de madera

En este enfoque se establece que la resistencia al fuego de uniones no-protegidas viene dada por el tipo de conector siempre que se respeten los espaciamientos y las condiciones indicadas en la Tabla 3.4.2.7.

TABLA 3.4.2.7 Resistencia al fuego de uniones con miembros laterales de madera no protegidos (modificada del EC5).

	Tiempo de resistencia al fuego $t_{d,fi}$ [*min*]	Requerimientos[a]
Clavos	15	$d \geq 2.8\ mm$
Tornillos	15	$d \geq 3.5\ mm$
Pernos	15	$t_1 \geq 45\ mm$
Pasadores	20	$t_1 \geq 45\ mm$

En donde d corresponde al diámetro del conector y t_1 el espesor del miembro de madera lateral. Se permite aumentar los tiempos de resistencia al fuego de la Tabla 3.4.2.7 hasta un máximo de 30 minutos en total, si se aumentan en un espesor a_{fi} las siguientes dimensiones:

- El espesor de los miembros de madera laterales.

- El ancho de los miembros laterales de madera.

- Los espaciamientos de los conectores a los bordes de la madera, tanto paralelos o bien perpendiculares a la fuerza resultante de la conexión.

$$a_{fi} = 1.5\beta_n(RF_{req} - t_{d,fi})$$

En donde RF_{req} es la resistencia al fuego requerida y β_n la velocidad de carbonización nominal que incorpora el efecto de redondeo de aristas en la carbonización.

Para el caso de uniones protegidas, se establecen requerimientos para el tiempo de inicio de carbonización t_{ch}, el cual considera tanto protección con madera como con yeso cartón, y cuando los conectores sean protegidos con "tapones de madera", estos deben calcularse de acuerdo con la fórmula de a_{fi}. Se debe procurar que los medios de protección utilizados permanezcan sujetos al menos hasta el tiempo de inicio de la carbonización, en el caso de protección con tableros de madera y si se protege con placas de yeso cartón RF, estas deben permanecer sujetas durante el tiempo total requerido de resistencia al fuego (independiente de si se desintegran producto del fuego).

La profundidad de penetración de los conectores que sujetan la protección adicional debe cumplir lo siguiente:

- Cuando la protección se materializa con madera, tableros en base a madera o con placas de yeso cartón estándar (ST), esta debe ser al menos 6 veces el diámetro de protección.

- Cuando la protección se materializa con tableros de yeso cartón resistentes al fuego (RF), la profundidad de penetración del conector en la madera no carbonizada debe ser de al menos 10 veces el diámetro del conector.

Para el caso de conexiones con placas de acero internas con espesores mayores a 2 milímetros, se definen en el EC5 anchos mínimos que estas deben cumplir, en conjunto con otros requerimientos dimensionales.

Respecto de las conexiones con placas de acero externas que no se encuentran protegidas, el EC5 establece que la capacidad resistente de las placas de acero debe calcularse de acuerdo con el Eurocódigo 3 - Parte 2, correspondiente al diseño de estructuras de acero expuestas al fuego, y que en el cálculo de su factor de masividad puede asumirse que la superficie en contacto con la madera no está expuesta al fuego.

En Chile no existe una metodología de cálculo explícita de la resistencia al fuego de estructuras de acero, sino que solo se define una temperatura critica de 500 °C, asociada principalmente a elementos de columnas o vigas. Normativamente se aceptaría proteger las placas de acero para esta temperatura crítica, por lo que la protección que se considere debe calcularse para tales efectos. Por otro lado, existe la posibilidad que las placas de acero tengan temperaturas críticas menores a 500 °C —similar a lo que ocurre con los perfiles de acero Clase 4 que el EC3 define, a los que prescriptivamente se les atribuye una temperatura crítica de 350 °C. Bajo esta analogía, pudiera ser pertinente proteger este tipo de conexiones bajo cualquier circunstancia.

En el caso de que las placas se encuentren protegidas con madera en todo su perímetro, se permite la utilización de la fórmula para a_{fi} para el espesor mínimo de protección, considerando $t_{d,fi} = 5$ *minutos*. En Dhima et al. (2009) se presentan cálculos explícitos aplicando la metodología de cálculo en uniones expuestas al fuego dada por el EC5. Finalmente, en SP (2010) se muestra la metodología del EC5, al mismo tiempo que se detallan algunas mejoras respecto a la misma. Estos métodos mejorados combinan resultados de ensayos, modelaciones con elementos finitos y fórmulas analíticas relacionadas directa o indirectamente con los principios del Eurocódigo. Por lo tanto, puede considerarse como un complemento de la metodología ya existente.

3.5 LECTURAS ADICIONALES

ANSI/AWC NDS (2018) National Design Specification for Wood Construction. 2018 Edition. American Wood Council.

AS 1720.4. (2006) Timber Structures - Part 4: Fire resistance for structural adequacy of timber members. Australian Standards.

AS/NZS 1170 (2002) Structural design actions. Standards Australia, Canberra, Standards New Zealand, Wellington.

ASCE-7 (2010) Minimum Design Loads for Building and Other Structures. American Society of Civil Engineers, Reston, VA.

Bartlett A et al. (2015) Bisby. L. Hadden. R, Law. A. Analysis of cross - laminated timber upon exposure to non - standard heating conditions. Conference paper. School of Engineering. University of Edinburgh, UK & Arup, UK.

BRANZ (2014) Study Report 314. The Relationship between Fire Severity and Time Equivalence. BRANZ, Porirua, New Zealand.

BS EN 1990 (2002) Eurocode 0: Basis of Structural Design. CEN European Committee for Standardization.

Buchanan A (2017) Structural Design for Fire Safety. 2nd Edition. John Wiley & Sons.

Dhima D et al. (2009) & Bouchaïr A, Frangi A.Fire - safe use of wood in buildings, Timber connections, 2nd draft, 28 August 2009. Study realized for CEI - Bois roadmap.

Drysdale D (2011) An Introduction to Fire Dynamics. 3rd Edition. University of Edinburgh, Scotland, UK.

Emberley R et al. (2017) Description of small and large - scale cross-laminated timber fire tests. School of Civil Engineering, The University of Queensland, Australia & Mechanical Engineering Department, California Polytechnic State University, CA, USA & BRE Centre for Fire Safety Engineering, The University of Edinburgh, UK.

Emberley R et al. 2016) Self - extinction of timber. The University of Queensland, School of Civil Engineering, Australia.

Emberley R et al. (2017) Critical heat flux and mass loss rate for extinction of flaming combustion of timber. School of Civil Engineering, The University of Queensland, Australia.

EN 1995-1-2. (2004) Eurocode 5: Design of Timber Structures - Part 1-2: General - Structural Fire Design. CEN European Committee for Standardization.

Frangi A y Fontana M (2003) Charring rates and temperature profiles of wood sections. Swiss Federal Institute of Technology (ETH), Institute of Structural Engineering, Zurich, Switzerland.

Gerhards C (1980) Effect of Moisture Content and Temperature on the Mechanical Properties of Wood: An Analysis of Immediate Effects. Forest Product Laboratories, U. S. Department of Agriculture.

Harmathy T Z (1987) On the Equivalent Fire Exposure. Fire and Materials, 11(2):95-104.

Incropera F et al. (2006) Fundamentals of Heat and Mass Transfer. 7th Edition, Willey.

Ingberg SH (1928) Fire Loads. Quarterly Journal of the National Fire Protection Association, 22:43-61.

Just A, Schmid J y König J (2010) Gypsum plasterboards used as fire protection - Analysis of a database. SP Technical Research Institute of Sweden. SP Trätek.

Klippel M y Schmid J (2017) Design of Cross - Laminated Timber in Fire. Structural Engineering International. Institute of Structural Engineering, ETH Zürich, Switzerland.

Klippel M, Just A y Mäger K M (2017) Cross Laminated timber: Standard fire design model - Expert meeting. Cost Action FP 1404. Kösching, Germany.

Klippel M y Fahmi R (2018) Fire design models for Europe - Expert Meeting. Cost Action FP 1404. ETH Zürich. Vienna, Austria.

Kraudok K y Just A (2015) Protective effect of gypsum plasterboards for the fire design of timber structures. Universidad Técnica de Tallinn.

Leikanger K (2010) Charring rates of heavy timber structures for Fire Safety Design: A study of the charring rates under various fire exposures and influencing factors. Doctoral Thesis. Norwegian University of Science and Technology.

(Salaverry. M. 2018) Ingeniería de Protección Contra Incendios - Protección de Estructuras de Acero. Presentación y charla en Simposio Internacional "Construir en acero, una necesidad del futuro". Instituto Chileno del Acero y Asociación de Industrias Metalúrgicas.

Schmid J et al. (2018) The Reduced Cross - Section Method for Evaluation of the Fire Resistance of Timber members: Discussion and Determination of the Zero - Strength Layer. Fire technology 51(6): 1285-1309.

Schmid J y Fragiacomo M (2018) Fire Safe use of Bio - Based Building Products. Cost Action FP 1404. ETH, Zürich, Switzerland.

SFPE (2016) Handbook of Fire Protection Engineering. Springer.

SP (2010) Fire Safety in Timber Buildings: Technical Guideline for Europe. SP Technical Research Institute of Sweden.

Staffanson L (2010) Selecting Design Fires. Department of Fire Safety Engineering and System Safety, Lund University.

Su J et al. (2018) Fire Testing of Rooms with Exposed Wood Surfaces in Encapsulated Mass Timber Construction. National Research Council Canada.

Thi VD, Khelifa M y Rogaume Y (2016) Modelling of heat transfer in timber exposed to fire. World Conference on Timber Engineering 2016, Vienna, Austria.

Thomas GC y Buchanan A (1997) Structural Fire Design: The Role of Time Equivalence. University of Canterbury.

Torero JL (2013) How do Buildings Burn. Lecture. Australian Institute of Building (AIB) address. School of Civil Engineering. The University of Queensland.

Zelinka S et al. (2018) Compartment Fire Testing of a Two - Story Mass Timber Building. United States Department of Agriculture. Forest Products Laboratory. General Technical Report FPL - GTR - 247.

EJEMPLO DE CÁLCULO ESTRUCTURAL DE UN EDIFICIO DE 6 PISOS CON EL SISTEMA MARCO-PLATAFORMA

PRINCIPAL CONTRIBUIDOR JAIRO MONTAÑO (CENTRO DE INNOVACIÓN EN MADERA CIM-UC Y UNIVERSIDAD CATÓLICA, SANTIAGO CHILE), CON LA COLABORACIÓN DE SEBASTIÁN BERWART (CENTRO DE INNOVACIÓN EN MADERA CIM-UC, SANTIAGO CHILE)

A.1 DESCRIPCIÓN DE LA EDIFICACIÓN Y CONDICIONES DE CÁLCULO

El proyecto para el desarrollo de este ejemplo se estudiará y analizará una edificación de madera de 6 pisos en sistema marco plataforma para un uso de hotel. La altura libre de todos los pisos es de 2440 mm y la altura total de edificio es de 16.3 m sobre el nivel del terreno. Las dimensiones de las losas o diafragmas de entrepiso son de 17.5·13.2 m sumando un área de 231 m² por piso. El proyecto se ubica en una zona del litoral costero de Chile tal que le corresponde una Zona Sísmica 3 (A_o = 0.4 g), y se adopta un suelo tipo C de acuerdo a la regulación de la norma NCh-433 "Diseño Sísmico de Edificios" Of.1996 Mod. 2012/ DS-61, de aquí en adelante *la Norma*.

El sistema resistente a fuerzas laterales está conformado por muros de corte en el sistema de marco-plataforma, la configuración general de un muro de corte de la edificación contiene pies derechos de madera aserrada de 2·6" (35·138mm) dispuestos cada 300 y 400 mm vinculados a los tableros arriostrantes de OSB por medio de clavos helicoidales, un patrón de clavado a una distancia predefinida tanto en los bordes exteriores e interiores del tablero estructural, y anclajes metálicos que en este caso será el sistema A.T.S. (Anchor Tie-down System).

Los diafragmas horizontales o losas de entrepiso también están conformadas por vigas de madera aserrada de 2·8" (41·185 mm) espaciadas cada 400 mm con cadenetas en sentido perpendicular también de 2·8" cada 610 mm para el bloqueo de los tableros arriostrantes, a este entramado de madera se le fijan dos tableros arriostrantes estructurales, uno de terciado en la parte superior de 15 mm de espesor y otro de OSB en la parte inferior de 11.1 mm clavados a un patrón determinado. Las losas de entrepisos contienen una loseta de hormigón de 41 mm de espesor unida mediante conectores de corte a las vigas de madera para lograr colaboración entre hormigón-madera. Adicionalmente tanto los muros de corte como los diafragmas de entrepiso están provistos de elementos no estructurales como son las placas de yeso-cartón, las cuales funcionan como elementos que proveen la resistencia al fuego requerida de acuerdo al número de pisos y uso de la edificación como se verá más adelante.

Los muros de madera del primer piso del edificio se apoyan sobre muros de hormigón de 30 cm de ancho que actúan como sobre-cimiento, apoyados sobre una fundación corrida.

A.1.1 *Vista en planta y configuración del edificio*

El edificio presenta un *área total de 231 m²*, de los cuales hay 14 m² de vacíos por ascensor y escalera (5.75 m² y 8.2 5m² respectivamente), por lo tanto se tiene un *área neta de 217m²*. La Figura A.1.1.1 presenta el plano de la planta tipo con los muros que hacen parte del sistema de resistencia a cargas horizontales para las direcciones principales, así se tiene el eje Y-Y en la dirección norte-sur, y los muros del eje X-X en la dirección este-oeste.

Las luces del edificio como se puede apreciar son de 3.00 m y 2.66 m en la dirección del eje X-X que es el sentido paralelo a las vigas de entrepiso, por lo tanto, los muros en la dirección ortogonal pertenecientes al eje Y-Y son los encargados se soportar estas vigas de entrepiso, y son estos muros los que tienen el aporte de una carga vertical importante con relación a los muros del sentido X-X. Estos muros que soportan las cargas verticales fueron diseñados de acuerdo a las capacidades de los pies derechos a compresión que se obtiene siguiendo la metodología indicada por la NCh1198, Sección 7.3 - *Elementos en Compresión Paralela*, lo cual concierne un cálculo simple según lo indicado en el libro *"Fundamentos del diseño y la construcción con madera"* que no se incluye en este ejemplo. El diseño por resistencia a fuerzas laterales de corte se verifica de acuerdo a las disposiciones del SDPWS-2015 (Special Design Provision for Wind and Seismic), lo cual se presenta con más detalle posteriormente.

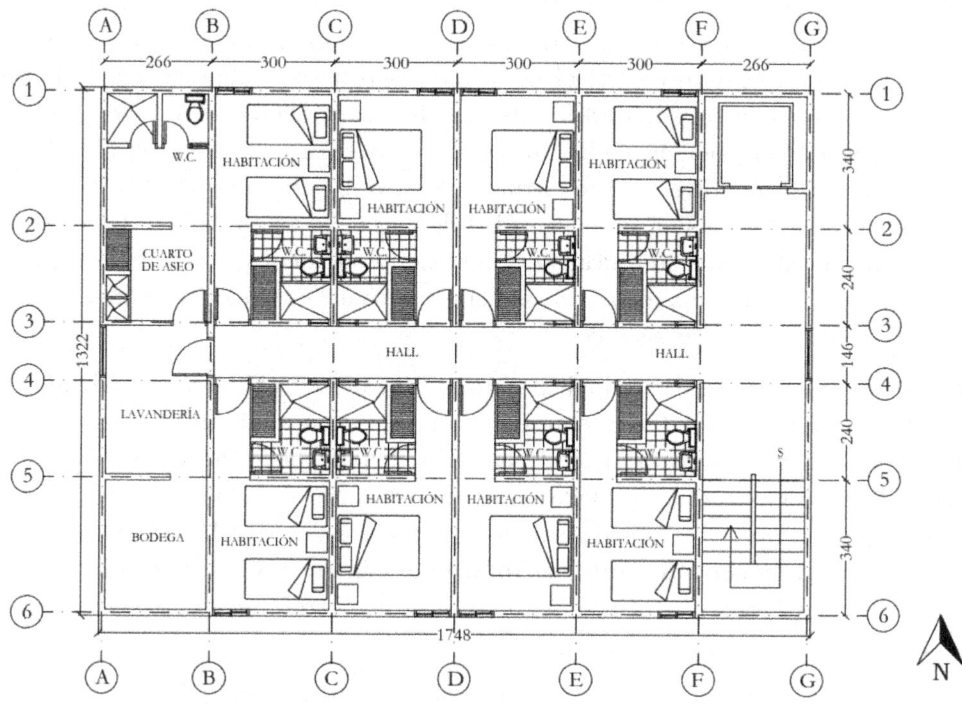

FIGURA A.1.1.1 Planta tipo del edificio.

A.2 MATERIALES Y DESCRIPCIÓN DE ELEMENTOS ESTRUCTURALES

El detalle de los principales materiales empleados en la obra de este ejemplo se indica en la Tabla A.2.

TABLA A.2 Principales materiales empleados en el ejemplo.

Material	Resistencia
Madera de Muros (*)	Pino Radiata MGP10 clasificada mecánicamente.
Madera de Losas (*)	Pino Radiata C-16 clasificada mecánicamente.
Loseta sobre Entrepiso	Hormigón, e = 41mm, H25 (f'_c = 20MPa).
Acero de Barras del A.T.S.	Grado A105, (f_y = 725MPa).
Acero de Pletinas del A.T.S.	Grado A36, (f_y = 250MPa).
Fundaciones	Hormigón Reforzado, H30 (f'_c = 25MPa).
Acero de Refuerzo	Grado 60 - A630-420H, (f_y = 420MPa).
* Maderas con contenido de humedad W = 12%.	

Uno de los pasos iniciales al momento de conformar la tipología o escantillones de los muros de corte y losas de entrepiso del edificio, corresponde al de precisar las placas de yeso cartón necesarias en esos elementos estructurales. El espesor y la cantidad de placas de yeso cartón requeridas están supeditadas por la categoría de resistencia al fuego del edificio, que depende a su vez, del número de pisos del proyecto, el uso del mismo, y el tipo de elemento estructural. Esto es particularmente importante en edificios de 6 pisos porque la cantidad de placas de yeso cartón a determinar, condicionarán de forma significativa el peso de los elementos estructurales, y por consiguiente su contribución a la masa del piso, lo cual es uno de los inputs que se requieren para el análisis sísmico.

Para este edificio de acuerdo a lo dispuesto en la Ordenanza General de Urbanismo y Construcciones (OGUC) vigente en Chile, le corresponde una resistencia de F120 para los muros estructurales y las losas de entrepiso, lo que significa que estos elementos estructurales deben resistir 120 minutos de exposición al fuego. Como siguiente paso se debe revisar en los catálogos del MINVU (Ministerio de Vivienda y Urbanismo de Chile) las soluciones constructivas para muros y losas en marco plataforma según la categoría F que le corresponde al edificio según su uso.

Para este caso se tiene que los muros interiores en la planta del edificio que llevarán 4 placas de yeso cartón (YC) RF de 15mm de espesor, y los muros exteriores llevarán 2 placas. La losa de entrepiso requiere el aporte de 3 placas también de 15mm. Para los muros divisorios o tabiques no portantes, se exige una configuración que cumpla con F30, la cual se cumple con el mínimo de dos YC e = 12mm, uno en cada cara.

En las siguientes secciones se ilustra una descripción más completa de los muros y losas de entrepiso con todos sus componentes tanto estructurales como no estructurales.

A.2.1 *Escantillón de muros y sus elementos* (Figuras A.2.1.1-2 y Tabla A.2.1)

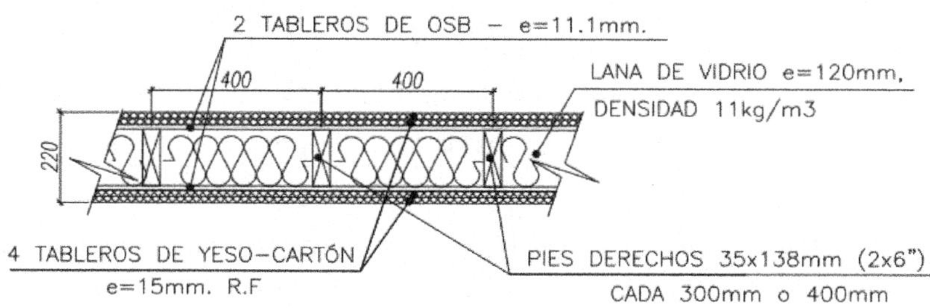

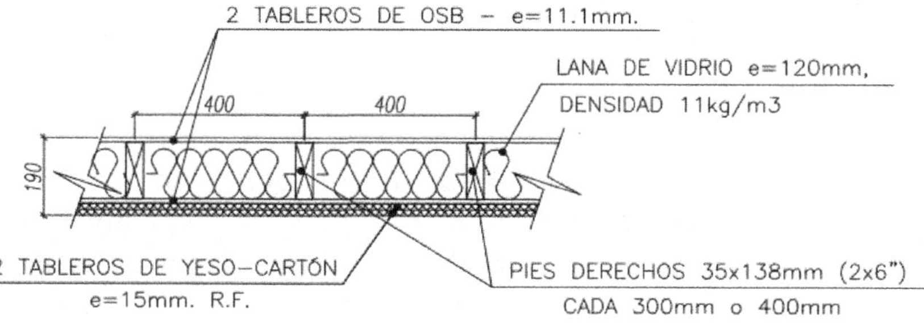

FIGURA A.2.1.1 Escantillones de muros interiores y exteriores incluendo componentes no estructurales. Por simplicidad, en la figura no se muestran las barreras de vapor y humedad.

Por claridad, en la Figura A.2.1.2 se muestran únicamente los componentes estructurales.

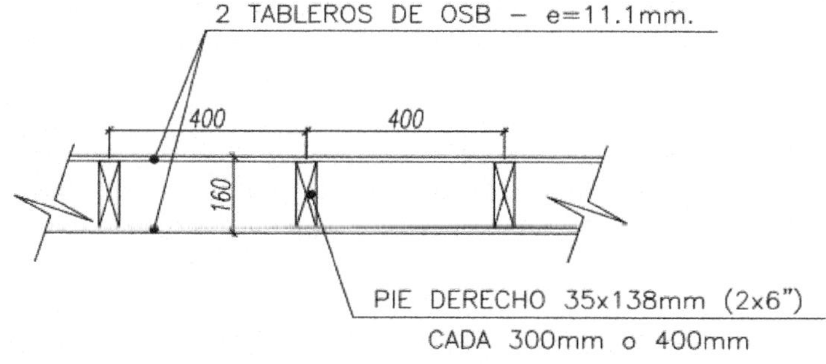

FIGURA A.2.1.2 Componentes estructurales de los muros.

TABLA A.2.1 Descripción de componentes del muro.

Elemento del Muro	Características
Pies Derechos Piso 1	2 x 6" (35 x 138mm) espaciados cada 300mm.
Pies Derechos Pisos 2 al 6	2 x 6" (35 x 138mm) espaciados cada 400mm.
Soleras	2x6" (35 x 138mm).
Tablero Estructural (*)	OSB Estructural Home Guard, e=11.1mm.
Terminación Muro Exterior	2 Planchas de Yeso Cartón RF e=15mm.
Terminación Muro Interior	4 Planchas de Yeso Cartón RF e=15mm.
Clavos unión OSB	Clavos Helicoidales; f = 3.1mm y L = 70mm.
Tornillos unión Yeso-Cartón	Tornillo Cabeza de Trompeta #6 x 3".
Barras del A.T.S.	Barras Strong-Rod de distintos diámetros.
Compensadores A.T.S.	Tipos ATUD, TUD y RTUD.

* OSB de categoría o grado *sheathing*.

A.2.2 *Escantillón de losa de entrepiso*

La losa de entrepiso de marco-plataforma se conformó siguiendo las recomendaciones indicadas por Wescott (2005) y Huang (2013), las cuales permiten llevar este diafragma a un nivel de desempeño en el cual presente un comportamiento semi-rígido con la tendencia a ser diafragma rígido, siempre y cuando la geometría del mismo sea regular como en el caso de este edificio, lo cual se materializa mediante las siguientes implementaciones en el detallamiento de la losa de entrepiso:

1) El diafragma cuenta con tableros estructurales fijados a las vigas y cadenetas tanto arriba como por debajo de estos elementos.

2) La losa de entrepiso cuenta además de las vigas; con cadenetas (ortogonales a las vigas) de bloqueo cada 610 mm, las cuales tienen la función de bloquear el diafragma, toda vez que permiten asegurar que los tableros estructurales de terciado y/o OSB puedan ser clavados en todo su perímetro, lo cual incrementa la rigidez del diafragma en un 135% respecto a un diafragma sin bloqueo, Wescott J (2005).

3) Además del bloqueo, se utiliza adhesivo entre la madera y los tableros estructurales (recomendado solo para losas, pero no para muros en zonas sísmicas), lo cual en conjunto con el bloqueo incrementa la rigidez en un 259%, Wescott (2005).

4) La losa de entrepiso posee una loseta de hormigón de 41 mm que está conectada mecánicamente a las vigas mediante conectores de corte (tornillos SDWS en este caso), para lograr que el hormigón trabaje en colaboración con la madera,

contribuyendo así también a que el diafragma continúe la tendencia a comportarse como rígido, sin embargo hay que tener en cuenta la rigidez relativa de los muros y los demás conceptos presentados por Huang X (2013) y los contenidos expuestos en el Capítulo 5 del libro *"Conceptos avanzados del diseño estructural con madera Parte II"*.

El esquema de componentes del entrepiso se ilustra en la Figura A.2.2 y los materiales correspondientes se describen en la Tabla 2.2.

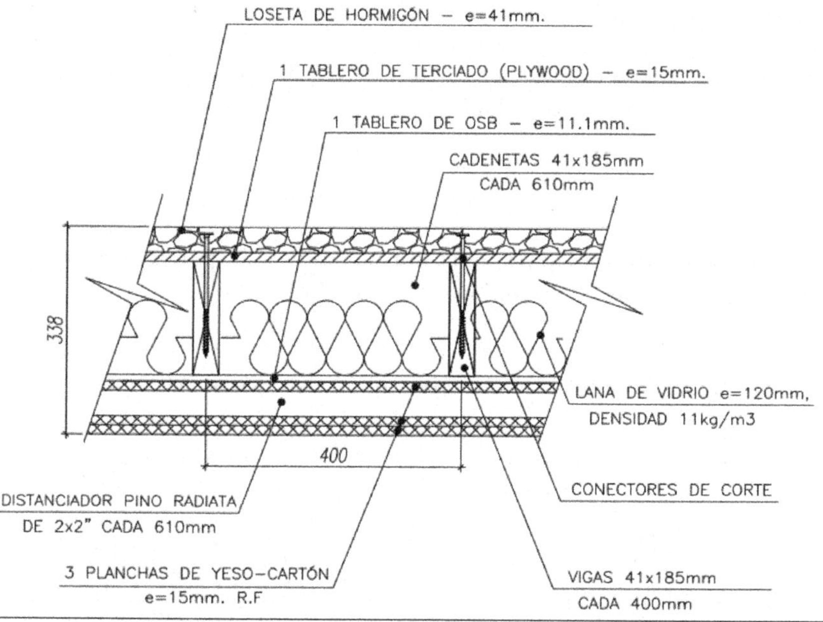

FIGURA A.2.2 Escantillón de los entrepisos empleados en este ejemplo.

TABLA A.2.12 Descripción de componentes del entrepiso.

Elemento de la Losa	Características
Vigas	2 x 8" (41 x 185mm) espaciadas cada 400mm.
Cadenetas	2 x 8" (41 x 185mm) espaciadas cada 610mm.
Distanciadores	2 x 2" (41 x 41mm) espaciadas cada 610mm.
Terminación Superior	Loseta de hormigón e = 41mm.
Tablero Superior	Terciado Estructural Grado C, e = 15mm.
Tablero Inferior	OSB Estructural Home Guard, e = 11.1mm.
Terminación Inferior	3 Planchas de Yeso Cartón RF e = 15mm.
Clavos	Clavos Helicoidales; ϕ = 3.1mm y L = 70mm.
Conectores de Corte	Tornillos SDWS.

A.3 Cargas de diseño

A.3.1 *Carga muerta*

Con base en las figuras de los escantillones de muros y losa de entrepiso presentadas en la Sección A.2.1 y A.2.2 de este ejemplo, así como las dimensiones de elementos mostrados en las Figuras A.5.1.1 y A.5.1.2, se establecen los pesos de diseño para el edificio de seis pisos.

A.3.2 *Sobrecargas de uso*

Se establecen de acuerdo a la Norma NCh 1537 - 2009 en su Tabla 4, donde aparecen las categorías de uso típicas de edificios con el sistema estructural Marco Plataforma.

A.3.3 *Combinaciones*

Se consideran las combinaciones de la norma NCh3171 para el método de diseño de las tensiones admisibles, sección 9.2.1, ver Tabla A.3.3.

TABLA A.3.3 Combinaciones de carga consideradas en el ejemplo (NCh3171).

No.	Combinación	No.	Combinación
1	D	9	$D + 0.75L \pm W_Y$
2	$D + L$	10	$D + 0.75L \pm S_X$
3	$D + 0.75L$	11	$D + 0.75L \pm S_Y$
4	$D \pm W_X$	12	$0.6D \pm W_x$
5	$D \pm W_Y$	13	$0.6D \pm W_y$
6	$D \pm S_X$	14	$0.6D \pm S_x$
7	$D \pm S_Y$	15	$0.6D \pm S_y$
8	$D + 0.75L \pm W_X$		

A.4 Metodología de análisis

La Norma en la Sección 6.2.1 b), establece que todas las estructuras de más de 5 pisos requieren como análisis sísmico un análisis modal espectral, por consiguiente; el análisis estructural del edificio de 6 pisos en marco plataforma se realizará por medio de una metodologia que considera análisis matricial y análisis modal espectral. La metodología desarrollada en este ejemplo utiliza conceptos importantes introducidos por S. Rossi et al. 2015, tales como:

- Formulación de matriz de flexibilidad de un muro de n número de pisos.

- Estado de anclaje por volcamiento (activo/inactivo).

Adicionalmente se agregan algunas modificaciones a la formulación de matriz de flexibilidad propuesta por S. Rossi et al. (2015), para que tenga en cuenta al sistema ATS como anclaje para el volcamiento en lugar de los hold-down. Tal como está propuesto en el método original, se modifica la expresión de flexibilidad para que no considere el efecto del giro acumulado por volcamiento en los pisos superiores, así como de igual forma se modificaron las expresiones de las contribuciones de desplazamiento lateral de los muros para que tenga en cuenta las disposiciones del SDPWS-2015. Estos aspectos se discutirán y ampliarán en las siguientes secciones.

En virtud de lo anterior, se resumen a continuación las etapas necesarias para la metodología de análisis a implementar en este ejemplo:

- *PASO 1*: determinación de la matriz de rigidez del edificio sin considerar aporte de flexibilidad del anclaje por volcamiento.

- *PASO 2*: evaluación de propiedades dinámicas de la estructura.

- *PASO 3*: distribución de fuerzas horizontales equivalentes para cada modo de vibración.

- *PASO 4*: determinación de la matriz de rigidez del edificio considerando el aporte de flexibilidad del anclaje por volcamiento.

- *PASO 5*: análisis estático para cada modo de vibración y evaluación de las fuerzas internas en los muros por medio de la combinación modal.

- *PASO 6*: verificación de capacidades resistentes a corte de los muros.

- *PASO 7*: verificación de desplazamientos laterales admisibles.

En las próximas secciones se detallan los cálculos correspondientes a cada paso.

A.4.1 *PASO 1: Determinación de la matriz de rigidez del edificio sin considerar aporte de flexibilidad del anclaje por volcamiento*

El desplazamiento lateral de un muro de acuerdo a la SDPWS consiste en las siguientes contribuciones (ver Figura A.4.1 y descripciones detalladas en en la Sección 5.4.7, Capítulo 5 del libro *"Conceptos avanzados del diseño estructural con madera. Parte I"*

$$\delta_{sw} = \frac{8vh^3}{EAb} + \frac{vh}{1000G_a} + \frac{h\Delta_a}{b} \quad \text{Ecu. A.4.1.1}$$

Esta ecuación de 3 términos tiene en cuenta en cada uno de sus términos la contribución respectiva de las siguientes fuentes de deformación:

$$\delta_{muro} = \delta_{f,pd,borde} + \delta_{v,tablero+u,clavos} + \delta_{u,hold-down} \quad \text{Ecu. A.4.1.2}$$

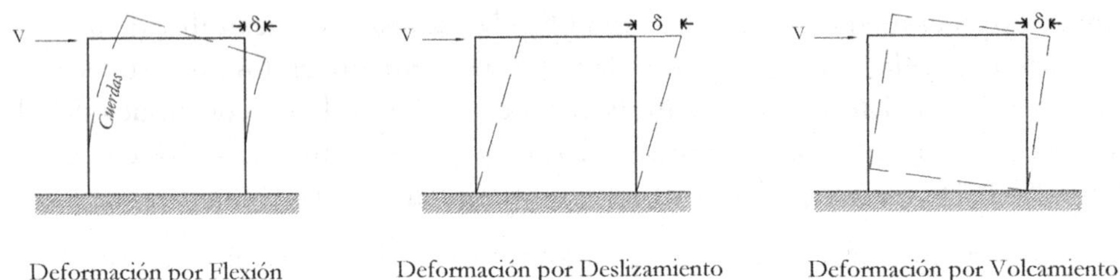

FIGURA A.4.1 Principales contribuciones a la flexibilidad de muros de entramado según la SDPWS (2015).

donde

ν = Corte por unidad de largo (plf).

h = Altura del Muro de Corte (ft).

b = Longitud o base del Muro de Corte (ft).

E = Módulo de elasticidad de los pies derechos de borde (psi).

A = Área de la sección transversal de los pies derechos de borde (in²).

G_a = Rigidez de corte aparente del muro proveniente del deslizamiento del clavo y la deformación de corte del tablero (kip/in).

Δ_a = Elongación del Anclaje (in).

Por lo tanto, la matriz de rigidez global de muro de marco plataforma puede ser escrita como:

$$K_{Muro} = \left(\frac{1}{K_{b\_(Flexión)}} + \frac{1}{K_{v\_(Corte)}} + \frac{1}{K_{a\_(Volcamiento)}} \right)^{-1} \quad \text{Ecu. A.4.1.3}$$

Donde:

$$K_b = \frac{EAb^2}{8h^3} \quad \text{Ecu. A.4.1.4}$$

$$K_v = \frac{1000G_a b}{h} \quad \text{Ecu. A.4.1.5}$$

$$K_a = \frac{bL'K_{Anclaje}}{h^2} \quad \text{Ecu. A.4.1.6}$$

$\therefore$ *L' es la distancia entre el centoide de compresión de los pies derechos de borde del muro al centro de la barra del ATS.*

Para este caso del edificio de seis pisos de ejemplo se utilizarán anclajes del sistema A.T.S. En este caso por simplicidad se tomará como rigidez de este sistema simplemente (nota: puede incorporarse adicionalmente la rigidez del aplastamiento perpendicular de la solera según lo indicado en el libro *"Conceptos avanzados del diseño estructural por con madera. Parte I)*

$$K_{Anclaje} = K_{ATS} = \frac{E_{Barra} \cdot A_{Barra}}{L} = \frac{E_{Barra} \cdot A_{e\_Barra}}{\left(h_{Piso} + t_{Diafragma}\right)} \quad \text{Ecu. A.4.1.}'$$

donde

K_{ATS} = Rigidez de la barra del sistema A.T.S.

E_{Barra} = Módulo de elasticidad de la barra de acero.

A_{e_Barra} = Área efectiva de la barra de acero.

h_{Piso} = Altura libre del muro: 2440 mm.

$t_{Diafragma}$ = Espesor del diafragma de entrepiso: 338mm (Ver Sección A.2.2).

Para el área efectiva en tracción se recomienda considerar la expresión de la Tabla 7-17 del AISC Steel Construction Manual (2011).

$$A_{e\_Barra} = 0.7854 \cdot \left(d_{Barra} - \frac{0.9743}{n}\right)^2 \left(in^2\right) \quad \text{Ecu. A.4.1.8}$$

donde d_{Barra} es el diámetro nominal de la barra roscada y n es el número de roscas por pulgada, este dato puede encontrarse en la Tabla 7-17 del AISC Steel Construction Manual (2011) o en la Tabla 4 de la Norma ASTM1554.

Recordar que en el caso de que se desee utilizar hold-down en el diseño se puede calcular la rigidez como:

$$K_{Anclaje} = K_{HD} = \frac{T_{Admisible}}{\Delta_a} \quad \text{Ecu. A.4.1.9}$$

donde

K_{HD} = Rigidez del dispositivo Hold-Down.

$T_{Admisible}$ = Capacidad resistente admisible del Hold-Down.

Δ_a = Elongación del Anclaje.

Ambos valores $T_{Admisible}$ y Δ_a se encuentran tabulados generalmente en los catálogos o página web del fabricante del dispositivo hold-down a utilizar.

Las ecuaciones A.4.1.1 y A.4.1.3 son válidas para estimar los desplazamientos y rigidez de un muro de solo un piso de altura; cuando se tiene un sistema de varios pisos o grados de libertad apilados verticalmente, los desplazamientos determinados a partir de esas ecuaciones no son del todo correctos, esto debido a que esas ecuaciones no están considerando los cortes y momentos acumulados de los pisos superiores, por consiguiente estas expresiones son utilizadas para la distribución horizontal de corte desde el diafragma a los muros, donde el corte en planta en cada piso se reparte de manera proporcional a la rigidez de cada muro con respecto a la rigidez total de la planta en la dirección de análisis.

Rossi et al (2015) desarrolló una formulación de la matriz de flexibilidad de un muro de n pisos de altura, considerando el efecto del momento acumulado y el giro acumulado:

$$U_{j,\xi} = \sum_{r=1}^{\min(j,\xi)} \frac{1}{K_v} + \frac{1}{K_b} + \frac{(z_\xi - z_{r-1}) \cdot (z_j - z_{r-1})}{k_{h,r} \cdot (\tau \cdot l)^2} \quad \text{Ecu. A.4.1.10}$$

Donde $k_{h,r}$ representa la rigidez del ancaje la barra del A.T.S. o del hold-dDown según el caso, el resto de la nomenclatura de las variables, los subíndices, y el desarrollo matemático se explica en detalle en Rossi et al. (2015). Utilizando entonces su expresión se tendrán en cuenta los cortes acumulados de los muros para la evaluación de las deformaciones debidas a flexión y corte. De forma análoga esta expresión también permite calcular las deformaciones por volcamiento teniendo en cuenta las tracciones que resultan de los momentos acumulados.

No obstante, a la ecuación anterior debe aplicársele un ligero ajuste, ya que tal como está planteada, contempla el efecto del giro acumulado y para el desarrollo del ejemplo no se considerará este efecto en la matriz de rigidez como se mencionó en la Sección A.4. Esto es debido a que cuando se considera el giro acumulado de los muros, se genera una flexibilización de la estructura que conlleva a períodos fundamentales muy largos, haciendo esto que los edificios queden diseñados para cortes basales mínimos, lo que no se estima adecuado para Chile dado su alta sismicidad.

Este efecto del giro acumulado asume que todos los muros son capaces de volcar de manera independiente, lo cual conduce a una condición de desplazamientos poco realista. En concreto, no considera la acción de restricción al volcamiento que genera la losa de entrepiso. En este punto de la discusión es indispensable aclarar, que la intención no es indicar que el efecto del giro acumulado en los muros no exista y por eso puede ser omitido, sino que en el estado de la literatura actual en el que se encuentra el estudio de esta derivación, todavía no se entregan resultados realistas para los períodos y los desplazamientos de edificios. Después de implementar este concepto en el diseño de edificios de 5 y 6 pisos con *la Norma*, se ha considerado que se debe continuar avanzando en la investigación de este efecto para que pueda ser aplicado en el diseño de edificios en marco plataforma, y así conlleve a resultados de análisis y diseños adecuados.

De acuerdo con lo anterior, al no considerarse el giro amulado en la formulación de la matriz de flexibilidad propuesto por S. Rossi et al (2015), la ecuación A.1.1.10 se transforma en lo sigueinte:

$$U_{j,\xi} = \sum_{r=1}^{\min(j,\xi)} \frac{1}{K_v} + \frac{1}{K_b} + \frac{(z_\xi - z_{r-1}) \cdot (z_r - z_{r-1})}{k_{h,r} \cdot (\tau \cdot l)^2} \quad \text{Ecu. A.4.1.11}$$

Es necesario mencionar que las ecuaciones A.4.1.10 y A.4.1.11, se utilizan con el concepto del estado del anclaje desarrollado por Rossi, el cual consiste en incorporar la flexibilidad del anclaje únicamente en caso de que el anclaje este *activo*, y no incorporarla en caso que esté *inactivo*. Nótese que cuando un muro es sometido a una fuerza lateral, su anclaje anti-volcamiento en su esquina inferior traccionada, bien sea un hold-down o un sistema A.T.S. puede tener dos estados: estar *activo o inactivo*.

Se considera que un anclaje está en estado *inactivo* cuando la fuerza lateral aplicada al muro no es suficiente para levantar en la esquina inferior traccionada del mismo, es decir, el anclaje no experimenta entonces ninguna deformación, y por consiguiente no se puede producir ningún desplazamiento horizontal por efecto del volcamiento. Se dice, de acuerdo a la metodología de Rossi et al. (2015), que en este estado el anclaje está en compresión, debido a que la carga vertical del peso de ese muro, es lo suficientemente grande para contrarrestar la fuerza de tracción originada por la carga lateral.

Por otra parte, se considera entonces un anclaje *activo*, cuando la fuerza de tracción en la esquina inferior es mayor que la carga vertical del peso que baja por ese muro, se dice entonces que el anclaje está en tracción, y por consiguiente se deforma el anclaje, el muro se levanta en su esquina inferior y se desplaza lateralmente por la contribución del volcamiento.

En consonancia, se tiene entonces que las ecuaciones A.1.4.10 y A.1.4.11 son aplicables cuando los anclajes de los muros están activos y aportan flexibilidad al mismo, por el contrario cuando los anclajes están inactivos la deformación de volcamiento es nula, y por consiguiente desaparece el tercer término de la ecuación A.1.4.11 tal como lo presenta la ecuación A.1.4.12, así el efecto del volcamiento no aporta flexibilidad al muro.

$$U_{j,\xi} = \sum_{r=1}^{\min(j,\xi)} \frac{1}{K_v} + \frac{1}{K_b} \quad \text{Ecu. A.4.1.12}$$

Una vez expuestas las ecuaciones que deben precisarse para considerar la flexibilidad de los muros, se prosigue con el cálculo del PASO 1. El objetivo primordial de este paso radica en la necesidad de determinar un corte basal de diseño mayor al dado por el coeficiente sísmico mínimo (C_{min}) de *la Norma*, del cual no existen evidencias que se encuentre calibrado para estructuras de madera en marco plataforma (P. Dechent et al, 2017). En edificios de mediana altura cuando se utilizan matrices de rigidez que incorporan el efecto del giro acumulado y muros con anclajes activos, resultan estructuras con periodos fundamentales largos y cortes basales gobernados por el C_{min}, para evitar lo anterior, se propone entonces en esta metodología para el PASO 1 utilizar la ecuación A.4.1.12 que conduce a muros más rígidos al considerar sus anclajes inactivos (conservador), lo anterior instituye edificios con períodos fundamentales cortos, que genera a su vez cortes basales mayores para el diseño de los mismos.

El PASO 2 permite determinar las propiedades dinámicas de la estructura asociadas al edificio rígido del PASO 1, haciendo esto que en el PASO 3 (Sección A.4.3) se obtengan fuerzas laterales equivalentes de consideración debido a las apreciaciones tenidas en cuenta en los pasos anteriores.

El PASO 4 tiene como intención de que una vez se tienen esas fuerzas laterales del paso anterior, entonces se apliquen dichas fuerzas a una estructura más flexible para poder verificar principalmente las deformaciones (conservador), más no a la misma estructura rígida dada por el PASO 1. En este sentido la finalidad del PASO 4 es hallar una nueva matriz de rigidez del edificio más flexible que conduzca a obtener desplazamientos mayores, por consiguiente en este paso se utiliza la ecuación A.4.1.11 que considera los anclajes activos en los muros. Esto es debido a que cuando el sismo excita la estructura acelerándola, los anclajes se activan, y por consiguiente los desplazamientos laterales se incrementan, a diferencia de las consideraciones del PASO 1, toda vez que cuando el edificio está en reposo posee todos sus anclajes inactivos.

El sentido del PASO 5 es tomar las fuerzas determinadas en el PASO 3, y hacer los análisis estáticos para cada modo de vibración determinado en el PASO 2 aplicados a la estructura flexible del PASO 4, determinar las fuerzas internas en los muros y combinarlas modalmente. Todo lo anterior con el objeto de hacer el diseño por resistencia de los elementos del edificio en el PASO 6, así como verificar el diseño por rigidez del mismo controlando los drifts admisibles de entrepiso en el PASO 7.

De esta manera, la ecuación A.4.1.12 es la que será utilizada en este ejemplo para la determinación de la matriz de flexibilidad de un muro cuando se requiere la evaluación de las propiedades dinámicas del edificio (PASO 2). Mientras que la ecuación A.4.1.11, se utiliza para determinar las matrices de flexibilidad que serán utilizadas para realizar el análisis matricial, ante los distintos patrones de fuerzas laterales (PASO 4).

Sin embargo y a pesar de lo anterior, se requieren unos cálculos y conformación de matrices adicionales, ya que con las ecuaciones A.4.1.11 y A.4.1.12 únicamente se tiene la matriz de flexibilidad de un muro, y se necesita modelar el edificio completo. En este aspecto lo primero que se debe realizar es la obtención de la matriz de rigidez del muro, la que simplemente se consigue invirtiendo la matriz de flexibilidad determinada bien sea con la ecuación A.4.1.11 o la A.4.1.12.

$$K_{Muro} = (U_{Muro})^{-1} \quad \text{Ecu. A.4.1.13}$$

Una vez calculadas las matrices de rigidez de todos los muros, se procede a determinar las matrices de rigidez de los ejes estructurales del edificio. Las matrices de rigidez de los ejes se obtienen sumando las matrices de rigidez de los muros pertenecientes a dicho eje, ya que se consideran como sistemas de resortes en paralelos:

$$K_{Eje} = \sum K_{Muro} \quad \text{Ecu. A.4.1.14}$$

La matriz de rigidez del eje determinada anteriormente es de $n \cdot n$, debido a que solo considera un grado por libertad por piso asociado a los desplazamientos laterales, lo que puede ser en la dirección X-X o en Y-Y según la orientación del eje. Sin embargo, aun debemos relacionar los grados de libertad de los ejes, con los del edificio. En este punto es necesario mencionar que el edificio presenta 3 grados de libertad (G.D.L) por piso, es decir; dos desplazamientos (uno en X y otro en Y), y un giro. Para relacionar los grados de libertad de los ejes con los del edificio se utilizarán las matrices de colocación. Estas matrices de colocación son de $n \cdot 3n$, y relacionan los grados de libertad de cada eje estructural con los del G.D.L del edificio.

$$K_{Eje}^{Global} = a^t \cdot K_{Eje} \cdot a \quad \text{Ecu. A.4.1.15}$$

Finalmente, con todas las matrices de rigidez de los ejes en coordenadas globales, se procede a obtener la matriz de rigidez del edificio. Esta se obtiene mediante la suma de las matrices de rigidez de los ejes en coordenadas globales, debido a que se comportan también como resortes en paralelo.

$$K_{Edificio} = \sum K_{Eje}^{Global} \quad \text{Ecu. A.4.1.16}$$

Una vez llegados a este punto se puede proceder al siguiente paso. Para un mejor entendimiento respecto a la aplicación de estas ecuaciones se recomienda al lector la revisión del Capítulo 9.5 de *"Dynamics of structures: theory and applications to earthquake engineering"* de Anil K. Chopra.

A.4.2 PASO 2: *Evaluación de Propiedades dinámicas de la estructura*

En esta primera fase se lleva a cabo el análisis modal para determinar las propiedades dinámicas del edificio, las cuales son periodos naturales T^n, las formas modales ϕ_n y el factor de participación modal Γ^n, el cual es utilizado para identificar el modo fundamental del edificio.

La matriz de rigidez se determina de acuerdo a lo indicado en la sección anterior, mientras que para la matriz de masa se considera una distribución de masa uniforme en altura, y por consiguiente una masa concentrada equivalente es agregada en cada piso, esta asunción puede ser considerada válida siempre que cada piso del edificio pueda ser considerado como un diafragma rígido, lo cual se adopta con base en la discusión presentada en la sección A.2.2, aunque normalmente e independientemente de lo anterior, usualmente se usa este concepto para efectos de diseño. Las masas por piso son asignadas a los grados de libertad traslacionales, en X y en Y, mientras que para el giro de cada piso se utiliza la inercia polar. Lo anterior implica que la matriz de masa es diagonal de $3n \cdot 3n$, quedando definida de la siguiente manera:

$$M = \begin{pmatrix} \left[M_{XX}\right]_{nxn} & 0 & 0 \\ 0 & \left[M_{YY}\right]_{nxn} & 0 \\ 0 & 0 & \left[I_{\theta\theta}\right]_{nxn} \end{pmatrix} \quad \text{Ecu. A.4.2.1}$$

donde

$\left[M_{XX}\right]_{nxn}$: Matriz de Masa en dirección X-X

$\left[M_{YY}\right]_{nxn}$: Matriz de Masa en dirección Y-Y

$\left[I_{\theta\theta}\right]_{nxn}$: Matriz de Inercia polar de la planta del edificio.

Con las anteriores matrices conformadas se resuelve el problema de los valores y vectores propios para obtener las frecuencias naturales y las formas modales:

$$\left[K - \omega_n^2 M\right]\phi_n = 0 \quad \text{Ecu. A.4.2.2}$$

$$T^n = \frac{2\pi}{\omega_n} \quad \text{Ecu. A.4.2.3}$$

$$\Gamma^n = \frac{\left(\phi^n\right)^T \cdot M \cdot R}{\left(\phi^n\right)^T \cdot M \cdot \phi^n} \quad \text{Ecu. A.4.2.4}$$

Donde n es el número de modos, y R es el vector de excitación.

A.4.3 *PASO 3: Distribución de fuerzas horizontales equivalentes para cada modo de vibración*

El siguiente paso consiste en cargar el modelo del edificio con una distribución de fuerzas horizontales estáticas equivalentes relacionadas y afines a cada forma modal, para cada uno de los modos de vibración de la estructura, ver Figura A.4.3.1.

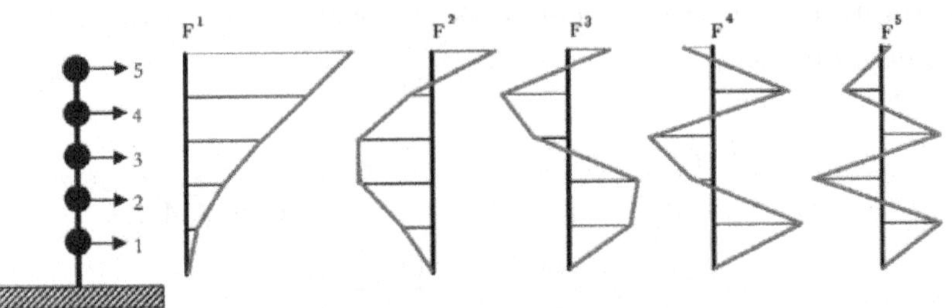

FIGURA A.4.3.1 Ejemplo de esquema de distribuciones de fuerzas horizontales equivalentes afines a cada forma modal de una estructura, en este caso de un edificio de 5 pisos (Petrini et al. 2004).

La distribución de fuerzas estáticas afines a cada forma modal puede ser evaluada como:

$$F^n = S_d\left(T^n\right)\cdot\Gamma^n\cdot M\cdot\Phi^n \ \therefore\ n = \text{número de modos} \quad \text{Ecu. A.4.3.1}$$

donde S_d son las ordenadas del espectro de respuesta reducido asociadas a cada período de vibración de cada modo T^n.

Lo anterior permitirá determinar las fuerzas sísmicas para cada modo considerando únicamente el efecto de la torsión inherente del edificio. Sin embargo, *la Norma* demanda en sus disposiciones analizar casos símicos incorporando una torsión accidental según la sección 6.3.4.b de *la Norma*. Donde la excentricidad accidental se obtiene como:

$$e_y = \pm\frac{0.1b_{ky}Z_k}{H} \quad \text{Ecu. A.4.3.2}$$

$$e_x = \pm\frac{0.1b_{kx}Z_k}{H} \quad \text{Ecu. A.4.3.3}$$

Lo anterior permite determinar las solicitaciones sísmicas torsionales, las cuales se incorporan en el análisis como momentos torsionales en cada piso en el G.D.L. de giro de las coordenadas globales del edificio.

A.4.4 PASO 4: Determinación de la matriz de rigidez del edificio considerando el aporte de flexibilidad del anclaje por volcamiento

En este paso debemos obtener las matrices de rigidez de los muros utilizando la ecuación A.4.1.11, es decir, considerando el aporte a la flexibilidad del anclaje de acuerdo a lo indicado en la sección A.4.1. Una vez obtenidas las matrices de rigidez de los muros es necesario obtener la matriz de rigidez del eje en coordenadas locales, luego hallar las matrices de rigidez de cada eje en coordenadas globales por medio de las matrices de colocación, y finalmente conformar la matriz de rigidez del edificio también en coordenadas globales de acuerdo a las ecuaciones A.4.1.13, A.4.1.14, A.4.1.15 y A.4.1.16. Esto con el objetivo de realizar el análisis matricial y cargar estáticamente la estructura con las fuerzas modales laterales equivalentes determinadas según el paso anterior.

A.4.5 *PASO 5: Análisis estáticos para cada modo de vibración y evaluación de las fuerzas internas en los muros por medio de la combinación modal*

Utilizando las fuerzas modales obtenidas en el PASO 3 y las matrices de rigidez del PASO 4, realizamos n-análisis estáticos, para hallar los cortes y momentos de cada muro en cada piso. Una vez llegado a este punto, debe hacerse una combinación modal de los cortes y los momentos en los muros, para esto pueden utilizarse las técnicas de SRSS (Square Root Sum of Square) o CQC (Complete Quadratic Combination).

Finalmente, con los momentos resultantes de la combinación se determinan las tracciones, utilizando el largo efectivo del muro L', que corresponde a la distancia entre el centro de gravedad de la barra ATS y el centro de gravedad de los pies derechos de borde.

A.4.6 *PASO 6: Verificación de capacidades resistentes a corte de los muros*

Una vez las cargas laterales del edificio han sido distribuidas verticalmente en los distintos pisos, y de allí horizontalmente distribuidas los muros estructurales, cada uno de estos muros deben ser diseñados para resistir las cargas de corte asignadas. El enfoque que se utilizará en el diseño de los muros de corte será el de del muro de corte segmentado, por ser el enfoque más simple, tradicional y ampliamente utilizado en la práctica de diseño de muros, el cual considera que, a lo largo de un eje o línea de muros resistentes, cada muro trabaja como un elemento o segmento de muro separado que aporta resistencia al corte y al volcamiento mediante el uso de conectores hold-down o strong rod en sus bordes. Cada segmento es una porción de muro completamente revestida con tablero estructural sin la presencia de ninguna perforación (puerta o ventana). Ver detalles en la Sección 5.4.4 del Capítulo 5 del libro *"Conceptos avanzados del diseño estructural con madera. Parte I"* y una ilustración en la Figura A.4.6.1.

La capacidad de diseño resistente al corte de cada segmento está determinada por la multiplicación de la longitud o ancho del segmento, por un valor de resistencia unitaria al corte disponible de un ensayo experimental, o de valores tabulados de resistencia en normas de diseño de edificios tales como el IBC (International Building Code) y SDPWS-2015 (Special Design Provisions for Wind & Seismic), en este caso se utilizará este último documento y los valores admisibles allí indicados en la Tabla 4.3A.

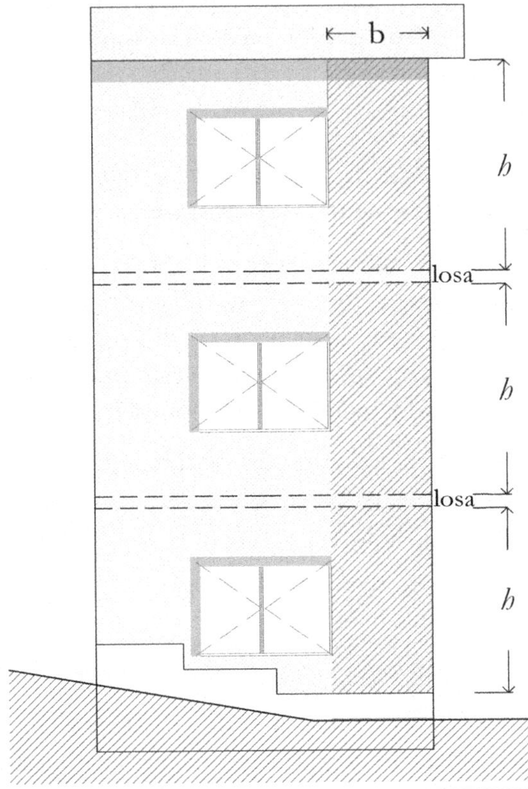

FIGURA A.4.6.1 Ejemplos de segmentos de muros efectivos que resultan en sachadas (SDPWS 2015).

La resistencia y rigidez de los muros dentro de este enfoque se considera y asume, como linealmente proporcional al largo del muro segmentado siempre y cuando la relación de aspecto del muro no exceda un valor de 2.0 (altura/longitud), toda vez que cuando se supera esta relación de forma, las deformaciones por flexión empiezan a influir en la respuesta de la deformación lateral, mientras que si la relación es menor igual a 2.0 toman lugar principalmente las deformaciones por corte. Ver detalles en la Sección 5.4. del Capítulo 5 del libro *"Conceptos avanzados del diseño estructural con madera. Parte I"* y una ilustración en la Figura A.4.6.2.

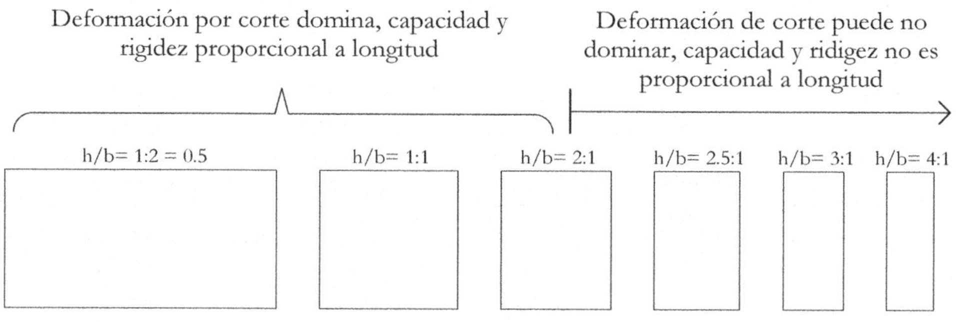

FIGURA A.4.6.2 Esquema de razón de aspecto de algunos muros y su efecto de resistencia y rigidez en proporción a su longitud.

Por consiguiente, dentro de este enfoque de diseño siempre que la relación de aspecto de los muros sea igual o inferior a 2.0 ($H/L \leq 2.0$) tanto la rigidez como la resistencia al corte de los muros puede admitirse como proporcional a la longitud del segmento. Lo anterior es solo una consideración de diseño, ya que realmente esta proporcionalidad solo se cumple mientras el anclaje está inactivo, se tiene que en cambio cuando el anclaje está activo, la rigidez y resistencia dejan de ser proporcional a la longitud. Sin embargo, como es una consideración de diseño cuya práctica y aplicación ha sido exitosa por muchos años, y su eficacia se ha comprobado en la práctica ingenieril por décadas, se continúa usando y aún se conserva este enfoque de diseño, su éxito se le asigna en parte al uso de valores de corte unitario que son muy conservadores.

Finalmente, como parte de lo que implica el diseño de los muros de corte, se tiene que a estos también se le asignan elementos de borde "Post-Studs" o pies derechos de borde/esquina, con secciones transversales tales que les permitan soportar las fuerzas de compresión y tracción (en el caso de uso de hold-down únicamente) resultantes de los momentos de vuelco que experimental los muros ante las cargas laterales. Para dimensionar las áreas de estas secciones transversales en estos elementos, se utilizan las fuerzas resultantes del par compresión/tracción del momento acumulado, una vez se han efectuado las combinaciones de carga consignadas en la sección A.3.3 de este ejemplo.

A.4.7 PASO 7: *Verificación de desplazamientos laterales admisibles*

A partir de las fuerzas sísmicas obtenidas con el procedimiento descrito en la sección A.4.5 para cada uno de los modos del análisis, se determinan los desplazamientos laterales del edificio, luego se combinan siguiendo alguna regla de combinación modal y finalmente se calculan los respectivos drifts de cada piso, los cuales; de acuerdo a lo dispuesto en la sección 5.9.4 de *la Norma,* deben ser menores al 0.002 de la altura de entrepiso.

Adicionalmente *la Norma* en la Sección 5.9.3 tiene dentro de sus disposiciones, una verificación de desplazamientos relacionada con el control de la torsión en la planta estructural, donde se establece que el desplazamiento máximo relativo entre dos pisos consecutivos según cada dirección de la acción sísmica medido en cualquier punto de su planta, no exceda en más de $0.001 \cdot H_{PISO}$ al desplazamiento relativo en el Centro de Masa (C.M.) de cada nivel.

$$\left| \Delta x, y \right| max_{relativo\ (cualq.\ punto)} \leq \left(\left| \Delta x, y \right| max_{C.M.} + 0.001 \cdot \Delta H \right) \quad \text{Ecu. A.4.7.1}$$

Con estas dos verificaciones se concluye el diseño por rigidez del edificio.

A.5 DESARROLLO DEL EJEMPLO PARA EL DISEÑO DEL EDIFICIO DE SEIS PISOS

Una vez expuestos los principios teóricos, en esta sección se detallan los cálculos correspondientes a cada paso en el edificio que tomamos como ejemplo.

A.5.1 *Consideraciones previas*

La primera revisión del edificio consiste en establecer los muros que harán parte del sistema resistente de fuerzas laterales y verticales respecto de los muros que no, de acuerdo con esto, las Figuras A.5.1.1 y A.5.1.2 presentan una vista más específica que permite observar con mayor enfoque los muros estructurales por cada eje principal, indicando también la nomenclatura de los nombres adoptada para los muros de este ejemplo.

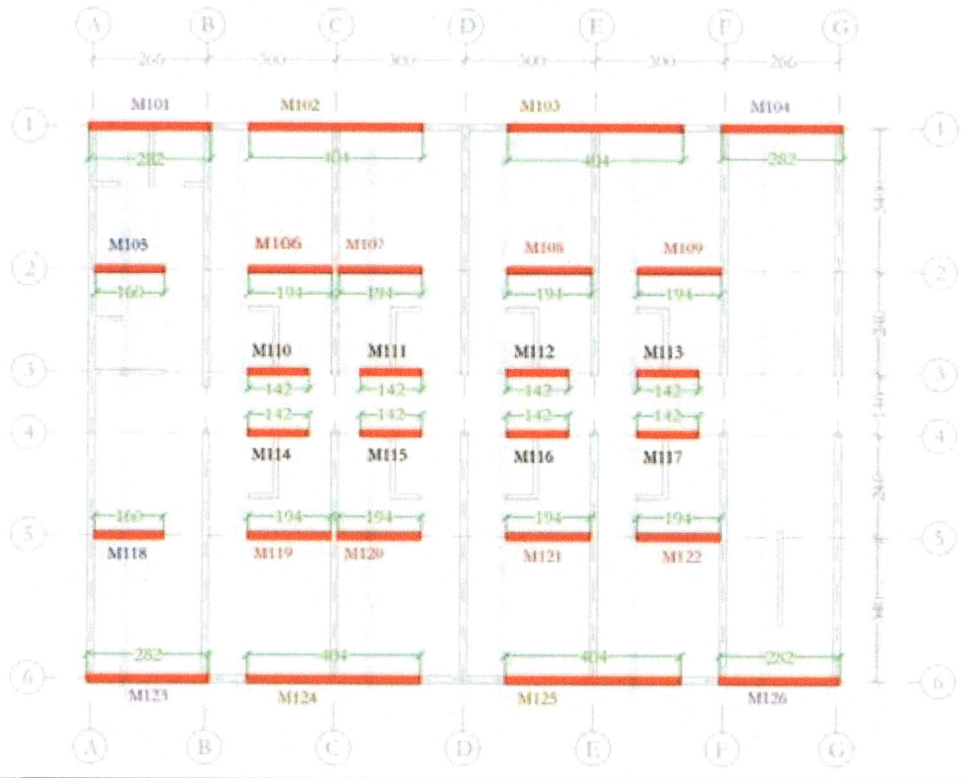

FIGURA A.5.1.1 Muros estructurales y su nomenclatura eje X-X.

Como se puede notar tanto muros exteriores como interiores con relación de aspecto menor a 2.0 se consideran estructurales en este ejemplo, se recuerda que la altura libre de todos los pisos es de 2440 mm. Si bien varios documentos normativos y textos a nivel internacional permiten utilizar muros estructurales con razones de aspecto entre 2.0 y 4.0 con algunos factores de reducción de resistencia, la práctica ingenieril y tradicional en Chile es ignorar como muros estructurales todos aquellos con relaciones de aspecto mayores a 2.0.

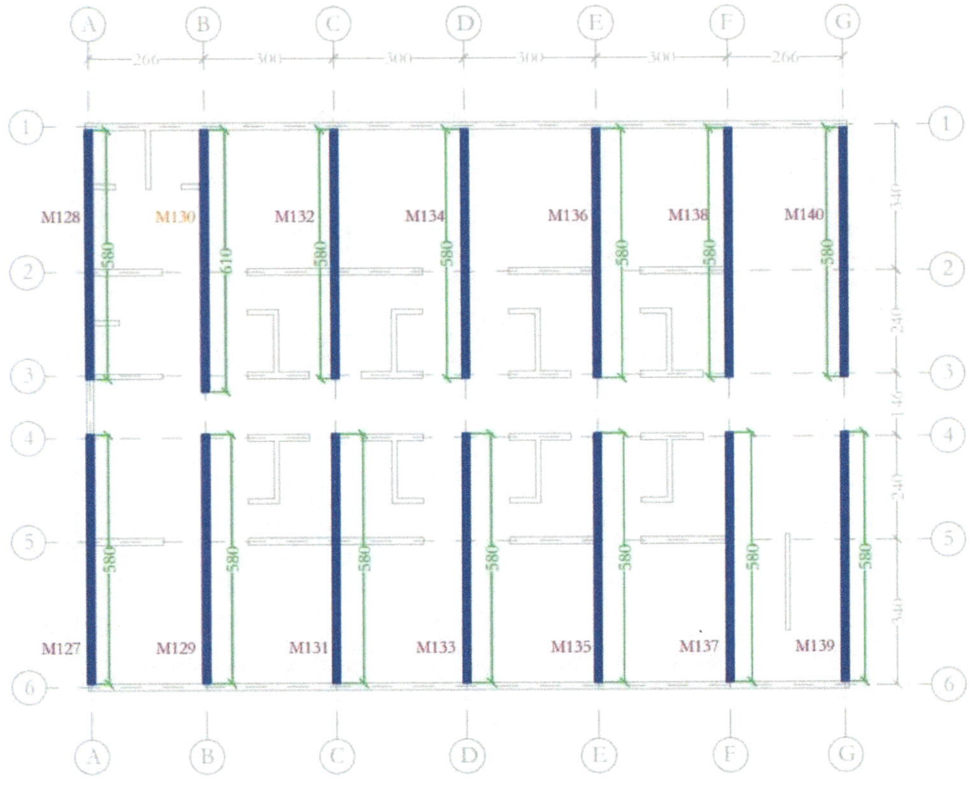

FIGURA A.5.1.2 Muros estructurales y su nomenclatura eje Y-Y.

Para determinar la densidad de muros estructurales en cada dirección principal se establece el espesor que se considera como estructural en éstos (ver sección A.2.1), el cual viene dado por el tamaño del pie derecho de 138 mm (2·6") más los dos tableros de OSB de 11mm, para un total así de 160 mm, se ignora para el espesor del muro el aporte de los espesores del Yeso-Cartón como elementos estructurales. Recordando que el área total del edificio es de 231 m2 (ver sección A.1.1), así resultan las densidades de muros que se muestran a continuación para los muros de los Ejes X-X e Y-Y:

Densidad de Muros Eje X - X :

$$Muros_{X-X} = (2.82 \cdot 2 + 4.04 \cdot 2) \cdot 2 + 1.6 \cdot 2 + 1.94 \cdot 8 + 1.42 \cdot 8 = 57.52m$$

$$Área\_Muros_{X-X} = 57.52m \cdot 0.16m = 9.203m^2$$

$$Densidad\_Muros_{X-X} = 9.203m^2 / 231m^2 = 3.98\%$$

Densidad de Muros Eje Y - Y :

$$Muros_{Y-Y} = 5.8 \cdot 13 + 6.1 = 81.5m$$

$$\acute{A}rea\_Muros_{Y-Y} = 81.5m \cdot 0.16m = 13.04m^2$$

$$Densidad\_Muros_{Y-Y} = 13.04m^2 / 231m^2 = 5.65\%$$

A partir de este sencillo cálculo se puede apreciar que al tener el eje X-X una menor densidad o cuantía de muros, esta dirección será la más crítica ante las cargas sísmicas. En atención a lo cual, se elige esta dirección del Eje X-X para ser presentada en más detalle durante el proceso de análisis y diseño en este ejemplo, por ser la más interesante y compleja.

De acuerdo a lo anterior se presentarán entonces los resultados de aplicar la metodología de análisis de la sección A.4 al edificio en la dirección X-X del edificio, y como ejemplo se muestran con mayor detalle los resultados del eje 1 en la Figura A.5.1.1, que tal como se aprecia en la misma, contiene 4 muros de 1-6 pisos. El procedimiento para el diseño del eje Y-Y no está incluido en este ejemplo, para el análisis de cargas laterales actuando en esa dirección se procedió de forma similar a lo que se presentará para el eje X-X. Del diseño para el Eeje Y-Y solo se mostrarán algunos resultados al final del ejemplo, ya que igualmente fue abordado para poder incluir el efecto de la torsión en el análisis.

En las secciones siguientes se presentará el desarrollo del ejemplo aludiendo a los pasos indicados en la sección A.4.

A.5.2 *PASO 1: Determinación de la matriz de rigidez del edificio sin considerar aporte de flexibilidad del anclaje por volcamiento*

De acuerdo a lo indicado en el PASO 1 de la metodología en la Sección A.4.1, es necesario crear una matriz de rigidez a partir de unas condiciones iniciales de rigidez de los muros del edificio. Para otorgar los valores de inicio, es necesario contar con un prediseño o diseño de la estructura, en este sentido se presenta a continuación algunas implicaciones de esto.

El diseño de los muros de corte en un edificio de marco plataforma desde el punto de vista sísmico involucra principalmente la determinación del espesor del tablero estructural de revestimiento (OSB en este ejemplo), y el patrón de clavado de ese tablero al marco de madera para suministrar la resistencia y rigidez requerida para soportar las cargas aplicadas, ya que es esta conexión cavada del OSB con la madera la encargada de desarrollar la ductilidad a través de la fluencia de los clavos y el trituramiento de madera adyacente a los mismos.

El diseño desde el punto de vista de la carga vertical por otra parte, involucra determinar la sección de los pies derechos a utilizar y el espaciamiento de los mismos dentro del marco del muro. Sin embargo y debido a que los muros de marco plataforma en estructuras de madera están compuestas de muchos elementos que deben actuar holísticamente en todo el edificio, las conexiones deben ser cuidadosamente consideradas para asegurar que el patrón de la trayectoria de las cargas (load path) está completo, y es allí donde toman lugar en el diseño los conectores y anclajes que unen un piso con el siguiente, tales como los conectores hold-dDown y los A.T.S., para llevar así las cargas desde los puntos de aplicación hasta a la fundación.

En esta etapa se prediseñó el sistema de muros con sus componentes mediante un primer análisis por el método estático de *la Norma* y partir así con alguna base para hacer el análisis modal espectral, una vez realizado este análisis, y siguiendo la metodología indicada en la Sección A.4, se presentan en la Tabla A.5.2.1 las características que se le asignaron por ejemplo a los muros del primer piso, tales como el espesor del tablero de OSB necesario, la cantidad de tableros requeridos, el espaciamiento del clavado y el tipo de clavos (de acuerdo al SDPWS-2015). Los muros del eje 1 nombrados de acuerdo a la nomenclatura de la Figura A.5.1.1 están destacados para su mejor identificación. El diseño por carga vertical indicó que los muros del primer piso requerían pies derechos de 2·6" cada 300 mm tal como se ve en la tabla, mientras que los pisos superiores resultaron pies derechos distribuidos cada 400 mm como suele ser habitual.

También se aprecian en la tabla las coordenadas (x_i, y_i) de los muros, información necesaria para calcular el centro de masa de los muros del edificio, y para determinar la matriz de colocación de cada eje. Posteriormente la información anterior tabulada se usa como base para determinar las matrices de rigidez de los muros, en este sentido es necesario calcular las 3 fuentes de flexibilidad/rigideces indicadas en la ecuación A.4.1.11, que son la rigidez a corte, a flexión y la rigidez axial del anclaje del muro. Las variables de las que dependen esas fuentes de deformación están indicadas en la ecuación A.4.1.1, la cual se evalúa en unidades inglesas y después los resultados se transforman a las unidades presentadas en la Tabla A.5.2.2.

El valor del G_a utilizado en este caso de la Tabla 4.3A del SDPWS-2015 es 42 kips/in, multiplicado por 2 al contar los muros dos tableros de OSB. El área de los pies derechos de borde en todos los muros del primer piso es de 59.9 in^2 = 386.4 cm^2, que corresponde a la suma de 4 pies derechos de borde interiores de 2·6" (35·138 mm) y 4 pies derechos de borde exteriores también de 2·6", es decir 4 pies derechos de 2·6" a uno y otro lado de la barra Strong-Rod del A.T.S.

El área efectiva A_e se calcula con la Ecuación A.4.1.8, y la rigidez del ATS K_{ATS} con las Ecuación A.4.1.9, donde la altura total del piso es 2440+338 mm=2778 mm. Mientras que la rigidez del anclaje se calcula según la Ecuación A.4.1.7.

TABLA A.5.2.1 Características de los Muros del Eje 1 en Primer Piso.

Eje	Muro	h [cm]	L [cm]	x_i [cm]	y_i [cm]	Espaciamiento Pies Derechos [cm]	Espaciamiento de clavos [cm]	Tipo de Clavos	Cantidad de Tableros OSB	Espesor Tablero OSB [cm]
1	M101	244	282	-8	1306	30	5	8d	2	1.11
1	M102	244	404	364	1306	30	5	8d	2	1.11
1	M103	244	404	964	1306	30	5	8d	2	1.11
1	M104	244	282	1458	1306	30	5	8d	2	1.11
2	M105	244	160	8	967	30	5	8d	2	1.11
2	M106	244	194	364	967	30	5	8d	2	1.11
2	M107	244	194	574	967	30	5	8d	2	1.11
2	M108	244	194	964	967	30	5	8d	2	1.11
2	M109	244	194	1264	967	30	5	8d	2	1.11
3	M110	244	142	364	726	30	5	8d	2	1.11
3	M111	244	142	626	726	30	5	8d	2	1.11
3	M112	244	142	964	726	30	5	8d	2	1.11
3	M113	244	142	1264	726	30	5	8d	2	1.11
4	M114	244	142	364	580	30	5	8d	2	1.11
4	M115	244	142	626	580	30	5	8d	2	1.11
4	M116	244	142	964	580	30	5	8d	2	1.11
4	M117	244	142	1264	580	30	5	8d	2	1.11
5	M118	244	160	8	339	30	5	8d	2	1.11
5	M119	244	194	364	339	30	5	8d	2	1.11
5	M120	244	194	574	339	30	5	8d	2	1.11
5	M121	244	194	964	339	30	5	8d	2	1.11
5	M122	244	194	1264	339	30	5	8d	2	1.11
6	M123	244	282	-8	0	30	5	8d	2	1.11
6	M124	244	404	364	0	30	5	8d	2	1.11
6	M125	244	404	964	0	30	5	8d	2	1.11
6	M126	244	282	1458	0	30	5	8d	2	1.11

TABLA A.5.2.2 Resumen de cálculos para las 3 fuentes de rigidez en los muros del primer piso.

Muro	Diámetro Strong-Rod de ATS [cm]	Ae [cm²]	Rigidez ATS [tonf/m]	L' [cm]	Kb [Tonf/m]	Kv [Tonf/m]	Kh [Tonf/m]
M101	3.81	9.07	6849	234	32343	1734	6849
M102	3.49	7.06	5331	356	66382	2484	5331
M103	3.49	7.06	5331	356	66382	2484	5331
M104	3.81	9.07	6849	234	32343	1734	6849
M105	4.45	12.25	9257	105	13015	984	9257
M106	4.45	12.25	9257	146	15307	1193	9257
M107	4.45	12.25	9257	146	15307	1193	9257
M108	4.45	12.25	9257	146	15307	1193	9257
M109	4.45	12.25	9257	146	15307	1193	9257
M110	4.45	12.25	9257	87	10251	873	9257
M111	4.45	12.25	9257	87	10251	873	9257
M112	4.45	12.25	9257	87	10251	873	9257
M113	4.45	12.25	9257	87	10251	873	9257
M114	4.45	12.25	9257	87	10251	873	9257
M115	4.45	12.25	9257	87	10251	873	9257
M116	4.45	12.25	9257	87	10251	873	9257
M117	4.45	12.25	9257	87	10251	873	9257
M118	4.45	12.25	9257	105	13015	984	9257
M119	4.45	12.25	9257	146	15307	1193	9257
M120	4.45	12.25	9257	146	15307	1193	9257
M121	4.45	12.25	9257	146	15307	1193	9257
M122	4.45	12.25	9257	146	15307	1193	9257
M123	3.81	9.07	6849	234	32343	1734	6849
M124	3.49	7.06	5331	356	66382	2484	5331
M125	3.49	7.06	5331	356	66382	2484	5331
M126	3.81	9.07	6849	234	32343	1734	6849

Con las rigideces de corte y flexión calculadas para cada muro de cada piso de la Tabla A.5.2.2, se procede a evaluar las matrices $\tilde{U}$ de la Ecuación A.4.1.11, a partir de la cual se puede obtener la matriz de rigidez de cada muro de 6 pisos (6·1) del edificio. Posteriormente para la obtención de la matriz de rigidez de todo el eje estructural 1, 2 o 3 por ejemplo en la Figura A.5.1.1, o A, B o C para el caso de la Figura A.5.1.2, se procede por medio de la suma de las rigideces de cada muro de 6·1 hasta obtener la rigidez de todo el eje estructural, ya que que funcionan como un sistema de resortes en paralelo. Una vez obtenidas las rigideces de cada eje estructural se conforma la matriz rigidez del edificio para el sentido X-X sumando las matrices de rigideces de cada eje estructural en coordenadas globales (Ecuación A.4.1.16). Las distintas matrices de rigideces se pueden observar en las Tablas A.5.2.3-14.

TABLA A.5.2.3 Matriz de rigidez muro M101.

| | | | K Muro [Tonf/m] | | | | | |
| | | | u | | | | | |
Muro	G.D.L	Piso	1	2	3	4	5	6
M101	u	1	3291	-1645	0	0	0	0
		2	-1645	2761	-1116	0	0	0
		3	0	-1116	2232	-1116	0	0
		4	0	0	-1116	2232	-1116	0
		5	0	0	0	-1116	1999	-883
		6	0	0	0	0	-883	883

TABLA A.5.2.4 Matriz de rigidez muro M102.

| | | | K Muro [Tonf/m] | | | | | |
| | | | u | | | | | |
Muro	G.D.L	Piso	1	2	3	4	5	6
M102	u	1	4788	-2394	0	0	0	0
		2	-2394	4010	-1616	0	0	0
		3	0	-1616	3231	-1616	0	0
		4	0	0	-1616	3231	-1616	0
		5	0	0	0	-1616	2892	-1276
		6	0	0	0	0	-1276	1276

TABLA A.5.2.5 Matriz de rigidez muro M103.

Muro	G.D.L	G.D.L	K Muro [Tonf/m]					
					u			
		Piso	1	2	3	4	5	6
M103	u	1	4788	-2394	0	0	0	0
		2	-2394	4010	-1616	0	0	0
		3	0	-1616	3231	-1616	0	0
		4	0	0	-1616	3231	-1616	0
		5	0	0	0	-1616	2892	-1276
		6	0	0	0	0	-1276	1276

TABLA A.5.2.6 Matriz de rigidez muro M104.

Muro	G.D.L	G.D.L	K Muro [Tonf/m]					
					u			
		Piso	1	2	3	4	5	6
M104	u	1	3291	-1645	0	0	0	0
		2	-1645	2761	-1116	0	0	0
		3	0	-1116	2232	-1116	0	0
		4	0	0	-1116	2232	-1116	0
		5	0	0	0	-1116	1999	-883
		6	0	0	0	0	-883	883

TABLA A.5.2.7 Matriz de rigidez Eje 1 - Ecuación A.4.1.14.

Eje	G.D.L	G.D.L	K Eje [Tonf/m]					
					u			
		Piso	1	2	3	4	5	6
1	u	1	16158	-8079	0	0	0	0
		2	-8079	13542	-5463	0	0	0
		3	0	-5463	10926	-5463	0	0
		4	0	0	-5463	10926	-5463	0
		5	0	0	0	-5463	9781	-4319
		6	0	0	0	0	-4319	4319

TABLA A.5.2.8 Matriz de colocación Eje 1.

			a [*] y [m]																		
		G.D.L	u_x						u_y						θ						
Eje	G.D.L	Piso	1	2	3	4	5	6	1	2	3	4	5	6	1	2	3	4	5	6
1	u	1	1	0	0	0	0	0	0	0	0	0	0	0	7	0	0	0	0	0
		2	0	1	0	0	0	0	0	0	0	0	0	0	0	7	0	0	0	0
		3	0	0	1	0	0	0	0	0	0	0	0	0	0	0	7	0	0	0
		4	0	0	0	1	0	0	0	0	0	0	0	0	0	0	0	7	0	0
		5	0	0	0	0	1	0	0	0	0	0	0	0	0	0	0	0	7	0
		6	0	0	0	0	0	1	0	0	0	0	0	0	0	0	0	0	0	7

TABLA A.5.2.9 Matriz de rigidez Eje 1 en coordenadas globales - Ecuación A.4.1.15, (columnas 1 a 6 de 18).

			K Eje Globales [Tonf/m] , [Tonf-m/m] y [Tonf-m²/m]					
		G.D.L	u_x					
Eje	G.D.L	Piso	1	2	3	4	5	6
1	u_x	1	16158	-8079	0	0	0	0
		2	-8079	13542	-5463	0	0	0
		3	0	-5463	10926	-5463	0	0
		4	0	0	-5463	10926	-5463	0
		5	0	0	0	-5463	9781	-4319
		6	0	0	0	0	-4319	4319
	u_y	1	0	0	0	0	0	0
		2	0	0	0	0	0	0
		3	0	0	0	0	0	0
		4	0	0	0	0	0	0
		5	0	0	0	0	0	0
		6	0	0	0	0	0	0
	θ	1	105304	-52652	0	0	0	0
		2	-52652	88254	-35601	0	0	0
		3	0	-35601	71203	-35601	0	0
		4	0	0	-35601	71203	-35601	0
		5	0	0	0	-35601	63746	-28144
		6	0	0	0	0	-28144	28144

TABLA A.5.2.10 Matriz de rigidez Eje 1 en coordenadas globales - Ecuación A.4.1.15, (columnas 7 a 12 de 18).

Eje	G.D.L	G.D.L Piso	K Eje Globales [Tonf/m] , [Tonf-m/m] y [Tonf-m^2/m] u_y					
			1	2	3	4	5	6
1	u_x	1	0	0	0	0	0	0
		2	0	0	0	0	0	0
		3	0	0	0	0	0	0
		4	0	0	0	0	0	0
		5	0	0	0	0	0	0
		6	0	0	0	0	0	0
	u_y	1	0	0	0	0	0	0
		2	0	0	0	0	0	0
		3	0	0	0	0	0	0
		4	0	0	0	0	0	0
		5	0	0	0	0	0	0
		6	0	0	0	0	0	0
	θ	1	0	0	0	0	0	0
		2	0	0	0	0	0	0
		3	0	0	0	0	0	0
		4	0	0	0	0	0	0
		5	0	0	0	0	0	0
		6	0	0	0	0	0	0

TABLA A.5.2.11 Matriz de rigidez Eje 1 en coordenadas globales - Ecuación A.4.1.15, (columnas 13 a 18 de 18).

| | | | K Eje Globales [Tonf/m] , [Tonf-m/m] y [Tonf-m^2/m] | | | | | |
| | | G.D.L | θ | | | | | |
Eje	G.D.L	Piso	1	2	3	4	5	6
1	u_x	1	105304	-52652	0	0	0	0
		2	-52652	88254	-35601	0	0	0
		3	0	-35601	71203	-35601	0	0
		4	0	0	-35601	71203	-35601	0
		5	0	0	0	-35601	63746	-28144
		6	0	0	0	0	-28144	28144
	u_y	1	0	0	0	0	0	0
		2	0	0	0	0	0	0
		3	0	0	0	0	0	0
		4	0	0	0	0	0	0
		5	0	0	0	0	0	0
		6	0	0	0	0	0	0
	θ	1	686266	-343133	0	0	0	0
		2	-343133	575146	-232013	0	0	0
		3	0	-232013	464025	-232013	0	0
		4	0	0	-232013	464025	-232013	0
		5	0	0	0	-232013	415428	-183416
		6	0	0	0	0	-183416	183416

TABLA A.5.2.12 Matriz de rigidez del Edificio en coordenadas globales - Ecuación A.4.1.16, (columnas 1 a 6 de 18).

Edificio	G.D.L	G.D.L Piso	K Edificio [Tonf/m] , [Tonf-m/m] y [Tonf-m²/m] u_x					
			1	2	3	4	5	6
Hotel	u_x	1	66550	-33275	0	0	0	0
		2	-33275	55902	-22627	0	0	0
		3	0	-22627	45254	-22627	0	0
		4	0	0	-22627	45254	-22627	0
		5	0	0	0	-22627	40559	-17932
		6	0	0	0	0	-17932	17932
	u_y	1	0	0	0	0	0	0
		2	0	0	0	0	0	0
		3	0	0	0	0	0	0
		4	0	0	0	0	0	0
		5	0	0	0	0	0	0
		6	0	0	0	0	0	0
	θ	1	-974	487	0	0	0	0
		2	487	-818	331	0	0	0
		3	0	331	-663	331	0	0
		4	0	0	331	-663	331	0
		5	0	0	0	331	-594	263
		6	0	0	0	0	263	-263

TABLA A.5.2.13 Matriz de rigidez Hotel en coordenadas globales - Ecuación A.4.1.16, (columnas 7 a 12 de 18).

Edificio	G.D.L	G.D.L Piso	K Edificio [Tonf/m] , [Tonf-m/m] y [Tonf-m^2/m] u_y					
			1	2	3	4	5	6
Hotel	u_x	1	0	0	0	0	0	0
		2	0	0	0	0	0	0
		3	0	0	0	0	0	0
		4	0	0	0	0	0	0
		5	0	0	0	0	0	0
		6	0	0	0	0	0	0
	u_y	1	51786	-25893	0	0	0	0
		2	-25893	51786	-25893	0	0	0
		3	0	-25893	50624	-24731	0	0
		4	0	0	-24731	37765	-13034	0
		5	0	0	0	-13034	21940	-8906
		6	0	0	0	0	-8906	8906
	θ	1	16666	-8333	0	0	0	0
		2	-8333	16666	-8333	0	0	0
		3	0	-8333	16292	-7959	0	0
		4	0	0	-7959	12156	-4197	0
		5	0	0	0	-4197	7064	-2868
		6	0	0	0	0	-2868	2868

TABLA A.5.2.14 Matriz de rigidez Hotel en coordenadas globales - Ecuación A.4.1.16, (columnas 13 a 18 de 18).

Edificio	G.D.L	G.D.L Piso	K Edificio [Tonf/m] , [Tonf-m/m] y [Tonf-m²/m] θ					
			1	2	3	4	5	6
Hotel	u_x	1	-974	487	0	0	0	0
		2	487	-818	331	0	0	0
		3	0	331	-663	331	0	0
		4	0	0	331	-663	331	0
		5	0	0	0	331	-594	263
		6	0	0	0	0	263	-263
	u_y	1	16666	-8333	0	0	0	0
		2	-8333	16666	-8333	0	0	0
		3	0	-8333	16292	-7959	0	0
		4	0	0	-7959	12156	-4197	0
		5	0	0	0	-4197	7064	-2868
		6	0	0	0	0	-2868	2868
	θ	1	3375981	-1687990	0	0	0	0
		2	-1687990	3118494	-1430504	0	0	0
		3	0	-1430504	2821047	-1390543	0	0
		4	0	0	-1390543	2378771	-988229	0
		5	0	0	0	-988229	1721647	-733418
		6	0	0	0	0	-733418	733418

Las matrices de rigidez del eje y del edificio en coordenadas globales presentan la siguiente forma:

$$K = \begin{pmatrix} \left[K_{XX}\right]_{nxn} & \left[K_{XY}\right]_{nxn} & \left[K_{X\theta}\right]_{nxn} \\ \left[K_{YX}\right]_{nxn} & \left[K_{YY}\right]_{nxn} & \left[K_{Y\theta}\right]_{nxn} \\ \left[K_{\theta X}\right]_{nxn} & \left[K_{\theta Y}\right]_{nxn} & \left[K_{\theta\theta}\right]_{nxn} \end{pmatrix}$$

donde:

$$\left[K_{XY}\right] = \left[K_{YX}\right]$$

$$\left[K_{X\theta}\right] = \left[K_{\theta X}\right]$$

$$[K_{Y\theta}]=[K_{\theta Y}]$$

Es necesario aclarar que las distintas sub-matrices presentan unidades diferentes. En particular para el ejemplo, con $n = 6$ las sub-matrices poseen las siguientes unidades:

- Las matrices

$$[K_{XX}],[K_{YY}]\,y\,[K_{XY}]$$

  tienen unidades de *Tonf/m*

- Las matrices

$$[K_{X\theta}]\,y\,[K_{Y\theta}]$$

  tienen unidades de *Tonf · m/m*

- La matriz

$$[K_{\theta\theta}]$$

  tienen unidades de *Tonf · m²/m*

A.5.3 PASO 2: *Evaluación de las propiedades dinámicas de la estructura*

Una vez conformada la matriz de rigidez del edificio, es necesario obtener la matriz de masa del edificio para poder realizar el PASO 2. La matriz de masa para el edificio se muestra en las Tablas A.5.3.1-3.

TABLA A.5.3.1 Matriz de masa (Columnas 1 a la 6 de 18).

| | | G.D.L | M Edificio [Ton] y [Ton-m^2] | | | | | |
| | | | u_x | | | | | |
Edificio	G.D.L	Piso	1	2	3	4	5	6
Hotel	u_x	1	77	0	0	0	0	0
		2	0	77	0	0	0	0
		3	0	0	76	0	0	0
		4	0	0	0	75	0	0
		5	0	0	0	0	75	0
		6	0	0	0	0	0	62
	u_y	1	0	0	0	0	0	0
		2	0	0	0	0	0	0
		3	0	0	0	0	0	0
		4	0	0	0	0	0	0
		5	0	0	0	0	0	0
		6	0	0	0	0	0	0
	θ	1	0	0	0	0	0	0
		2	0	0	0	0	0	0
		3	0	0	0	0	0	0
		4	0	0	0	0	0	0
		5	0	0	0	0	0	0
		6	0	0	0	0	0	0

TABLA A.5.3.2 Matriz de masa (Columnas 7 a la 12 de 18).

Edificio	G.D.L	G.D.L Piso	M Edificio [Ton] y [Ton-m^2] u_y					
			1	2	3	4	5	6
Hotel	u_x	1	0	0	0	0	0	0
		2	0	0	0	0	0	0
		3	0	0	0	0	0	0
		4	0	0	0	0	0	0
		5	0	0	0	0	0	0
		6	0	0	0	0	0	0
	u_y	1	77	0	0	0	0	0
		2	0	77	0	0	0	0
		3	0	0	76	0	0	0
		4	0	0	0	75	0	0
		5	0	0	0	0	75	0
		6	0	0	0	0	0	62
	θ	1	0	0	0	0	0	0
		2	0	0	0	0	0	0
		3	0	0	0	0	0	0
		4	0	0	0	0	0	0
		5	0	0	0	0	0	0
		6	0	0	0	0	0	0

TABLA A.5.3.3 Matriz de masa (Columnas 13 a la 18 de 18).

Edificio	G.D.L	G.D.L Piso	M Edificio [Ton] y [Ton-m^2] θ					
			1	2	3	4	5	6
Hotel	u_x	1	0	0	0	0	0	0
		2	0	0	0	0	0	0
		3	0	0	0	0	0	0
		4	0	0	0	0	0	0
		5	0	0	0	0	0	0
		6	0	0	0	0	0	0
	u_y	1	0	0	0	0	0	0
		2	0	0	0	0	0	0
		3	0	0	0	0	0	0
		4	0	0	0	0	0	0
		5	0	0	0	0	0	0
		6	0	0	0	0	0	0
	θ	1	3088	0	0	0	0	0
		2	0	3080	0	0	0	0
		3	0	0	3048	0	0	0
		4	0	0	0	3017	0	0
		5	0	0	0	0	3017	0
		6	0	0	0	0	0	2493

Con la matriz de masa y rigidez del edificio obtenidas, se determinan entonces las propiedades dinámicas del modelo, es decir las formas modales, los vectores propios, periodos naturales y los factores de participación modal, propiedades que se utilizarán en la siguiente fase del procedimiento. Algunos de los principales resultados se muestran en la Tabla A.5.3.4.

TABLA A.5.3.4 Períodos, masas modales efectivas normalizadas, factores de participación modal y modos de vibrar en el Eje X-X del edificio.

	EJE X-X					
Modo	2	5	8	11	16	14
T_n [s]	0.423	0.152	0.100	0.076	0.056	0.063
M_{nx}^*/M_x^*	0.827	0.114	0.036	0.011	0.008	0.004
Γ_{nx}	1.307	-0.482	0.000	-0.151	-0.139	0.000
	0.189	-0.548	0.771	-0.700	-0.977	0.515
	0.368	-0.876	0.820	-0.276	1.000	-0.182
	0.602	-0.838	-0.239	1.000	-0.538	-0.578
	0.792	-0.310	-0.973	-0.056	0.284	1.000
	0.922	0.398	-0.400	-0.983	-0.123	-0.792
	1.000	1.000	1.000	0.702	0.035	0.315
	0.000	0.000	0.000	0.000	-0.005	0.002
	0.001	-0.001	0.001	-0.001	0.001	-0.001
ϕ (18 x 6)	0.001	-0.001	0.001	0.000	0.006	-0.001
	0.001	-0.001	0.000	0.001	-0.006	0.001
	0.002	0.000	-0.002	-0.001	0.002	0.000
	0.002	0.002	0.001	0.001	-0.001	0.000
	0.000	-0.001	0.001	-0.001	-0.010	0.001
	0.000	-0.002	0.001	-0.001	0.005	0.000
	0.001	-0.002	0.000	0.001	0.007	-0.001
	0.001	-0.001	-0.001	0.001	-0.010	0.001
	0.001	0.001	-0.001	-0.002	0.005	0.000
	0.001	0.002	0.001	0.001	-0.002	0.000

De esta tabla se puede apreciar que, para cumplir con la norma, bastaba con considerar los modos 2 y 5, ya que entre ambos suman más del 90% de la masa modal que exige *la Norma*. Sin embargo, para el desarrollo del ejemplo se consideran los 6 modos que suman un 100% de la masa modal en la dirección X-X.

A.5.4 *PASO 3: Distribución de fuerzas horizontales equivalentes para cada modo de vibración*

Para establecer las cargas de sísmicas diseño, es necesario definir primero el peso sísmico del edificio, el cual según la Sección 5.5.1 de *la Norma* se establece que se deben considerar las cargas permanentes más un porcentaje para este tipo de edificios (hotel) del 25% de la sobrecarga de uso o carga viva. Así las sobrecargas de acuerdo a la Norma NCh 1537–2009 en su Tabla 4 corresponden a:

Hotel	
Carga de uso en Habitaciones (Pisos 1 al 6)	: 2.0 kPa = 200 kgf/m²
Carga de uso en Cubierta	: 1.0 kPa = 100 kgf/m²

En cuanto a las cargas permanentes o cargas muertas se tiene lo indicado en la Tabla A.5.4.1.

TABLA A.5.4.1 Cargas permanentes o muertas del edificio.

	Losa de entrepiso			Muros	Losa + Muros
Piso	Área [m²]	Peso losa [kgf/m²]	Peso losa [kgf]	Peso muros [kgf]	Peso muerto piso [kgf]
1	217.72	176	38319	28159	66273
2	217.72	176	38319	27749	66058
3	217.72	176	38319	27728	65269
4	217.72	176	38319	26172	64491
5	217.72	176	38319	26172	64491
6	217.72	176	38319	26172	51405
		Total	229916	162151	377988

Donde la carga muerta para el primer piso, por ejemplo, resulta de:

$$W_{PISO\_1} = 38319 kgf + \frac{28159 kgf}{2} + \frac{27749 kgf}{2} = 66273 kgf$$

Para los pisos superiores se procede de igual forma. Finalmente, el peso sísmico total resulta de 443.31 toneladas, ver Tabla A.5.4.2.

TABLA A.5.4.2 Cálculo del Peso Sísmico.

Piso	Área [m²]	CM Peso muerto piso [kgf]	SC Peso sobrecarga losa [kgf]	CM+0.25·SC Peso sísmico [kgf]
1	217.72	66273	43545	77160
2	217.72	66058	43545	76944
3	217.72	65269	43545	76155
4	217.72	64491	43545	75377
5	217.72	64491	43545	75377
6	217.72	51405	43545	62291
	Total	377988	261268	443305

Respecto a los parámetros sísmicos, se tomas las siguientes consideraciones:

- El edificio se propone en zona costera (por ejemplo en Valparaíso), que de acuerdo a la Sección 4.1 de *la Norma* corresponde a zona 3, lo que define la aceleración máxima efectiva del edificio de acuerdo a la Tabla 6.2 de *la Norma* como $A_o = 0.40g$. Se asume que el edificio se encuentra sobre un suelo tipo C (según DS-61 en sección 12.3).

- El edificio corresponde a un sistema estructural en madera denominado sistema marco plataforma, el cual según la Tabla 5.1 de *la Norma* clasificaría como un sistema estructural de muros y sistemas arriostrados en madera, correspondiéndole así un factor de modificación de reducción de $R = 7.0$ para el análisis modal espectral.

- La categoría del edifico de este ejemplo por ser un hotel, le correspondería una categoría II de acuerdo a lo descrito en la Sección 4.3, y por consiguiente un factor de importancia (I) igual a 1.0 según la Tabla 6.1 de *la Norma*.

- Los coeficientes sísmicos correspondientes a cada dirección de análisis se calculan de acuerdo al inciso 6.3.7 de *la Norma* modificado por el artículo 15 del DS-61 donde se establecen modificaciones a la cota mínima para el coeficiente sísmico $C_{mín}$ y a la cota máxima para el coeficiente sísmico $C_{máx}$.

Los valores de los parámetros descritos anteriormente se resumen en la Tabla A.5.4.3.

TABLA A.5.4.3 Resumen de parámetros sísmicos considerados en el diseño.

Análisis Modal Espectral NCH 433 Of.1996 Mod. 2012/ DS 61		
	Tipo de suelo	C
	S	1.05
Parámetros relativos al tipo de suelo	T_O [s]	0.4
	T' [s]	0.45
	n	1.4
	p	1.6
Factor de importancia	Categoría del edificio	II
		1
Aceleración efectiva máxima	Zona sísmica	3
	A_O [g]	0.4
Factor de Reducción	Ro	7
Período del modo con mayor masa traslacional equivalente	T^*_x [s]	0.423
	T^*_y [s]	0.459
Peso total del edificio [D+0.25L]	P [Tonf]	443.305
Cotas coeficiente sísmico	Vb_{min} [Tonf]	31.031
	Vb_{max} [Tonf]	65.166

En base al coeficiente sísmico mínimo $C_{mín}$ y el máximo $C_{máx}$ se determina un corte basal mínimo de 31.03 toneladas y uno máximo de 65.17 toneladas.

A partir de la información entregada en las Tablas A.5.3.4 y Tabla A.5.4.3 se genera el espectro de pseudo-aceleraciones de diseño, con éste se determinan las ordenadas espectrales para cada uno de los períodos de vibración, y así con la Ecuación A.4.3.1 se obtienen las distribuciones de las fuerzas estáticas para cada uno de los modos que cargarán el edificio (ver Figura A.4.3.1). Estas fuerzas horizontales de aplican en cada diafragma de entrepiso, y se distribuye el corte del mismo a cada uno de los muros por el enfoque de la rigidez relativa utilizando la ecuación A.4.1.3.

Los vectores de fuerzas que obtendremos tendrán en sus 6 primeras filas las fuerzas laterales en X-X, asociados al desplazamiento lateral en la dirección X-X del edificio. Las filas 7 a la 12 tendrán las fuerzas laterales en Y-Y, asociadas al desplazamiento lateral en la dirección Y-Y del edificio. Las ultimas 6 filas por otra parte contienen los momentos torsionales asociados al giro del edificio considerando los efectos debidos a la excentricidad inherente de la estructura. Así las distribuciones de fuerzas horizontales resultantes para los modos se presentan en la Tabla A.5.4.4.

Como se mencionó en la Sección A.4.3, es necesario incluir una excentricidad adicional según lo señalado por *la Norma*. La inclusión de la excentricidad accidental se incorpora mediante momentos torsionales, y se generan dos nuevos casos de carga sísmicos, sismo torsional en X-X positivo (+Stx) y sismo torsional en X-X negativo (-Stx). En la Tabla A.5.4.5 se presentan las fuerzas modales para el caso sismo torsional en X-X positivo, el cual es en este caso el estado de carga que genera la mayor demanda de esfuerzos en los muros, por lo tanto; de ahora en adelante todos los resultados estarán asociados a este caso de carga.

TABLA A.5.4.4 Fuerzas horizontales equivalentes afines a cada forma modal, para el Sismo en X-X (S_x).

| | | | | Solicitaciones modales sobre cada grado de libertad (G.D.L) del edificio debido al Sismo en X-X (S_x) | | | | | |
| | | | | Modo | | | | | |
		G.D.L	Piso	2	5	8	11	16	14
S_x	F [kN]	u_x	1	33.03	24.19	14.23	6.81	7.96	3.01
			2	64.15	38.53	15.08	2.67	-8.12	-1.06
			3	104.08	36.48	-4.35	-9.60	4.32	-3.33
			4	135.40	13.34	-17.53	0.54	-2.26	5.69
			5	157.69	-17.13	-7.22	9.34	0.98	-4.51
			6	141.30	-35.61	14.89	-5.51	-0.23	1.48
		u_y	1	0.07	0.02	0.00	0.00	0.04	0.01
			2	0.13	0.03	0.01	0.01	-0.01	-0.01
			3	0.19	0.04	0.01	0.00	-0.05	0.00
			4	0.23	0.03	0.00	-0.01	0.05	0.01
			5	0.30	-0.01	-0.04	0.01	-0.02	0.00
			6	0.29	-0.05	0.02	0.00	0.00	0.00
	M [kN-m]	θ	1	1.43	1.73	0.84	0.54	3.11	0.28
			2	2.78	2.80	0.90	0.27	-1.47	-0.04
			3	4.16	2.77	0.00	-0.50	-2.37	-0.30
			4	5.27	1.49	-0.85	-0.31	3.23	0.20
			5	6.40	-1.15	-0.67	0.58	-1.63	0.03
			6	5.89	-3.07	0.70	-0.22	0.40	-0.04

TABLA A.5.4.5 Fuerzas horizontales equivalentes afines a cada forma modal, para el Sismo torsional positivo en X-X ($+S_{tx}$).

| | | | Solicitaciones modales sobre cada grado de libertad (G.D.L) del edificio debido al Sismo torsional en X-X ($+S_{tx}$) | | | | | |
| | | | Modo | | | | | |
	G.D.L	Piso	2	5	8	11	16	14
$+S_{tx}$	u_x	1	33.03	24.19	14.23	6.81	7.96	3.01
		2	64.15	38.53	15.08	2.67	-8.12	-1.06
		3	104.08	36.48	-4.35	-9.60	4.32	-3.33
		4	135.40	13.34	-17.53	0.54	-2.26	5.69
		5	157.69	-17.13	-7.22	9.34	0.98	-4.51
		6	141.30	-35.61	14.89	-5.51	-0.23	1.48
F [kN]	u_y	1	0.07	0.02	0.00	0.00	0.04	0.01
		2	0.13	0.03	0.01	0.01	-0.01	-0.01
		3	0.19	0.04	0.01	0.00	-0.05	0.00
		4	0.23	0.03	0.00	-0.01	0.05	0.01
		5	0.30	-0.01	-0.04	0.01	-0.02	0.00
		6	0.29	-0.05	0.02	0.00	0.00	0.00
M [kN-m]	θ	1	8.71	7.07	3.97	2.04	4.86	0.95
		2	31.05	19.77	7.54	1.44	-5.05	-0.50
		3	72.95	26.88	-2.88	-6.85	0.49	-2.50
		4	124.60	13.25	-16.30	0.16	1.24	5.22
		5	180.12	-20.02	-8.62	10.88	-0.55	-4.94
		6	192.69	-50.15	20.39	-7.51	0.09	1.92

A.5.5 PASO 4: Determinación de la matriz de rigidez del edificio considerando el aporte de flexibilidad del anclaje por volcamiento

Una vez obtenidas las fuerzas modales, es necesario determinar la matriz de rigidez del edificio, la cual en este paso se determina considerando el aporte de flexibilidad del anclaje mediante la ecuación A.4.1.11. Posteriormente se debe realizar el procedimiento descrito en la Sección A.4.4, lo que se resume ejemplifica a continuación. Las matrices de rigidez de los muros, del eje 1, eje 1 en coordenadas globales, y del edificio considerando el aporte de flexibilidad del anclaje se detallan en las Tablas A.5.5.1-11.

TABLA A.5.5.1 Matriz de rigidez muro M101.

1			K Muro [Tonf/m]					
		G.D.L	u					
Muro	G.D.L	Piso	1	2	3	4	5	6
M101	u	1	2498	-1433	67	47	40	9
		2	-1013	2006	-1065	35	30	7
		3	0	-717	1608	-1005	93	21
		4	0	0	-656	1458	-859	58
		5	0	0	0	-568	874	-306
		6	0	0	0	0	-205	205

TABLA A.5.5.2 Matriz de rigidez muro M102.

			K Muro [Tonf/m]					
		G.D.L	u					
Muro	G.D.L	Piso	1	2	3	4	5	6
M102	u	1	3968	-2242	47	40	49	17
		2	-1719	3256	-1592	21	25	9
		3	0	-1199	2612	-1539	94	33
		4	0	0	-1124	2437	-1391	78
		5	0	0	0	-1007	1581	-574
		6	0	0	0	0	-417	417

TABLA A.5.5.3 Matriz de rigidez muro M103.

			K Muro [Tonf/m]					
		G.D.L	u					
Muro	G.D.L	Piso	1	2	3	4	5	6
M103	u	1	3968	-2242	47	40	49	17
		2	-1719	3256	-1592	21	25	9
		3	0	-1199	2612	-1539	94	33
		4	0	0	-1124	2437	-1391	78
		5	0	0	0	-1007	1581	-574
		6	0	0	0	0	-417	417

TABLA A.5.5.4 Matriz de rigidez muro M104.

Muro	G.D.L	Piso	K Muro [Tonf/m]					
		G.D.L	u					
			1	2	3	4	5	6
M104	u	1	2498	-1433	67	47	40	9
		2	-1013	2006	-1065	35	30	7
		3	0	-717	1608	-1005	93	21
		4	0	0	-656	1458	-859	58
		5	0	0	0	-568	874	-306
		6	0	0	0	0	-205	205

TABLA A.5.5.5 Matriz de rigidez Eje 1 - Ecuación A.4.1.14.

Eje	G.D.L	Piso	K Eje [Tonf/m]					
		G.D.L	u					
			1	2	3	4	5	6
1	u	1	12933	-7351	228	175	178	52
		2	-5465	10525	-5314	112	110	31
		3	0	-3833	8441	-5089	374	107
		4	0	0	-3560	7790	-4501	272
		5	0	0	0	-3149	4909	-1761
		6	0	0	0	0	-1245	1245

TABLA A.5.5.6 Matriz de rigidez Eje 1 en coordenadas globales - Ecuación A.4.1.15, (columnas 1 a 6 de 18).

| | | | K Eje Globales [Tonf/m] , [Tonf-m/m] y [Tonf-m^2/m] | | | | | |
| | | G.D.L | u_x | | | | | |
Eje	G.D.L	Piso	1	2	3	4	5	6
1	u_x	1	12933	-7351	228	175	178	52
		2	-5465	10525	-5314	112	110	31
		3	0	-3833	8441	-5089	374	107
		4	0	0	-3560	7790	-4501	272
		5	0	0	0	-3149	4909	-1761
		6	0	0	0	0	-1245	1245
	u_y	1	0	0	0	0	0	0
		2	0	0	0	0	0	0
		3	0	0	0	0	0	0
		4	0	0	0	0	0	0
		5	0	0	0	0	0	0
		6	0	0	0	0	0	0
	θ	1	84287	-47903	1486	1140	1162	340
		2	-35613	68593	-34631	730	719	203
		3	0	-24980	55011	-33167	2436	699
		4	0	0	-23201	50765	-29334	1771
		5	0	0	0	-20521	31995	-11473
		6	0	0	0	0	-8111	8111

TABLA A.5.5.7 Matriz de rigidez Eje 1 en coordenadas globales - Ecuación A.4.1.15, (columnas 7 a 12 de 18).

| | | | K Eje Globales [Tonf/m] , [Tonf-m/m] y [Tonf-m^2/m] | | | | | |
| | | G.D.L | u_y | | | | | |
Eje	G.D.L	Piso	1	2	3	4	5	6
1	u_x	1	0	0	0	0	0	0
		2	0	0	0	0	0	0
		3	0	0	0	0	0	0
		4	0	0	0	0	0	0
		5	0	0	0	0	0	0
		6	0	0	0	0	0	0
	u_y	1	0	0	0	0	0	0
		2	0	0	0	0	0	0
		3	0	0	0	0	0	0
		4	0	0	0	0	0	0
		5	0	0	0	0	0	0
		6	0	0	0	0	0	0
	θ	1	0	0	0	0	0	0
		2	0	0	0	0	0	0
		3	0	0	0	0	0	0
		4	0	0	0	0	0	0
		5	0	0	0	0	0	0
		6	0	0	0	0	0	0

TABLA A.5.5.8 Matriz de rigidez Eje 1 en coordenadas globales - Ecuación A.4.1.15, (columnas 13 a 18 de 18).

Eje	G.D.L	G.D.L Piso	K Eje Globales [Tonf/m] , [Tonf-m/m] y [Tonf-m^2/m] θ					
			1	2	3	4	5	6
1	u_x	1	84287	-47903	1486	1140	1162	340
		2	-35613	68593	-34631	730	719	203
		3	0	-24980	55011	-33167	2436	699
		4	0	0	-23201	50765	-29334	1771
		5	0	0	0	-20521	31995	-11473
		6	0	0	0	0	-8111	8111
	u_y	1	0	0	0	0	0	0
		2	0	0	0	0	0	0
		3	0	0	0	0	0	0
		4	0	0	0	0	0	0
		5	0	0	0	0	0	0
		6	0	0	0	0	0	0
	θ	1	549296	-312185	9686	7427	7574	2219
		2	-232091	447016	-225692	4759	4688	1320
		3	0	-162794	358508	-216145	15878	4553
		4	0	0	-151201	330831	-191169	11539
		5	0	0	0	-133738	208510	-74772
		6	0	0	0	0	-52859	52859

TABLA A.5.5.9 Matriz de rigidez del hotel en coordenadas globales - Ecuación A.4.1.16, (columnas 1 a 6 de 18).

| Edificio | G.D.L | Piso | K Edificio [Tonf/m] , [Tonf-m/m] y [Tonf-m^2/m] | | | | | |
| | | | u_x | | | | | |
			1	2	3	4	5	6
Hotel	u_x	1	49436	-29385	1378	945	594	130
		2	-20382	41286	-21807	518	316	70
		3	0	-15166	32202	-19124	1770	319
		4	0	0	-12930	26709	-14886	1107
		5	0	0	0	-9882	15211	-5329
		6	0	0	0	0	-3569	3569
	u_y	1	0	0	0	0	0	0
		2	0	0	0	0	0	0
		3	0	0	0	0	0	0
		4	0	0	0	0	0	0
		5	0	0	0	0	0	0
		6	0	0	0	0	0	0
	θ	1	-723	431	-20	-14	-9	-2
		2	298	-606	320	-7	-4	-1
		3	0	223	-471	279	-26	-5
		4	0	0	189	-387	215	-16
		5	0	0	0	142	-218	76
		6	0	0	0	0	51	-51

TABLA A.5.5.10 Matriz de rigidez del hotel en coordenadas globales - Ecuación A.4.1.16, (columnas 7 a 12 de 18).

| | | G.D.L | K Edificio [Tonf/m] , [Tonf-m/m] y [Tonf-m^2/m] | | | | | |
| | | | u_y | | | | | |
Edificio	G.D.L	Piso	1	2	3	4	5	6
Hotel	u_x	1	0	0	0	0	0	0
		2	0	0	0	0	0	0
		3	0	0	0	0	0	0
		4	0	0	0	0	0	0
		5	0	0	0	0	0	0
		6	0	0	0	0	0	0
	u_y	1	46363	-25532	393	480	160	142
		2	-21178	44590	-25064	1014	339	299
		3	0	-19806	41100	-22622	705	623
		4	0	0	-17241	29685	-12721	277
		5	0	0	0	-9551	17301	-7750
		6	0	0	0	0	-6116	6116
	θ	1	14791	-8200	141	164	54	46
		2	-6716	14185	-8032	350	116	98
		3	0	-6253	13021	-7219	245	207
		4	0	0	-5413	9386	-4076	103
		5	0	0	0	-3009	5472	-2464
		6	0	0	0	0	-1919	1919

TABLA A.5.5.11 Matriz de rigidez del hotel en coordenadas globales - Ecuación A.4.1.16, (columnas 13 a 18 de 18).

Edificio	G.D.L	G.D.L Piso	K Edificio [Tonf/m] , [Tonf-m/m] y [Tonf-m^2/m] θ					
			1	2	3	4	5	6
Hotel	u_x	1	-723	431	-20	-14	-9	-2
		2	298	-606	320	-7	-4	-1
		3	0	223	-471	279	-26	-5
		4	0	0	189	-387	215	-16
		5	0	0	0	142	-218	76
		6	0	0	0	0	51	-51
	u_y	1	14791	-8200	141	164	54	46
		2	-6716	14185	-8032	350	116	98
		3	0	-6253	13021	-7219	245	207
		4	0	0	-5413	9386	-4076	103
		5	0	0	0	-3009	5472	-2464
		6	0	0	0	0	-1919	1919
	θ	1	2857523	-1601890	37534	34982	22433	9544
		2	-1260109	2568120	-1387885	45410	21474	12991
		3	0	-1059267	2237816	-1272417	62522	31346
		4	0	0	-937345	1763561	-862839	36624
		5	0	0	0	-623045	1052983	-429939
		6	0	0	0	0	-324541	324541

A.5.6 PASO 5: *Análisis estáticos para cada modo de vibración y evaluación de las fuerzas internas en los muros por medio de la combinación modal*

En este paso se realizan los *n* análisis estáticos para las fuerzas horizontales equivalentes determinadas en el PASO 3 (Tabla A.5.4.5), considerando la matriz de rigidez del edificio determinada en el paso anterior, así una vez corridos los 6-análisis para los 6 modos en este caso, se pueden calcular los cortes y los momentos de todos los muros. Las Tablas A.5.6.1-6 presentan los resultados finales para los muros del eje 1.

TABLA A.5.6.1 Cortes en muros del Eje 1 por modos, pisos 1 al 6

		+Stx					
		Vi [Tonf]					
		Modo 1	Modo 2	Modo 3	Modo 4	Modo 5	Modo 6
Piso 1	M101	4.424	0.296	0.083	0.022	0.014	0.007
	M102	6.499	0.509	0.119	0.034	0.021	0.010
	M103	6.499	0.509	0.119	0.034	0.021	0.010
	M104	4.424	0.296	0.083	0.022	0.014	0.007
Piso 2	M101	3.298	0.192	0.001	-0.014	-0.029	-0.009
	M102	6.508	0.276	-0.015	-0.025	-0.047	-0.015
	M103	6.508	0.276	-0.015	-0.025	-0.047	-0.015
	M104	3.298	0.192	0.001	-0.014	-0.029	-0.009
Piso 3	M101	2.459	0.035	-0.080	-0.028	0.014	-0.003
	M102	4.682	-0.012	-0.136	-0.041	0.023	-0.005
	M103	4.682	-0.012	-0.136	-0.041	0.023	-0.005
	M104	2.459	0.035	-0.080	-0.028	0.014	-0.003
Piso 4	M101	2.266	-0.187	-0.065	0.025	-0.008	0.016
	M102	4.253	-0.390	-0.097	0.045	-0.012	0.024
	M103	4.253	-0.390	-0.097	0.045	-0.012	0.024
	M104	2.266	-0.187	-0.065	0.025	-0.008	0.016
Piso 5	M101	1.978	-0.351	0.052	0.025	0.004	-0.020
	M102	3.607	-0.648	0.103	0.040	0.007	-0.034
	M103	3.607	-0.648	0.103	0.040	0.007	-0.034
	M104	1.978	-0.351	0.052	0.025	0.004	-0.020
Piso 6	M101	0.911	-0.230	0.096	-0.036	-0.001	0.010
	M102	1.849	-0.467	0.195	-0.072	-0.003	0.019
	M103	1.849	-0.467	0.195	-0.072	-0.003	0.019
	M104	0.911	-0.230	0.096	-0.036	-0.001	0.010

TABLA A.5.6.2 Momentos en muros del Eje 1 por modos, pisos 1 al 6.

		+Stx					
		Mi [Tonf-m]					
		Modo 1	Modo 2	Modo 3	Modo 4	Modo 5	Modo 6
Piso 1	M101	42.632	-0.682	0.243	-0.017	-0.014	0.000
	M102	76.168	-2.036	0.467	-0.054	-0.030	-0.002
	M103	76.168	-2.036	0.467	-0.054	-0.030	-0.002
	M104	42.632	-0.682	0.243	-0.017	-0.014	0.000
Piso 2	M101	30.334	-1.504	0.011	-0.077	-0.054	-0.019
	M102	58.101	-3.452	0.138	-0.147	-0.088	-0.030
	M103	58.101	-3.452	0.138	-0.147	-0.088	-0.030
	M104	30.334	-1.504	0.011	-0.077	-0.054	-0.019
Piso 3	M101	21.166	-2.039	0.009	-0.037	0.027	0.006
	M102	40.009	-4.219	0.179	-0.078	0.043	0.013
	M103	40.009	-4.219	0.179	-0.078	0.043	0.013
	M104	21.166	-2.039	0.009	-0.037	0.027	0.006
Piso 4	M101	14.331	-2.136	0.232	0.040	-0.013	0.015
	M102	26.993	-4.186	0.558	0.036	-0.022	0.026
	M103	26.993	-4.186	0.558	0.036	-0.022	0.026
	M104	14.331	-2.136	0.232	0.040	-0.013	0.015
Piso 5	M101	8.031	-1.617	0.412	-0.031	0.008	-0.028
	M102	15.168	-3.102	0.827	-0.090	0.012	-0.040
	M103	15.168	-3.102	0.827	-0.090	0.012	-0.040
	M104	8.031	-1.617	0.412	-0.031	0.008	-0.028
Piso 6	M101	2.532	-0.640	0.267	-0.099	-0.004	0.026
	M102	5.141	-1.300	0.542	-0.201	-0.007	0.054
	M103	5.141	-1.300	0.542	-0.201	-0.007	0.054
	M104	2.532	-0.640	0.267	-0.099	-0.004	0.026

Para determinar los esfuerzos de diseño, se debe realizar la combinación modal de los esfuerzos resultantes de la Tabla A.5.6.1 y A.5.6.2. La combinación modal se realiza mediante el método de superposición CQC, exigido por *la Norma*. Los resultados se presentan en las Tablas A.5.6.3-4.

TABLA A.5.6.3 Solicitaciones de corte: muros del Eje 1, pisos 1 al 6.

+Stx			
CORTE - CQC (Tonf)			
Piso	M101	M102	M103	M104
---	---	---	---	---
1	4.437	6.525	6.525	4.437
2	3.305	6.516	6.516	3.305
3	2.461	4.684	4.684	2.461
4	2.274	4.270	4.270	2.274
5	2.007	3.661	3.661	2.007
6	0.942	1.913	1.913	0.942

TABLA A.5.6.4 Solicitaciones de momento: muros del Eje 1, pisos 1 al 6.

+Stx			
MOMENTO - CQC (Tonf-m)			
Piso	M101	M102	M103	M104
---	---	---	---	---
1	42.633	76.182	76.182	42.633
2	30.360	58.177	58.177	30.360
3	21.249	40.198	40.198	21.249
4	14.474	27.287	27.287	14.474
5	8.187	15.475	15.475	8.187
6	2.619	5.318	5.318	2.619

Finalmente, con los momentos acumulados combinados modalmente se debe obtener la fuerza a tracción del momento flexionante del muro. Para esto es necesario obtener el largo que funciona como brazo palanca en el muro. El largo del brazo palanca de muro corresponde a la distancia entre el centro de gravedad de los pies derechos de borde y de la barra de anclaje. Los largos para cada muro a utilizarse como brazo palanca L' se presentaron en la sección A.5.2 - Tabla A.5.2.2, sin embargo se resumen a continuación en la Tabla A.5.6.5.

TABLA A.5.6.5 Largos del brazo palanca L': muros del Eje 1, pisos 1 al 6.

Piso	L' (m)			
	M101	M102	M103	M104
1	2.340	3.560	3.560	2.340
2	2.340	3.560	3.560	2.340
3	2.340	3.560	3.560	2.340
4	2.340	3.560	3.560	2.340
5	2.340	3.560	3.560	2.340
6	2.340	3.560	3.560	2.340

Utilizando los brazos palanca de la Tabla A.5.6.5, y los momentos acumulados y combinados modalmente de la Tabla A.5.6.4, se obtienen la solicitación a tracción de los muros.

TABLA A.5.6.6 Solicitaciones de Tracción: muros del Eje 1, pisos 1 al 6.

Piso	+Stx			
	TRACCIÓN (Tonf)			
	M101	M102	M103	M104
1	18.219	21.399	21.399	18.219
2	12.974	16.342	16.342	12.974
3	9.081	11.292	11.292	9.081
4	6.185	7.665	7.665	6.185
5	3.499	4.347	4.347	3.499
6	1.119	1.494	1.494	1.119

A.5.7 PASO 6: *Verificaciones de capacidades resistentes a corte de los muros*

La Tabla A.5.7 presenta un resumen de resultados de las verificaciones a corte en los muros del eje 1 en cada piso. Como ejemplo se presenta la verificación para las fuerzas de corte indicadas en la Tabla A.5.6.3, sin embargo el corte resistente provisto mediante el espaciamiento de clavos allí indicado para los muros también satisface los requerimientos de las combinaciones de cargas presentadas en la sección A.3.3. Las capacidades resistentes se tomaron de la Tabla 4.3A "Nominal Unit Shear Capacities for Wood-Frame Shear Walls" del SDPWS-15. El factor de seguridad de diseño Admisible (ADM) utilizado fue de 2.0 de acuerdo a lo indicado en la sección 4.3.3 del documento antes mencionado.

El corte basal de diseño del edificio en la dirección X-X e Y-Y, corresponde a 65.17 toneladas, que corresponde al corte basal máximo determinado en la sección A.5.4 e indicado en Tabla A.5.4.3.

El diseño de los muros para este edificio, quedó controlado tanto por corte como por drift (deriva relativa de entrepiso). En general se observa que los pisos inferiores poseen mayor demanda a corte por lo que requieren de dos tableros de OSB, mientras que los muros de los pisos superiores al presentar una menor demanda de corte, no requieren necesariamente del segundo tablero de OSB. Sin embargo, se decide colocar un segundo tablero de OSB en los pisos superiores debido a su demanda de rigidización, de esta manera se logra reducir la necesidad de anclajes más rígidos para controlar drift en esos pisos, y se consigue simplificar el diseño. En la Tabla A5.7 se presentan las solicitaciones y resistencias de corte de los muros M101, M102, M103 y M104.

Para los demás muros de los otros ejes del edificio para efectos de este ejemplo también tienen en cada piso los mismos tableros de OSB con el mismo espesor y espaciamiento de clavos a lo indicado en las tablas anteriores, tal como se mostrará en la Sección A.5.9.

TABLA A.5.7 Cargas de solicitación y verificación en muros estructurales por piso.

PRIMER PISO

Muro	L [cm]	V_i [Tonf]	$\nu = V_i / L$ [Tonf/m]	Espesor Tablero OSB [cm]	Cantidad Tableros OSB	Espaciamiento de clavos [mm]	Resistencia ADM de Corte [Tonf/m]	Solicit./Resist.
M101	282	4.437	1.573	1.11	2	50	1.741	0.904
M102	404	6.525	1.615	1.11	2	50	1.741	0.928
M103	404	6.525	1.615	1.11	2	50	1.741	0.928
M104	282	4.437	1.573	1.11	2	50	1.741	0.904

SEGUNDO PISO

Muro	L [cm]	V_i [Tonf]	$\nu = V_i / L$ [Tonf/m]	Espesor Tablero OSB [cm]	Cantidad Tableros OSB	Espaciamiento de clavos [mm]	Resistencia ADM de Corte [Tonf/m]	Solicit./Resist.
M101	282	3.305	1.172	1.11	2	50	1.741	0.673
M102	404	6.516	1.613	1.11	2	50	1.741	0.926
M103	404	6.516	1.613	1.11	2	50	1.741	0.926
M104	282	3.305	1.172	1.11	2	50	1.741	0.673

TERCER PISO

Muro	L [cm]	V_i [Tonf]	$\nu = V_i / L$ [Tonf/m]	Espesor Tablero OSB [cm]	Cantidad Tableros OSB	Espaciamiento de clavos [mm]	Resistencia ADM de Corte [Tonf/m]	Solicit./Resist.
M101	282	2.461	0.873	1.11	2	80	1.339	0.651
M102	404	4.684	1.159	1.11	2	80	1.339	0.866
M103	404	4.684	1.159	1.11	2	80	1.339	0.866
M104	282	2.461	0.873	1.11	2	80	1.339	0.651

CUARTO PISO

Muro	L [cm]	V_i [Tonf]	$\nu = V_i / L$ [Tonf/m]	Espesor Tablero OSB [cm]	Cantidad Tableros OSB	Espaciamiento de clavos [mm]	Resistencia ADM de Corte [Tonf/m]	Solicit./Resist.
M101	282	2.274	0.806	1.11	2	80	1.339	0.602
M102	404	4.270	1.057	1.11	2	80	1.339	0.789
M103	404	4.270	1.057	1.11	2	80	1.339	0.789
M104	282	2.274	0.806	1.11	2	80	1.339	0.602

QUINTO PISO

Muro	L [cm]	V_i [Tonf]	$\nu = V_i / L$ [Tonf/m]	Espesor Tablero OSB [cm]	Cantidad Tableros OSB	Espaciamiento de clavos [mm]	Resistencia ADM de Corte [Tonf/m]	Solicit./Resist.
M101	282	2.007	0.712	1.11	2	80	1.339	0.531
M102	404	3.661	0.906	1.11	2	80	1.339	0.677
M103	404	3.661	0.906	1.11	2	80	1.339	0.677
M104	282	2.007	0.712	1.11	2	80	1.339	0.531

SEXTO PISO

Muro	L [cm]	V_i [Tonf]	$\nu = V_i / L$ [Tonf/m]	Espesor Tablero OSB [cm]	Cantidad Tableros OSB	Espaciamiento de clavos [mm]	Resistencia ADM de Corte [Tonf/m]	Solicit./Resist.
M101	282	0.942	0.334	1.11	2	100	1.042	0.321
M102	404	1.913	0.473	1.11	2	100	1.042	0.455
M103	404	1.913	0.473	1.11	2	100	1.042	0.455
M104	282	0.942	0.334	1.11	2	100	1.042	0.321

A.5.8 *PASO 7: Verificación de desplazamientos laterales admisibles*

A partir de las fuerzas sísmicas obtenidas con el procedimiento anterior para cada uno de los modos del análisis, se determinan los desplazamientos laterales del edificio, y finalmente se calculan los respectivos drifts de cada piso y se combinan siguiendo la regla del CQC.

Una vez determinados los drifts, el siguiente paso es verificar que sean menores a 0.002 veces la altura de entrepiso, esto de acuerdo a lo dispuesto en la sección 5.9.4 de *la Norma*. La Figura A.5.8.1 presenta los drifts determinados según la metodología anterior para las direcciones X-X e Y-Y, la línea roja discontinua indica el límite del 0.002.

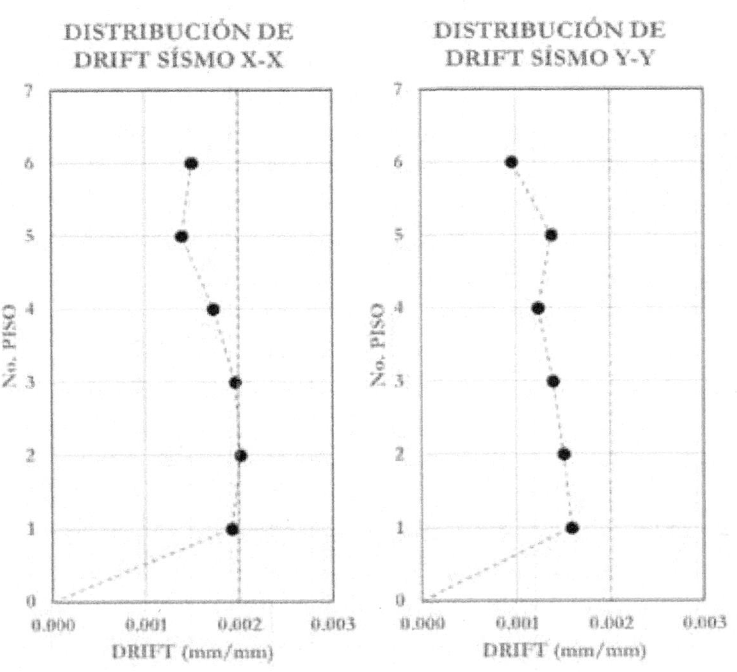

FIGURA A.5.8.1 Distribuciones de drifts en el edificio por dirección según Método Modal Espectral.

Se aprecia que el edificio en la dirección X-X cumple de forma ajustada el drift admisible, mientras que en la dirección Y-Y cumple el criterio un poco más holgado. Esto se debe principalmente a que, pese a que ambas direcciones poseen el mismo corte basal de diseño, la dirección Y-Y posee una densidad de muros mucho mayor.

La Figura A.5.8.2 ilustra una comparación entre los resultados obtenidos para los drifts mediante el análisis modal y el análisis estático.

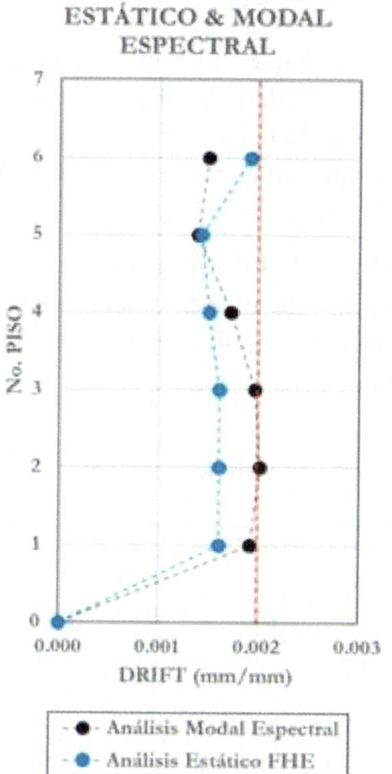

FIGURA A.5.8.2 Comparación de las distribuciones de drifts en el edificio para la dirección X-X según los métodos de Análisis Estático (Fuerza Horizontal Equivalente) y Modal Espectral.

En la Figura A.5.8.2 se observa que el análisis modal espectral genera la situación más desfavorable para el edificio, pese a que el corte basal del análisis estático es mayor. Esto se explica principalmente porque los patrones de fuerzas aplicados a la estructura son diferentes, el análisis estático considera solo un patrón de fuerzas, mientras que, para el análisis modal estático, se aplicaron 6 patrones de fuerzas provenientes de los 6 modos, con una distribución y magnitud totalmente diferentes. Adicionalmente, *la Norma* en la sección 5.9.3 establece una verificación de desplazamientos relacionada con el control de la torsión en la planta estructural, donde se establece que el desplazamiento máximo relativo entre dos pisos consecutivos según cada dirección de la acción sísmica medido en cualquier punto de su planta no exceda en más de $0.001 \cdot H_{PISO}$ al desplazamiento relativo en el centro de masa de cada piso.

$$|\Delta x, y| max_{relativo\,(cualq.\,punto)} \leq \left(|\Delta x, y| max_{C.M.} + 0.001 \cdot \Delta H\right) \quad \text{Ecu. A.5.8.1}$$

Debido a que la losa no se modeló en este análisis no se tiene información de sus desplazamientos, la unica forma de realizar esta verificación es por medio de los desplazamientos de los muros. Para esto es necesario identifiar el desplazamiento máximo de alguno de los muros en la dirección X-X, y de esta manera compararlo con el límite definido en la Ecuación A.5.8.1.

Los desplazamientos maximos de los muros ocurren para el caso de carga sismo torsional en X positivo (+Stx), que incorpora una torsión accidental al edificio. En la Tabla A.5.8.1, se presentan los resultados de la verificación de desplazamientos para el caso crítico de carga.

TABLA A.5.8.1 Desplazamientos relativos en cualquier punto de la planta-sismo torsional en X-X positivo (+Stx).

Nivel	Desplazamiento del C.M. (mm)	Drift Relativo del C.M. (mm)	H (mm)	Drift (mm/mm)	0.001 · H (mm)	Drift CM + 0.001 · H (mm)	Drift Máximo (mm)
1	5.348	5.348	2780	0.0019	2.78	8.13	6.67
2	10.964	5.618	2780	0.0020	2.78	8.40	7.00
3	16.417	5.461	2780	0.0020	2.78	8.24	6.84
4	21.201	4.806	2780	0.0017	2.78	7.59	6.04
5	25.030	3.869	2780	0.0014	2.78	6.65	4.95
6	29.127	4.174	2780	0.0015	2.78	6.95	5.23

Con estas dos verificaciones se concluye el diseño por rigidez para la dirección X-X del edificio.

A.5.9 *Resultados en cuanto a la conformación de los muros estructurales*

A partir de los resultados de los análisis y verificaciones anteriormente descritas, se indica en la Tabla A.5.9 la conformación final establecida para los muros estructurales por piso del eje 1.

TABLA A.5.9 Conformación de muros estructurales por piso.

PRIMER PISO					
Elem.	Pies Derechos - Pino Radiata MGP10	Espesor Panel OSB [mm]	Cantidad de Tableros OSB	Espaciamiento de clavos [mm]	Diámetro Strong-Rod de ATS [mm]
M101	35x138mm @300mm	11.1	2	50	38.1 (SR12)
M102	35x138mm @300mm	11.1	2	50	34.9 (SR11)
M103	35x138mm @300mm	11.1	2	50	34.9 (SR11)
M104	35x138mm @300mm	11.1	2	50	38.1 (SR12)
SEGUNDO PISO					
Elem.	Pies Derechos - Pino Radiata MGP10	Espesor Panel OSB [mm]	Cantidad de Tableros OSB	Espaciamiento de clavos [mm]	Diámetro Strong-Rod de ATS [mm]
M101	35x138mm @400mm	11.1	2	75	31.75 (SR10)
M102	35x138mm @400mm	11.1	2	75	31.75 (SR10)
M103	35x138mm @400mm	11.1	2	75	31.75 (SR10)
M104	35x138mm @400mm	11.1	2	75	31.75 (SR10)
TERCER PISO					
Elem.	Pies Derechos - Pino Radiata MGP10	Espesor Panel OSB [mm]	Cantidad de Tableros OSB	Espaciamiento de clavos [mm]	Diámetro Strong-Rod de ATS [mm]
M101	35x138mm @400mm	11.1	2	75	31.75 (SR10)
M102	35x138mm @400mm	11.1	2	75	31.75 (SR10)
M103	35x138mm @400mm	11.1	2	75	31.75 (SR10)
M104	35x138mm @400mm	11.1	2	75	31.75 (SR10)
CUARTO PISO					
Elem.	Pies Derechos - Pino Radiata MGP10	Espesor Panel OSB [mm]	Cantidad de Tableros OSB	Espaciamiento de clavos [mm]	Diámetro Strong-Rod de ATS [mm]
M101	35x138mm @400mm	11.1	2	75	28.57 (SR9)
M102	35x138mm @400mm	11.1	2	75	28.57 (SR9)
M103	35x138mm @400mm	11.1	2	75	28.57 (SR9)
M104	35x138mm @400mm	11.1	2	75	28.57 (SR9)

TABLA A.5.9 (CONTINUACIÓN)

		QUINTO PISO			
Elem.	Pies Derechos - Pino Radiata MGP10	Espesor Panel OSB [mm]	Cantidad de Tableros OSB	Espaciamiento de clavos [mm]	Diámetro Strong-Rod de ATS [mm]
M101	35x138mm @400mm	11.1	2	75	28.57 (SR9)
M102	35x138mm @400mm	11.1	2	75	28.57 (SR9)
M103	35x138mm @400mm	11.1	2	75	28.57 (SR9)
M104	35x138mm @400mm	11.1	2	75	28.57 (SR9)
		SEXTO PISO			
Elem.	Pies Derechos - Pino Radiata MGP10	Espesor Panel OSB [mm]	Cantidad de Tableros OSB	Espaciamiento de clavos [mm]	Diámetro Strong-Rod de ATS [mm]
M101	35x138mm @400mm	11.1	2	100	25.4 (SR8)
M102	35x138mm @400mm	11.1	2	100	25.4 (SR8)
M103	35x138mm @400mm	11.1	2	100	25.4 (SR8)
M104	35x138mm @400mm	11.1	2	100	25.4 (SR8)

A.5.10 *Lecturas adicionales*

NBCC (2005) National Building Code of Canada. Part 4: Structural design. Canadian Commission on Building and Fire Codes, National Research Council of Canada (NRCC), Ottawa, Canada.

Nassani DE (2014) A Simple Model for Calculating the Fundamental Period of Vibration in Steel Structures. Hasan Kalyoncu University. Turkey. 2014.

BSSC, FEMA 450 (2003) Recommended Provisions for Seismic Regulations for New Buildings and Other Structures. Building seismic safety council, National institute of building sciences, Washington DC.

Rossi S et al. (2015) Seismic elastic analysis of light timber-frame multi-storey buildings: Proposal of an iterative approach, Constr. Build. Mater 102: 1154-1167.

Bungale T (2005) Wind and Earthquake Resistant Buildings Structural Analysis and Design. Marcel Dekker Editorial. Pag 142. New York, U.S.A.

American Wood Council (2015) Special, Design Provisions for Wind and Seismic 2015 Edition. AWC/ANSI, USA.

Centre d' expertise sur la construction commerciale en bois (CECOBOIS) (2015) Guide technique sur la conception de bâtiments de 5 ou 6 étages à ossature légère en bois - Volume 2: Exemple de calcul d'un bâtiment de six étages à ossature légère en bois. Dépôt légal Bibliothèque nationale du Québec.

Newfield G, Ni C y Wang J (2013) A mechanics-based approach for determining deflections of stacked multi-storey wood-based shearwalls. FPInnovations, Vancouver, B.C. and Canadian Wood Council, Ottawa, Ont.

Newfield G, Ni C y Wang J (20135) Design Example: Design of Stacked Multi-Storey Wood-Based Shear Walls Using a Mechanics-Based Approach. FPInnovations, Vancouver, B.C. and Canadian Wood Council, Ottawa, Ont.

Leung T et al. (2010) Predicting Lateral Deflection and Fundamental Natural Period of Multi-Storey Wood Frame Buildings. Paper for the World Conference on Timber Engineerng WCTE-10 (20-24, June: Riva del Garda, Italy).

APEGBC (2011) Structural, fire protection and building envelope professional engineering services for 5 and 6 storey wood frame residential building projects (Mid-rise buildings). APEGBC Technical and Practice Bulletin. Professional Engineers and Geoscientists of BC. Canada.

Wescott J (2005) Horizontal stiffness of wood diaphragms, Doctoral dissertation, Thesis of Master of Science in civil engineering. Virginia Polytechnic Institute, Virginia, EE.UU.

Huang X (2013) Diaphragm stiffness in wood-frame construction. Disertación doctoral no publicada, University of British Columbia, Columbia, EE.UU.

Dechent P et al. (2017) Desarrollo de un método prescriptivo para el diseño sísmico de estructuras de madera de mediana altura basado en el desempeñ. Artículo del II Congreso Latinoamericano de Estructuras de Madera (17-19, Mayo: Junin, Argentina). Ver Anexo B del presente libro.

MÉTODO SIMPLIFICADO DE PREDISEÑO DE EDIFICIOS DE MARCO-PLATAFORMA

PETER DECHENT, GIAN CARLO GIULIANO, RODRIGO SILVA, JOSÉ MATAMALA
(UNIVERSIDAD DE CONCEPCIÓN, CONCEPCIÓN, CHILE), J. DANIEL DOLAN
(WASHINGTON STATE UNIV., WASHINGTON, EE.UU)

B.1 INTRODUCCIÓN

Tal como se detalló en el Capítulo 5 del libro *"Conceptos avanzados del diseño estructural con madera. Parte I"*, la metodología de diseño de edificios de marco-plataforma frente a cargas laterales es relativamente compleja. En especial, tal como se muestra en el Anexo A, el diseño de edificios por el método de análisis modal espectral puede ser tedioso, así es que la aplicación de un método simplificado de pre-diseño puede ser de gran utilidad de cara a evitar incurrir en muchas iteraciones hasta obtener el diseño final. Así, en este anexo se detalla una metodología simplificada basada en el desempeño, cuyo objetivo es facilitar el diseño de edificios que utilizan la tipología estructural marco-plataforma que utiliza muros de corte rigidizados por planchas de OSB. El alcance de la propuesta es para edificios de hasta 6 pisos y se basa en el análisis de modelos estructurales de arquetipos orientados a vivienda con plantas de estructura que puedan presentar irregularidades menores, lo cual es posible de lograr mediante un adecuado balance de la resistencia y rigidez de los ejes estructurales (Dechent et al. 2014). El objetivo de esta metodología es proveer herramientas a arquitectos e ingenieros que permitan de manera simple, pero garantizando un desempeño objetivo satisfactorio, la realización de prediseños de edificaciones de madera de mediana altura en zonas de gran sismicidad. Esta metodología puede ser considerada como complementaria a las normas de diseño actuales y no las reemplazan, aunque con gran probabilidad la propuesta de diseño satisfará requerimientos del código.

B.2 RESUMEN Y FILOSOFÍA DEL MÉTODO

El método que a continuación se propone se basó en analizar la respuesta sísmica frente a sismos severos de multitud de arquetipos de edificios típicamente empleados en Chile. En concreto se realizó un modelo simplificado de los mismos, lo que permitió analizar paramétricamente la respuesta de multitud de variantes de edificios. A partir del análisis de estas respuestas fue posible determinar curvas de fragilidad asociadas, que sean útiles para la toma de decisiones en relación a parámetros de diseño (Salazar 2012). Teniendo en cuenta lo anterior, el método se basa en la hipótesis fundamental de que, una adecuada distribución de capacidad lateral de piso en altura permite alcanzar una distribución uniforme del drift en todos los pisos, ya que tal como se aclaró en la Sección 1.6.6, la rigidez tiende a relacionarse linealmente con la longitud de forma similar a la capacidad.

El hecho de lograr una deriva similar en todos los pisos, es muy favorable porque permite distribuir la demanda de ductilidad en todos los pisos, así es que la mayor parte posible de la estructuración participará en la disipación de energía. Así, el método que a continuación se detalla propone diseñar cada piso de acuerdo a una cierta proporción de la capacidad lateral repecto de la capacidad del primer piso, logrando un buen desempeño en edificios de mediana altura, de forma de evitar concentraciones del drift.

La segunda hipótesis del modelo, es que, a partir del análisis de curvas de fragilidad, se puede obtener el coeficiente sísmico de diseño mínimo, a efecto de que ciertos niveles de drift no sean sobrepasados para diferentes objetivos de desempeño. De esta manera queda definida completamente la capacidad del edificio en cada uno de sus pisos, lo que permite finalmente realizar el diseño de los muros de corte asignando espesor de tablero, diámetro y separación de clavos, anclajes, escuadría/número de pies derechos, etc.

Conocida la distribución de capacidad para cada piso, cada coeficiente sísmico quedará vinculado a un período estructural, razón por la cual todos los parámetros se interrelacionan. Otro resultado importante de esta propuesta, es que es posible sugerir de manera directa coeficientes sísmicos de diseño, como una alternativa a utilizar el factor R de reducción del espectro elástico, como una manera simple de diseñar, pero que además incorpora un control sobre el desplazamiento relativo de entre pisos.

B.3 NIVELES DE DESEMPEÑO Y SISMOS ASOCIADOS

En base a resultados experimentales y diversas propuestas metodológicas norteamericanas, en este método se consideraron los siguientes límites de drift para establecer los niveles de desempeño:

- El 0.5% de drift es definido como el primer nivel, o *nivel operacional*, y está asociado fundamentalmente porque a partir de este nivel se comienzan a registrar daños de elementos no estructurales como placas de yeso cartón, sin perjuicio alguno de la seguridad de las personas.

- El 2% de drift fue considerado como el segundo nivel, o *nivel de seguridad para la vida*, ya que bajo este nivel de deformación de entrepiso se prevé una pérdida de rigidez, pero no de capacidad.

- El 3% es considerado como el tercer nivel, o nivel de *prevención de colapso*, ya que en este punto existirá tanto pérdida de rigidez como de capacidad.

- Asimismo, en este estudio se consideró que el drift de colapso era del 4%.

Cabe destacar, que los niveles incluidos en esta propuesta son relativamente conservadores, ya que, tal como se ha comentado en capítulos anteriores, el límite último de colapso puede ser bastante mayor, especialmente si los muros tienen levantamiento. En cualquier caso, se adoptaron también estos valores conservadores, con el fin de minimizar el pinching histerético en las uniones.

La correspondencia de estos niveles de desempeño con las normativas actuales de diseño sísmico, es la de controlar el drift a 0,5% para un sismo frecuente, controlar el drift al 2% para un terremoto de diseño, el cual es considerado en Chile como aquel con una probabilidad de ocurrencia de un 10% en 50 años, y limitar el drift al 3% para un sismo máximo posible con una ocurrencia de 10% en 100 años. Todo ello, con la intención de lograr una estructura resistente que pueda resistir réplicas luego de un gran terremoto y posibilitar una reparación estructural temprana con tiempos mínimos de evacuación si los trabajos así lo ameritan.

Las deformaciones límite propuestas no deben confundirse con las interpretaciones de resultados de las curvas IDA (*incremental dynamic analysis*), utilizados usualmente para definir el factor R, de reducción de la respuesta sísmica elástica para el diseño según la metodología FEMA P695, donde algunas investigaciones limitan el drift de colapso a un 7%, lo que sirve para evaluar el factor CMR y ACMR, donde se evalúa el nivel de aceleración espectral para la condición de colapso de los arquetipos, que resulta cuando el drift de colapso del 7%, es excedido por un 50% de los registros que se utilizan para la evaluación.

B.4 Tipos de muro

En este modelo se consideraron los siguientes tipos de muros (ver Figura B.4):

- Estándar: consta de una capa de OSB, un recubrimiento, pies derechos dobles de borde unidos con clavos 10 d cada 15.2 mm (6"), pies derechos intermedios espaciados a 406 mm (16"), solera superior doble unidas entre sí por clavos

10 d espaciados cada 15.2 mm (6"), pies derechos están unidos a las soleras por dos clavos de 10 d en sus extremos, clavos panel OSB-entramado de 6d como mínimo, con un espaciamiento variable que depende de la capacidad requerida en el muro, con clavado intermedio a 305 mm (12").

- Midply: similar al anterior, pero con pies derechos en horizontal y tablero de OSB intermedio. Clavos a cortadura doble.

- Muro doble estándar: similar al estándar, pero con tableros de OSB por ambos lados. Clavo doble a cortadura simple.

- Muro doble midply: similar a midply, pero con 3 tableros de OSB. Clavos a triple cortadura.

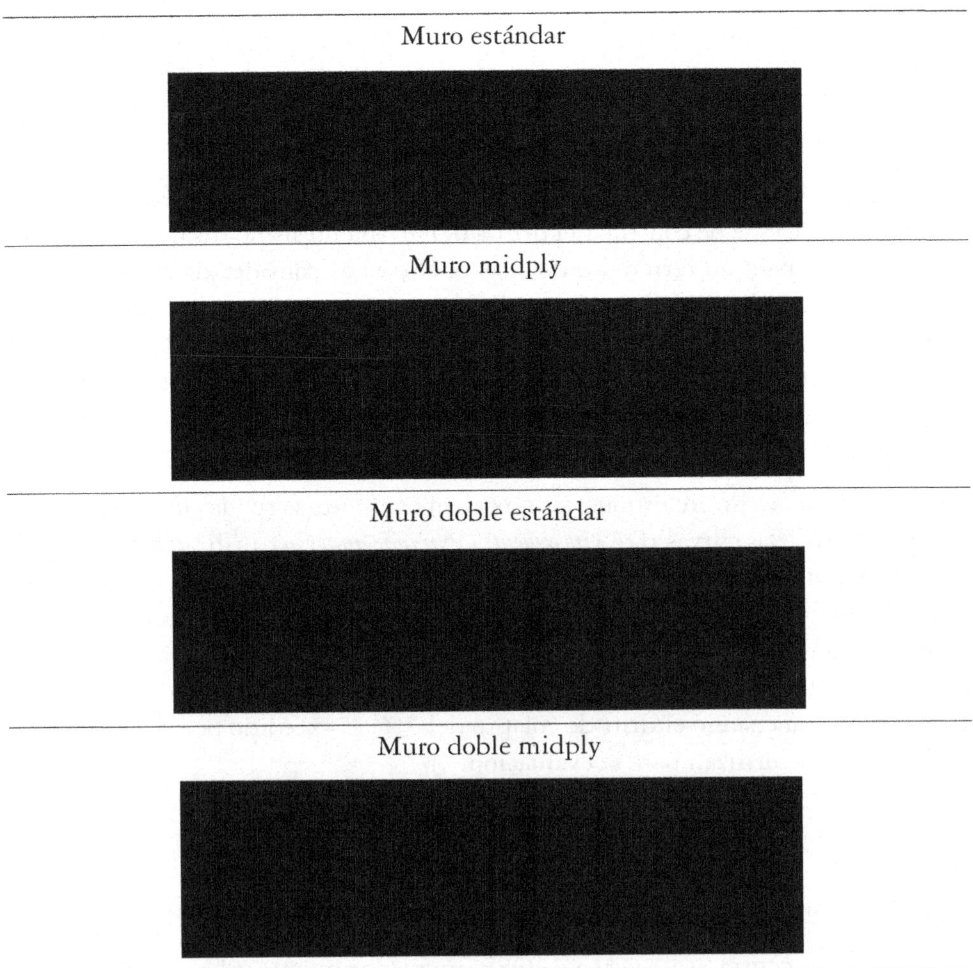

FIGURA B.4 Configuraciones de muros empleadas para la elaboración del modelo simplificado.

B.5 MODELO COMPUTACIONAL

El modelo computacional empleado para la propuesta de este método simplificado consistió en un modelo plano, que consideraba resortes no lineales equivalentes de cada piso, con masas concentradas sin desplazamiento relativo respecto de la solera superior e inferior de muros (diafragma rígido), ver Sección 2.4. Los resortes equivalentes no lineales de cada piso se calcularon a partir de la adición del comportamiento estructural por unidad de ancho de muro.

En concreto, dicho comportamiento "unitario" en muros, fue extraido a partir de elaborar un modelo numérico detallado, el cual fue implementado en el programa MCASHEW, considerando el modelo histerético SAWS (Folz y Filiatrault 2001, Pang 2011) en las uniones entre tableros y entramado, ver detalles del modelo histerético en la Sección 2.4.4.2. El modelo consitió en el modelo estándar de muros incluido en el programa MCASHEW, el cual considera todos los clavos, e incluye una constitutiva histerética según SAWS para los clavos tablero-entramado, con formación corrotacional, de modo que el resorte no-lineal equivalente de cada clavo se orienta en cada paso de carga según el vector fuerza correspondiente, ver detalles en la Sección 2.4.5. De este modo se pudieron modelar paramétricamente todas las variantes de muros de la Sección B.4, para diferentes espaciamientos de clavo, efectuando modelaciones tanto monotónicas como histeréticas, ver una ilustración de los resultados obtenidos en la Figura B.5.

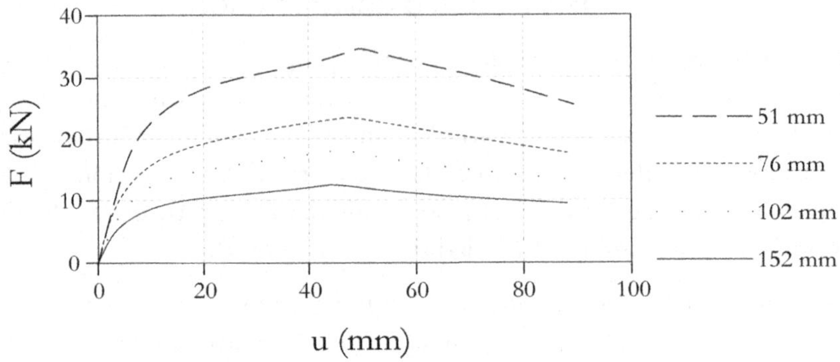

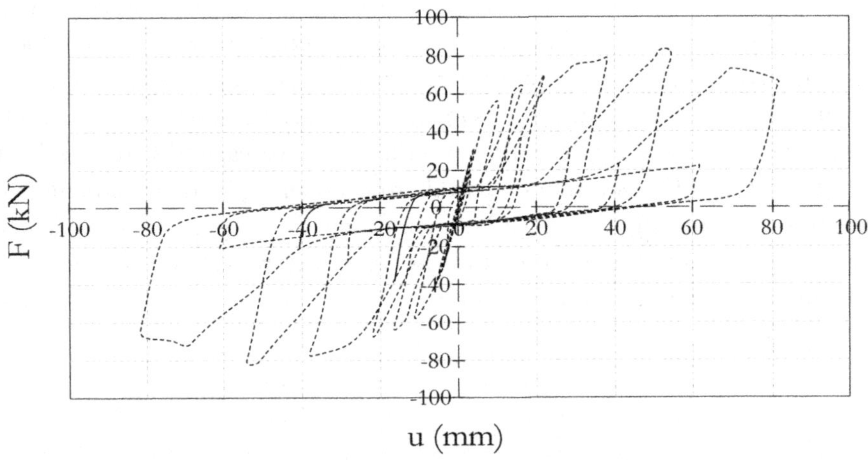

FIGURA B.5 Típicas curvas monotónicas obtenidas para muros de variante estándar (ver Sección B4) con diferentes espaciamientos perimetrales de clavado (arriba) y ejemplo de curva histerética obtenida para un muro simple estándar con 51 mm de espaciamiento perimetral de clavos (abajo).

B.6 RIGIDEZ Y CAPACIDAD DE MUROS

Empleando el modelo computacional detallado de muros introducido en la Sección B.5, fue posible determinar la rigidez y capacidad de las variantes de muros de la Sección B.4, para distintos espaciamientos de clavado perimetral y niveles de desempeño (Sección B.3). Los resultados de estas modelaciones se resumen en las Tablas B.6.1-4.

TABLA B.6.1 Capacidad máxima y desplazamiento último monotónico para diferentes configuraciones de muro.

H [m]	Tipo de muro	Esp. Clavos (mm)	V_{max} (kN/m) Muro Simple	V_{max} (kN/m) Muro Doble	Δ_u (mm)
2.44	Estándar	51	33.5	67.0	52.51
		76	23.3	46.5	48.40
		102	17.7	35.5	47.36
		152	11.9	23.9	41.23
	Midply	51	60.1	120.3	51.00
		76	39.3	78.5	39.35
		102	29.7	59.4	39.20
		152	20.3	40.6	38.26
2.74	Estándar	51	33.1	66.1	54.38
		76	22.3	44.7	55.08
		102	17.1	34.1	53.62
		152	11.8	23.6	52.07
	Midply	51	59.2	118.3	53.77
		76	40.0	80.0	52.52
		102	30.5	61.1	49.77
		152	22.3	44.7	39.59

TABLA B.6.2 Capacidad lateral desarrolada por las diferentes variantes de muro en los distintos niveles de desempeño (desplazamiento de entrepiso, ver Sección B.3).

Altura (m)	Tipo de muro	Espaciamiento de clavos (mm)	V (kN/m) para diferentes niveles de deformación (niveles de desempeño)		
			0.5%	2%	3%
2.44	Simple	51	24.18	34.57	29.78
		76	16.86	23.35	20.01
		102	13.07	17.70	15.18
		152	9.15	12.11	10.45
	Midply	51	41.45	61.36	56.13
		76	29.06	39.97	36.29
		102	22.51	30.07	27.41
		152	15.62	20.41	18.76
2.74	Simple	51	24.25	33.71	28.71
		76	16.85	22.78	19.43
		102	13.05	17.25	14.72
		152	9.14	11.80	10.13
	Midply	51	42.01	60.41	54.59
		76	29.92	40.54	36.76
		102	23.33	30.68	27.94
		152	16.40	21.12	19.38

TABLA B.6.3 Rigidez secante lateral desarrolada por las diferentes variantes de muro en los distintos niveles de desempeño (desplazamiento de entrepiso, ver Sección B.3).

Altura (m)	Tipo de muro	Espaciamiento de clavos (mm)	$K_{secante}$ (kN/m) para diferentes niveles de deformación (niveles de desempeño)			
			0.5%	1%	2%	3%
2.44	Simple	51	1982.0	1200.4	708.4	406.8
		76	1382.0	826.2	478.5	273.4
		102	1071.3	637.3	362.7	207.4
		152	750.0	445.1	248.2	142.8
	Midply	51	3397.5	2175.0	1257.4	766.8
		76	2382.0	1456.1	819.1	495.8
		102	1845.1	1108.2	616.2	374.5
		152	1280.3	758.6	418.2	256.3
2.74	Simple	51	1770.2	1053.8	615.1	349.3
		76	1230.0	723.1	415.7	236.3
		102	952.9	558.6	314.8	179.1
		152	666.8	390.5	215.3	123.3
	Midply	51	3066.4	1931.4	1102.4	664.1
		76	2183.9	1326.3	739.8	447.2
		102	1702.9	1017.2	559.9	339.9
		152	1197.1	707.3	385.4	235.8

B.7 REGISTROS SÍSMICOS EMPLEADOS

Primeramente, se seleccionaron 17 registros provenientes de terremotos subductivos de magnitud igual o superior a 7,6, y donde además las estaciones donde fueron registradas las aceleraciones se encuentran ubicada a menos de 250 km sin distinción del tipo de suelo (Salazar 2012). Posteriormente, Acuña (2016) trabajó con 261 registros de estaciones en Chile obtenidos para suelo *tipo D* (NCh433), donde han sido registrados sismos del tipo subductivo de diferentes magnitudes diferenciándolos en tres categorías sísmicas, sismos con $Mw<5,5$, $5,5<Mw<7,5$ y $Mw>7,5$, para diferenciarlos fundamentalmente en la duración y el contenido de frecuencias.

Los resultados del análisis, permiten considerar de forma conservadora solo los registros de $Mw>7,5$, debido a que los estudios preliminares indican que la intensidad de la vibración, contenido de frecuencia y duración de la fase fuerte de estos movimientos afectan en mayor medida a las estructuras, que sismos de menor magnitud conduciendo estos últimos a curvas de fragilidad de menor amplificación, *aún al igualar artificialmente el nivel de PGA de los registros, pero que marcan diferencias substanciales en el índice de Intensidad de* Arias (Arias et al. 1969), con valores que escapan del sentido físico.

Se puede indicar, por lo tanto, que los registros de magnitud superior a 7,5 conducen a curvas de fragilidad más conservadoras, para los mismos niveles de PGA, que al utilizar sismos de menor magnitud. Matamala (2019) realizó también una calibración similar para registros obtenidos en suelo *tipo C* con *Mw*>7,5, no obteniendo variaciones significativas con los resultados de los análisis de los estudios anteriores. El parámetro de intensidad sísmica utilizado en este trabajo corresponde al PGA, el cual se obtiene de curvas de riesgo sísmico, donde es posible extraer el PGA frente al período de retorno (Crempien 2016).

B.8 Determinación de la distribución óptima de capacidad en altura

La distribución de capacidad en altura para lograr un drift uniforme se determinó a partir de realizar una serie de análisis no lineales para una gran variedad de registros sísmicos que no fueron amplificados (Dechent et al, 2014). Los modelos de edificios que se emplearon en dicho análisis son aquellos que se han detallado en la Sección B.5. La distribución de masas puntuales de cada piso se asumieron idénticas a excepción del último piso en donde se consideró únicamente la mitad de la masa, lo cual es consistente con el hecho de que habitualmente no se incluye ninguna sobrelosa de hormigón en el úlimo piso por menores restricciones acústicas y de propagación del fuego.

La distribución de capacidades óptima se determinó mediante un proceso iterativo de tal modo que el drift fuese lo más homogéneo posible. En concreto, en el análisis iterativo se definió el parámetro α, como la relación entre la capacidad lateral del primer piso (Q_y) y W el peso total de la estructura

$$\alpha = \frac{Q_y}{W}$$

con

$$W = (m + m + \cdots + 0{,}5 \cdot m) \cdot g$$

donde m es la masa de cada piso y g la aceleración de gravedad. Así, para poder representar adecuadamente una buena población de edificios, se seleccionaron valores de α de 0.10, 0.20, 0.30, 0.40, 0.50, 0.70, y 1.0. Estos valores están asociados a distintos períodos, entre 0,3s y 1,1s, ya que la capacidad está linealmente relacionada con la rigidez del edificio. Dicha variabilidad de periodos, se asume que puede representar adecuadamente el rango de periodos de edificios regulares que pueden encontrarse en la práctica. Una vez definidos distintos valores de α, para cada tipología de edificio, se pudo determinar la capacidad de corte basal (primer piso) de cada edificio. Durante el proceso iterativo, la capacidad de cada uno de los pisos superiores fue modificada en relación a la capacidad del primer piso, de modo que el drift obtenido fuese lo más homogéneo posible.

Los resultados de la distribución óptima de capacidad se presentan en la Figura B.8.1. Es importante notar que la distribución parabólica de capacidades de detallada en la Figura B.8.1, es relativamente similar a las distribuciones propuestas por otros autores empleando procedimientos muy diferentes al de este estudio (Perry et al. 2018). En la Tabla B.8, se presenta una relación representativa entre el valor α, la capacidad basal, el periodo y el número de pisos de la población de edificios analizada.

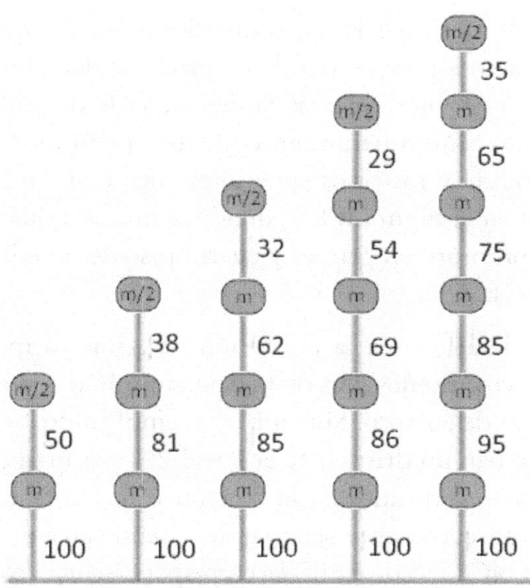

FIGURA B.8.1 Distribución óptima de capacidades de pisos superiores en relación a la capacidad basal, para obtener un drift homogéneo en altura en consideración de la respuesta no lineal de una población de edificios regulares con rangos de periodo relacionados con α (0,1-1) bajo la acción de un gran número de registros sísmicos (Salazar 2012).

TABLA B.8 Relaciones representativas entre el valor α (que inherentemente hace referencia a la capacidad basal), el periodo del edificio, y el número de pisos en la población de edificios regulares del sistema marco plataforma analizados en este estudio (Salazar 2012).

	Periodo fundamental (s)								
	Parámetro α de resistencia basal								
Nº pisos	0.1	0.2	0.3	0.4	0.5	0.6	0.7	0.8	1.0
2	0.73		0.40		0.31				
3	0.84		0.46		0.35				
4	0.97	0.64	0.52	0.45	0.40		0.35		0.29
5	1.11	0.71	0.58	0.50	0.44		0.38		0.31
6			0.63	0.54		0.44		0.37	

Para enfatizar el cambio positivo en el comportamiento de edificios con distribución de capacidad optimizada frente a una distribución homogénea, en la Figura B.8.2 se muestra a modo de ejemplo la distribución de drift de entrepiso para un edificio de 4 pisos con diferentes valores del factor α bajo la acción del terremoto de Valparaíso en 1985 ($M_w=8,0$) registrado en la estación de Llolleo. En comparación a una distribución optimizada, los resultados muestran que, en edificios con capacidad homogénea en altura, se tienden a producir demandas de deformación muy concentradas y superiores, además la demanda de deformación de los pisos sueriores es muy baja. Sin embargo, en edificios optimizados la demanda está mucho mejor distribuida y los pisos superiores colaboran en la disipación. Esto último se ejemplifica en la Figura B.8.3, donde se muestra una comparación de la curva histerética de un muro en primer y cuarto piso de un edificio optimizado y no optimizado con $\alpha=0,2$.

Analizando más en detalle toda la población de edificios modelados, se pudo concluir que unos pocos diseños con $\alpha=0,1$ no cumplían con el objetivo de desempeño de prevención de colapso. Sin embargo, empleando $\alpha=0,2$, tan sólo unos pocos edificios mostraban un drift entre el 1 y el 2% por lo que cumplían con los objetivos de desempeño indicados en la Sección B.3. Un factor $\alpha=0,2$ equivale aproximadamente a un coeficiente sísmico de diseño cercano a $C=0,08$, lo que, según norma sísmica NCh433 de Chile, se corresponde con el coeficiente de diseño mínimo para una condición desfavorable (suelo D y zona sísmica 3). Sin embargo, dado que para valores del 1% ya se observa un nivel importante de pinching (ver Figura B.5), se recomienda considerar como mínimo $\alpha=0,3$, lo que equivale a $C_{min}=0,12$. Bajo esta premisa de diseño, tan sólo unos pocos modelos superaron el 1% de deriva de entrepiso.

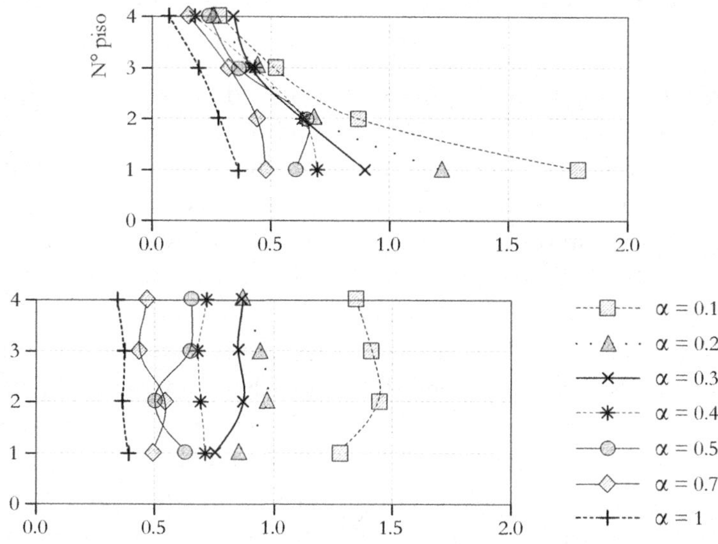

FIGURA B.8.2 Comparación de demandas de deformación de piso en edificios de 4 pisos con distribución de capacidad en altura homogénea (izquierda) en comparación a una distribución optimizada (derecha), para diferentes valores de α.

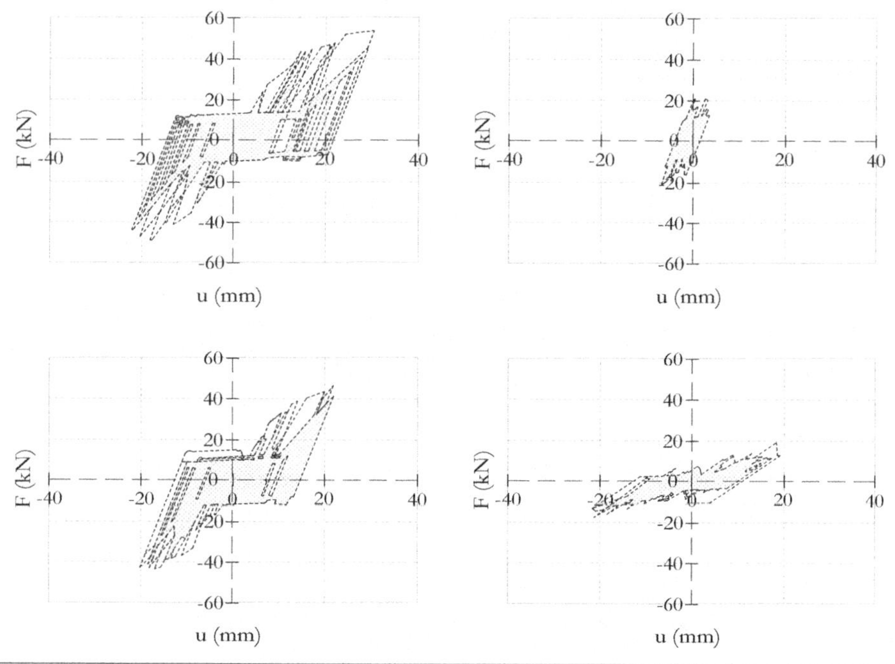

FIGURA B.8.3 Comparación de curvas histeréticas en muros de primer (izquierda) y cuarto piso (derecha) en un edificio con distribución de capacidad no optimizada (arriba) y optimizada (abajo), ambos con una valor $\alpha = 0,2$.

B.9 ANÁLISIS DE LA DISTRIBUCIÓN DE CAPACIDADES OPTIMIZADA CON SISMOS DE INTENSIDAD CRECIENTE

Tras determinar la distribución óptima de capacidad en altura considerando el set de registros sin escalar, tal como se detalló en la Sección B.8, se procedió a analizar el desempeño sísmico de edificios con distribuciones de capacidad optimizadas en altura para magnitudes de sismos crecientes (escaladas). Por lo general, pudo apreciarse que para sismos que podrían ser considerados como sismos de diseño o menores, con $Mw>7,5$, se seguía apreciando una distribución de drift bastante homogénea en altura. Además, al escalar los registros hasta producir el colapso estructural, estimado como el 4% (Sección B.3), pudo comprobarse que únicamente para intensidades de sismo muy elevadas, se pierde homogeneidad en la distribución de drift en altura. Y, aunque la demanda de deformación del piso inferior con intensidades de sismo muy amplificadas sea importante, los pisos superiores siguen aportando una disipación no menor. Así, por ejemplo, en la Figura B.9.1, se muestra una comparación del incremento en la distribución de drift de un edificio de 4 pisos con y sin distribución optimizada y $\alpha=0,3$ para el terremoto de Valparaiso de 1985. El PGA máximo registrado en dicho terremoto fue de 0,65 g, y el edificio mostraba signos de colapso al escalar dicho sismo hasta aceleraciones pico de 1,8-1,9 g. Como puede observarse en la Figura, en dicho ejemplo, la ruptura en la homogeneidad de drift se perdía a partir de valores de PGA cercanos a 1.5 g, y, en cualquier caso, aún en aceleraciones muy elevadas de colapso, los pisos superiores seguían deformándose alrededor del 2%.

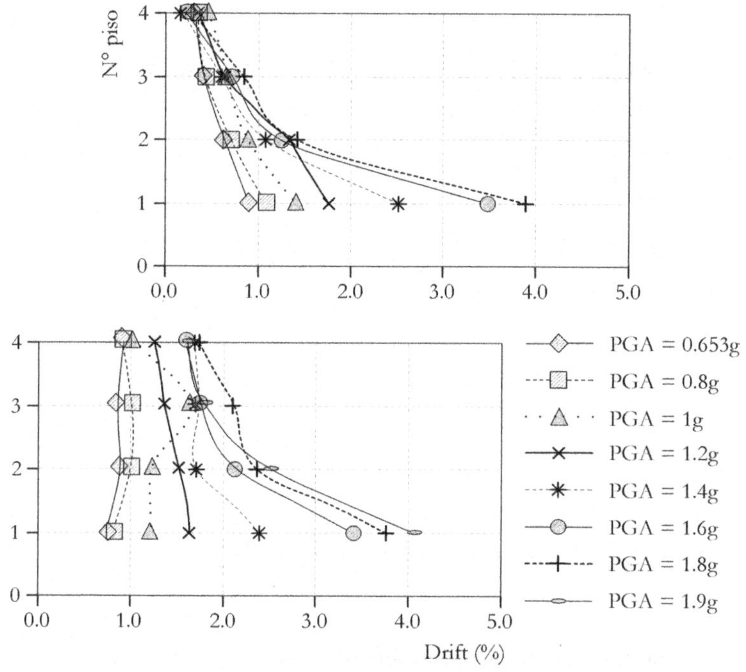

FIGURA B.9.1 Distribución de drift en un edificio de 4 pisos con $\alpha=0,3$ sin (izquierda) y con distribución óptima de capacidad en altura (derecha) bajo un análisis dinámico incremental del terremoto de Valparaíso (1985).

B.10 ESTIMACIÓN DEL FACTOR α PARTIR DE UN ANÁLISIS POR DESEMPEÑO

Una vez determinada la distribución óptima de capacidad en altura, y la estabilidad del procedimiento ante sismos de intensidad creciente, se realizó un análisis de fragilidad con el fin de determinar los valores mínimos de α, α_{min}, que permitían cumplir con los objetivos de desempeño especificadas en la Sección B.3. De este modo, por ejemplo, en la Figura B.10 se muestran las curvas de fragilidad correspondientes a $\alpha=0,7$ para edificios de 5 pisos. Como puede observarse este es un diseño bastante conservador que permite cumplir con todos los objetivos de desempeño, tal como se resume en la matriz correspondiente de desempeño de la Tabla B.10.1.

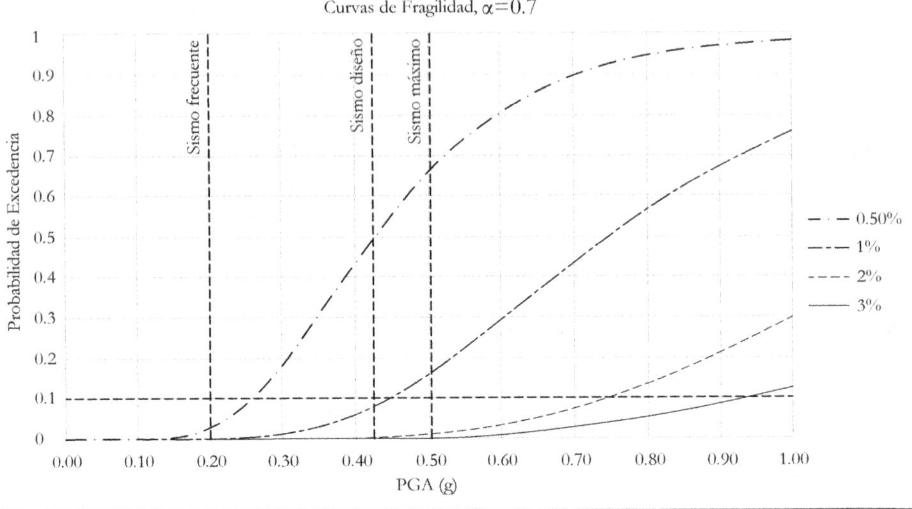

FIGURA B.10 Ejemplo de curva de fragilidad obtenida para un edificio de 5 pisos con $\alpha = 0,7$.

Para la determinación del valor α requerido, deben elaborarse curvas de fragilidad como aquellas que se ejemplificaron en la Figura B.10, con valores decrecientes de α, hasta determinar para cada tipo de edificio, el mínimo valor que permite cumplir con todos los objetivos de desempeño. Los resultados de dichos análisis indicaron que los objetivos de desempeño de la Sección B.3 se cumplen en edificios regulares del sistema marco plataforma empleando un valor de $\alpha_{min} = 0,3$ (equivalente a un $C_{min} = 0,12$), tal como se resume en la Tabla B.10.2 para el caso de edificios 5 y 6 pisos (Dechent et al. 2018).

TABLA B.10.1 Matriz de desempeño para un edificio de 5 pisos con $\alpha = 0,7$.

	Cumplimiento de objetivos de desempeño (Sección B.3)		
	Deformación		
	0.5%	2%	3%
Sismo frecuente	Si	Si	Si
Sismo de diseño	No	Si	Si
Sismo máximo creíble	No	Si	Si

TABLA B.10.2 Valores de requeridos para cumplir con los objetivos de desempeño en edificios de 5 y 6 pisos.

	Sismo	Nivel de desempeño		
		Operacional (Drift 0.5%)	Seguridad a la vida (Drift 2%)	Prevención del colapso (Drift 3%)
5 pisos	Frecuente	0.3	0.3	0.3
	Diseño	0.6	0.3	0.3
	Máximo	-	0.4	0.3
6 pisos	Frecuente	0.3	0.3	0.3
	Diseño	0.4	0.3	0.3
	Máximo	-	0.3	0.3

B.11 RESUMEN DEL PROCEDIMIENTO DE PREDISEÑO SIMPLIFICADO

Para aplicar la metodología de prediseño simplificada que se describe en este anexo se recomienda aplicar los siguientes pasos:

i. Verificar que el edificio se trata de un edificio regular. Entre otros aspectos (definidos en el Capítulo 5 del libro *"Conceptos avanzados del diseño estructual con madera. Parte I"*), la idealización de masas de piso debe ajustarse a una distribución homogénea a excepción del último piso en donde se tiene la mitad de la masa.

ii. Considerando $\alpha_{min}=0,3$, determinar el peso del edificio y con ello, el corte basal.

iii. Determinar las fuerzas de piso a partir del corte basal según la distribución indicada en la Figura B.8.1.

iv. Determinar que efectivamente la acción sísmica es más desfavorable que las cargas de viento.

v. Determinar las características básicas de los muros (espesor de tablero, espaciamiento de clavos, espaciamiento de pies derechos, etc.) y longitudes requeridas en cada piso, empleando tablas de cálculo (o métodos mecanicistas) para tal fin, como por ejemplo las tablas de la SDPWS (ver Capítulo 5 del libro *"Conceptos avanzados del diseño estructual con madera. Parte I."*). Es recomendable que las características constructivas de los muros pertenecientes a una línea de muros sean similares.

vi. Diseñar un diafragma lo suficientemente rígido de acuerdo a las rigideces de muros obtenidas en el paso anterior. Esto puede realizarse según los procecimientos indicados en el Capítulo 5 de la parte I de este libro, o bien mediante lo indicado en el Capítulo 2 de este libro.

Una vez el prediseño de los muros y diafragmas se ha realizado, se debe verificar el diseño final mediante la NCh433 con las partes complementarias de la ASCE7, como por ejemplo en lo referente a la demanda de diafragmas, sobrerresistencias de colectores y otros aspectos detallados en el Capítulo 5 del libro *"Conceptos avanzados del diseño estructual con madera. Parte II.* Habiendo aplicado el método de prediseño aquí descrito, la probabilidad de satisfacer los requisitos de la normativa es muy elevada.

B.12 LECTURAS ADICIONALES

Acuña G (2016) Desempeño sísmico en estructuras de madera basado en curvas de fragilidad. Universidad de Concepción, Concepción, Chile.

Arias A, Lange G y Arnold P (1969) Una medida de la Intensidad Sísmica. I Jornadas Peruanas de Sismología e Ingeniería Antisísmica. Lima. Perú.

American Wood Council (2015) Special, Design Provisions for Wind and Seismic 2015 Edition. AWC/ANSI, USA.

ASCE 41-06 (2006) Seismic Rehabilitation of Existing buildings. EE.UU.

Crempien J (2016) *Documentos de reuniones internas de proyecto.*

Dechent P, Giuliano M, Silva R, Salazar JC (2014) Factores de desempeño sísmico para un diseño óptimo de edificios de madera de mediana altura. XXXVI Jornadas Sudamericanas de Ingeniería Estructural.

Dechent P, Silva R, Matamala J, Acuña G, Giuliano GC, Dolan JD (2018) Seismic Performance of Timber Structures Designed under a Simplified Methodology. SEOUL - Republic of Korea.

FEMA P695 (2009) Quantification of Buildings Seismic Performance Factors. ATC-63. Federal Emergency Management Agency. Washington D.C. EE.UU.

Folz B, y Filiatrault A (2001) SAWS. Versión 1.0. University of California, San Diego. EE.UU.

Matamala J (2017) Estimación de valores de resistencia al corte en muros de madera OSB para distintos niveles de desempeño sísmico. Memoria de título, Universidad de Concepción, Concepción, Chile.

Matamala J (2019) Desarrollo de un Método de Diseño Simplificado para edificios de Madera de Entramado Liviano. Tesis de Magister. Universidad de Concepción, Concepción, Chile.

NCh 433.Of96 Modificado en 2009 INN (2009) Diseño Sísmico de Edificios. Instituto de Normalización. Santiago, Chile.

Pang W (2011) Matlab – Cyclic Analysis of Wood Shear Walls Version 2 (M-CASHEW). Clemson University, EE.UU.

Perry LA, Line P, Charner FA (2018) Influence of varyng strength, from story to story, on modeled seismic response of wood-frame shear wall structures. WCTE 2018, Seoul, Korea.

Salazar JC (2012) Desarrollo conceptual de un desempeño sísmico óptimo para estructuras de madera. Memoria de título Universidad de Concepción, Concepción, Chile.

AYUDAS AL CÁLCULO

CON CONTRIBUCIONES DE: FELIPE ARRIAGADA, RAÚL ARAYA Y
SEBASTIÁN ZISIS (PONTIFICIA UNIVERSIDAD CATÓLICA, CHILE)

C.1 TABLAS DE ESPESOR MÍNIMO EN CONECTORES

En este apartado se facilitan valores de capacidades laterales aproximadas de distintos tipos de conectores, incluyendo sus modos de falla. También se facilitan espesores mínimos aproximados en maderos, para garantizar fallo dúctil en uniones. Los valores se basan en ciertas premisas que se comentan en la parte inferior de cada tabla. Es importante que el lector considere estas premisas con el fin de agilizar el diseño de uniones empleando los valores facilitados a efectos de prediseño. En cualquier caso, el diseñador debe verificar las uniones según lo dispuesto en la NCh1198.

El espesor mínimo de los maderos se calculó asumiendo una unión de cizalle simple según NCh1198 empleando (ver detalles en el Capítulo 1 del libro "*Conceptos avanzados del diseño estructural con madera. Parte I*", Sección 1.2.18).

Espesor requerido en pieza central	Espesor requerido en pieza lateral
$l_c \geq \dfrac{\sqrt{a^2 \times b - c \times (b - 1)} + a}{b - 1}$	$l_l \geq \dfrac{\sqrt{d^2 \times e - f \times (e - 1)} + d}{e - 1}$
$a = D \times (1 + 2 \times R_e) \sqrt{\dfrac{2 \times F_{ff}}{3 \times R_{ap,c} \times (1 + R_e)}}$	$d = D \times (2 + R_e) \sqrt{\dfrac{2 \times F_{ff}}{3 \times R_{ap,c} \times (1 + R_e)}}$
$b = 2 \times (1 + R_e)$	$e = \dfrac{2 \times (1 + R_e)}{R_e}$
$c = \dfrac{2 \times F_{ff} \times (1 + 2 \times R_e) \times D^2}{3 \times R_{ap,c}}$	$f = \dfrac{2 \times F_{ff} \times (2 + R_e) \times D^2}{3 \times R_{ap,c}}$

TABLA C.1.1 Capacidad lateral y modo de falla previsto en uniones con clavos solicitadas a corte simple.

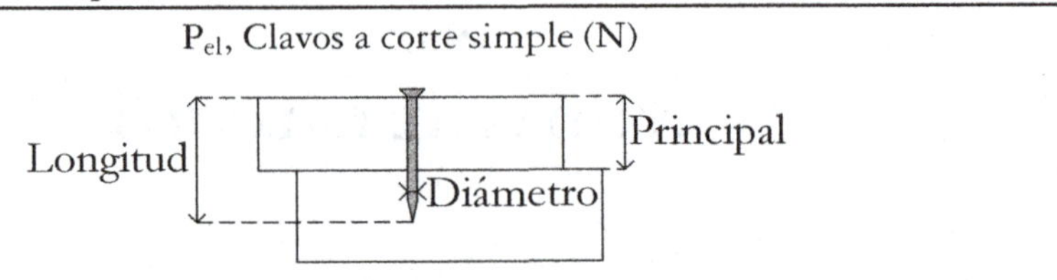

Principal	Diámetro	Longitud	Densidad (kg/m³)								
pulg. (mm)	mm	mm	450	500	550	600	650	700	750	800	850
	2,2	40	181	199	217	235	254	271	289	307	325
	2,2	50	181	199	217	235	254	271	289	307	325
	2,8	50	273	315	344	373	402	430	458	486	514
	3,1	65	314	366	417	452	486	521	555	589	623
1 (19)	3,5	75	374	432	496	564	610	653	696	739	781
	3,9	90	438	504	575	652	733	797	850	902	953
	4,3	100	507	581	660	745	835	930	1015	1077	1139
	5,1	125	578	656	740	829	924	1025	1131	1243	1354
	5,6	150	618	700	786	878	976	1079	1188	1302	1422
	2,2	50	181	199	217	235	254	271	289	307	325
	2,8	50	256	298	343	373	402	430	458	486	514
	3,1	65	347	382	417	452	486	521	555	589	623
1,5 (33)	3,5	75	435	479	523	567	610	653	696	739	781
	3,9	90	531	585	639	692	745	797	850	902	953
	4,3	100	634	699	763	827	890	953	1015	1077	1139
	5,1	125	742	831	907	983	1058	1133	1207	1281	1354
	5,6	150	777	906	989	1072	1154	1235	1316	1397	1477
	3,1	65	347	382	417	452	486	521	555	589	623
	3,5	75	435	479	523	567	610	653	696	739	781
2 (41)	3,9	90	531	585	639	692	745	797	850	902	953
	4,3	100	634	699	763	827	890	953	1015	1077	1139
	5,1	125	754	831	907	983	1058	1133	1207	1281	1354
	5,6	150	822	906	989	1072	1154	1235	1316	1397	1477

2,5 (53)	3,5	75	403	470	523	567	610	653	696	739	781
	3,9	90	531	585	639	692	745	797	850	902	953
	4,3	100	634	699	763	827	890	953	1015	1077	1139
	5,1	125	754	831	907	983	1058	1133	1207	1281	1354
	5,6	150	822	906	989	1072	1154	1235	1316	1397	1477
3 (65)	3,9	90	503	585	639	692	745	797	850	902	953
	4,3	100	634	699	763	827	890	953	1015	1077	1139
	5,1	125	754	831	907	983	1058	1133	1207	1281	1354
	5,6	150	822	906	989	1072	1154	1235	1316	1397	1477
3,5 (78)	5,1	125	754	831	907	983	1058	1133	1207	1281	1354
	5,6	150	822	906	989	1072	1154	1235	1316	1397	1477
4 (90)	5,1	125	754	831	907	983	1058	1133	1207	1281	1354
	5,6	150	822	906	989	1072	1154	1235	1316	1397	1477
4,5 (106)	5,6	150	822	906	989	1072	1154	1235	1316	1397	1477
5 (114)	5,6	150	819	906	989	1072	1154	1235	1316	1397	1477

Dúctil (Modo IV)	Tensión de fluencia (F_{ff}) se calcula con 9.6.2.3 de la NCh1198.
Semidúctil (Modo III)	Espesores estimados para Madera cepillada de Pino radiata. Dimensiones efectivas según NCh 2824, H=12%.
Frágil (Modo I y II)	Densidades de ambas piezas se consideran iguales. l_c: Longitud - l_l (mm). l_l: espesor madera lateral (mm).

TABLA C.1.2 Capacidad lateral y modo de falla previsto en uniones con tornillos solicitadas a corte simple.

P_{el}, Tornillos a corte simple (N)

| Principal | Lateral | Diámetro | Densidad (kg/m³) | | | | | | | | | | | |
| | | | 450 | | | | 550 | | | | 650 | | | |
pulg. (mm)	pulg. (mm)	mm	0	P90	L90	90	0	P90	L90	90	0	P90	L90	90
1,5 (33)	1,5 (33)	5	848	815	815	785	937	922	922	908	1019	1022	1022	1025
		6	995	857	857	779	1107	1064	1064	1025	1204	1180	1180	1157
		7	923	793	793	669	1128	1009	1009	895	1333	1235	1235	1140
		8	1055	880	880	715	1289	1119	1119	956	1524	1369	1369	1219
		10	1319	1049	1049	799	1612	1332	1332	1069	1905	1627	1627	1363
		12	1582	1213	1213	876	1934	1538	1538	1171	2286	1877	1877	1493
2 (41)	1 (19)	5	683	661	634	615	786	776	761	751	889	891	895	897
		6	771	730	694	661	881	853	820	795	989	973	950	936
		7	840	731	738	676	957	909	863	824	1071	1036	994	963
		8	1023	795	885	723	1159	1040	1025	965	1292	1230	1170	1118
		10	1334	917	1000	809	1543	1197	1321	1082	1712	1495	1493	1378
		12	1601	1031	1095	886	1957	1344	1466	1185	2313	1678	1867	1510
	2 (41)	5	848	815	815	785	937	922	922	908	1019	1022	1022	1025
		6	1001	938	938	886	1107	1064	1064	1025	1204	1180	1180	1157
		7	1109	985	985	831	1227	1154	1154	1092	1334	1280	1280	1233
		8	1311	1093	1093	888	1523	1391	1391	1188	1656	1561	1561	1481
		10	1638	1304	1304	993	2003	1655	1655	1329	2250	2014	2014	1693
		12	1966	1507	1507	1088	2403	1911	1911	1455	2840	2332	2332	1855

3 (65)	1,5 (33)	5	848	815	815	785	937	922	922	908	1019	1022	1022	1025
		6	997	938	857	820	1107	1064	1064	1025	1204	1180	1180	1157
		7	1065	998	879	830	1227	1154	1082	1039	1334	1280	1280	1233
		8	1262	1163	1012	944	1478	1391	1234	1170	1656	1561	1469	1413
		10	1641	1471	1258	1150	1913	1755	1513	1407	2183	2039	1784	1682
		12	2180	1677	1660	1417	2513	2180	1954	1783	2843	2594	2262	2095
	2 (41)	5	848	815	815	785	937	922	922	908	1019	1022	1022	1025
		6	1001	938	938	886	1107	1064	1064	1025	1204	1180	1180	1157
		7	1109	1017	991	938	1227	1154	1154	1092	1334	1280	1280	1233
		8	1378	1238	1123	1052	1523	1406	1397	1312	1656	1561	1561	1481
		10	1854	1599	1368	1257	2069	1848	1681	1569	2250	2055	2014	1903
		12	2405	1817	1748	1468	2810	2345	2102	1928	3212	2880	2476	2302
	3 (65)	5	848	815	815	785	937	922	922	908	1019	1022	1022	1025
		6	1001	938	938	886	1107	1064	1064	1025	1204	1180	1180	1157
		7	1109	1017	1017	944	1227	1154	1154	1092	1334	1280	1280	1233
		8	1378	1238	1238	1134	1523	1406	1406	1312	1656	1561	1561	1481
		10	1872	1626	1626	1457	2069	1848	1848	1686	2250	2055	2055	1903
		12	2696	2156	2156	1725	2980	2589	2589	2308	3240	2880	2880	2618

Dúctil (Modo IV)

Semidúctil (Modo III)

Frágil (Modo I y II)

Tensión de fluencia (F_{ff}) se calcula con 9.6.2.3 de la NCh1198.

Espesores estimados para Madera cepillada de Pino radiata. Dimensiones efectivas según NCh 2824, H=12%.

Densidades de ambas piezas se consideran iguales.

l_c: espesor madera principal (mm).

l_l: espesor madera lateral (mm).

0: pieza central y lateral paralela a la fibra.

P90: pieza central normal a la fibra y pieza lateral paralela a la fibra.

90: pieza central y lateral normal a la fibra.

L90: pieza central paralela a la fibra y pieza lateral normal a la fibra.

TABLA C.1.2 (CONTINUACIÓN)

| Principal | Lateral | Diámetro | Densidad (kg/m³) | | | | | | | | | | | |
| | | | 450 | | | | 550 | | | | 650 | | | |
pulg. (mm)	pulg. (mm)	mm	0	P90	L90	90	0	P90	L90	90	0	P90	L90	90
4 (90)	2 (41)	5	848	815	815	785	937	922	922	908	1019	1022	1022	1025
		6	1001	938	938	886	1107	1064	1064	1025	1204	1180	1180	1157
		7	1109	1017	991	938	1227	1154	1154	1092	1334	1280	1280	1233
		8	1378	1238	1123	1052	1523	1406	1397	1312	1656	1561	1561	1481
		10	1854	1626	1368	1257	2069	1848	1681	1569	2250	2055	2014	1903
		12	2405	2109	1748	1577	2810	2524	2102	1928	3212	2880	2476	2302
	3 (65)	5	848	815	815	785	937	922	922	908	1019	1022	1022	1025
		6	1001	938	938	886	1107	1064	1064	1025	1204	1180	1180	1157
		7	1109	1017	1017	944	1227	1154	1154	1092	1334	1280	1280	1233
		8	1378	1238	1238	1134	1523	1406	1406	1312	1656	1561	1561	1481
		10	1872	1626	1626	1457	2069	1848	1848	1686	2250	2055	2055	1903
		12	2696	2275	2156	1965	2980	2589	2589	2319	3240	2880	2880	2618
	4 (90)	5	848	815	815	785	937	922	922	908	1019	1022	1022	1025
		6	1001	938	938	886	1107	1064	1064	1025	1204	1180	1180	1157
		7	1109	1017	1017	944	1227	1154	1154	1092	1334	1280	1280	1233
		8	1378	1238	1238	1134	1523	1406	1406	1312	1656	1561	1561	1481
		10	1872	1626	1626	1457	2069	1848	1848	1686	2250	2055	2055	1903
		12	2696	2275	2275	2005	2980	2589	2589	2319	3240	2880	2880	2618

5 (114)	2,5 (53)	5	848	815	815	785	937	922	922	908	1019	1022	1022	1025
		6	1001	938	938	886	1107	1064	1064	1025	1204	1180	1180	1157
		7	1109	1017	1017	944	1227	1154	1154	1092	1334	1280	1280	1233
		8	1378	1238	1238	1134	1523	1406	1406	1312	1656	1561	1561	1481
		10	1872	1626	1570	1449	2069	1848	1848	1686	2250	2055	2055	1903
		12	2696	2275	1933	1754	2980	2589	2381	2194	3240	2880	2860	2618
	4 (90)	5	848	815	815	785	937	922	922	908	1019	1022	1022	1025
		6	1001	938	938	886	1107	1064	1064	1025	1204	1180	1180	1157
		7	1109	1017	1017	944	1227	1154	1154	1092	1334	1280	1280	1233
		8	1378	1238	1238	1134	1523	1406	1406	1312	1656	1561	1561	1481
		10	1872	1626	1626	1457	2069	1848	1848	1686	2250	2055	2055	1903
		12	2696	2275	2275	2005	2980	2589	2589	2319	3240	2880	2880	2618
	5 (114)	5	848	815	815	785	937	922	922	908	1019	1022	1022	1025
		6	1001	938	938	886	1107	1064	1064	1025	1204	1180	1180	1157
		7	1109	1017	1017	944	1227	1154	1154	1092	1334	1280	1280	1233
		8	1378	1238	1238	1134	1523	1406	1406	1312	1656	1561	1561	1481
		10	1872	1626	1626	1457	2069	1848	1848	1686	2250	2055	2055	1903
		12	2696	2275	2275	2005	2980	2589	2589	2319	3240	2880	2880	2618

Dúctil (Modo IV)	Tensión de fluencia (F_{ff}) se calcula con 9.6.2.3 de la NCh1198. Espesores estimados para Madera cepillada de Pino radiata. Dimensiones efectivas según NCh 2824, H=12%.
Semidúctil (Modo III)	Densidades de ambas piezas se consideran iguales. l_c: espesor madera principal (mm). l_l: espesor madera lateral (mm). 0: pieza central y lateral paralela a la fibra.
Frágil (Modo I y II)	P90: pieza central normal a la fibra y pieza lateral paralela a la fibra. 90: pieza central y lateral normal a la fibra. L90: pieza central paralela a la fibra y pieza lateral normal a la fibra.

TABLA C.1.2 (CONTINUACIÓN)

| Principal | Lateral | Diámetro | Densidad (kg/m³) | | | | | | | | | | | |
| | | | 450 | | | | 550 | | | | 650 | | | |
pulg. (mm)	pulg. (mm)	mm	0	P90	L90	90	0	P90	L90	90	0	P90	L90	90
6 (138)	3 (65)	5	848	815	815	785	937	922	922	908	1019	1022	1022	1025
		6	1001	938	938	886	1107	1064	1064	1025	1204	1180	1180	1157
		7	1109	1017	1017	944	1227	1154	1154	1092	1334	1280	1280	1233
		8	1378	1238	1238	1134	1523	1406	1406	1312	1656	1561	1561	1481
		10	1872	1626	1626	1457	2069	1848	1848	1686	2250	2055	2055	1903
		12	2696	2275	2156	1965	2980	2589	2589	2319	3240	2880	2880	2618
	6 (138)	5	848	815	815	785	937	922	922	908	1019	1022	1022	1025
		6	1001	938	938	886	1107	1064	1064	1025	1204	1180	1180	1157
		7	1109	1017	1017	944	1227	1154	1154	1092	1334	1280	1280	1233
		8	1378	1238	1238	1134	1523	1406	1406	1312	1656	1561	1561	1481
		10	1872	1626	1626	1457	2069	1848	1848	1686	2250	2055	2055	1903
		12	2696	2275	2275	2005	2980	2589	2589	2319	3240	2880	2880	2618

Dúctil (Modo IV)

Semidúctil (Modo III)

Frágil (Modo I y II)

Tensión de fluencia (F_{ff}) se calcula con 9.6.2.3 de la NCh1198.

Espesores estimados para Madera cepillada de Pino radiata. Dimensiones efectivas según NCh 2824, H=12%.

Densidades de ambas piezas se consideran iguales.

l_c: espesor madera principal (mm).

l_l: espesor madera lateral (mm).

0: pieza central y lateral paralela a la fibra.

P90: pieza central normal a la fibra y pieza lateral paralela a la fibra.

90: pieza central y lateral normal a la fibra.

L90: pieza central paralela a la fibra y pieza lateral normal a la fibra.

TABLA C.1.3 Capacidad lateral y modo de falla previsto en uniones con pernos solicitadas a corte simple.

P_{el}, Pernos a corte simple (N)

| Principal | Lateral | Diámetro | Densidad (kg/m³) | | | | | | | | | | | |
| | | | 450 | | | | 550 | | | | 650 | | | |
pulg. (mm)	pulg. (mm)	mm	0	P90	L90	90	0	P90	L90	90	0	P90	L90	90
2 (41)	1 (19)	10	1334	917	1000	809	1543	1197	1321	1082	1712	1495	1493	1378
	2 (41)	10	1638	1304	1304	993	2003	1655	1655	1329	2250	2014	2014	1693
3 (65)	1,5 (33)	10	1641	1471	1258	1150	1913	1755	1513	1407	2183	2039	1784	1682
		12	2180	1677	1660	1417	2513	2180	1954	1783	2843	2594	2262	2095
		16	3415	2031	2197	1636	4031	2636	2940	2189	4492	3277	3523	2789
	2 (41)	10	1854	1599	1368	1257	2069	1848	1681	1569	2250	2055	2014	1903
		12	2405	1817	1748	1468	2810	2345	2102	1928	3212	2880	2476	2302
		16	3536	2230	2730	1695	4322	2870	3204	2267	4886	3545	3669	2889
	3 (65)	10	1872	1626	1626	1457	2069	1848	1848	1686	2250	2055	2055	1903
		12	2696	2156	2156	1725	2980	2589	2589	2308	3240	2880	2880	2618
		16	4157	3013	3013	1992	5080	3708	3708	2665	5760	4404	4404	3395
3,5 (78)	3,5 (78)	10	1872	1626	1626	1457	2069	1848	1848	1686	2250	2055	2055	1903
		12	2696	2275	2275	2005	2980	2589	2589	2319	3240	2880	2880	2618
		16	4793	3300	3300	2390	5299	4077	4077	3198	5760	4896	4896	4075

TABLA C.1.3 (CONTINUACIÓN)

Principal	Lateral	Diámetro	Densidad (kg/m³)											
			450				550				650			
pulg. (mm)	pulg. (mm)	mm	0	P90	L90	90	0	P90	L90	90	0	P90	L90	90
4 (90)	2 (41)	10	1854	1626	1368	1257	2069	1848	1681	1569	2250	2055	2014	1903
		12	2405	2109	1748	1577	2810	2524	2102	1928	3212	2880	2476	2302
		16	3778	2715	2730	2243	4336	3536	3204	2846	4886	4297	3669	3310
		20	5554	3144	3053	2508	6288	4088	4084	3355	7005	5091	5203	4275
	3 (65)	10	1872	1626	1626	1457	2069	1848	1848	1686	2250	2055	2055	1903
		12	2696	2275	2156	1965	2980	2589	2589	2319	3240	2880	2880	2618
		16	4720	3325	3053	2428	5299	4257	3708	3248	5760	4896	4404	4019
		20	6332	3931	4239	2714	7589	5025	5012	3631	8655	6171	5822	4627
	4 (90)	10	1872	1626	1626	1457	2069	1848	1848	1686	2250	2055	2055	1903
		12	2696	2275	2275	2005	2980	2589	2589	2319	3240	2880	2880	2618
		16	4793	3559	3559	2758	5299	4395	4395	3690	5760	4896	4896	4332
		20	7194	4655	4655	3084	8279	5681	5681	4126	9001	6775	6775	5257
5 (114)	2,5 (53)	10	1872	1626	1570	1449	2069	1848	1848	1686	2250	2055	2055	1903
		12	2696	2275	1933	1754	2980	2589	2381	2194	3240	2880	2860	2618
		16	4210	3461	2871	2528	4908	4253	3418	3062	5603	4896	3994	3629
		20	5974	4010	3946	3182	6871	5211	4795	4187	7756	6486	5482	4861
	4 (90)	10	1872	1626	1626	1457	2069	1848	1848	1686	2250	2055	2055	1903
		12	2696	2275	2275	2005	2980	2589	2589	2319	3240	2880	2880	2618
		16	4793	3858	3559	3163	5299	4395	4395	3838	5760	4896	4896	4332
		20	7489	5202	4655	3536	8279	6488	5681	4731	9001	7377	6775	6028
	5 (114)	10	1872	1626	1626	1457	2069	1848	1848	1686	2250	2055	2055	1903
		12	2696	2275	2275	2005	2980	2589	2589	2319	3240	2880	2880	2618
		16	4793	3858	3858	3318	5299	4395	4395	3838	5760	4896	4896	4332
		20	7489	5202	5202	3906	8279	6488	6488	5226	9001	7377	7377	6401

6 (138)	3 (65)	10	1872	1626	1626	1457	2069	1848	1848	1686	2250	2055	2055	1903
		12	2696	2275	2156	1965	2980	2589	2589	2319	3240	2880	2880	2618
		16	4720	3858	3053	2707	5299	4395	3708	3341	5760	4896	4404	4019
		20	6516	4877	4239	3666	7589	6334	5012	4412	8655	7377	5822	5198
	6 (138)	10	1872	1626	1626	1457	2069	1848	1848	1686	2250	2055	2055	1903
		12	2696	2275	2275	2005	2980	2589	2589	2319	3240	2880	2880	2618
		16	4793	3858	3858	3318	5299	4395	4395	3838	5760	4896	4896	4332
		20	7489	5801	5801	4729	8279	6617	6617	5671	9001	7377	7377	6401
7 (162)	3,5 (78)	10	1872	1626	1626	1457	2069	1848	1848	1686	2250	2055	2055	1903
		12	2696	2275	2275	2005	2980	2589	2589	2319	3240	2880	2880	2618
		16	4793	3858	3300	2942	5299	4395	4077	3689	5760	4896	4896	4332
		20	7194	5771	4430	3861	8279	6617	5331	4722	9001	7377	6286	5641
	7 (162)	10	1872	1626	1626	1457	2069	1848	1848	1686	2250	2055	2055	1903
		12	2696	2275	2275	2005	2980	2589	2589	2319	3240	2880	2880	2618
		16	4793	3858	3858	3318	5299	4395	4395	3838	5760	4896	4896	4332
		20	7489	5801	5801	4903	8279	6617	6617	5671	9001	7377	7377	6401

Dúctil (Modo IV)	Tensión de fluencia (F_{ff}) se calcula con 9.6.2.3 de la NCh1198. Espesores estimados para Madera cepillada de Pino radiata. Dimensiones efectivas según NCh 2824, H=12%.
Semidúctil (Modo III)	Densidades de ambas piezas se consideran iguales. l_c: espesor madera principal (mm). l_l: espesor madera lateral (mm). 0: pieza central y lateral paralela a la fibra. P90: pieza central normal a la fibra y pieza lateral paralela a la fibra.
Frágil (Modo I y II)	90: pieza central y lateral normal a la fibra. L90: pieza central paralela a la fibra y pieza lateral normal a la fibra.

TABLA C.1.4 Capacidad lateral y modo de falla previsto en uniones clavadas con tablero de OSB solicitadas a corte simple.

P_{el}, Clavos con OSB a corte simple (N)

Principal	Diámetro	Longitud	Densidad (kg/m³)								
mm	mm	mm	450	500	550	600	650	700	750	800	850
9,5	1,7	25	131	141	149	157	163	170	175	180	185
	2	30	180	193	204	215	224	232	240	245	250
	2,2	40	216	231	242	251	259	267	273	279	285
	2,2	50	216	231	242	251	259	267	273	279	285
	2,8	50	307	325	340	354	366	377	387	395	403
	3,1	65	357	377	395	412	426	439	451	461	471
	3,5	75	429	454	476	496	514	530	544	557	569
	3,9	90	507	537	564	588	609	629	646	662	676
	4,3	100	591	626	658	687	712	736	756	775	793
	5,1	125	679	721	759	793	824	851	877	899	920
	5,6	150	731	776	818	855	889	919	947	972	995
11,1	1,7	25	130	140	148	155	162	168	173	178	183
	2	30	179	191	203	213	222	230	238	244	251
	2,2	40	215	230	243	256	267	276	285	294	301
	2,2	50	215	230	243	256	267	276	285	294	301
	2,8	50	327	345	361	374	387	398	408	416	424
	3,1	65	377	398	417	433	447	460	472	482	492
	3,5	75	450	475	497	517	535	551	565	578	589
	3,9	90	528	558	585	608	630	649	666	681	695
	4,3	100	612	647	678	707	732	754	775	793	809
	5,1	125	697	738	775	808	838	865	889	910	930
	5,6	150	746	791	831	867	900	929	956	979	1001

	1,7	25	108	122	136	151	162	168	173	178	183
	2	30	169	191	202	212	222	230	237	244	250
	2,2	40	215	230	243	255	266	276	285	293	301
	2,2	50	215	230	243	255	266	276	285	293	301
	2,8	50	340	364	385	404	422	437	452	464	476
15,1	3,1	65	412	441	467	490	511	530	547	562	577
	3,5	75	517	553	584	606	625	643	658	672	684
	3,9	90	613	646	675	701	724	745	763	779	794
	4,3	100	700	739	772	802	829	853	874	893	910
	5,1	125	779	823	861	896	926	954	978	1000	1020
	5,6	150	825	871	913	950	983	1012	1038	1062	1084
	1,7	25	95	104	114	123	133	144	154	165	176
	2	30	148	167	187	208	220	228	235	242	248
	2,2	40	214	228	242	254	264	274	283	291	298
	2,2	50	214	228	242	254	264	274	283	291	298
	2,8	50	339	362	383	402	419	434	448	460	471
18,3	3,1	65	410	438	464	486	507	526	542	557	571
	3,5	75	515	550	582	610	636	659	680	699	716
	3,9	90	628	671	710	745	776	805	830	853	870
	4,3	100	751	802	846	878	905	930	952	972	989
	5,1	125	846	891	931	967	998	1026	1051	1073	1093
	5,6	150	889	937	980	1017	1051	1081	1107	1131	1152

Dúctil (Modo IV)	Tensión de fluencia (F_{ff}) se calcula con 9.6.2.3 de la NCh1198. Densidades de pieza lateral estimado con las propiedades del fabricador.
Semidúctil (Modo III)	l_c: Longitud - l_l (mm).
Frágil (Modo I y II)	l_l: espesor madera lateral (mm).

TABLA C.1.5 Capacidad lateral y modo de falla previsto en uniones clavadas con tablero de terciado solicitadas a corte simple.

P_{el}, Clavos con terciado a corte simple (N)

Principal	Diámetro	Longitud	Densidad (kg/m³)								
mm	mm	mm	450	500	550	600	650	700	750	800	850
9,5	1,7	25	105	109	113	116	119	121	123	125	127
	2	30	134	139	144	148	152	155	158	160	162
	2,2	40	155	162	167	172	177	180	184	186	189
	2,2	50	155	162	167	172	177	180	184	186	189
	2,8	50	229	240	249	256	263	269	274	279	283
	3,1	65	272	285	296	305	313	321	327	332	337
	3,5	75	335	351	365	377	387	397	405	412	418
	3,9	90	404	424	441	456	469	481	491	500	508
	4,3	100	479	503	524	542	558	572	584	595	605
	5,1	125	565	594	620	642	648	648	648	648	648
	5,6	150	615	648	659	659	659	659	659	659	659
12	1,7	25	116	124	130	135	139	143	146	149	152
	2	30	157	164	169	174	178	182	185	187	190
	2,2	40	179	187	193	199	204	208	212	215	217
	2,2	50	179	187	193	199	204	208	212	215	217
	2,8	50	256	267	277	285	292	298	304	309	313
	3,1	65	299	312	324	334	343	350	357	363	368
	3,5	75	362	379	393	406	417	426	434	442	448
	3,9	90	431	452	469	484	498	509	520	529	537
	4,3	100	506	530	551	570	586	600	612	623	633
	5,1	125	588	617	643	665	684	702	717	730	742
	5,6	150	636	668	696	721	742	761	778	793	806

15	1,7	25	100	112	125	136	140	144	147	150	153
	2	30	158	171	179	186	192	197	202	206	209
	2,2	40	195	205	215	223	230	237	242	247	250
	2,2	50	195	205	215	223	230	237	242	247	250
	2,8	50	288	300	310	319	327	334	340	345	349
	3,1	65	332	347	359	370	379	387	393	400	405
	3,5	75	397	414	429	442	453	463	471	479	486
	3,9	90	466	487	505	521	534	546	556	565	573
	4,3	100	541	566	587	606	622	636	648	659	668
	5,1	125	618	647	673	695	714	731	745	758	770
	5,6	150	663	695	723	747	768	786	803	817	830
18	1,7	25	89	97	105	114	123	132	141	150	154
	2	30	140	157	175	186	193	198	203	207	210
	2,2	40	195	206	216	224	231	238	243	248	253
	2,2	50	195	206	216	224	231	238	243	248	253
	2,8	50	309	327	342	355	366	375	381	387	391
	3,1	65	371	387	400	411	421	430	437	443	449
	3,5	75	438	456	472	486	498	508	517	525	532
	3,9	90	509	531	550	566	581	593	604	613	621
	4,3	100	585	611	633	652	669	684	696	707	717
	5,1	125	659	689	714	737	756	773	788	801	812
	5,6	150	701	734	761	786	807	825	841	856	868

Dúctil (Modo IV)	Tensión de fluencia (F_{ff}) se calcula con 9.6.2.3 de la NCh1198. Densidades de pieza lateral estimado con las propiedades del fabricador.
Semidúctil (Modo III)	l_c: Longitud - l_l (mm).
Frágil (Modo I y II)	l_l: espesor madera lateral (mm).

TABLA C.1.6 Espesor mínimo requerido en maderos para garantizar fallo dúctil en uniones apernadas madera-madera en cortadura simple.

Pernos. Espesor mínimo (mm). Densidad anhidra media de 450 kg/m³											
Diámetro (mm)	θ (°)	0		30		45		60		90	
		lc (mm)	ll (mm)	lc (mm)	ll (mm)	lc (mm)	ll (mm)	lc (mm)	ll (mm)	lc (mm)	ll (mm)
10	0	42	42	41	46	40	49	40	53	39	56
	30	46	41	45	45	44	49	44	52	43	55
	45	49	40	49	44	48	48	47	51	47	55
	60	53	40	52	44	51	47	51	51	50	54
	90	56	39	55	43	55	47	54	50	53	53
12	0	50	50	49	56	48	61	47	66	47	71
	30	56	49	55	55	54	60	53	65	52	70
	45	61	48	60	54	59	59	58	64	58	69
	60	66	47	65	53	64	58	63	63	63	68
	90	71	47	70	52	69	58	68	63	67	67
16	0	67	67	65	77	63	86	62	95	61	103
	30	77	65	75	75	74	84	72	93	71	101
	45	86	63	84	74	83	83	81	91	80	99
	60	95	62	93	72	91	81	90	90	88	98
	90	103	61	101	71	99	80	98	88	96	96
20	0	83	83	81	99	79	113	77	125	76	137
	30	99	81	96	96	94	110	92	122	90	134
	45	113	79	110	94	107	107	105	120	104	131
	60	125	77	122	92	120	105	118	118	116	129
	90	137	76	134	90	131	104	129	116	127	127

TABLA C.1.6 (CONTINUACIÓN)

Diámetro (mm)	θ (°)	0		30		45		60		90	
		lc (mm)	ll (mm)	lc (mm)	ll (mm)	lc (mm)	ll (mm)	lc (mm)	ll (mm)	lc (mm)	ll (mm)
	0	35	35	34	37	34	39	34	41	33	42
	30	37	34	36	36	36	38	36	40	35	42
10	45	39	34	38	36	38	38	38	40	37	42
	60	41	34	40	36	40	38	39	39	39	41
	90	42	33	42	35	42	37	41	39	41	41
	0	42	42	41	45	41	48	40	51	40	54
	30	45	41	44	44	44	47	43	50	43	53
12	45	48	41	47	44	47	47	46	50	46	52
	60	51	40	50	43	50	46	49	49	49	52
	90	54	40	53	43	52	46	52	49	51	51
	0	55	55	54	62	54	67	53	73	52	78
	30	62	54	61	61	60	66	59	72	58	77
16	45	67	54	66	60	65	65	64	71	64	76
	60	73	53	72	59	71	64	70	70	69	75
	90	78	52	77	58	76	64	75	69	74	74
	0	69	69	68	79	66	88	65	96	64	104
	30	79	68	77	77	76	86	75	94	73	102
20	45	88	66	86	76	85	85	83	93	82	100
	60	96	65	94	75	93	83	91	91	90	99
	90	104	64	102	73	100	82	99	90	97	97

TABLA C.1.7 Espesor mínimo requerido en maderos para garantizar fallo dúctil en uniones atornilladas madera-madera en cortadura simple.

Tornillos. Espesor mínimo (mm). Densidad anhidra media de 450 kg/m³											
Diámetro (mm)	θ (°)	0		30		45		60		90	
		lc (mm)	ll (mm)	lc (mm)	ll (mm)	lc (mm)	ll (mm)	lc (mm)	ll (mm)	lc (mm)	ll (mm)
5	0	29	29	29	30	29	31	29	31	29	32
	30	30	29	30	30	30	30	29	31	29	32
	45	31	29	30	30	30	30	30	31	30	32
	60	31	29	31	29	31	30	31	31	31	32
	90	32	29	32	29	32	30	32	31	31	31
6	0	33	33	33	35	33	36	33	37	32	38
	30	35	33	34	34	34	36	34	37	34	38
	45	36	33	36	34	35	35	35	37	35	38
	60	37	33	37	34	37	35	37	37	36	38
	90	38	32	38	34	38	35	38	36	38	38
7	0	35	35	35	37	35	39	34	41	34	43
	30	37	35	37	37	37	39	36	41	36	42
	45	39	35	39	37	38	38	38	40	38	42
	60	41	34	41	36	40	38	40	40	40	42
	90	43	34	42	36	42	38	42	40	41	41
8	0	38	38	38	41	37	44	37	46	37	48
	30	41	38	41	41	40	43	40	45	39	48
	45	44	37	43	40	43	43	42	45	42	47
	60	46	37	45	40	45	42	45	45	44	47
	90	48	37	48	39	47	42	47	44	47	47
10	0	42	42	41	46	40	49	40	53	39	56
	30	46	41	45	45	44	49	44	52	43	55
	45	49	40	49	44	48	48	47	51	47	55
	60	53	40	52	44	51	47	51	51	50	54
	90	56	39	55	43	55	47	54	50	53	53
12	0	50	50	49	56	48	61	47	66	47	71
	30	56	49	55	55	54	60	53	65	52	70
	45	61	48	60	54	59	59	58	64	58	69
	60	66	47	65	53	64	58	63	63	63	68
	90	71	47	70	52	69	58	68	63	67	67

TABLA C.1.7 (CONTINUACIÓN)

Diámetro (mm)	θ (°)	0		30		45		60		90	
		lc (mm)	ll (mm)	lc (mm)	ll (mm)	lc (mm)	ll (mm)	lc (mm)	ll (mm)	lc (mm)	ll (mm)
5	0	24	24	24	24	24	24	24	24	24	24
	30	24	24	24	24	24	24	24	24	24	24
	45	24	24	24	24	24	24	24	24	24	24
	60	24	24	24	24	24	24	24	24	24	24
	90	24	24	24	24	24	24	24	24	24	24
6	0	28	28	28	28	28	28	28	28	27	29
	30	28	28	28	28	28	28	28	28	28	29
	45	28	28	28	28	28	28	28	28	28	29
	60	29	27	29	28	29	28	29	28	28	29
	90	29	27	29	28	29	28	29	28	29	29
7	0	29	29	29	30	29	31	29	31	29	32
	30	30	29	30	30	30	31	30	31	30	32
	45	31	29	31	30	31	31	31	31	30	32
	60	32	29	31	30	31	30	31	30	31	32
	90	32	29	32	30	32	30	32	30	32	32
8	0	32	32	32	33	31	34	31	34	31	36
	30	33	32	33	33	33	34	33	34	32	36
	45	34	31	34	33	34	34	34	34	33	36
	60	35	31	35	32	35	34	35	34	35	36
	90	36	31	36	32	36	33	36	33	36	36
10	0	35	35	34	37	34	39	34	39	33	42
	30	37	34	36	36	36	38	36	38	35	42
	45	39	34	38	36	38	38	38	38	37	42
	60	41	34	40	36	40	38	40	38	39	41
	90	42	33	42	35	42	37	42	37	41	41
12	0	42	42	41	45	41	48	41	48	40	54
	30	45	41	44	44	44	47	44	47	43	53
	45	48	41	47	44	47	47	47	47	46	52
	60	51	40	50	43	50	46	50	46	49	52
	90	54	40	53	43	52	46	52	46	51	51

Tornillos. Espesor mínimo (mm). Densidad anhidra media de 650 kg/m³

TABLA C.1.8 Espesor mínimo requerido en maderos para garantizar fallo dúctil en uniones clavadas madera-madera en cortadura simple.

Diámetro (mm)	Espesor mínimo para clavos (mm)			
	Densidad anhidra media (kg/m³)			
	450	550	650	750
1,7	13	11	9	8
2,2	17	14	12	10
2,2	17	14	12	10
3,1	22	19	16	14
4,3	30	25	21	19
5,1	34	28	24	21
5,6	36	30	26	23

C.2 FACTOR DE MODIFICACIÓN DE HUMEDAD Y DURACIÓN DE LA CARGA

En este apartado se facilitan valores del factor de modificación correspondiente al producto del factor de modificación de la humedad (K_H) y la duración de la carga (K_D) según la NCh1198.

TABLA C.2 Factor de modificación incluyendo efectos de la humedad y duración de la carga según NCh1198.

	ΔH [%]	Pino radiata				Eucalipto**			
		Tipo de Carga							
		D	L	W / E	I	D	L	W / E	I
Flexión	1	0,878	0,975	1,560	1,950	0,882	0,980	1,567	1,959
	2	0,855	0,950	1,520	1,900	0,863	0,959	1,534	1,918
	3	0,833	0,925	1,480	1,850	0,845	0,939	1,502	1,877
	4	0,810	0,900	1,440	1,800	0,826	0,918	1,469	1,836
	5	0,788	0,875	1,400	1,750	0,808	0,898	1,436	1,795
	6	0,765	0,850	1,360	1,700	0,789	0,877	1,403	1,754
	7	0,743	0,825	1,320	1,650	0,771	0,857	1,370	1,713
	8	0,675	0,750	1,200	1,500	0,752	0,836	1,338	1,672

Compresión Paralela	1	0,857	0,952	1,523	1,904	0,861	0,957	1,531	1,914
	2	0,814	0,904	1,446	1,808	0,823	0,914	1,462	1,828
	3	0,770	0,856	1,370	1,712	0,784	0,871	1,394	1,742
	4	0,727	0,808	1,293	1,616	0,745	0,828	1,325	1,656
	5	0,684	0,760	1,216	1,520	0,707	0,785	1,256	1,570
	6	0,641	0,712	1,139	1,424	0,668	0,742	1,187	1,484
	7	0,598	0,664	1,062	1,328	0,629	0,699	1,118	1,398
	8	0,468	0,520	0,832	1,040	0,590	0,656	1,050	1,312
Tracción Paralela	1	0,878	0,975	1,560	1,950	0,882	0,980	1,567	1,959
	2	0,855	0,950	1,520	1,900	0,863	0,959	1,534	1,918
	3	0,833	0,925	1,480	1,850	0,845	0,939	1,502	1,877
	4	0,810	0,900	1,440	1,800	0,826	0,918	1,469	1,836
	5	0,788	0,875	1,400	1,750	0,808	0,898	1,436	1,795
	6	0,765	0,850	1,360	1,700	0,789	0,877	1,403	1,754
	7	0,743	0,825	1,320	1,650	0,771	0,857	1,370	1,713
	8	0,675	0,750	1,200	1,500	0,752	0,836	1,338	1,672
Cizalle	1	0,887	0,985	1,576	1,970	0,886	0,984	1,574	1,968
	2	0,873	0,970	1,552	1,940	0,871	0,968	1,549	1,936
	3	0,860	0,955	1,528	1,910	0,857	0,952	1,523	1,904
	4	0,846	0,940	1,504	1,880	0,842	0,936	1,498	1,872
	5	0,833	0,925	1,480	1,850	0,828	0,920	1,472	1,840
	6	0,819	0,910	1,456	1,820	0,814	0,904	1,446	1,808
	7	0,806	0,895	1,432	1,790	0,799	0,888	1,421	1,776
	8	0,765	0,850	1,360	1,700	0,785	0,872	1,395	1,744
Módulo Elástico*	1	0,983				0,985			
	2	0,966				0,970			
	3	0,949				0,956			
	4	0,932				0,941			
	5	0,915				0,926			
	6	0,898				0,911			
	7	0,881				0,896			
	8	0,830				0,882			

D: Permanente; L: Normal; W: Viento; E: Sismo; I: Impacto

ΔH = **Hc - Hs**; Hc: Humedad de construcción [%]; Hs: Humedad de servicio [12%]

* Módulo de elasticidad en flexión no se ve afectado por KD (**NCh1198:2014**, sección 6.1.2)

** Valores KH determinados según **Tabla 8** y **Tabla 9** (**NCh1198:2014**, sección 5.2.7)

C.3 Resumen de aplicación de factores de modificación según NCh1198

En este apartado se resume la aplicación de factores de modificación según NCh1198. También se incluye algunos posibles factores de modificación que podrían ser aplicados en el futuro para una posible conversión entre la metodología de cálculo ASD y LRFD (ver detalles en el Capítulo 9 del libro *"Fundamentos del diseño y la construcción con madera"*. Este último aspecto ha sido basado en las disposiciones de la norma NDS 2015.

TABLA C.3.1 Madera aserrada incluyendo posible inclusión del método LRFD en la NCh1198.

	ASD	ASD & LRFD											LRFD		
Madera Aserrada	Duración de la Carga 6.1.2	Contenido de Humedad 6.1.1	Efecto de Temperatura Anexo H	Tratamiento Químico 6.1.5 + Anexo I	Trabajo Conjunto 6.1.3	Efecto de la Altura 7.2.2.3	Efecto de la Altura 7.2.4	Efecto del Volcamiento 7.2.2.4 + 7.2.2.5	Rebaje en Apoyos 7.2.3.5	Efecto de la Esbeltez 7.3.2.3	Concentración de Tensiones 7.4.3	Aplastamiento 7.5.3	Factor de Conversión K_F	Factor de Resistencia ϕ	Efecto del Tiempo
$F_{ft,dis} = F_f \times$	K_D	K_H	K_T	K_Q	K_C	K_{hf}	-	-	-	-	-	-	2.54	0.85	λ
$F_{fv,dis} = F_f \times$	K_D	K_H	K_T	K_Q	K_C	-	-	$K_{\lambda V}$	-	-	-	-	2.54	0.85	λ
$F_{cz,dis} = F_{cz} \times$	K_D	K_H	K_T	K_Q	-	-	-	-	K_r	-	-	-	2.88	0.75	λ
$F_{cp,dis} = F_{cp} \times$	K_D	K_H	K_T	K_Q	-	-	-	-	-	K_λ	-	-	2.40	0.90	λ
$F_{tp,dis} = F_{tp} \times$	K_D	K_H	K_T	K_Q	-	K_{hf}	-	-	-	-	K_{ct}	-	2.70	0.80	λ
$F_{cn,dis} = F_{cn} \times$	-	K_H	K_T	K_Q	-	-	-	-	-	-	-	K_{cn}	1.67	0.90	-
$E_{dis} = E_{fk} \times$	-	K_H	K_T	K_Q	-	-	K_{hE}	-	-	-	-	-	-	-	-

TABLA C.3.2 Madera con sección circular incluyendo posible inclusión del método LRFD en la NCh1198.

Sección Circular	Factor	$F_{ft,dis}=F_f\times$	$F_{fv,dis}=F_f\times$	$F_{cz,dis}=F_{cz}\times$	$F_{cp,dis}=F_{cp}\times$	$F_{tp,dis}=F_{tp}\times$	$F_{cn,dis}=F_{cn}\times$	$E_{dis}=E\times$
LRFD	Efecto del Tiempo	λ	λ	λ	λ	λ	-	-
LRFD	Factor de Resistencia ϕ	0.85	0.85	0.75	0.90	0.80	0.90	-
LRFD	Factor de Conversión K_F	2.54	2.54	2.88	2.40	2.70	1.67	-
Circulares	Uso en Estado Seco 8.3.2.3	K_S	K_S	K_S	K_S	K_S	K_S	-
Circulares	Presión y Vacío 8.3.2.2	K_{pv}	K_{pv}	K_{pv}	K_{pv}	K_{pv}	K_{pv}	-
Circulares	Desbastado o Alisaduras 8.3.2.1	K_d	K_d	K_d	K_d	K_d	K_d	-
	Aplastamiento 7.5.3	-	-	-	-	-	K_{cn}	-
	Concentración de Tensiones 7.4.3	-	-	-	-	K_{ct}	-	-
	Efecto de la Esbeltez 7.3.2.3	-	-	-	K_λ	-	-	-
	Rebaje en Apoyos 7.2.3.5	-	-	K_r	-	-	-	-
	Efecto del Volcamiento 7.2.2.4 + 7.2.2.5	-	$K_{\lambda V}$	-	-	-	-	-
	Efecto de la Altura 7.2.4	-	-	-	-	-	-	K_{hE}
	Trabajo Conjunto (raramente aplicable 6.1.3)	K_C	K_C	-	-	-	-	-
	Efecto de Temperatura Anexo H	K_T	K_T	K_T	K_T	K_T	K_T	K_T
ASD	Duración de la Carga 6.1.2	K_D	K_D	K_D	K_D	K_D	-	-

TABLA C.3.3 Madera laminada encolada incluyendo posible inclusión del método LRFD en la NCh1198.

Madera Laminada Encolada

	Efecto	$F_{ft,dis} = F_f\,x$	$F_{fc,dis} = F_f\,x$	$F_{cz,dis} = F_{cz}\,x$	$F_{cp,dis} = F_{cp}\,x$	$F_{tp,dis} = F_{tp}\,x$	$F_{cn,dis} = F_{cn}\,x$	$E_{dis} = E\,x$
LRFD	Efecto del Tiempo	λ	λ	λ	λ	λ	-	-
	Factor de Resistencia ϕ	0.85	0.85	0.75	0.90	0.80	0.90	-
	Factor de Conversión K_F	2.54	2.54	2.88	2.40	2.70	1.67	-
ASD & LRFD	Concentración de Tensiones 7.4.3	-	-	-	-	K_{ct}	-	-
	Efecto de la Esbeltez 10.3.1.3 + 7.3.2.3	-	-	-	K_λ	-	-	-
	Efecto del Volcamiento 10.3.1.2 + 7.2.2.4	-	$K_{\lambda V}$	-	-	-	-	-
	Efecto de la Altura 7.2.4	-	-	-	-	-	-	K_{hE}
	Tensiones Perpendiculares si aplica	k_r						
	Estadio Tensional Complejo si aplica	$k_{\varphi t}$	$k_{\varphi t}$	-	-	-	-	-
	Efecto de la Altura 10.3.1.4	K_V	-	-	-	K_V	-	-
	Efecto de Curvatura 10.7.3 (si aplica)	K_{cl}	K_{cl}	K_{cl}	K_{cl}	K_{cl}	K_{cl}	-
	Tratamiento Químico 6.1.5 + Anexo I	K_Q	K_Q	K_Q	K_Q	K_Q	K_Q	K_Q
	Efecto de Temperatura Anexo H	K_T	K_T	K_T	K_T	K_T	K_T	K_T
	Contenido de Humedad con Hs≥16%	K_H	K_H	K_H	K_H	K_H	K_H	K_H
ASD	Duración de la Carga 6.1.2	K_D	K_D	K_D	K_D	K_D	-	-

C.4 ESTIMACIÓN CONSERVADORA DE PROPIEDADES DE MLE

En la Tabla C4 se facilitan valores conservadores de tensiones admisibles para MLE de pino radiata chileno de dimensiones normales y contenidos de humedad inferior al 15%. Los valores están basados en el Informe Técnico Nº 182 del INFOR *"ejemplos de cálculo estructural en madera"* (2014).

TABLA C4

Propiedad (MPa)	MLE homogénea. Láminas grado A	MLE homogénea. Láminas grado B	MLE híbrida*
F_f(con h<375mm)	9,3	7,2	8,9
F_f(con h≥375mm)	8,2	6,4	7,8
F_{cp}	9,5	6,5	8,0
F_{tp}	5,6	3,15	4,0
F_{cz}	1,1	1,1	1,1
F_{cn}	2,5	2,5	2,5
F_{tn}	0,1	0,1	0,1
E	10.000	8.000	9.000

*Sextos extremos con láminas grado A, resto con grado B.

C.5 VALORES SECCIONALES COMUNES DEL CLT

En esta sección se facilitan valores seccionales del CLT para facilitar el cálculo analítico. Los valores se corresponden a tiras de *1 m* de ancho fibra paralela en las láminas externas. Se recomienda consultar la Sección 1.2.1 para una descripción detallada del significado de cada uno de los valores. Además de los valores seccionales, se proporcionan valores del coeficiente de modificación del momento estático por flexibilidad de corte K, según el modelo de viga flexible de Timoshenko, ver detalles en la Sección 1.2.2. Los valores de K se proporcionan para 2 relaciones diferentes de G/G_{rod}: 10, y 14.4, para valores intermedios puede obtenerse una aproximación razonable por interpolación lineal. Los valores proporcionados en este anexo están basados en el manual de la asociación de ingenieros estructurales de madera de Austria.

TABLA C.5.1 Valores para CLT simétrico de 3 láminas.

t_{CLT}	Espesor láminas			$A_{0,net}$	$I_{0,net}$	$W_{0,net}$	$i_{y,ef}$	$1/K_{x,10}$	$1/K_{x,14,4}$	$S_{rod,0,net}$
(mm)	t_1	t_2	t_3	10^3 (mm²)	10^8 (mm⁴)	10^6 (mm³)	(mm)	(-)	(-)	10^4 (mm³)
60	20	20	20	40,0	0,173	0,578	20,8	0,21	0,15	40
90	30	30	30	60,0	0,585	1,30	31,2	0,21	0,15	90
120	40	40	40	80,0	1,39	2,31	41,6	0,21	0,15	160
80	30	20	30	60,0	0,420	1,05	26,5	0,22	0,16	75
100	40	20	40	80,0	0,827	1,65	32,1	0,24	0,18	120
110	40	30	40	80,0	1,09	1,98	36,9	0,22	0,16	140

TABLA C.5.2 Valores para CLT simétrico de 5 láminas.

t_{CLT}	Espesor láminas					$A_{0,net}$	$I_{0,net}$	$W_{0,net}$	$i_{y,ef}$	$1/K_{x,10}$	$1/K_{x,14,4}$	$S_{rod,0,net}$	$S_{ciz,0,net}$
(mm)	t_1	t_2	t_3	t_4	t_5	10^3 (mm^2)	10^8 (mm^4)	10^6 (mm^3)	(mm)	(-)	(-)	10^4 (mm^3)	10^4 (mm^3)
100	20	20	20	20	20	60,0	0,660	1,32	33,2	0,24	0,18	80	85
150	30	30	30	30	30	90,0	2,23	2,97	49,7	0,24	0,18	180	191
200	40	40	40	40	40	120	5,28	5,28	66,3	0,24	0,18	320	340
100	30	10	20	10	30	80,0	0,787	1,57	31,4	0,28	0,21	105	110
110	30	10	30	10	30	90,0	1,03	1,87	33,8	0,31	0,23	120	131
120	30	20	20	20	30	80,0	1,27	2,11	39,8	0,24	0,17	135	140
130	30	20	30	20	30	90,0	1,57	2,41	41,7	0,25	0,19	150	161
120	40	10	20	10	40	100	1,39	2,32	37,3	0,29	0,22	160	165
130	40	10	30	10	40	110	1,75	2,69	39,9	0,32	0,24	180	191
140	40	10	40	10	40	120	2,16	3,09	42,4	0,34	0,26	200	220
130	40	20	10	20	40	90,0	1,73	2,66	43,8	0,22	0,16	180	181
140	40	20	20	20	40	100	2,11	3,02	46,0	0,24	0,17	200	205
150	40	20	30	20	40	110	2,55	3,40	48,1	0,25	0,19	220	231
160	40	20	40	20	40	120	3,04	3,80	50,3	0,27	0,20	240	260
150	40	30	10	30	40	90,0	2,53	3,37	53,0	0,21	0,15	220	221
160	40	30	20	30	40	100	2,99	3,74	54,7	0,23	0,16	240	245
170	40	30	30	30	40	110	3,51	4,13	56,5	0,24	0,17	260	271
180	40	30	40	30	40	120	4,08	4,53	58,3	0,25	0,18	280	300

TABLA C.5.3 Valores para CLT simétrico de 7 láminas.

t_{CLT}	Espesor láminas							$A_{0,net}$	$I_{0,net}$	$W_{0,net}$	$i_{y,ef}$	$1/K_{x,10}$	$1/K_{x,14,4}$	$S_{rod,0,net}$
(mm)	t_1	t_2	t_3	t_4	t_5	t_6	t_7	10^3 (mm^2)	10^8 (mm^4)	10^6 (mm^3)	(mm)	(-)	(-)	10^4 (mm^3)
140	20	20	20	20	20	20	20	80,0	1,63	2,32	45,1	0,26	0,19	160
210	30	30	30	30	30	30	30	120	5,49	5,23	67,6	0,26	0,19	360
280	40	40	40	40	40	40	40	160	13,0	9,3	90,2	0,26	0,19	640
180	30	20	30	20	30	20	30	120	3,84	4,27	56,6	0,27	0,20	300
200	20	40	20	40	20	40	20	80,0	3,63	3,63	67,3	0,28	0,20	240
220	40	20	40	20	40	20	40	160	7,41	6,74	68,1	0,28	0,21	480
240	40	20	40	40	40	20	40	160	9,49	7,91	77,0	0,25	0,18	560
240	30	40	30	40	30	40	30	120	7,44	6,20	78,7	0,26	0,19	420
250	40	40	30	30	30	40	40	140	9,51	7,61	82,4	0,25	0,18	510
260	40	30	40	40	40	30	40	160	11,2	8,59	83,6	0,25	0,19	600

TABLA C.5.4 Valores para CLT simétrico de 7 láminas con lámina doble paralela a la fibra, es decir 0°/0°/90°/0°/90°/0°/0°.

t_{CLT}	Espesor láminas							$A_{0,net}$	$I_{0,net}$	$W_{0,net}$	$i_{y,ef}$	$1/K_{x,10}$	$1/K_{x,14,4}$	$S_{rod,0,net}$	$S_{ciz,0,net}$
(mm)	t_1	t_2	t_3	t_4	t_5	t_6	t_7	10^3 (mm²)	10^8 (mm⁴)	10^6 (mm³)	(mm)	(-)	(-)	10^4 (mm³)	10^4 (mm³)
190	30	30	20	30	20	30	30	150	5,45	5,74	60,3	0,26	0,19	390	401
200	30	30	30	20	30	30	30	140	6,25	6,25	66,8	0,26	0,16	420	425
200	30	30	20	40	20	30	30	160	6,29	6,29	62,7	0,28	0,21	420	440
210	30	30	30	30	30	30	30	150	7,13	6,79	69,0	0,24	0,17	450	461
220	30	30	30	40	30	30	30	160	8,09	7,36	71,1	0,25	0,18	480	500
220	40	40	20	20	20	40	40	180	8,70	7,91	69,5	0,27	0,20	560	565
230	30	30	40	30	40	30	30	150	9,5	7,87	77,7	0,23	0,16	510	521
240	30	30	40	40	40	30	30	160	10,1	8,44	79,6	0,24	0,17	540	560
240	40	40	20	40	20	40	40	200	11,1	9,29	74,7	0,29	0,22	640	660
250	40	40	30	30	30	40	40	190	12,4	9,95	80,9	0,24	0,18	680	691
260	40	40	30	40	30	40	40	200	13,9	10,7	83,3	0,25	0,19	720	740
260	40	40	40	20	40	40	40	180	13,8	10,6	87,6	0,22	0,16	720	725
280	40	40	40	40	40	40	40	200	16,9	12,1	91,1	0,24	0,17	800	820